연산부터 문해력까지
풍산자 연산으로
초등 수학을 시작해요.

연구진

이상욱 풍산자수학연구소 책임연구원
박승환 풍산자수학연구소 선임연구원
조영미 풍산자수학연구소 연구원

검토진

고정숙(서울), **고효기**(경북), **김경구**(경북), **김수진**(서울), **김정화**(경북), **박성호**(경북)
방윤희(광주), **심평화**(서울), **유경혜**(경북), **주진아**(경북), **홍선유**(광주)

풍산자 연산

초등 연산의 모든 것

초등 수학 1-1

1일 차 학습 주제별 연산 문제를 풍부하게 제공합니다.

주제별 알아야 하는 개념을 살펴봐요.

많은 문제로 연산을 연습해요.

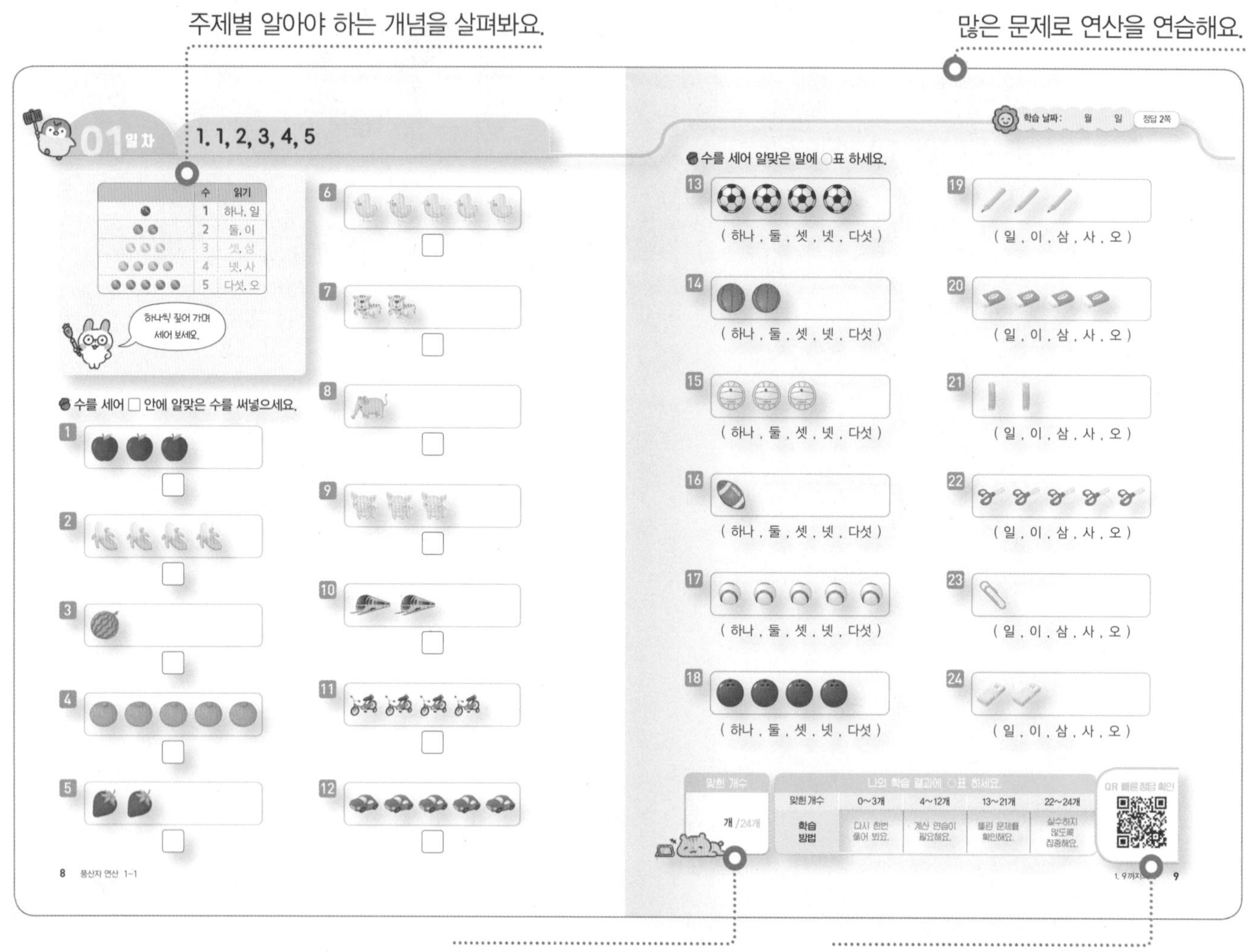

학습 결과를 스스로 확인해요.

QR로 간편하게 정답을 확인해요.

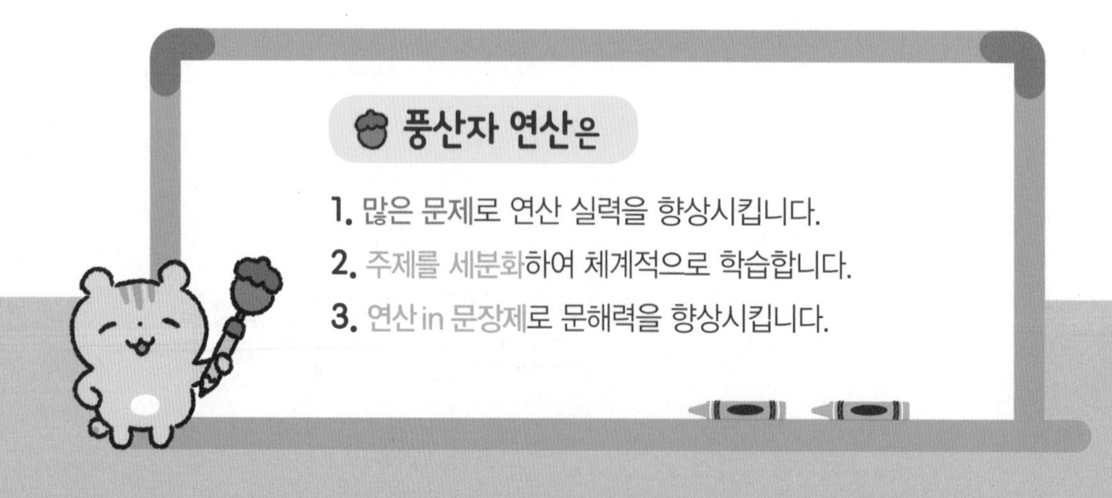

2일 차 연산을 반복 연습하고, 문장제에 적용하도록 구성했습니다.

반복 연습으로 연산 실력을 키워요.

문장제로 문해력과 연산 실력을 함께 키워요.

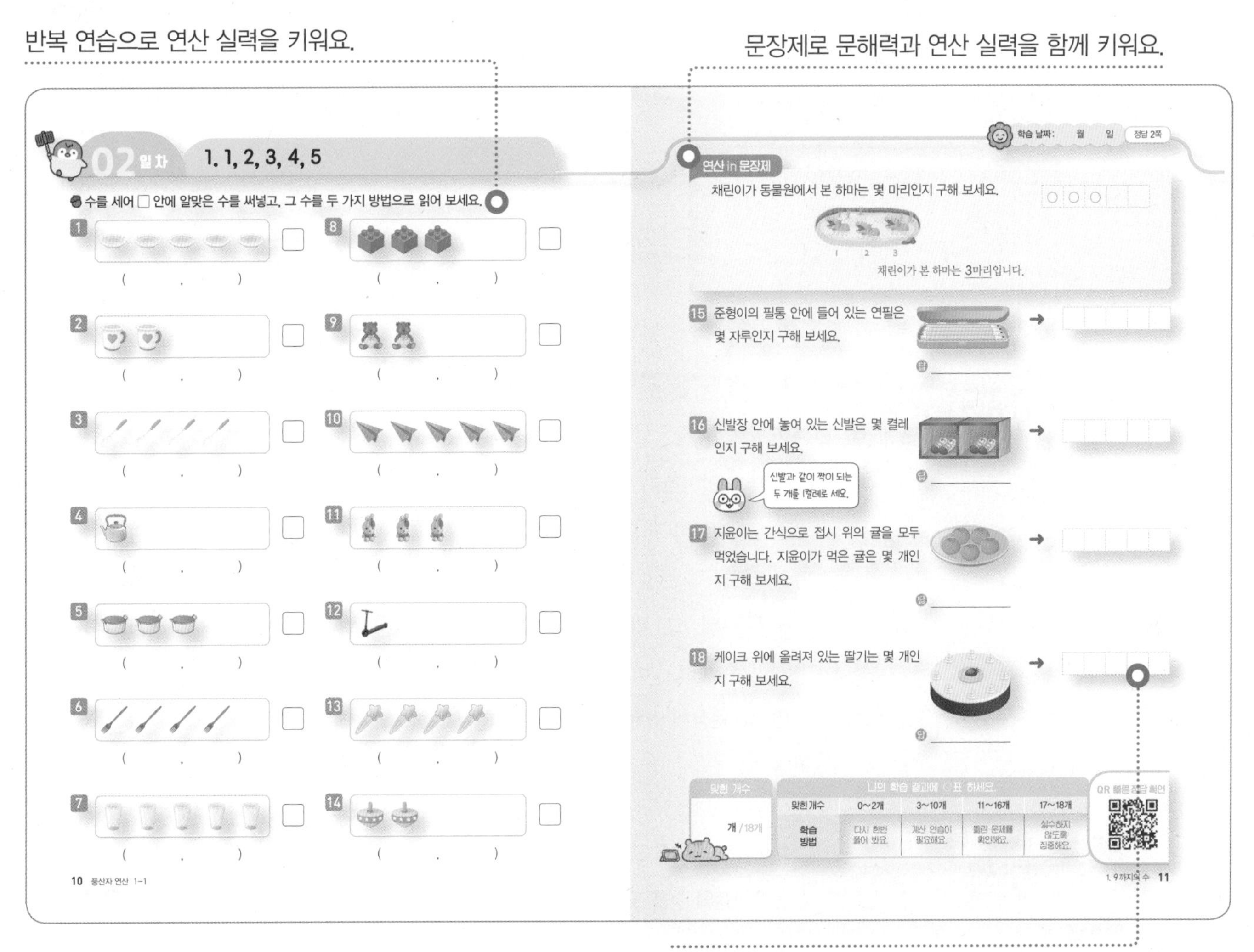

연산 도구로 문장제 속 연산을 정확하게 해결해요.

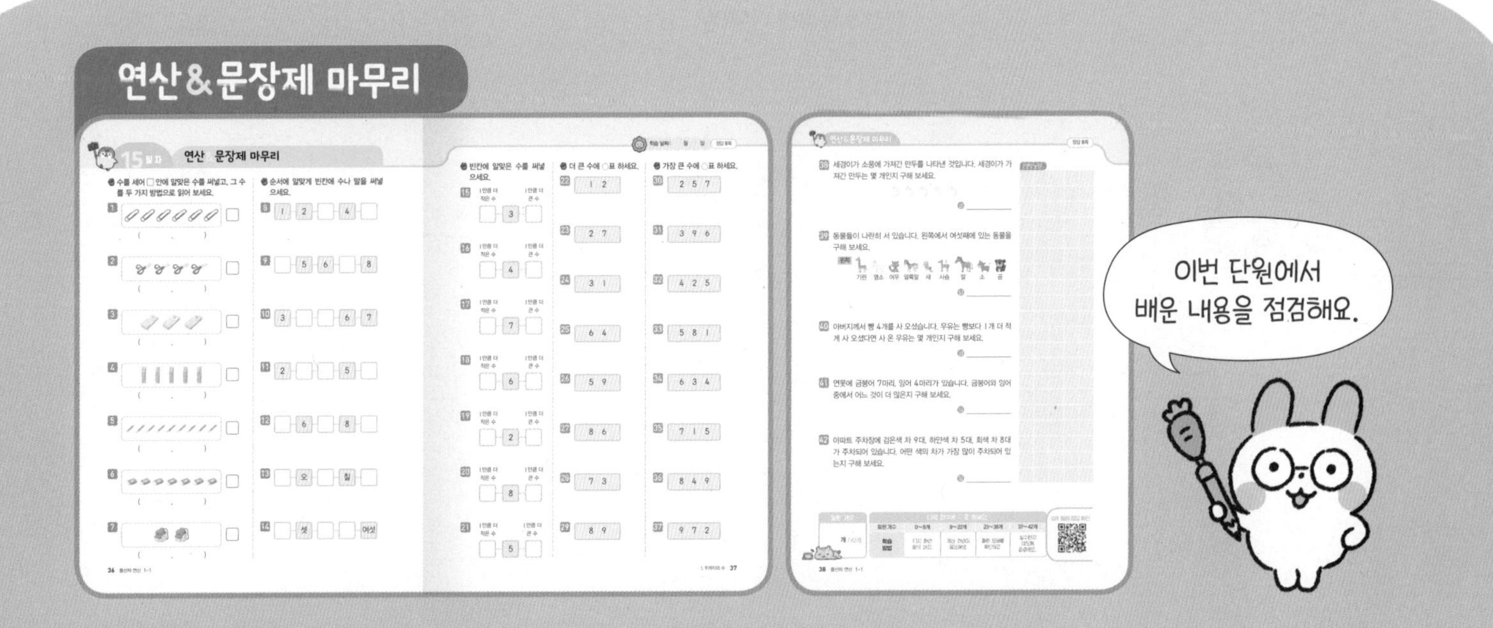

차례

1 9까지의 수

2 덧셈

3 뺄셈

4 덧셈과 뺄셈

5 19까지의 수

6 50까지의 수

함께 공부할 친구들

난 모든 일에 끈기 있는
모범생 곰이야.
꼬미
난 뭐든지 처음이라
재미있는 펭귄이야.
올리
난 먹는 것만큼 공부를
좋아하는 햄스터야.
햄찌
난 공부도 운동도
모두 즐기는 고양이야.
냥냥
난 가르치기 좋아하는
똑똑한 다람쥐야.
란란
난 선생님이 되고
싶은 토끼야.
총총이

1

9까지의 수

학습 주제	학습 일차	맞힌 개수
1. 1, 2, 3, 4, 5	01일차	/24
	02일차	/18
2. 6, 7, 8, 9	03일차	/24
	04일차	/19
3. 몇째 알아보기	05일차	/25
	06일차	/17
4. 9까지의 수의 순서	07일차	/26
	08일차	/20
5. 1만큼 더 큰 수와 1만큼 더 작은 수	09일차	/26
	10일차	/19
6. 두 수의 크기 비교	11일차	/32
	12일차	/20
7. 세 수의 크기 비교	13일차	/28
	14일차	/20
연산 & 문장제 마무리	15일차	/42

01일차 1, 1, 2, 3, 4, 5

	수	읽기
●	1	하나, 일
● ●	2	둘, 이
● ● ●	3	셋, 삼
● ● ● ●	4	넷, 사
● ● ● ● ●	5	다섯, 오

하나씩 짚어 가며 세어 보세요.

수를 세어 □ 안에 알맞은 수를 써넣으세요.

1

□

2

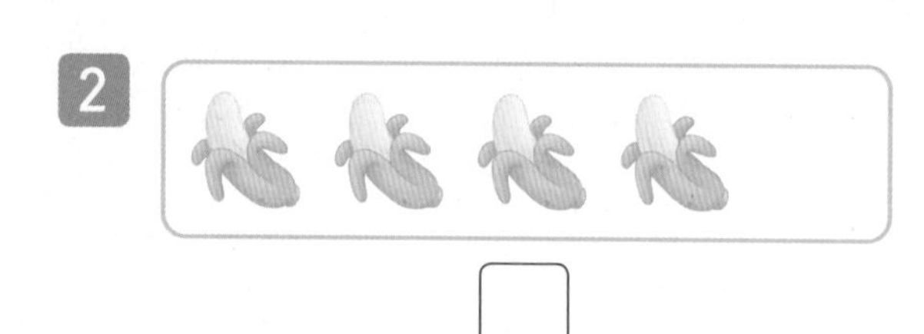

□

3

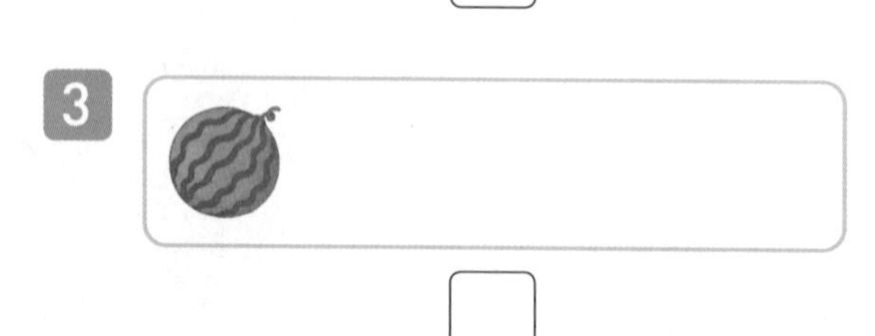

□

4

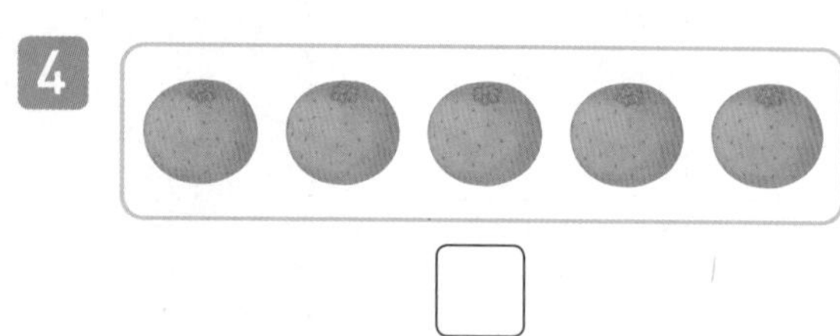

□

5

□

6

□

7

□

8

□

9

□

10

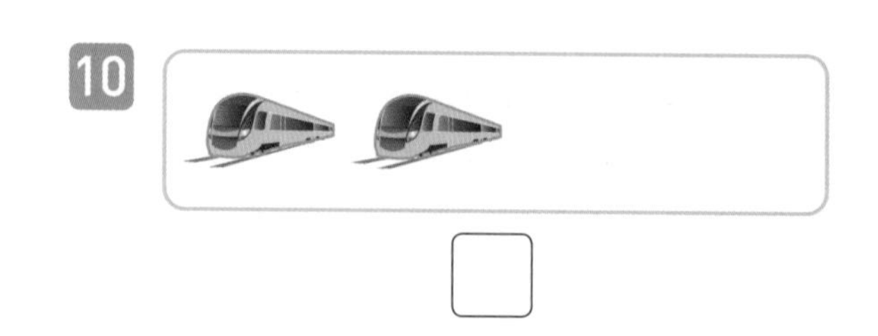

□

11

□

12

□

수를 세어 알맞은 말에 ○표 하세요.

13 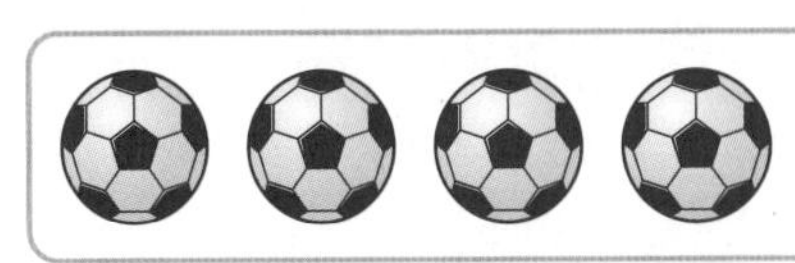

(하나 , 둘 , 셋 , 넷 , 다섯)

19 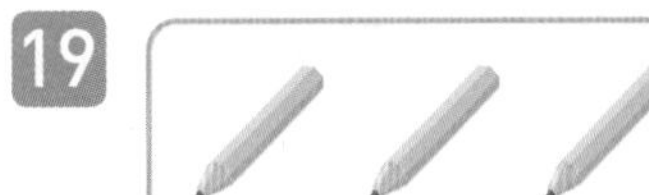

(일 , 이 , 삼 , 사 , 오)

14 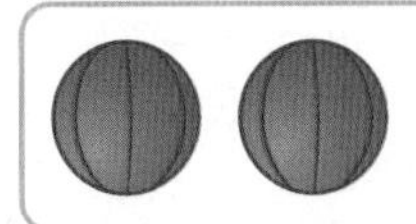

(하나 , 둘 , 셋 , 넷 , 다섯)

20 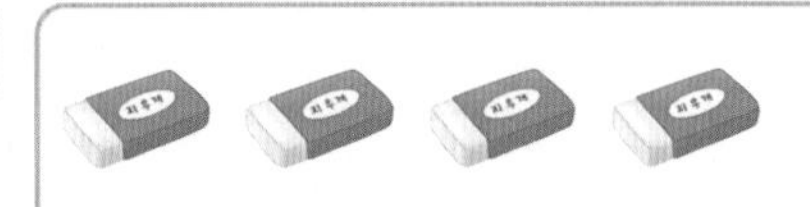

(일 , 이 , 삼 , 사 , 오)

15   

(하나 , 둘 , 셋 , 넷 , 다섯)

21 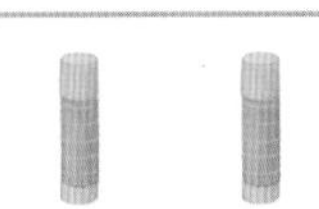

(일 , 이 , 삼 , 사 , 오)

16 

(하나 , 둘 , 셋 , 넷 , 다섯)

22 

(일 , 이 , 삼 , 사 , 오)

17     

(하나 , 둘 , 셋 , 넷 , 다섯)

23 

(일 , 이 , 삼 , 사 , 오)

18 

(하나 , 둘 , 셋 , 넷 , 다섯)

24 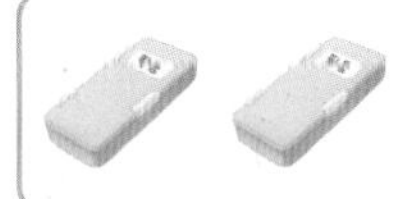

(일 , 이 , 삼 , 사 , 오)

맞힌 개수

개 /24개

나의 학습 결과에 ○표 하세요.

맞힌 개수	0~3개	4~12개	13~21개	22~24개
학습 방법	다시 한번 풀어 봐요.	계산 연습이 필요해요.	틀린 문제를 확인해요.	실수하지 않도록 집중해요.

02일차 1. 1, 2, 3, 4, 5

수를 세어 □ 안에 알맞은 수를 써넣고, 그 수를 두 가지 방법으로 읽어 보세요.

1 □
(,)

2 □
(,)

3 □
(,)

4 □
(,)

5 □
(,)

6 □
(,)

7 □
(,)

8 □
(,)

9 □
(,)

10 □
(,)

11 □
(,)

12 □
(,)

13 □
(,)

14 □
(,)

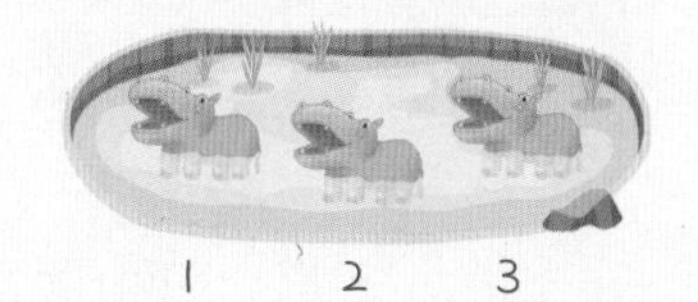

연산 in 문장제

채린이가 동물원에서 본 하마는 몇 마리인지 구해 보세요.

채린이가 본 하마는 3마리입니다.

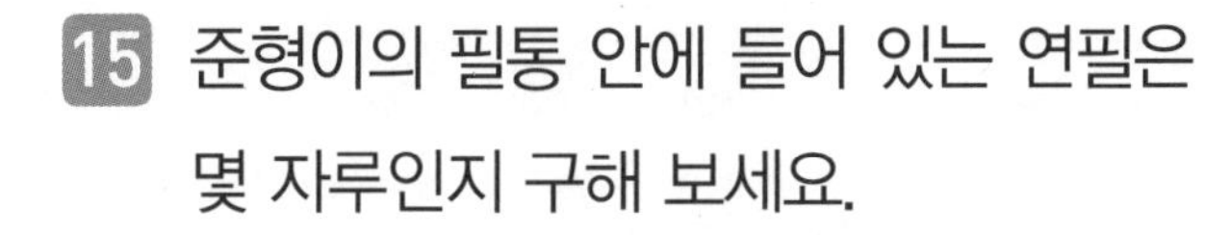

15 준형이의 필통 안에 들어 있는 연필은 몇 자루인지 구해 보세요.

답 ____________

16 신발장 안에 놓여 있는 신발은 몇 켤레인지 구해 보세요.

답 ____________

17 지윤이는 간식으로 접시 위의 귤을 모두 먹었습니다. 지윤이가 먹은 귤은 몇 개인지 구해 보세요.

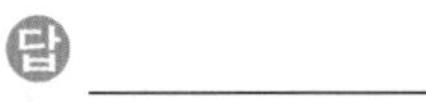

답 ____________

18 케이크 위에 올려져 있는 딸기는 몇 개인지 구해 보세요.

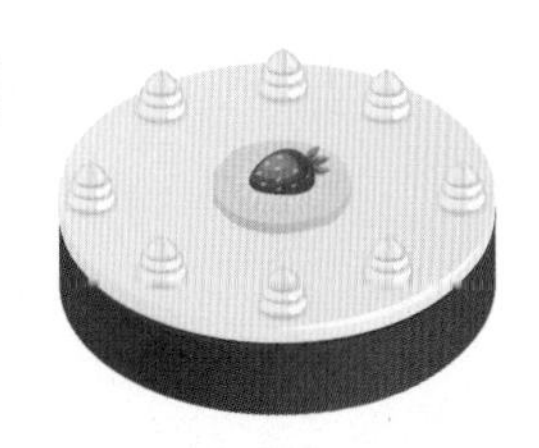

답 ____________

맞힌 개수
개 /18개

나의 학습 결과에 ○표 하세요.

맞힌 개수	0~2개	3~10개	11~16개	17~18개
학습 방법	다시 한번 풀어 봐요.	계산 연습이 필요해요.	틀린 문제를 확인해요.	실수하지 않도록 집중해요.

QR 빠른 정답 확인

03일차 2. 6, 7, 8, 9

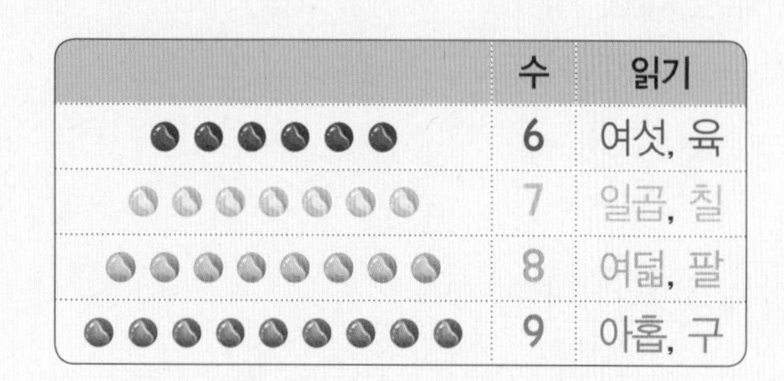

	수	읽기
●●●●●●	6	여섯, 육
●●●●●●●	7	일곱, 칠
●●●●●●●●	8	여덟, 팔
●●●●●●●●●	9	아홉, 구

수를 세어 □ 안에 알맞은 수를 써넣으세요.

1

□

2

□

3

□

4
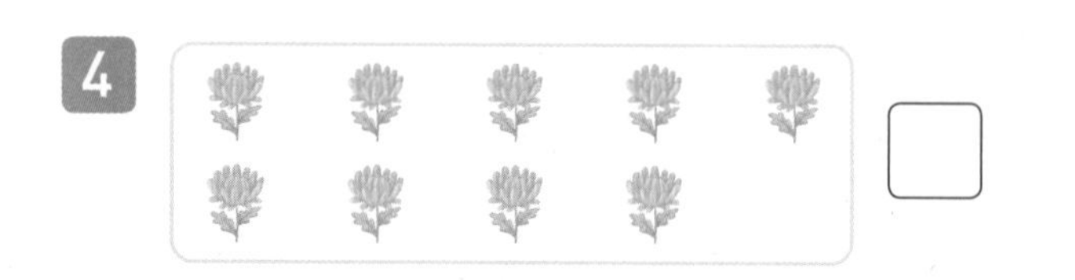
□

5
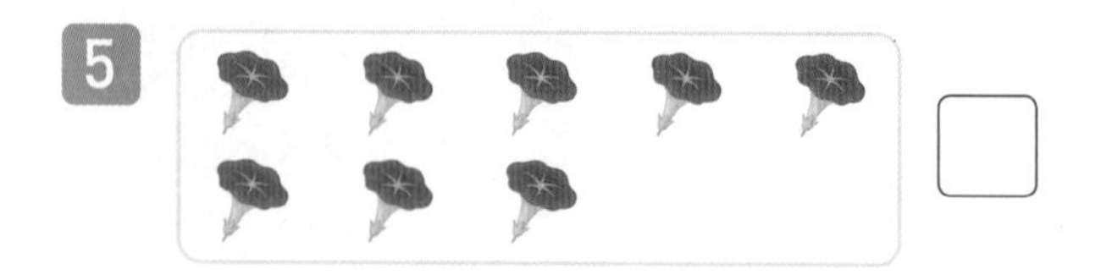
□

6
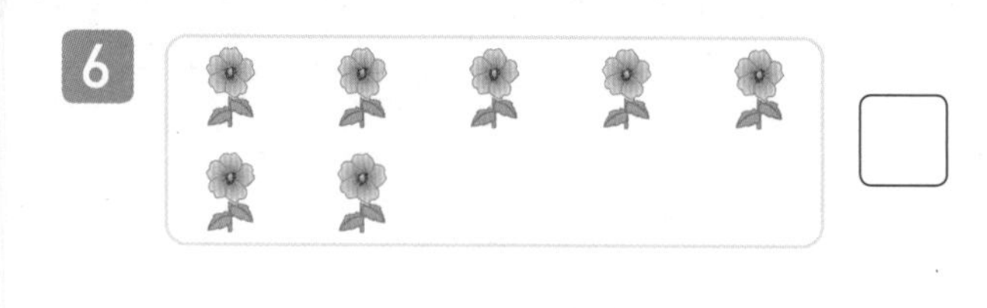
□

7

□

8
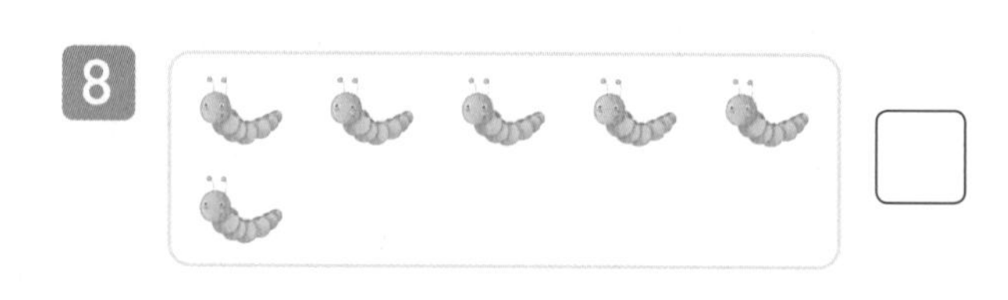
□

9

□

10

□

11
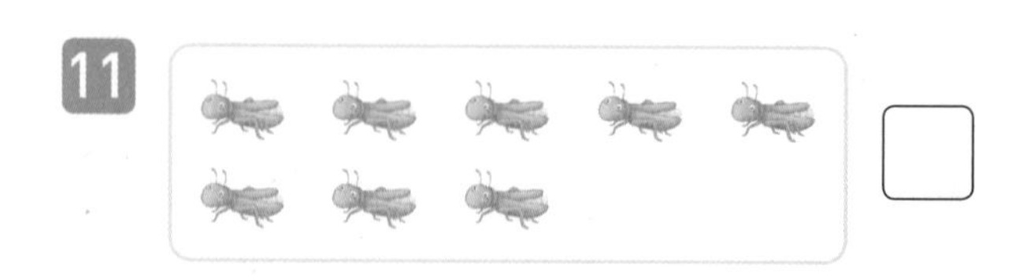
□

12
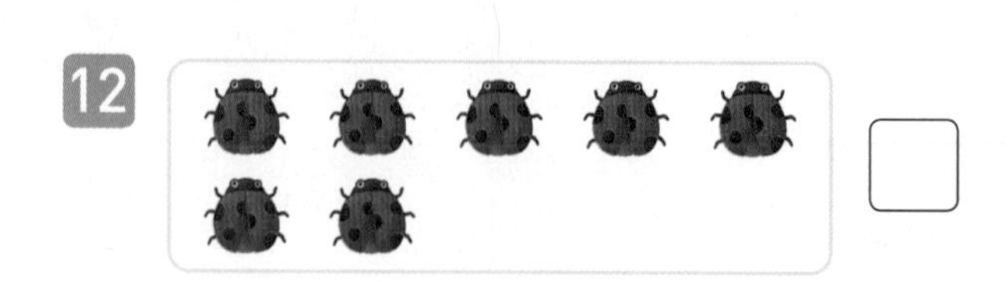
□

수를 세어 알맞은 말에 ○표 하세요.

13

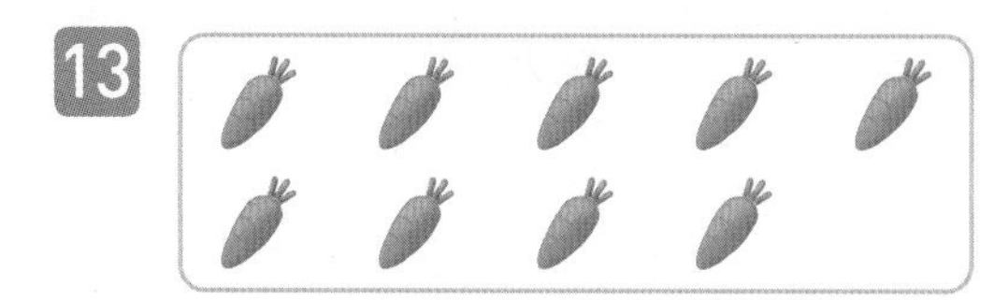

(여섯 , 일곱 , 여덟 , 아홉)

14

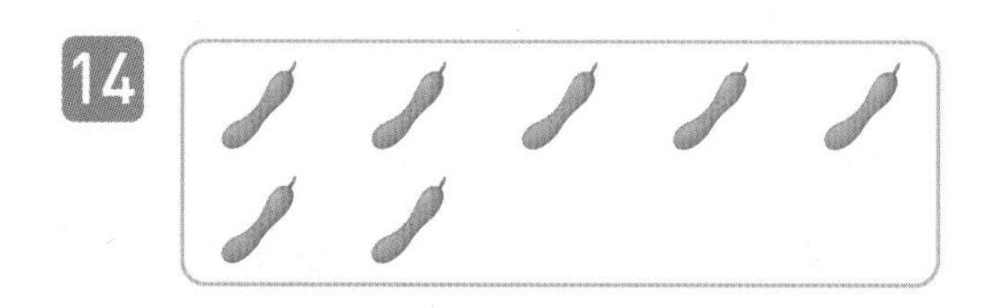

(여섯 , 일곱 , 여덟 , 아홉)

15

(여섯 , 일곱 , 여덟 , 아홉)

16

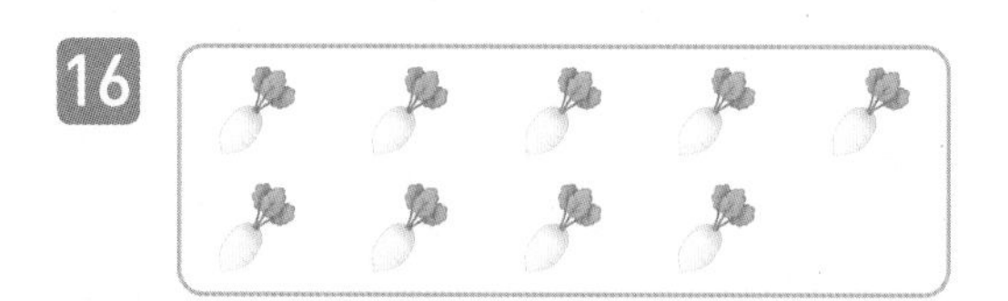

(여섯 , 일곱 , 여덟 , 아홉)

17

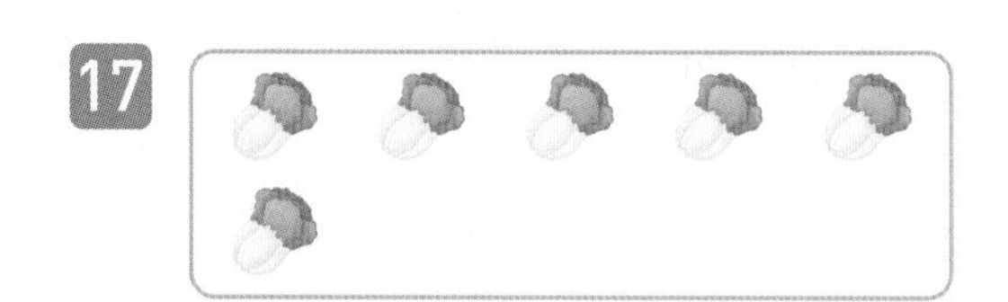

(여섯 , 일곱 , 여덟 , 아홉)

18

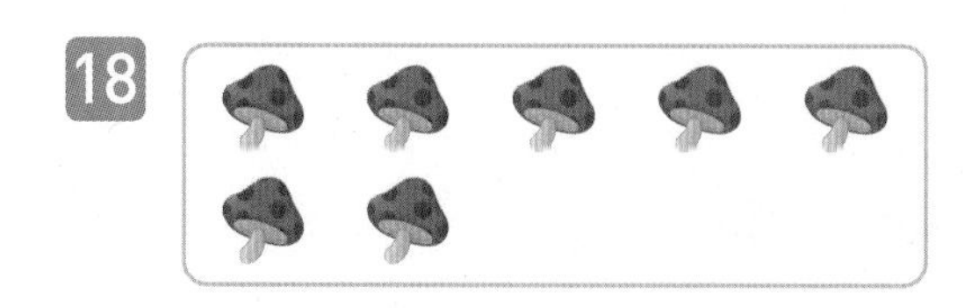

(여섯 , 일곱 , 여덟 , 아홉)

19

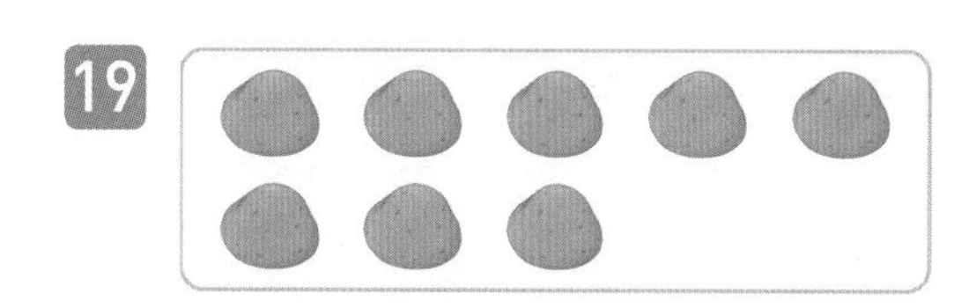

(육 , 칠 , 팔 , 구)

20

(육 , 칠 , 팔 , 구)

21

(육 , 칠 , 팔 , 구)

22

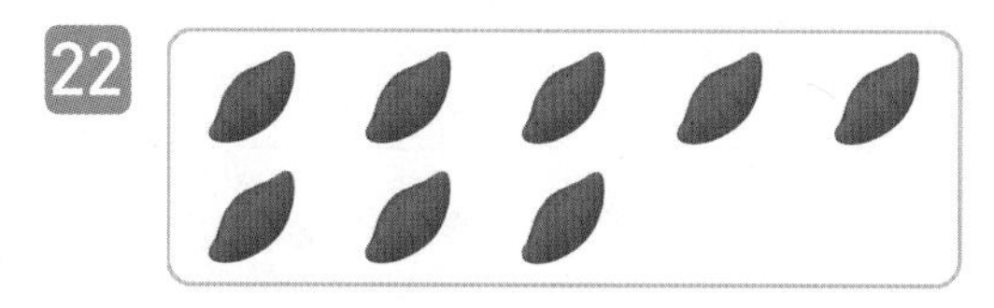

(육 , 칠 , 팔 , 구)

23

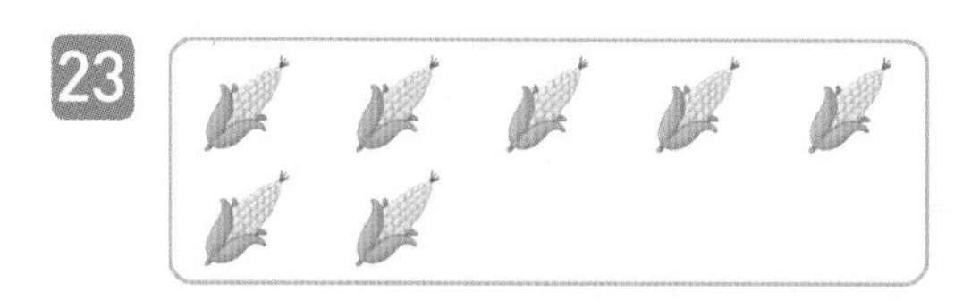

(육 , 칠 , 팔 , 구)

24

(육 , 칠 , 팔 , 구)

맞힌 개수
개 /24개

나의 학습 결과에 ○표 하세요.

맞힌 개수	0~4개	5~13개	14~21개	22~24개
학습 방법	다시 한번 풀어 봐요.	계산 연습이 필요해요.	틀린 문제를 확인해요.	실수하지 않도록 집중해요.

QR 빠른 정답 확인

04일차 2, 6, 7, 8, 9

수를 세어 □ 안에 알맞은 수를 써넣고, 그 수를 두 가지 방법으로 읽어 보세요.

1 □

(,)

2 □

(,)

3 □

(,)

4 □

(,)

5 □

(,)

6 □

(,)

7 □

(,)

8 □

(,)

9 □

(,)

10 □

(,)

11 □

(,)

12 □

(,)

13 □

(,)

14 □

(,)

연산 in 문장제

주차장에 주차된 자동차는 몇 대인지 구해 보세요.

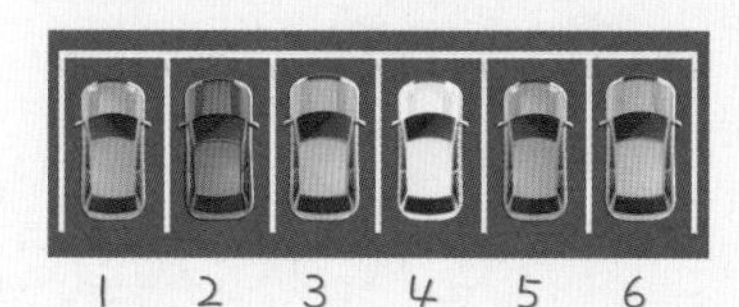

주차장에 주차된 자동차는 6대입니다.

15 쟁반 위에 있는 피자는 몇 조각인지 구해 보세요.

➜ 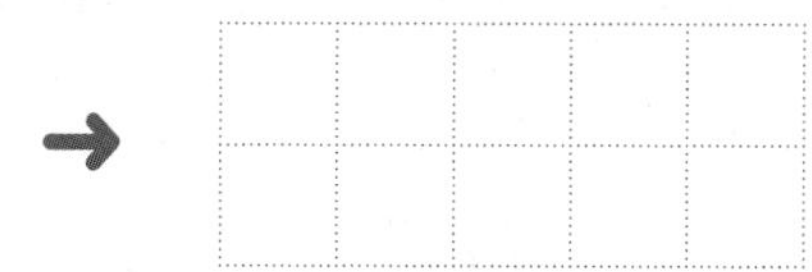

답 ____________

16 책꽂이에 꽂힌 책은 몇 권인지 구해 보세요.

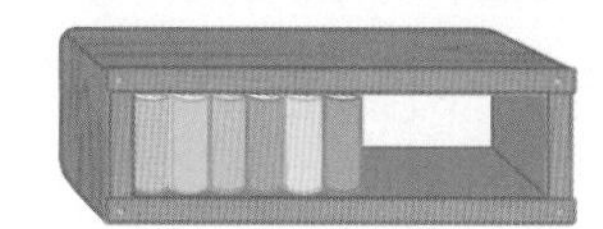

➜ 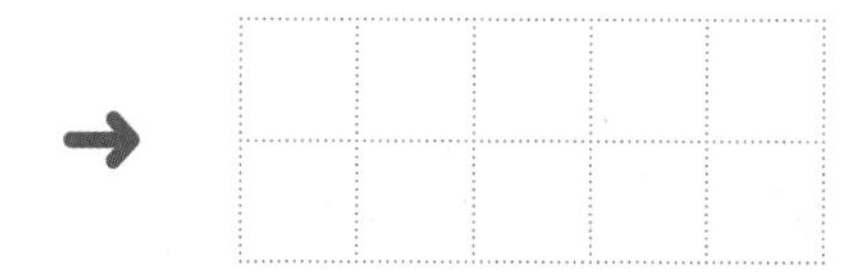

답 ____________

17 경주의 책상 위에 있는 인형은 몇 개인지 구해 보세요.

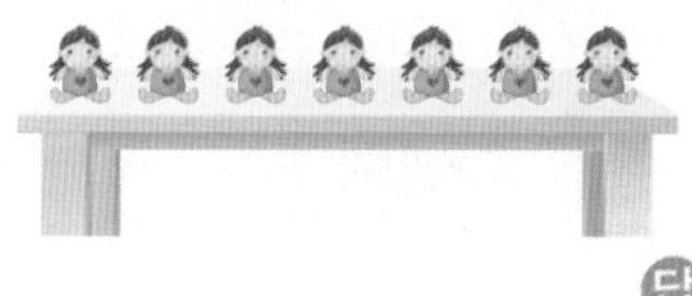

➜ 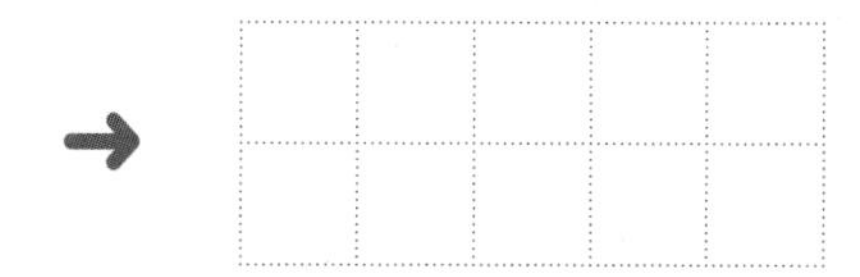

답 ____________

18 어항 안에 있는 물고기는 몇 마리인지 구해 보세요.

➜ 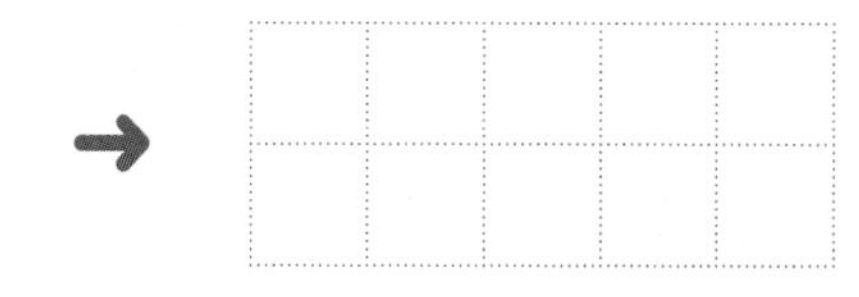

답 ____________

19 연못에 있는 개구리는 몇 마리인지 구해 보세요.

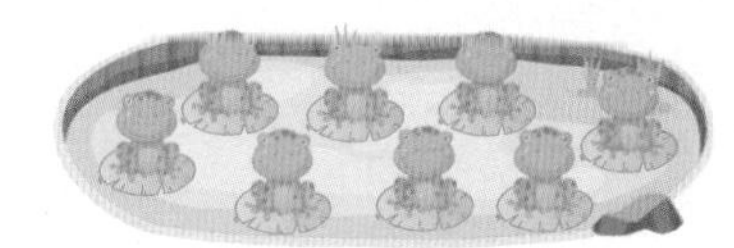

➜ 

답 ____________

맞힌 개수

개 /19개

나의 학습 결과에 ○표 하세요.

맞힌 개수	0~2개	3~10개	11~17개	18~19개
학습 방법	다시 한번 풀어 봐요.	계산 연습이 필요해요.	틀린 문제를 확인해요.	실수하지 않도록 집중해요.

QR 빠른 정답 확인

3. 몇째 알아보기

왼쪽부터 순서에 맞는 그림에 색칠하세요.

1 셋째

왼쪽

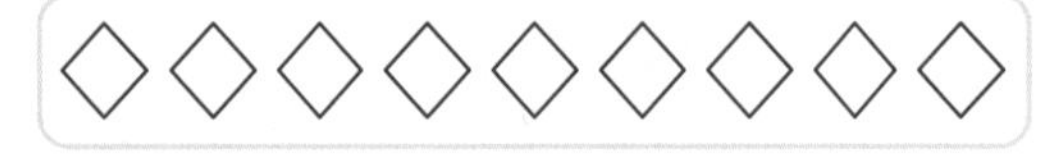

2 여덟째

3 넷째

☆☆☆☆☆☆☆☆☆

4 둘째

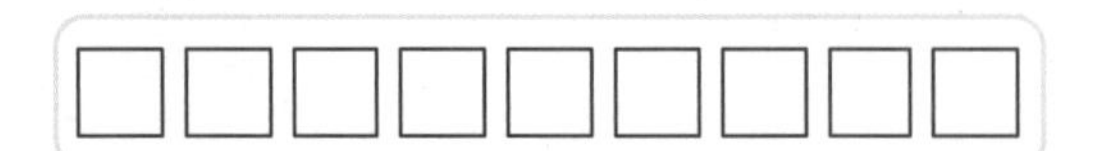

5 일곱째

6 첫째

♧♧♧♧♧♧♧♧♧

오른쪽부터 순서에 맞는 그림에 색칠하세요.

7 아홉째

오른쪽

◇◇◇◇◇◇◇◇◇

8 다섯째

9 셋째

☆☆☆☆☆☆☆☆☆

10 여섯째

11 여덟째

12 둘째

♧♧♧♧♧♧♧♧♧

순서에 맞는 그림에 ○표 하세요.

13 왼쪽에서 다섯째

14 왼쪽에서 아홉째

15 왼쪽에서 여섯째

16 왼쪽에서 셋째

17 오른쪽에서 첫째

18 오른쪽에서 넷째

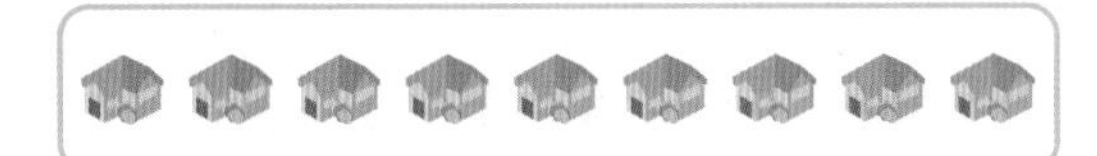

19 오른쪽에서 일곱째

순서에 맞는 그림에 ←로 표시하세요.

20 위에서 여덟째

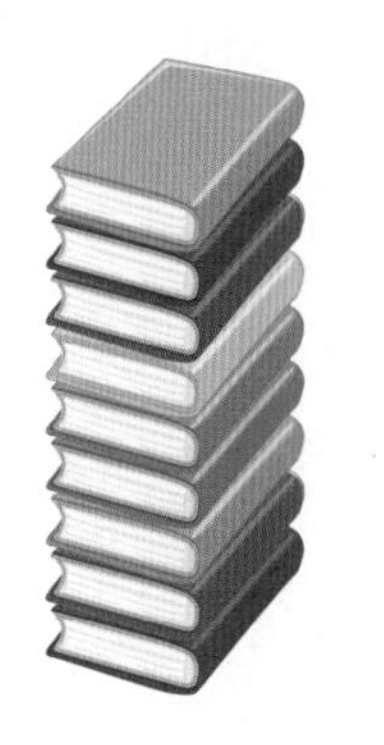

21 위에서 셋째

22 위에서 아홉째

23 아래에서 첫째

24 아래에서 여섯째

25 아래에서 다섯째

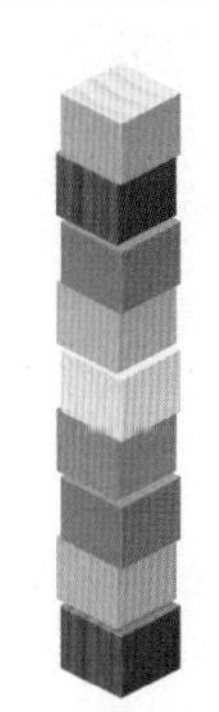

맞힌 개수: 개 /25개

나의 학습 결과에 ○표 하세요.

맞힌 개수	0~4개	5~13개	14~22개	23~25개
학습 방법	다시 한번 풀어 봐요.	계산 연습이 필요해요.	틀린 문제를 확인해요.	실수하지 않도록 집중해요.

QR 빠른 정답 확인

06일차 3. 몇째 알아보기

보기 와 같이 색칠하세요.

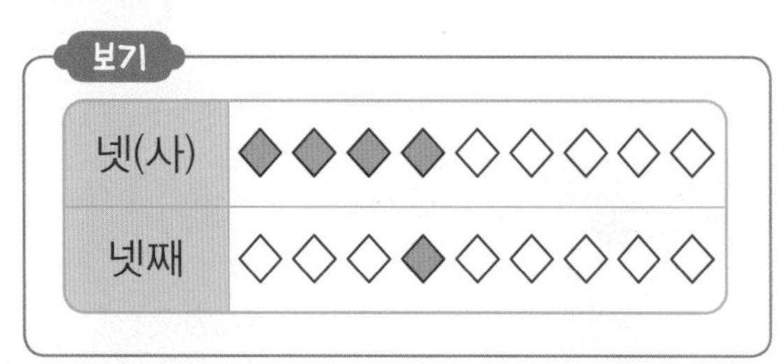

1

일곱(칠)	♤♤♤♤♤♤♤♤♤
일곱째	♤♤♤♤♤♤♤♤♤

2

셋(삼)	☆☆☆☆☆☆☆☆☆
셋째	☆☆☆☆☆☆☆☆☆

3

여섯(육)	□□□□□□□□□
여섯째	□□□□□□□□□

4

아홉(구)	♡♡♡♡♡♡♡♡♡
아홉째	♡♡♡♡♡♡♡♡♡

5

둘(이)	♧♧♧♧♧♧♧♧♧
둘째	♧♧♧♧♧♧♧♧♧

6

하나(일)	○○○○○○○○○
첫째	○○○○○○○○○

7

여덟(팔)	◇◇◇◇◇◇◇◇◇
여덟째	◇◇◇◇◇◇◇◇◇

8

다섯(오)	♤♤♤♤♤♤♤♤♤
다섯째	♤♤♤♤♤♤♤♤♤

9

둘(이)	☆☆☆☆☆☆☆☆☆
둘째	☆☆☆☆☆☆☆☆☆

10

일곱(칠)	□□□□□□□□□
일곱째	□□□□□□□□□

11

셋(삼)	♡♡♡♡♡♡♡♡♡
셋째	♡♡♡♡♡♡♡♡♡

12

여섯(육)	♧♧♧♧♧♧♧♧♧
여섯째	♧♧♧♧♧♧♧♧♧

13

넷(사)	○○○○○○○○○
넷째	○○○○○○○○○

연산 in 문장제

지혜는 생일파티에 쓰일 풍선을 9개 준비했습니다. 왼쪽에서 다섯째에 있는 풍선은 무엇인지 기호를 써 보세요.

왼쪽

왼쪽에서 다섯째에 있는 풍선은 마입니다.

14 아기 오리 9마리가 걸어가고 있습니다. 왼쪽에서 일곱째에 있는 오리는 무엇인지 기호를 써 보세요.

가 나 다 라 마 바 사 아 자

답 ______

15 자동차 9대가 주차되어 있습니다. 왼쪽에서 셋째에 있는 자동차는 무엇인지 기호를 써 보세요.

답 ______

16 장식장에 인형 9개가 진열되어 있습니다. 오른쪽에서 다섯째에 있는 인형은 무엇인지 기호를 써 보세요.

답 ______

17 찬장 위에 컵이 9개 놓여 있습니다. 오른쪽에서 여덟째에 있는 컵은 무엇인지 기호를 써 보세요.

답 ______

맞힌 개수

개 /17개

나의 학습 결과에 ○표 하세요.

맞힌 개수	0~2개	3~9개	10~15개	16~17개
학습 방법	다시 한번 풀어 봐요.	계산 연습이 필요해요.	틀린 문제를 확인해요.	실수하지 않도록 집중해요.

QR 빠른 정답 확인

4. 9까지의 수의 순서

1부터 9까지의 수를 써 보고 수를 순서대로 쓸 때 빠지는 수가 없는지 확인하세요.

순서에 알맞게 빈칸에 수를 써넣으세요.

1

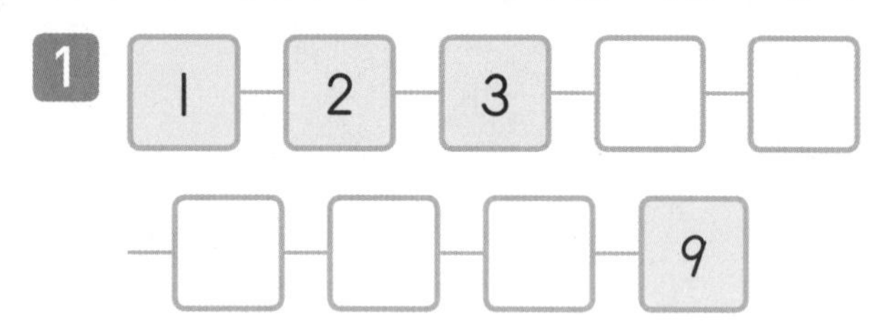

2

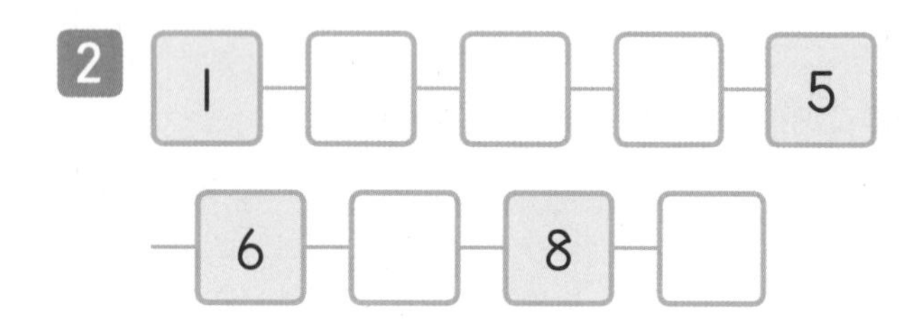

3

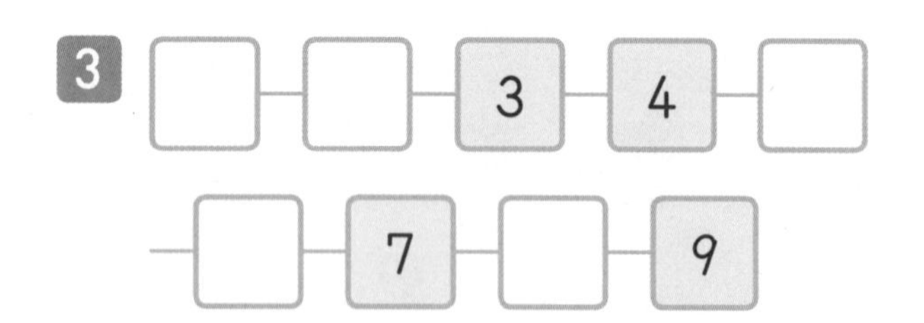

4

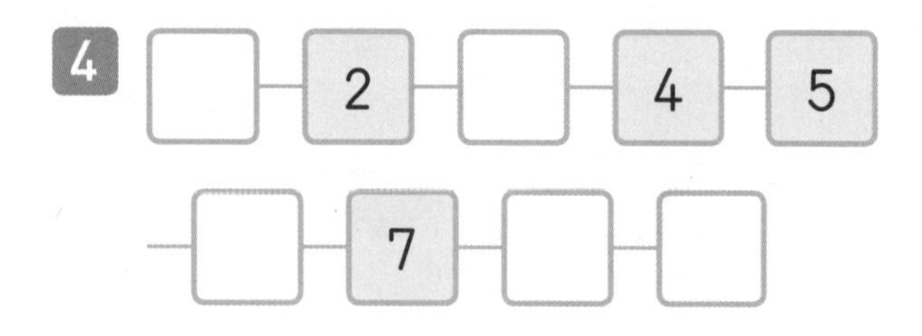

5

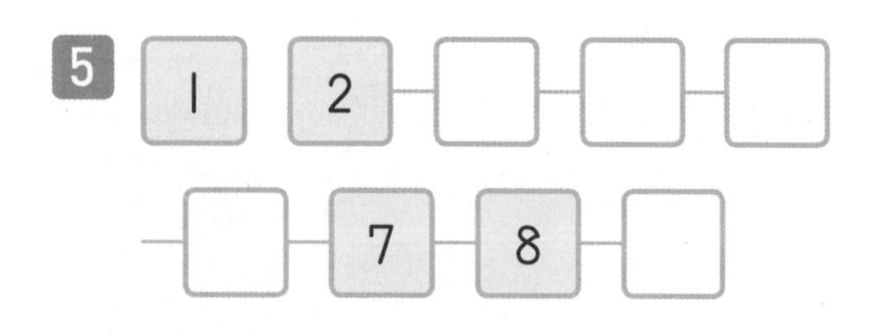

6 1 - □ - 3 - □ - 5

7 □ - 4 - 5 - □ - 7

8

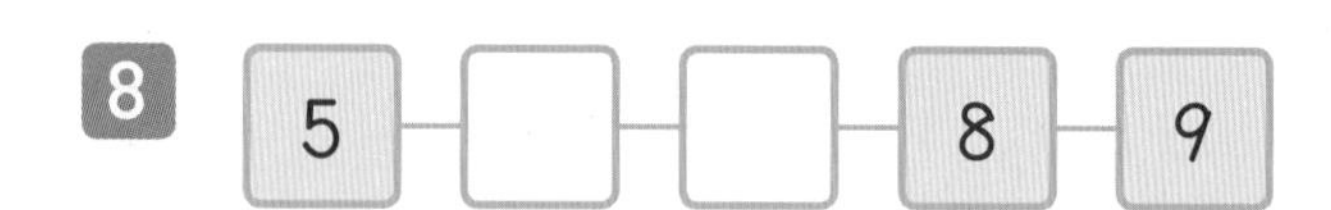

9

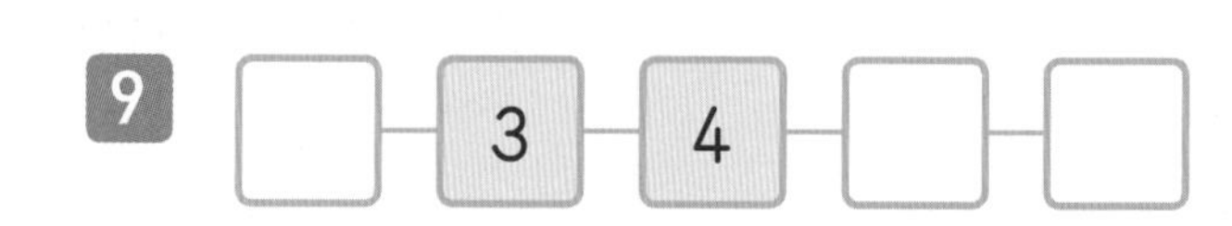

10

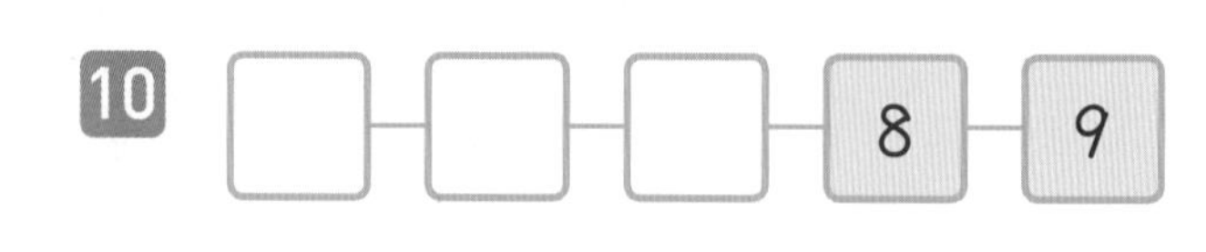

11

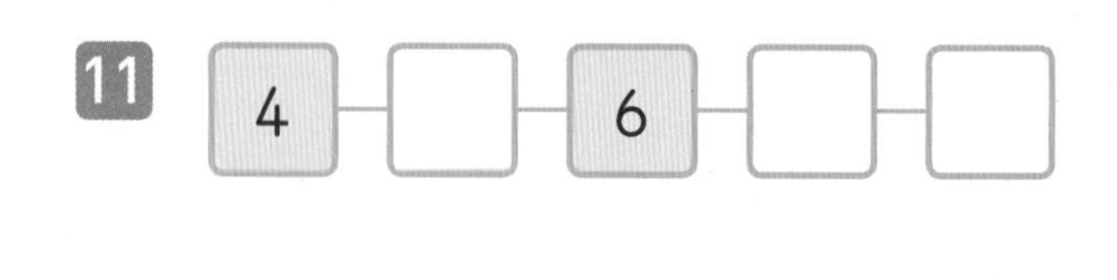

12

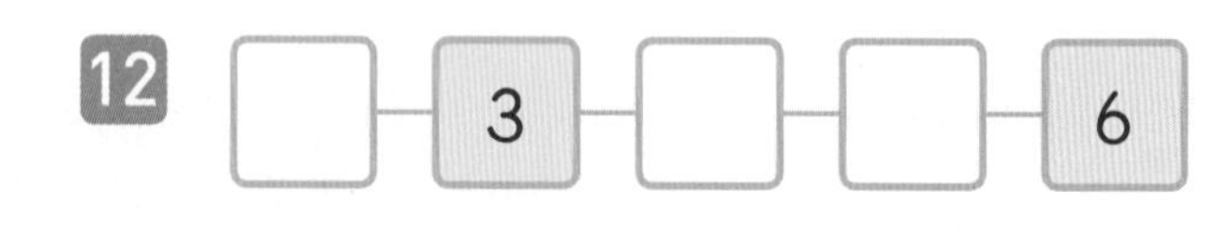

학습 날짜: 월 일 정답 4쪽

순서를 거꾸로 하여 빈칸에 수를 써넣으세요.

13

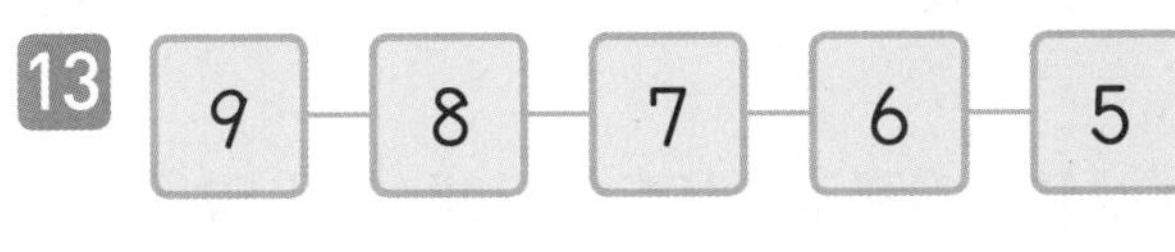

9 – 8 – 7 – 6 – 5

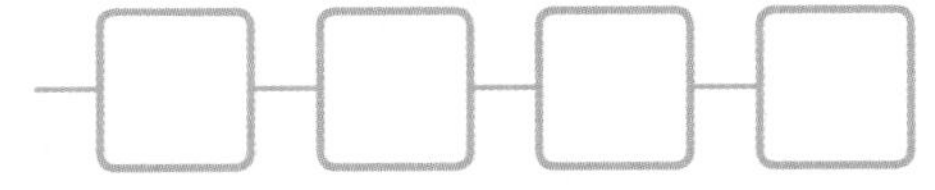

– □ – □ – □ – □

14

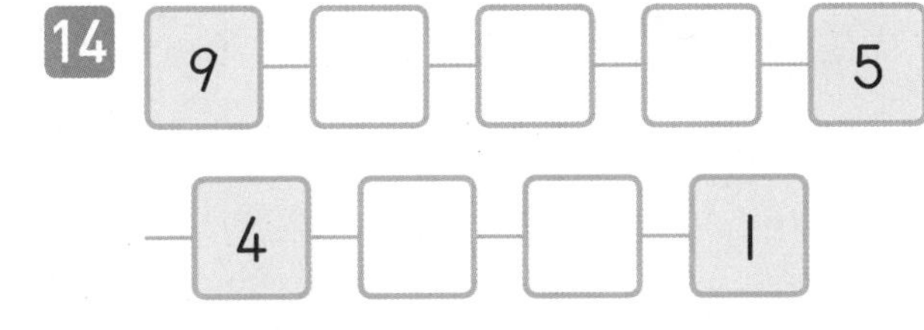

9 – □ – □ – □ – 5

– 4 – □ – □ – 1

15

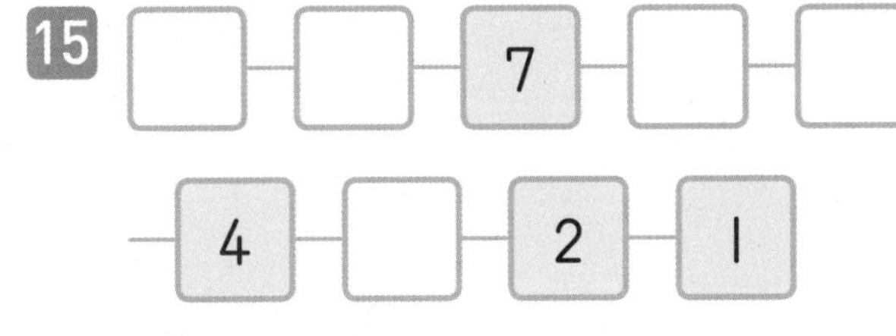

□ – □ – 7 – □ – □

– 4 – □ – 2 – 1

16

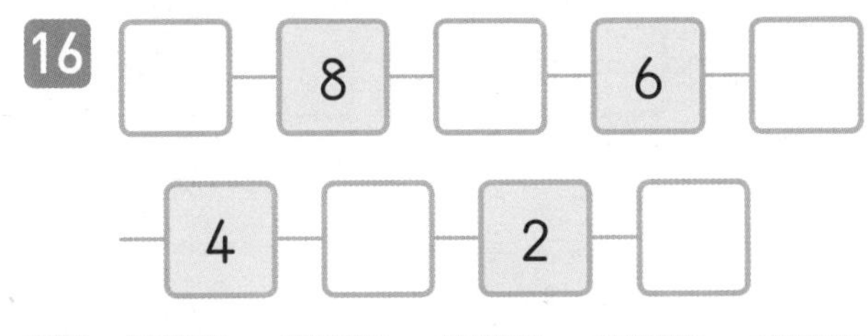

□ – 8 – □ – 6 – □

– 4 – □ – 2 – □

17

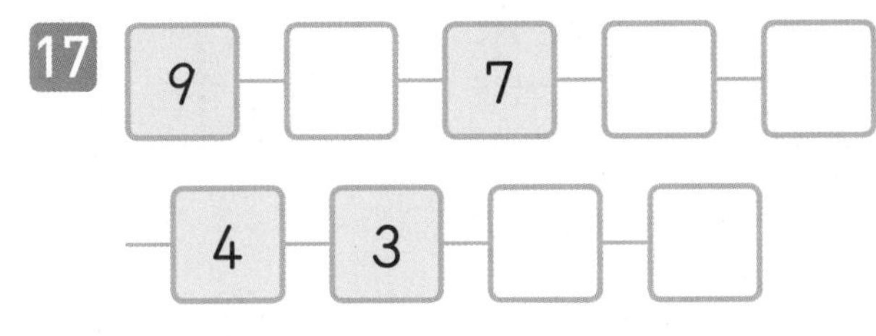

9 – □ – 7 – □ – □

– 4 – 3 – □ – □

18

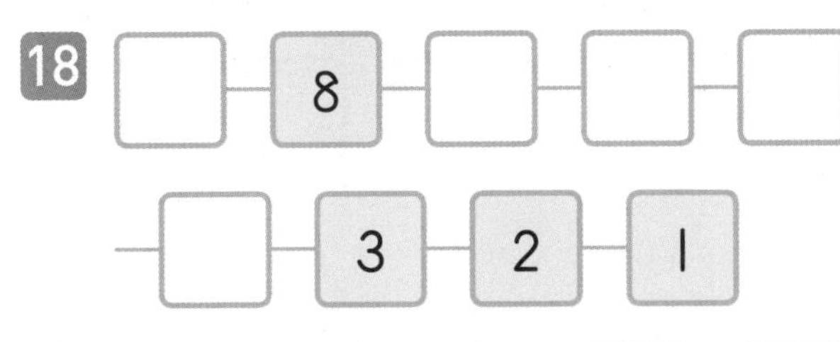

□ – 8 – □ – □ – □

– □ – 3 – 2 – 1

19

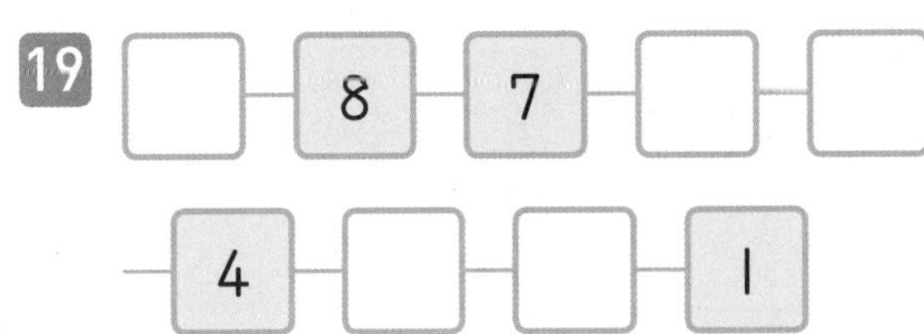

□ – 8 – 7 – □ – □

– 4 – □ – □ – 1

20

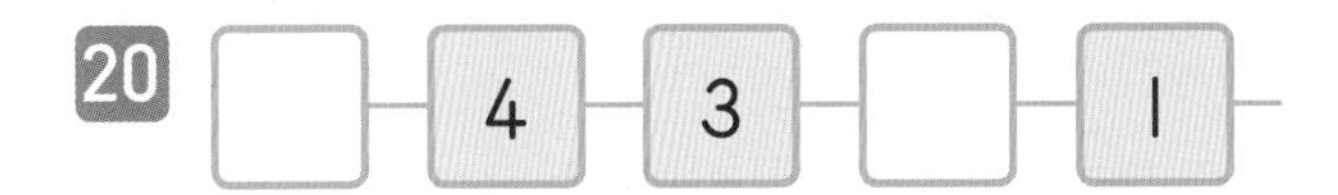

□ – 4 – 3 – □ – 1 –

21

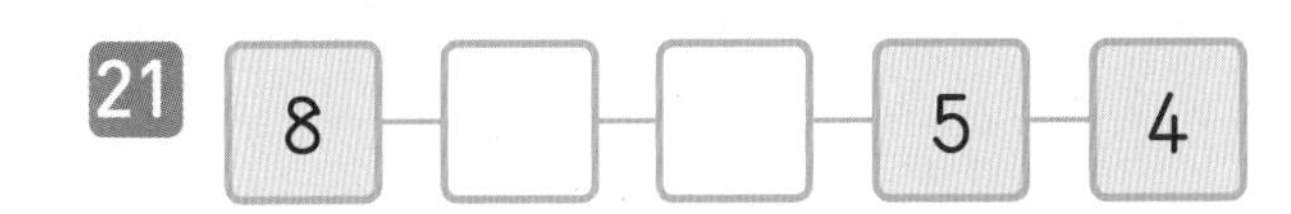

8 – □ – □ – 5 – 4

22

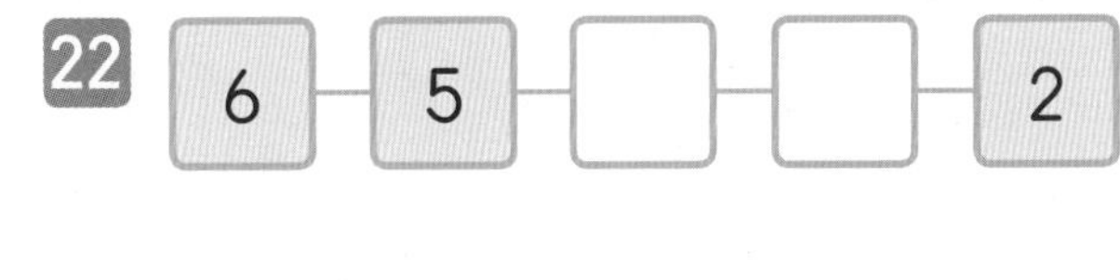

6 – 5 – □ – □ – 2

23

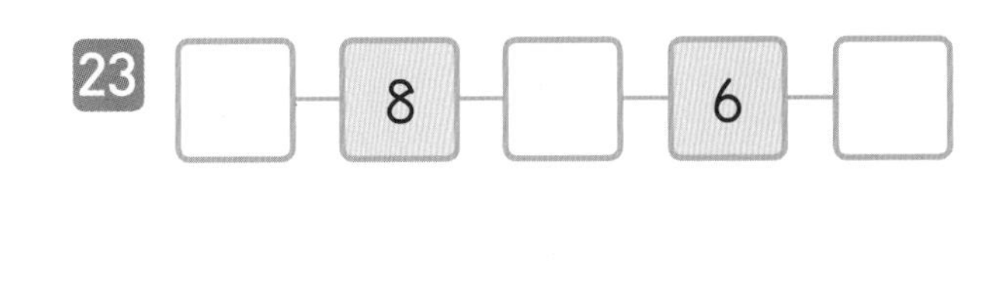

□ – 8 – □ – 6 – □

24

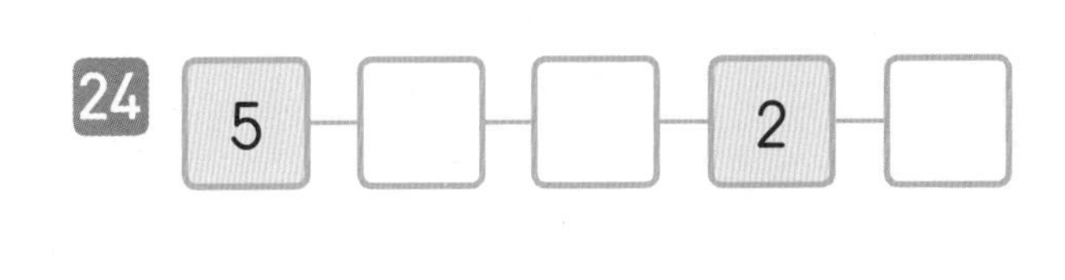

5 – □ – □ – 2 – □

25

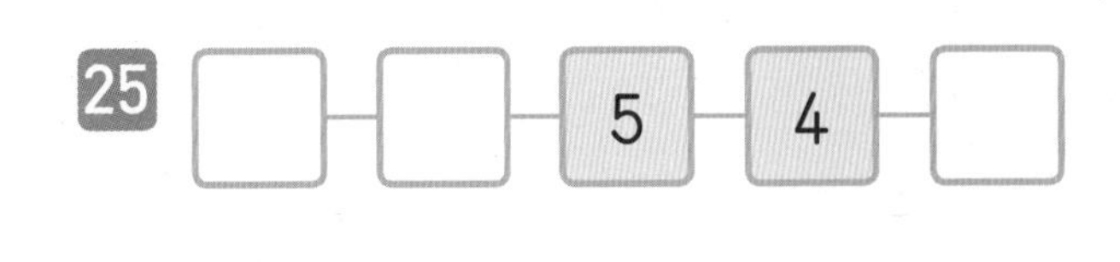

□ – □ – 5 – 4 – □

26

9 – □ – □ – □ – 5

맞힌 개수
개 /26개

나의 학습 결과에 ○표 하세요.

맞힌 개수	0~4개	5~13개	14~22개	23~26개
학습 방법	다시 한번 풀어 봐요.	계산 연습이 필요해요.	틀린 문제를 확인해요.	실수하지 않도록 집중해요.

QR 빠른 정답 확인

4. 9까지의 수의 순서

순서에 알맞게 빈칸에 수나 말을 써넣으세요.

1

2 □ – 오 – □ – 칠 – 팔

3 둘 – □ – 넷 – 다섯 – □

4 □ – 6 – □ – □ – 9

5 삼 – □ – 오 – □ – □

6 □ – 둘 – □ – □ – 다섯

7 □ – □ – □ – 7 – 8

순서를 거꾸로 하여 빈칸에 수나 말을 써넣으세요.

8
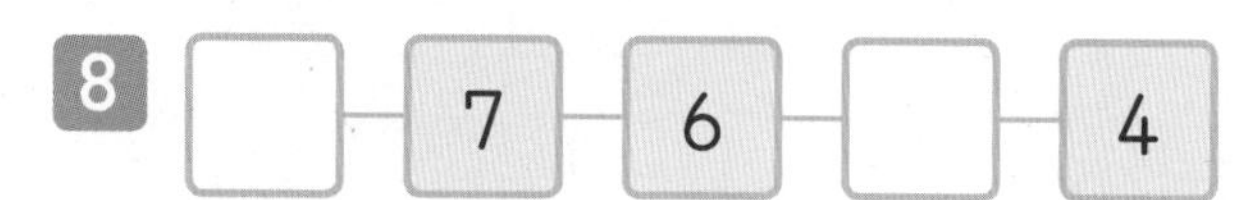

9
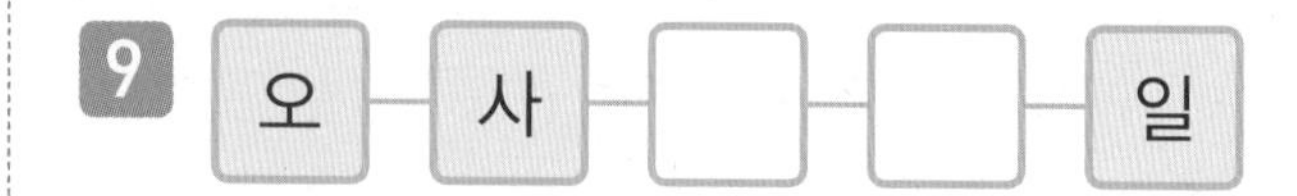

10
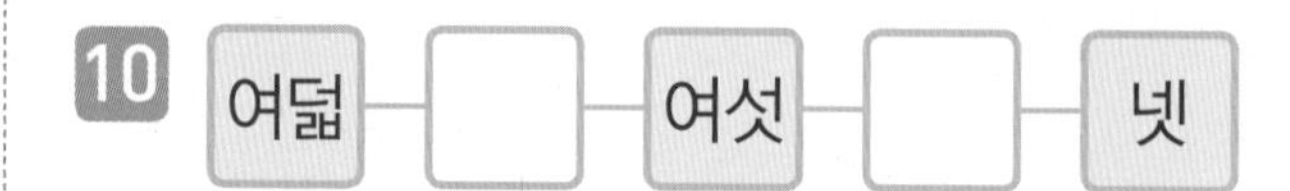

11
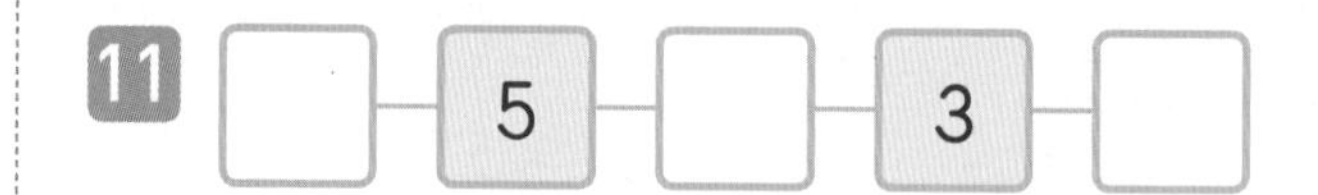

12 구 – □ – □ – □ – 오

13 일곱 – 여섯 – □ – □ – □

14 □ – 4 – □ – □ – 1

 수를 순서대로 이어 보세요.

15

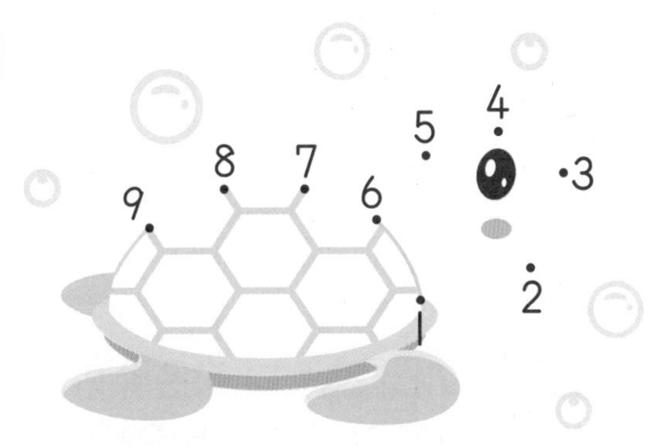

18

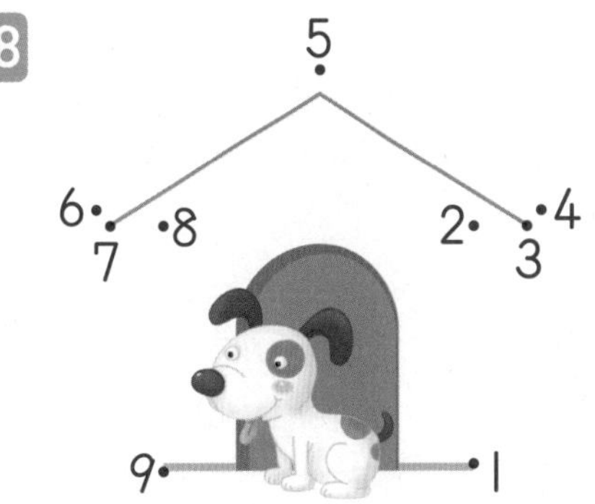

16

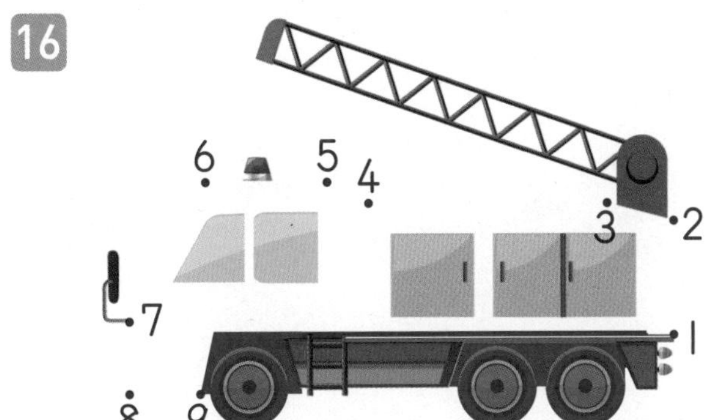

19

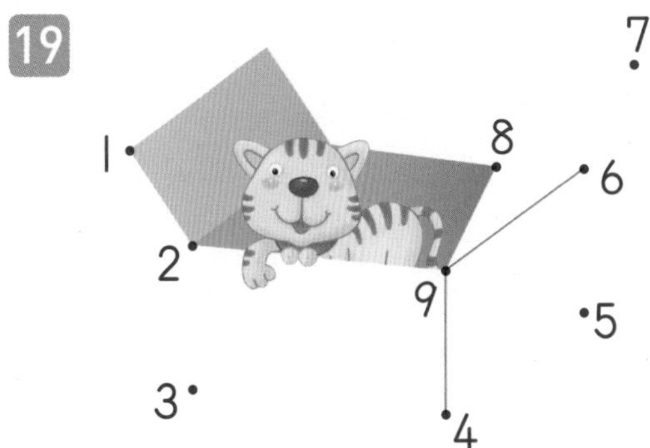

17

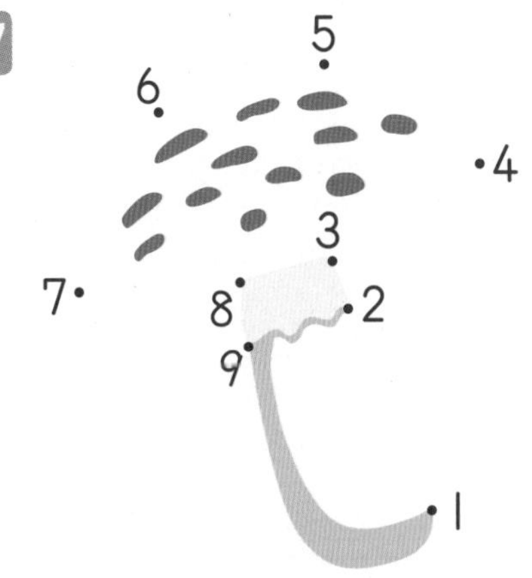

20

맞힌 개수
개 /20개

나의 학습 결과에 ○표 하세요.				
맞힌 개수	0~2개	3~10개	11~18개	19~20개
학습 방법	다시 한번 풀어 봐요.	계산 연습이 필요해요.	틀린 문제를 확인해요.	실수하지 않도록 집중해요.

QR 빠른 정답 확인

5. 1만큼 더 큰 수와 1만큼 더 작은 수

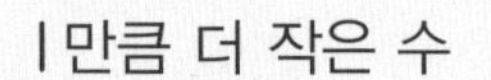

주어진 수보다 1만큼 더 큰 수만큼 ○를 그리고 □ 안에 그 수를 써넣으세요.

1

2

3

4

5

6 1 ➡ □

주어진 수보다 1만큼 더 작은 수만큼 ○를 그리고 □ 안에 그 수를 써넣으세요.

7

8

9

10

11

12 2 ➡ □

□ 안에 알맞은 수를 써넣으세요.

13 □은/는 4보다 1만큼 더 큰 수입니다.

14 □은/는 7보다 1만큼 더 큰 수입니다.

15 3은 □보다 1만큼 더 큰 수입니다.

16 8은 □보다 1만큼 더 큰 수입니다.

17 □은/는 5보다 1만큼 더 큰 수입니다.

18 □은/는 1보다 1만큼 더 큰 수입니다.

19 4는 □보다 1만큼 더 큰 수입니다.

20 □은/는 5보다 1만큼 더 작은 수입니다.

21 □은/는 7보다 1만큼 더 작은 수입니다.

22 1은 □보다 1만큼 더 작은 수입니다.

23 8은 □보다 1만큼 더 작은 수입니다.

24 □은/는 3보다 1만큼 더 작은 수입니다.

25 □은/는 6보다 1만큼 더 작은 수입니다.

26 7은 □보다 1만큼 더 작은 수입니다.

맞힌 개수

개 / 26개

나의 학습 결과에 ○표 하세요.

맞힌 개수	0~4개	5~13개	14~22개	23~26개
학습 방법	다시 한번 풀어 봐요.	계산 연습이 필요해요.	틀린 문제를 확인해요.	실수하지 않도록 집중해요.

QR 빠른 정답 확인

5. 1만큼 더 큰 수와 1만큼 더 작은 수

빈칸에 알맞은 수나 말을 써넣으세요.

1
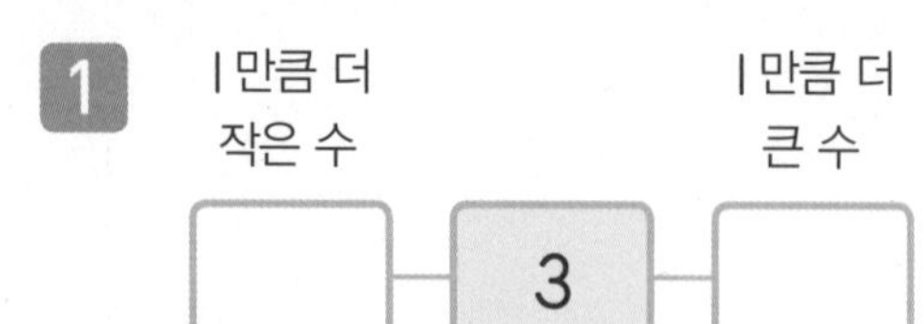

2
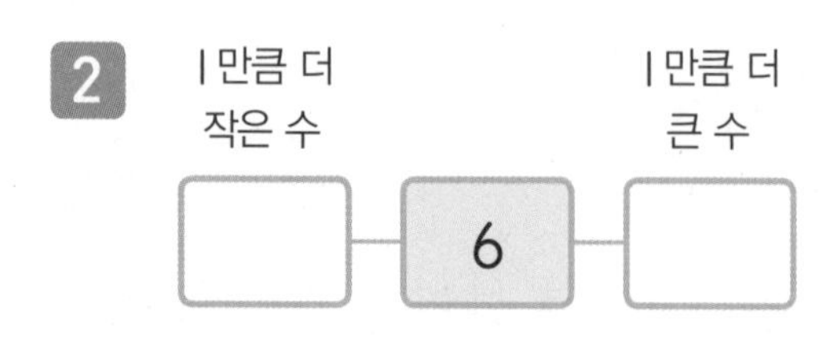

3
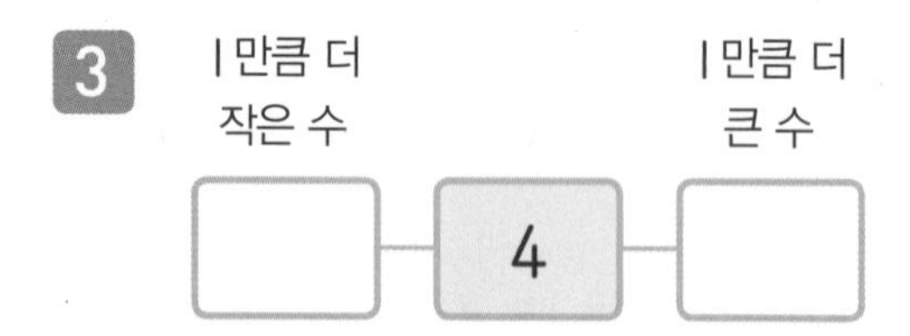

4

5
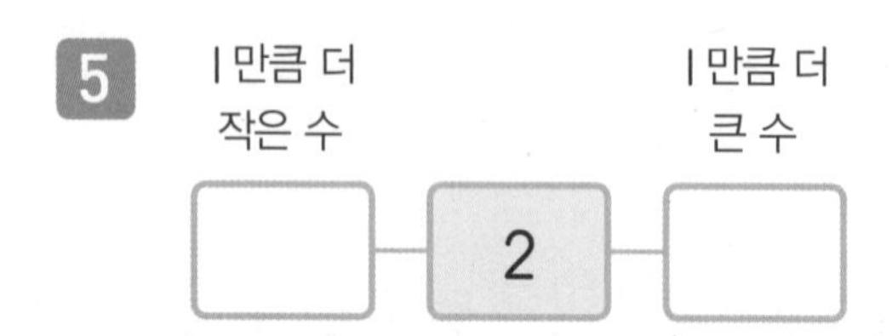

6

7
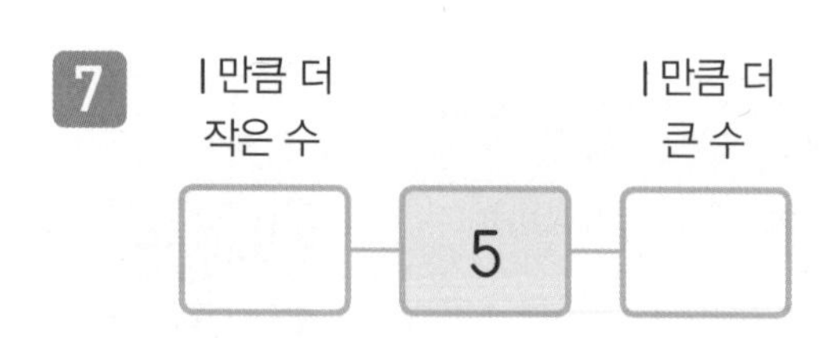

8
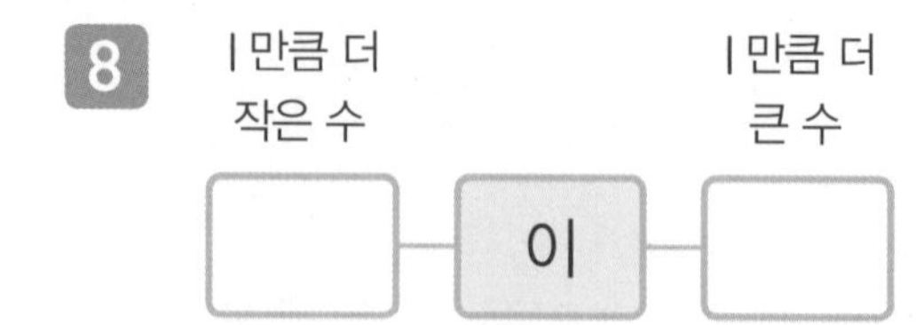

9
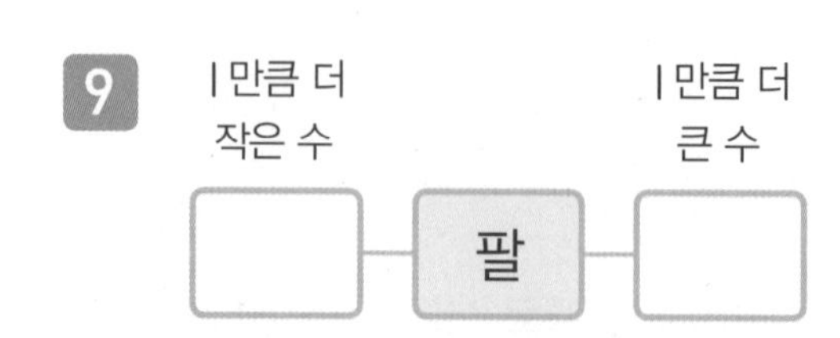

10

11
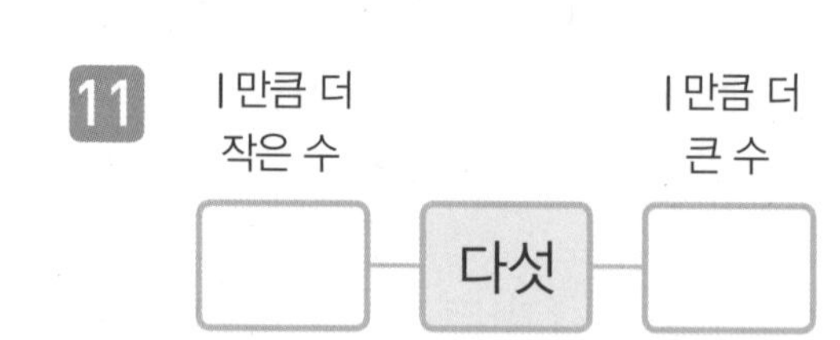

12

13
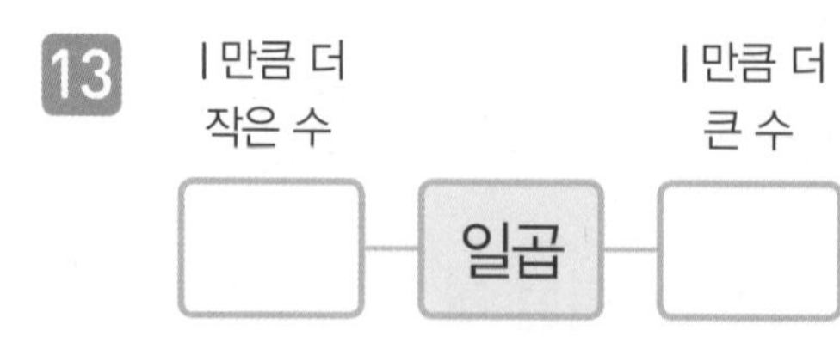

14
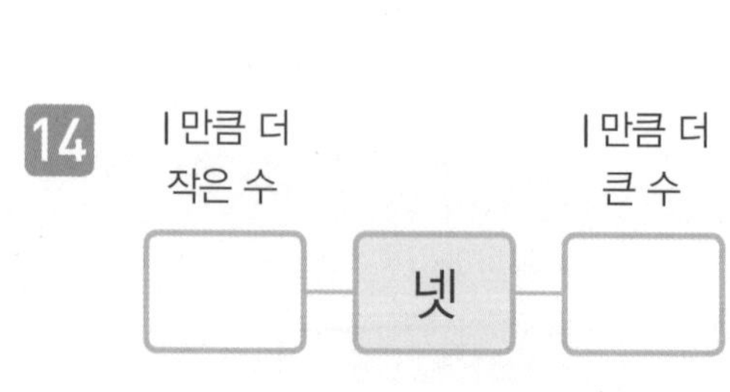

연산 in 문장제

하늘이네 가족은 모두 4명입니다. 동생이 1명 태어나면 하늘이네 가족은 몇 명이 되는지 구해 보세요.

4 - 5

동생이 태어나면 하늘이네 가족은 5명이 됩니다.

15 수빈이네 암탉이 달걀을 5개 낳았습니다. 달걀을 1개 더 낳으면 달걀은 몇 개가 되는지 구해 보세요. →

답 ______

16 준성이의 방에 동화책은 6권 있고, 만화책은 동화책보다 1권 더 많습니다. 준성이의 방에 있는 만화책은 몇 권인지 구해 보세요. →

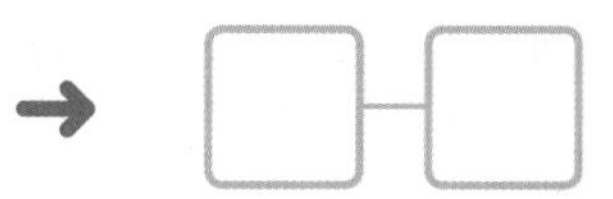

답 ______

17 재욱이가 접시 위에 있는 귤 9개 중 1개를 먹었습니다. 접시 위에 남은 귤은 몇 개인지 구해 보세요. →

답 ______

18 필통 안에 연필은 3자루 있고, 색연필은 연필보다 1자루 더 적습니다. 필통 안에 있는 색연필은 몇 자루인지 구해 보세요. →

답 ______

19 식탁 위에 초콜릿은 4개 있고, 사탕은 초콜릿보다 1개 더 적습니다. 식탁 위에 있는 사탕은 몇 개인지 구해 보세요. →

답 ______

맞힌 개수

개 /19개

나의 학습 결과에 ○표 하세요.

맞힌 개수	0~2개	3~10개	11~17개	18~19개
학습 방법	다시 한번 풀어 봐요.	계산 연습이 필요해요.	틀린 문제를 확인해요.	실수하지 않도록 집중해요.

QR 빠른 정답 확인

6. 두 수의 크기 비교

수만큼 ○를 그리고 더 큰 수에 ○표 하세요.

1

2

3

4

5

수만큼 ○를 그리고 더 작은 수에 △표 하세요.

6

7

8
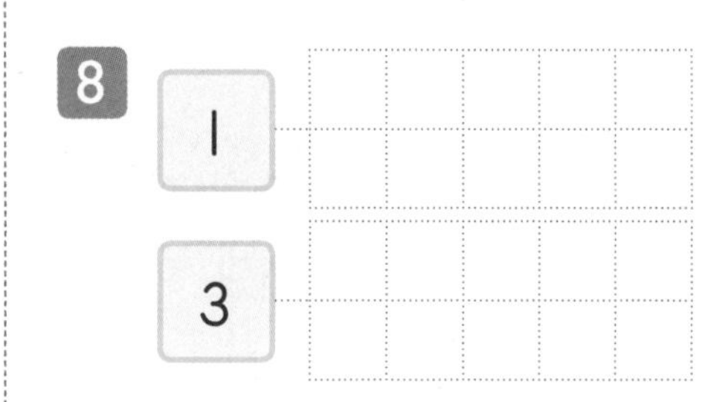

9

10

11

더 큰 수에 ○표 하세요.

12 | 4 5

13 | 2 6

14 | 9 1

15 | 6 8

16 | 7 5

17 | 4 7

18 | 3 2

19 | 1 5

20 | 2 8

21 | 7 9

22 | 6 5

더 작은 수에 △표 하세요.

23 | 2 4

24 | 3 1

25 | 3 5

26 | 6 7

27 | 4 3

28 | 5 1

29 | 9 4

30 | 1 6

31 | 7 3

32 | 1 2

맞힌 개수

개 /32개

나의 학습 결과에 ○표 하세요.

맞힌 개수	0~5개	6~17개	18~28개	29~32개
학습 방법	다시 한번 풀어 봐요.	계산 연습이 필요해요.	틀린 문제를 확인해요.	실수하지 않도록 집중해요.

QR 빠른 정답 확인

6. 두 수의 크기 비교

● 알맞은 말에 ○표 하세요.

1 3은 5보다 (큽니다 , 작습니다).

2 2는 8보다 (큽니다 , 작습니다).

3 6은 4보다 (큽니다 , 작습니다).

4 5는 2보다 (큽니다 , 작습니다).

5 8은 1보다 (큽니다 , 작습니다).

6 8은 9보다 (큽니다 , 작습니다).

7 2는 1보다 (큽니다 , 작습니다).

8 1은 3보다 (큽니다 , 작습니다).

9 4는 8보다 (큽니다 , 작습니다).

10 5는 6보다 (큽니다 , 작습니다).

11 4는 3보다 (큽니다 , 작습니다).

12 7은 4보다 (큽니다 , 작습니다).

13 9는 8보다 (큽니다 , 작습니다).

14 2는 6보다 (큽니다 , 작습니다).

15 6은 3보다 (큽니다 , 작습니다).

16 7은 9보다 (큽니다 , 작습니다).

학습 날짜: 월 일 정답 7쪽

연산 in 문장제

과일 바구니에 사과가 8개, 귤이 9개 들어 있습니다. 사과와 귤 중에서 어느 것이 더 많은지 구해 보세요.

귤이 사과보다 더 많습니다.

○	○	○	○	○
○	○	○		

△	△	△	△	△
△	△	△	△	

17 주머니에 빨간 공이 6개, 노란 공이 4개 들어 있습니다. 빨간 공과 노란 공 중에서 어느 것이 더 많은지 구해 보세요.

답 ____________ →

18 곤충 박물관에 사슴벌레가 6마리, 장수풍뎅이가 8마리 있습니다. 사슴벌레와 장수풍뎅이 중에서 어느 것이 더 많은지 구해 보세요.

답 ____________ →

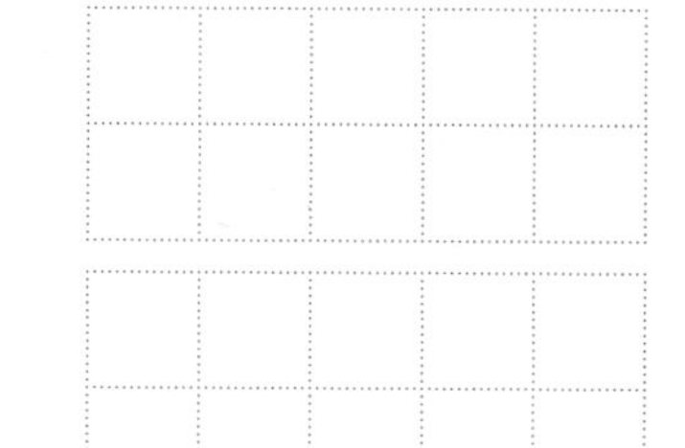

19 신발장에 운동화가 9켤레, 구두가 7켤레 있습니다. 운동화와 구두 중에서 어느 것이 더 적은지 구해 보세요.

답 ____________ →

20 서랍에 지우개가 2개, 연필이 4자루 들어 있습니다. 지우개와 연필 중에서 어느 것이 더 적은지 구해 보세요.

답 ____________ →

맞힌 개수
개 /20개

나의 학습 결과에 ○표 하세요.

맞힌 개수	0~2개	3~10개	11~18개	19~20개
학습 방법	다시 한번 풀어 봐요.	계산 연습이 필요해요.	틀린 문제를 확인해요.	실수하지 않도록 집중해요.

QR 빠른 정답 확인

7. 세 수의 크기 비교

수만큼 ○를 그리고 가장 큰 수에 ○표 하세요.

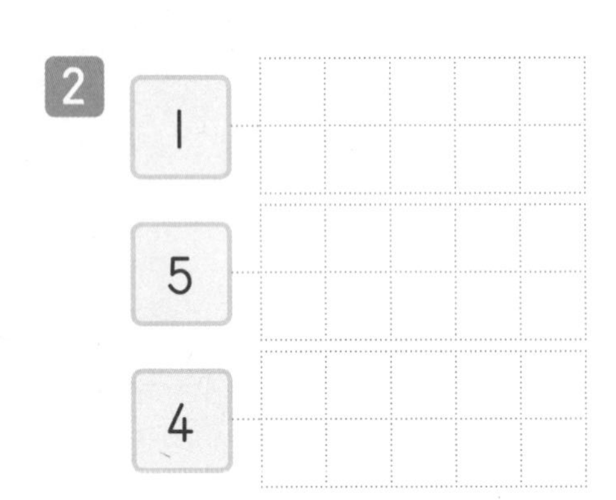

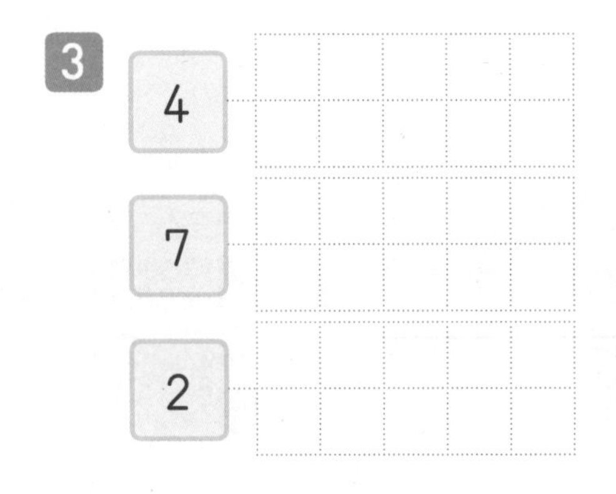

수만큼 ○를 그리고 가장 작은 수에 △표 하세요.

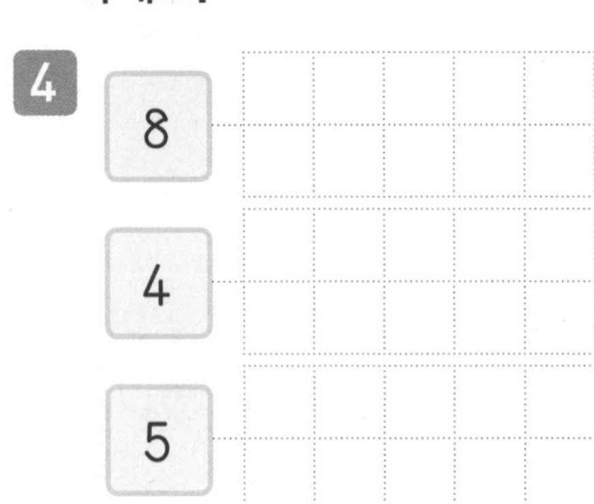

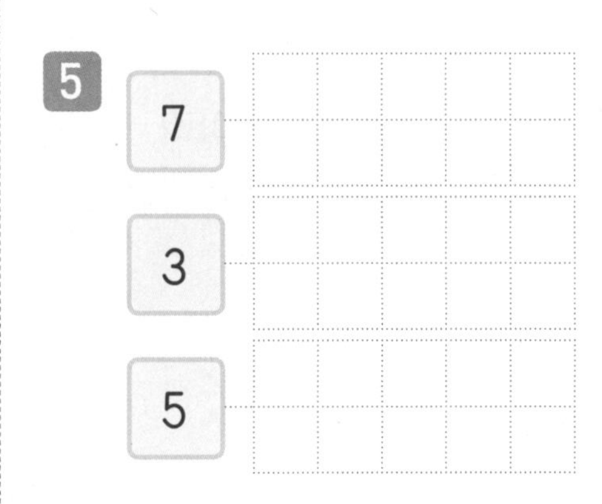

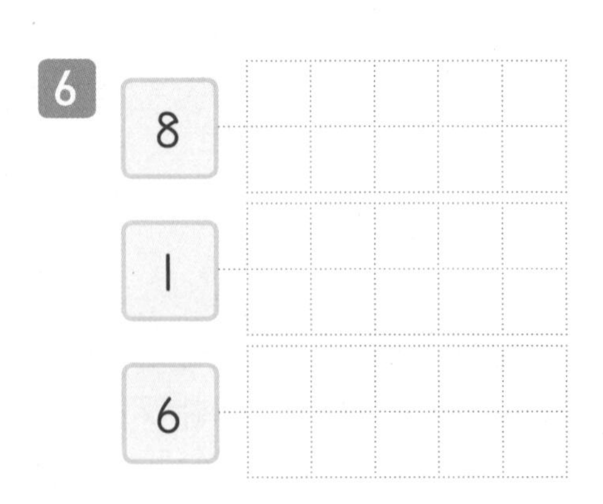

7

2
4
3

가장 큰 수에 ○표 하세요.

8 | 3 4

9 2 6 3

10 3 5 6

11 3 2 5

12 8 | 4

13 4 7 5

14 5 4 9

15 6 2 7

16 7 | 4

17 8 6 3

18 9 8 5

가장 작은 수에 △표 하세요.

19 9 | 3

20 8 9 2

21 8 7 5

22 7 6 |

23 6 4 3

24 5 3 9

25 4 7 5

26 3 5 8

27 2 | 4

28 | 6 3

맞힌 개수
개 /28개

나의 학습 결과에 ○표 하세요.

맞힌 개수	0~3개	4~14개	15~25개	26~28개
학습 방법	다시 한번 풀어 봐요.	계산 연습이 필요해요.	틀린 문제를 확인해요.	실수하지 않도록 집중해요.

QR 빠른 정답 확인

14 일차

7. 세 수의 크기 비교

□ 안에 알맞은 수를 써넣으세요.

1 ① 1 ② 3 ③ 5

➡ 가장 큰 수: □

가장 작은 수: □

2

➡ 가장 큰 수: □

가장 작은 수: □

3

➡ 가장 큰 수: □

가장 작은 수: □

4 3 6 8

➡ 가장 큰 수: □

가장 작은 수: □

5 4 1 5

➡ 가장 큰 수: □

가장 작은 수: □

6 4 7 2

➡ 가장 큰 수: □

가장 작은 수: □

7 5 9 4

➡ 가장 큰 수: □

가장 작은 수: □

8 5 2 6

➡ 가장 큰 수: □

가장 작은 수: □

9 6 3 5

➡ 가장 큰 수: □

가장 작은 수: □

10 6 7 8

➡ 가장 큰 수: □

가장 작은 수: □

11 7 1 9

➡ 가장 큰 수: □

가장 작은 수: □

12 7 8 3

➡ 가장 큰 수: □

가장 작은 수: □

13 8 5 4

➡ 가장 큰 수: □

가장 작은 수: □

14 8 9 5

➡ 가장 큰 수: □

가장 작은 수: □

15 9 7 3

➡ 가장 큰 수: □

가장 작은 수: □

연산 in 문장제

어느 호텔의 1호실에는 5명, 2호실에는 3명, 3호실에는 6명이 숙박하고 있습니다. 몇 호실의 사람이 가장 많은지 구해 보세요.

3호실의 사람이 가장 많습니다.

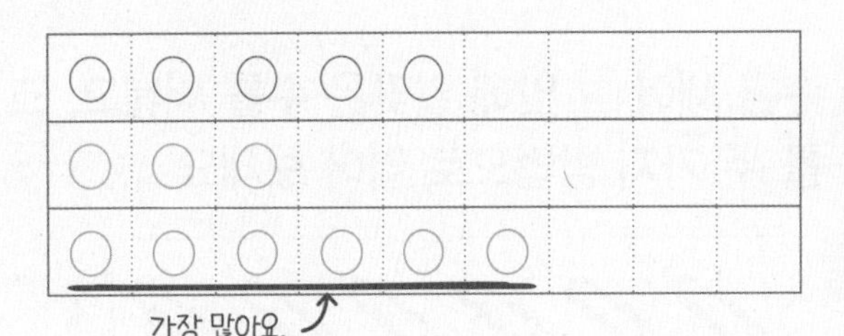

16 수정이네 가족은 햄버거 3개, 감자튀김 5개, 치킨너겟 7개를 주문했습니다. 가장 많이 주문한 것은 무엇인지 구해 보세요.

→

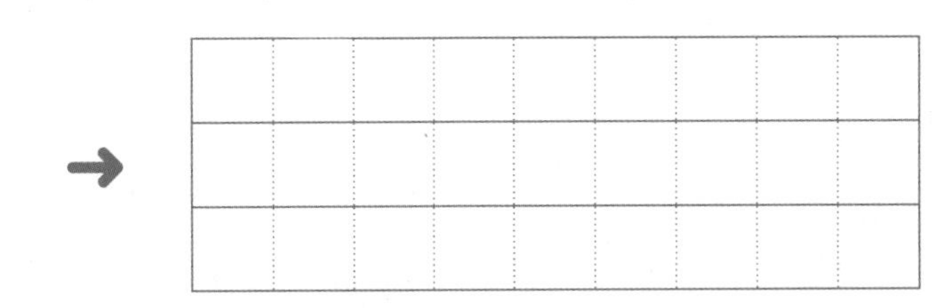

답 ______

17 지수는 빨간 공깃돌 8개, 노란 공깃돌 6개, 파란 공깃돌 4개를 가지고 있습니다. 어떤 공깃돌이 가장 많은지 구해 보세요.

→

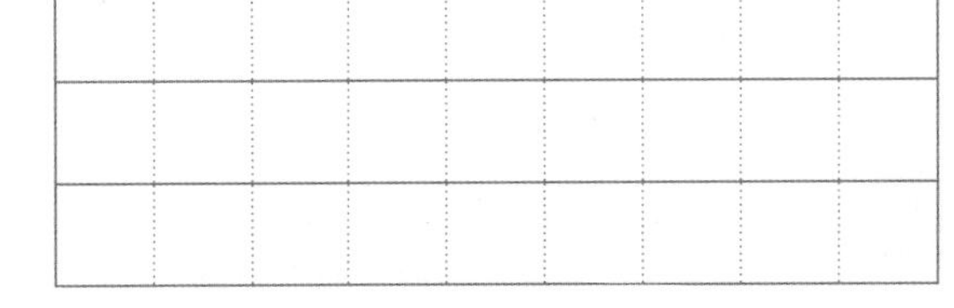

답 ______

18 놀이터에 퀵보드 8대, 자전거 9대, 유모차 2대가 있습니다. 가장 적은 것은 무엇인지 구해 보세요.

→

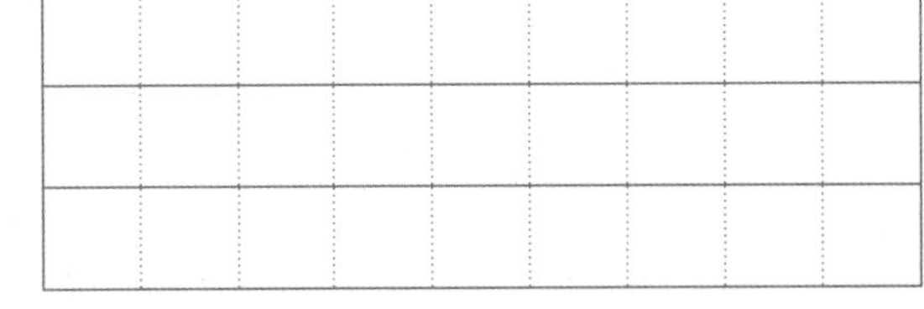

답 ______

19 냉장고에 콜라 5캔, 사이다 7캔, 주스 3캔이 들어 있습니다. 가장 적은 음료수는 무엇인지 구해 보세요.

→

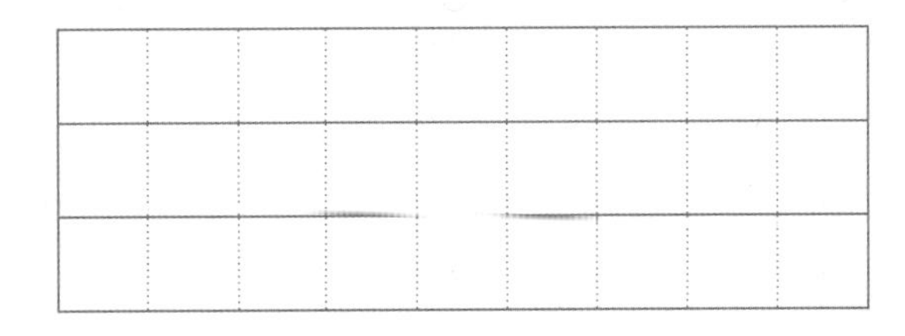

답 ______

20 정혜는 월요일에 1장, 화요일에 6장, 수요일에 4장의 붙임딱지를 붙였습니다. 붙임딱지를 가장 적게 붙인 요일은 언제인지 구해 보세요.

→

답 ______

맞힌 개수: 개 /20개

나의 학습 결과에 ○표 하세요.

맞힌 개수	0~2개	3~10개	11~18개	19~20개
학습 방법	다시 한번 풀어 봐요.	계산 연습이 필요해요.	틀린 문제를 확인해요.	실수하지 않도록 집중해요.

QR 빠른 정답 확인

15일차 연산 & 문장제 마무리

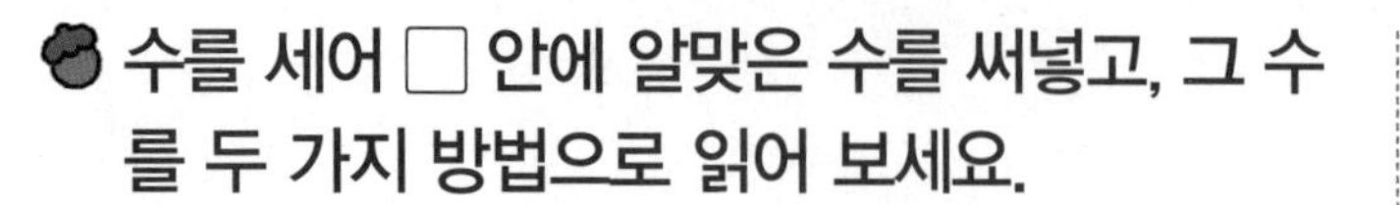

수를 세어 □ 안에 알맞은 수를 써넣고, 그 수를 두 가지 방법으로 읽어 보세요.

1

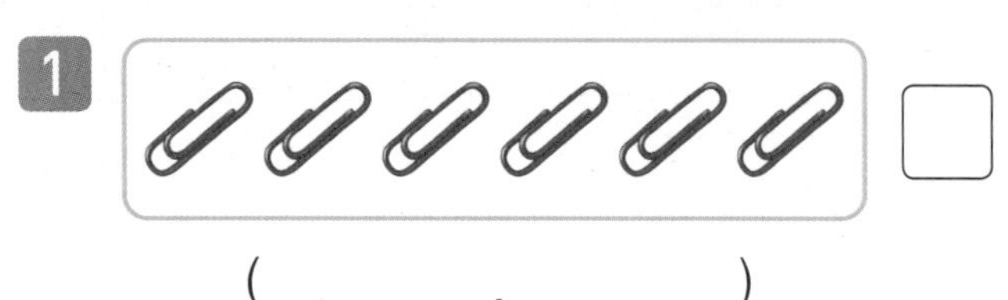

□

(　　　　,　　　　)

2

□

(　　　　,　　　　)

3

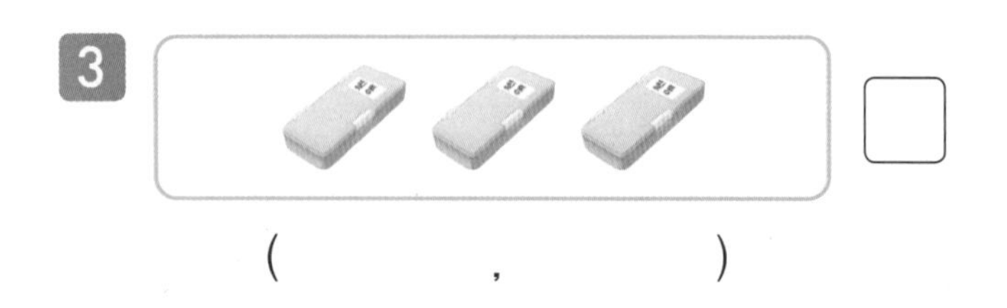

□

(　　　　,　　　　)

4

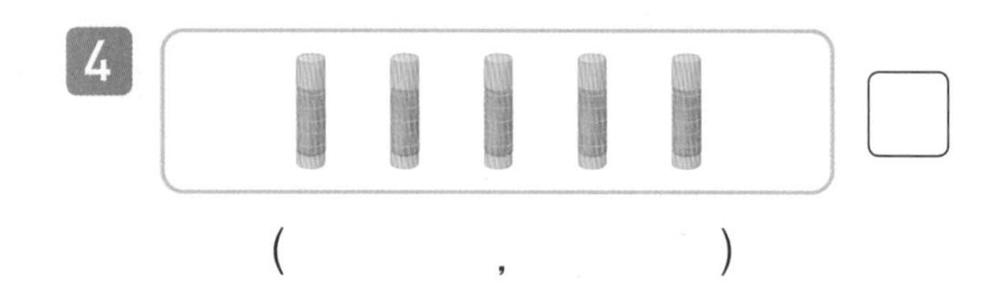

□

(　　　　,　　　　)

5

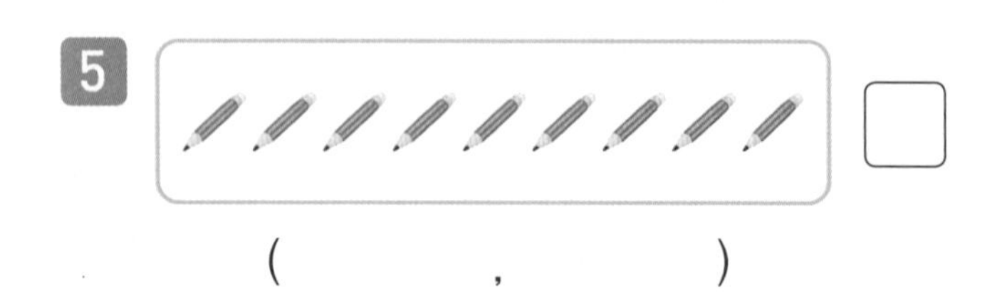

□

(　　　　,　　　　)

6

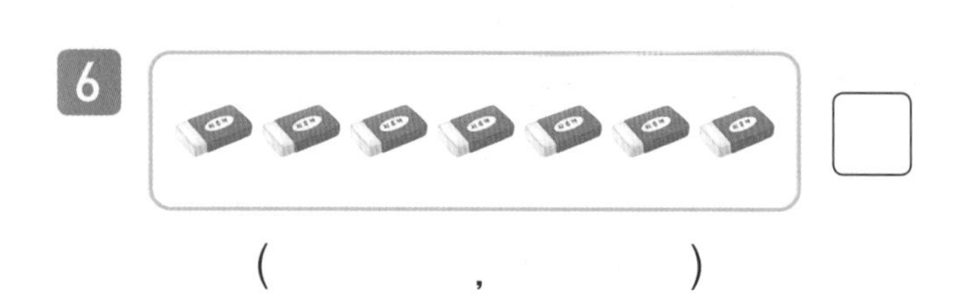

□

(　　　　,　　　　)

7

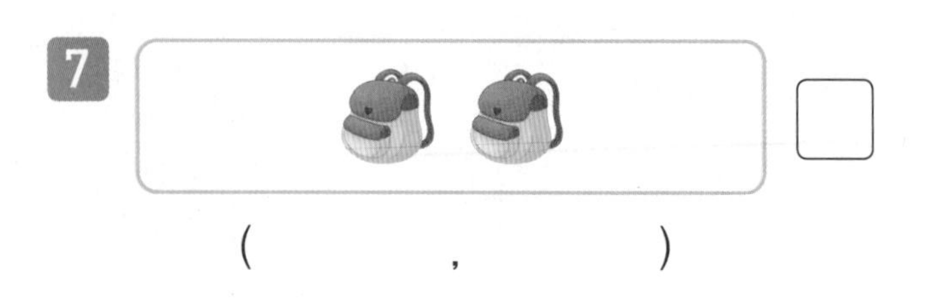

□

(　　　　,　　　　)

순서에 알맞게 빈칸에 수나 말을 써넣으세요.

8

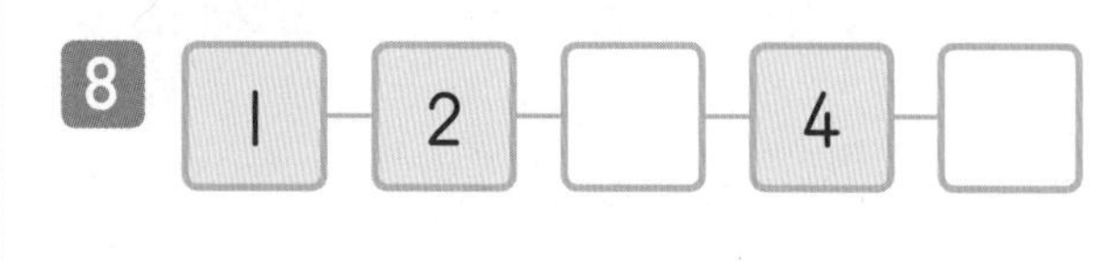

9

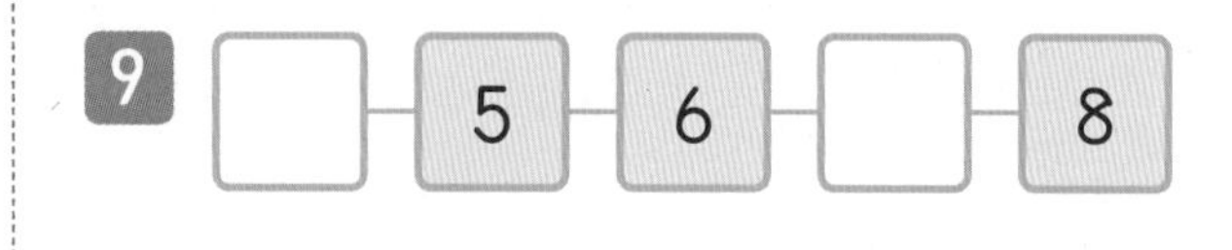

10

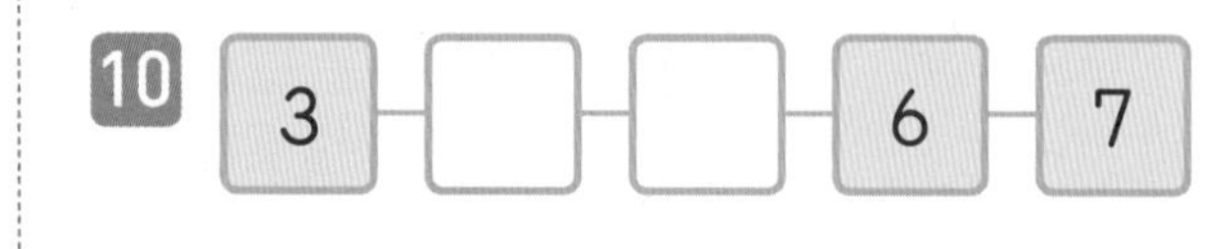

11

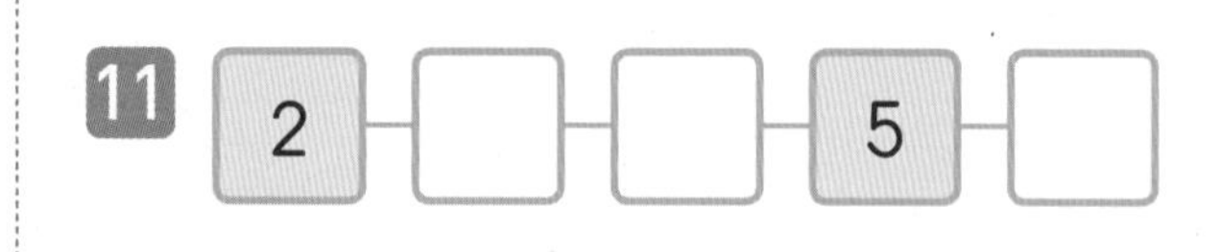

12

□ - 6 - □ - 8 - □

13

□ - 오 - □ - 칠 - □

14

□ - 셋 - □ - □ - 여섯

빈칸에 알맞은 수를 써넣으세요.

15
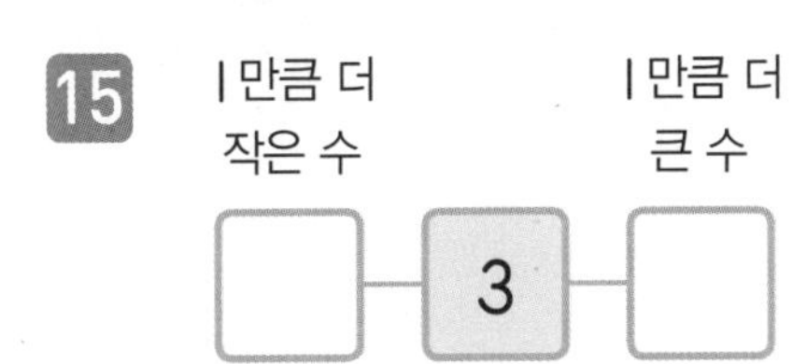

16
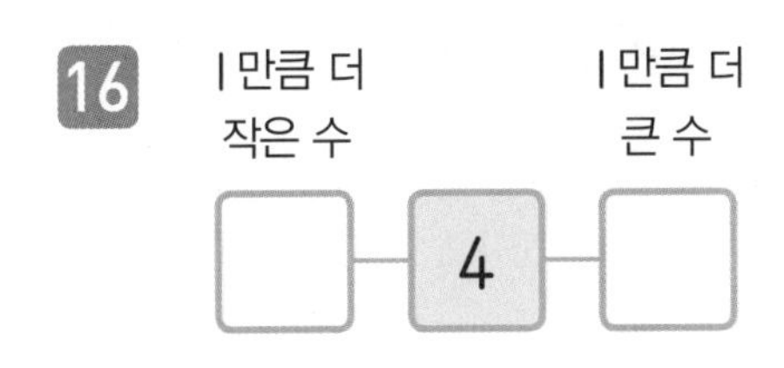

17
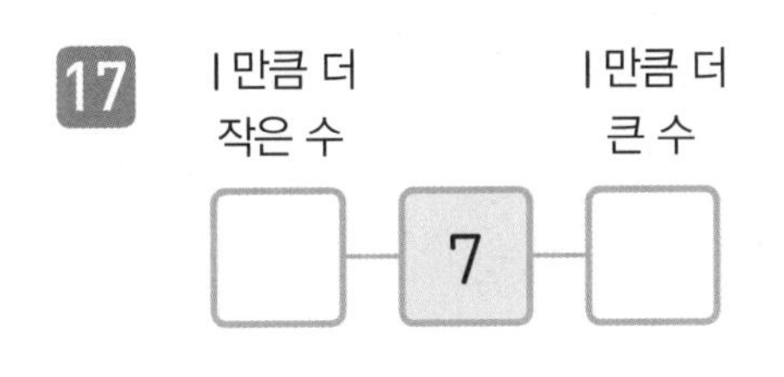

18
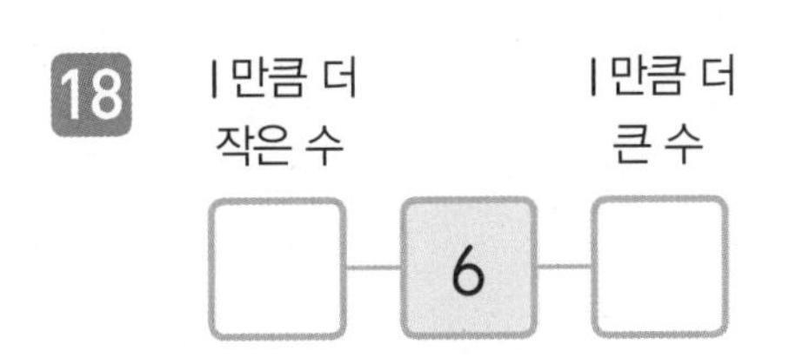

19

20
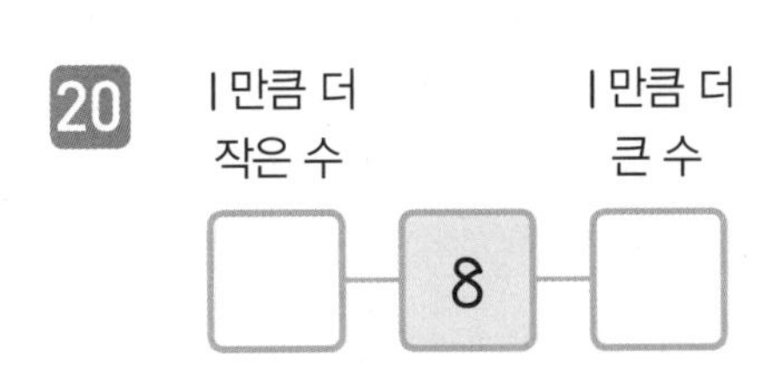

21 1만큼 더 작은 수 1만큼 더 큰 수

[ ] - [5] - [ ]

더 큰 수에 ○표 하세요.

22
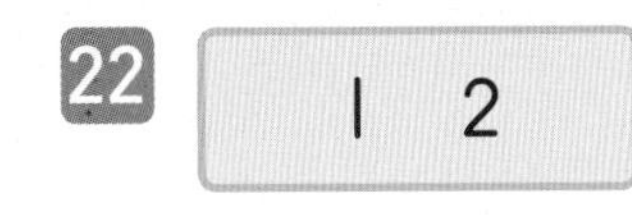

23

24

25

26

27

28

29 8 9

가장 큰 수에 ○표 하세요.

30

31
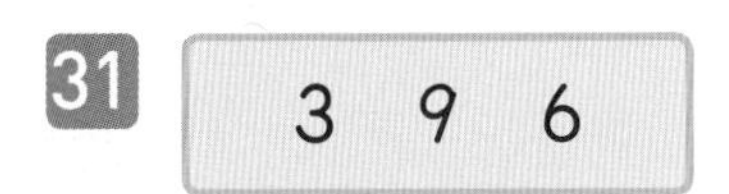

32 4 2 5

33

34 6 3 4

35 7 1 5

36

37 9 7 2

38 세경이가 소풍에 가져간 만두를 나타낸 것입니다. 세경이가 가져간 만두는 몇 개인지 구해 보세요.

답 ____________

연산 노트

39 동물들이 나란히 서 있습니다. 왼쪽에서 여섯째에 있는 동물을 구해 보세요.

답 

40 아버지께서 빵 4개를 사 오셨습니다. 우유는 빵보다 1개 더 적게 사 오셨다면 사 온 우유는 몇 개인지 구해 보세요.

답 ____________

41 연못에 금붕어 7마리, 잉어 4마리가 있습니다. 금붕어와 잉어 중에서 어느 것이 더 많은지 구해 보세요.

답 ____________

42 아파트 주차장에 검은색 차 9대, 하얀색 차 5대, 회색 차 8대가 주차되어 있습니다. 어떤 색의 차가 가장 많이 주차되어 있는지 구해 보세요.

답 

맞힌 개수

개 / 42개

나의 점수에 ○표 하세요.

맞힌 개수	0~8개	9~22개	23~36개	37~42개
학습 방법	다시 한번 풀어 봐요.	계산 연습이 필요해요.	틀린 문제를 확인해요.	실수하지 않도록 집중해요.

QR 빠른 정답 확인

2
덧셈

학습 주제	학습 일차	맞힌 개수
1. 9까지의 수를 모으기(1)	01일차	/19
	02일차	/19
2. 9까지의 수를 모으기(2)	03일차	/26
	04일차	/23
3. 더하여 나타내기	05일차	/17
	06일차	/23
4. 합이 9까지인 수의 덧셈하기(1)	07일차	/27
	08일차	/20
5. 합이 9까지인 수의 덧셈하기(2)	09일차	/37
	10일차	/27
6. 덧셈식에서 □의 값 구하기	11일차	/22
	12일차	/27
연산 & 문장제 마무리	13일차	/49

01일차 1. 9까지의 수를 모으기(1)

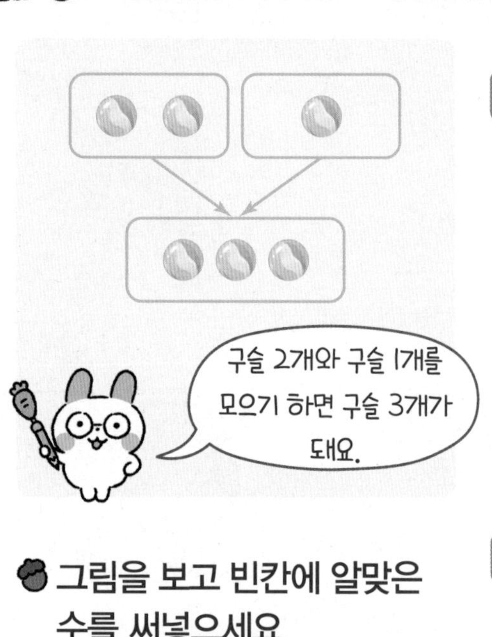

그림을 보고 빈칸에 알맞은 수를 써넣으세요.

1 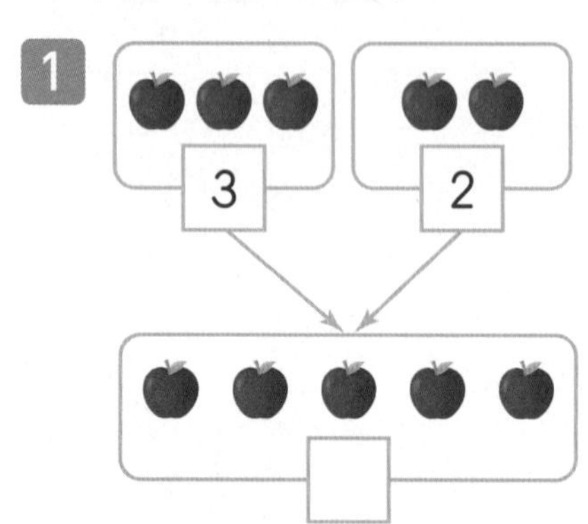

2 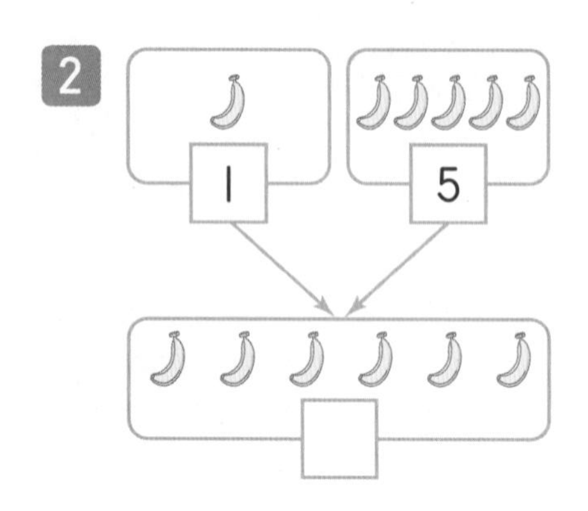

3 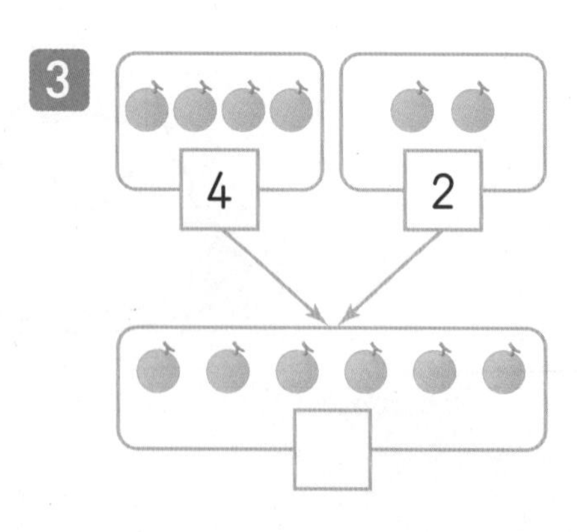

4 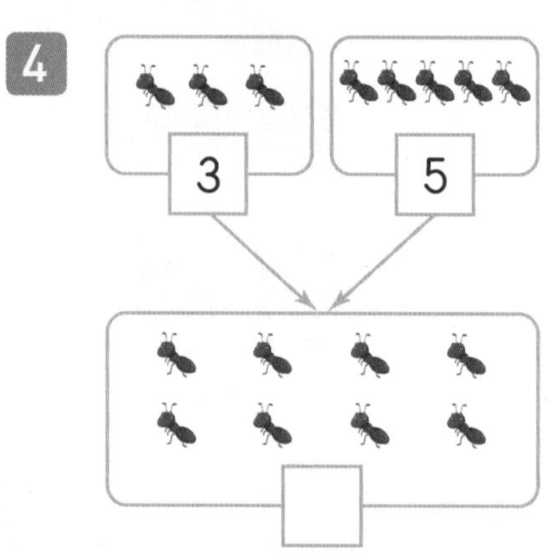

5 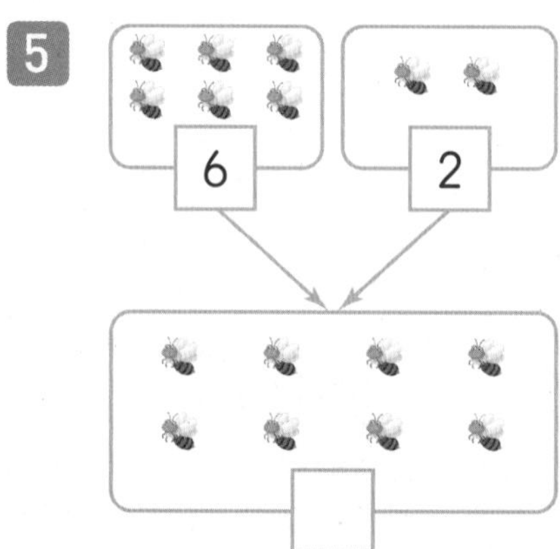

6 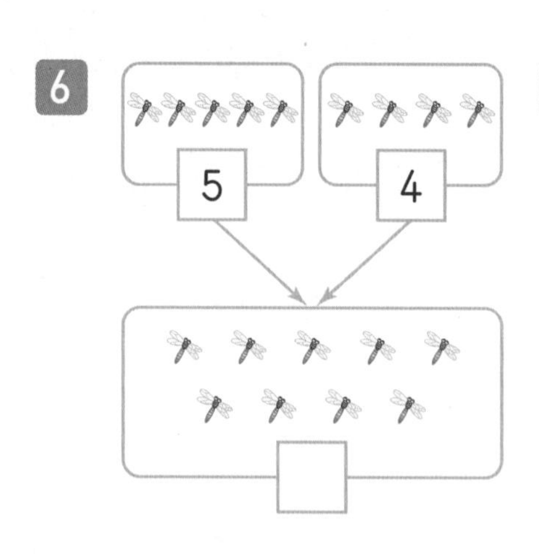

7 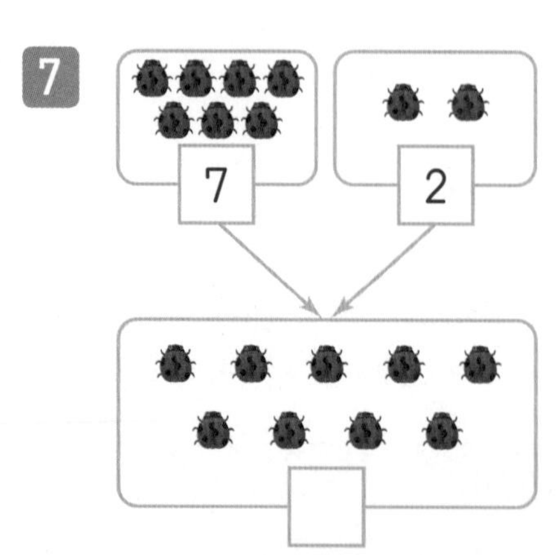

8 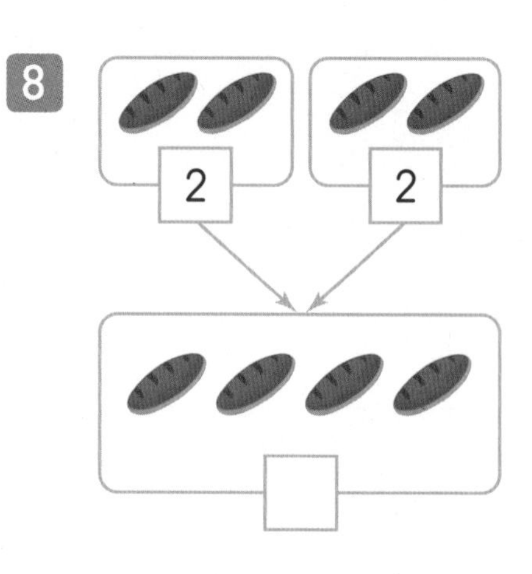

9 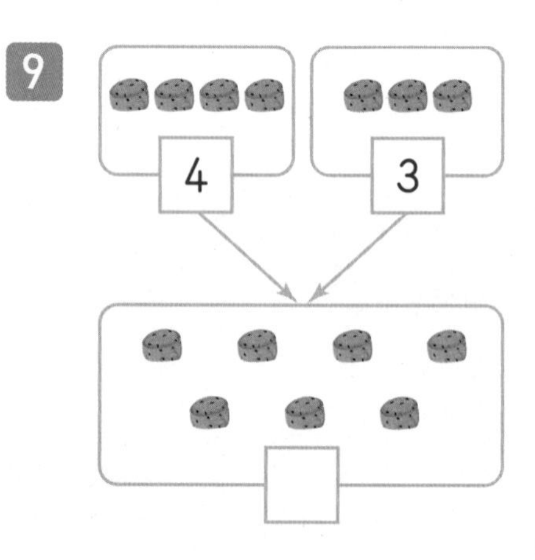

10 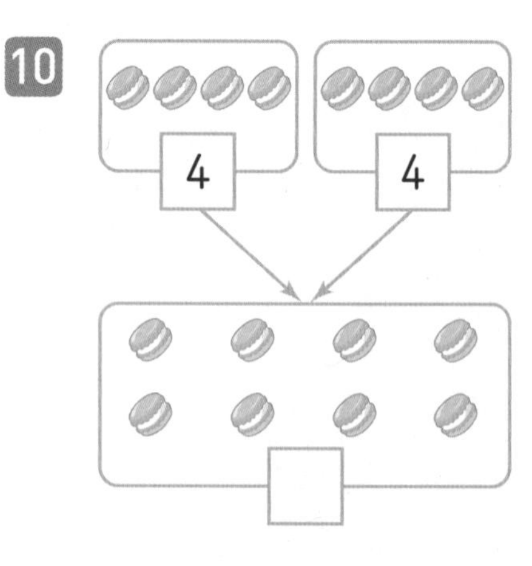

11 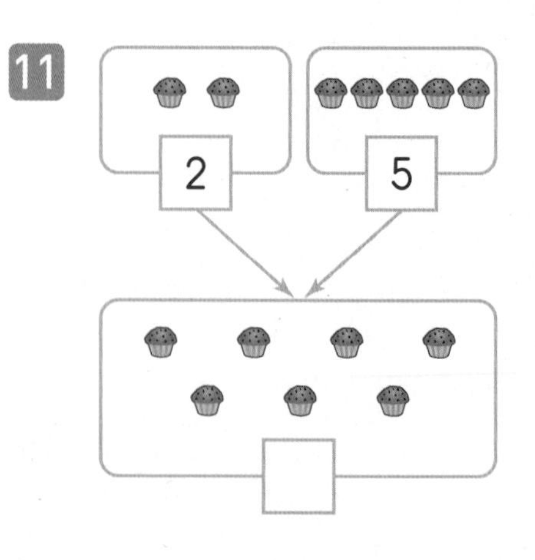

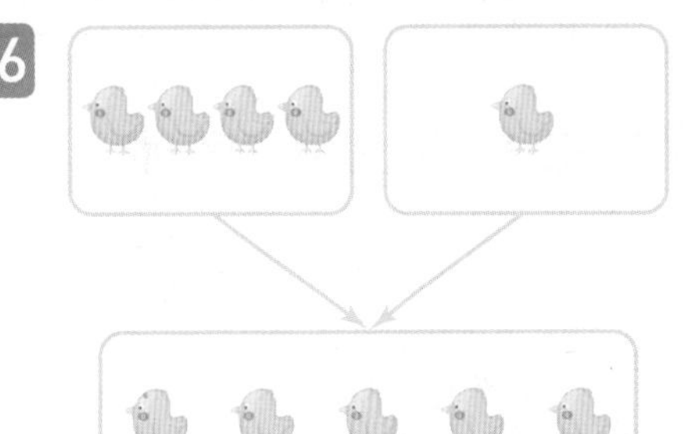

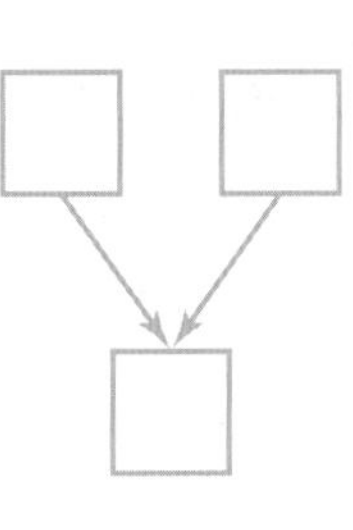

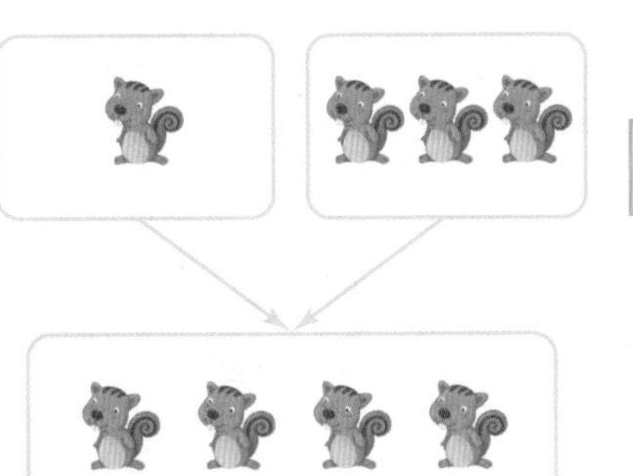

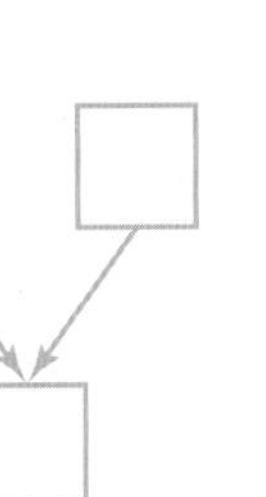

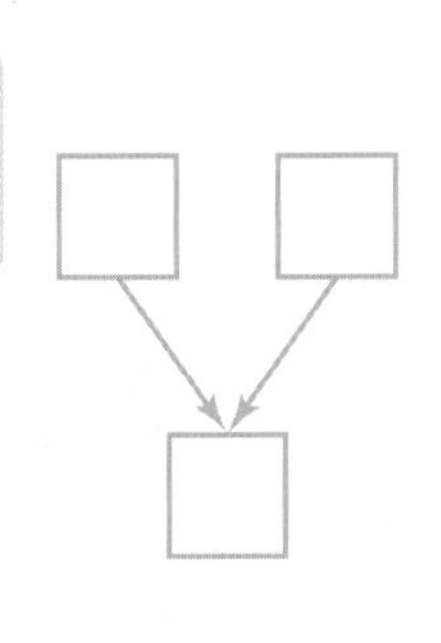

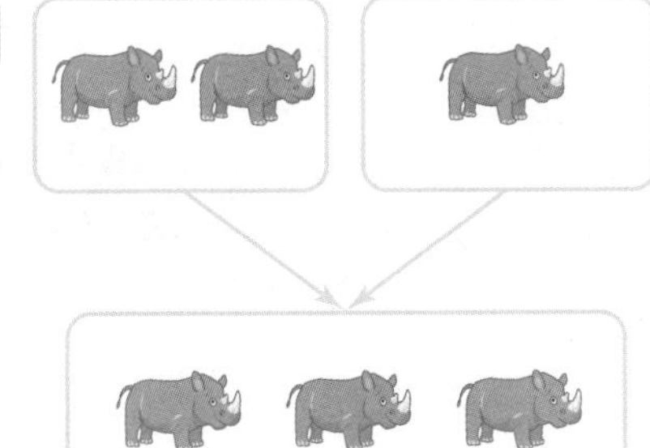

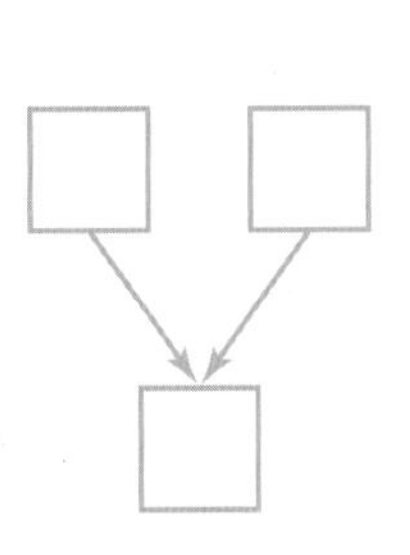

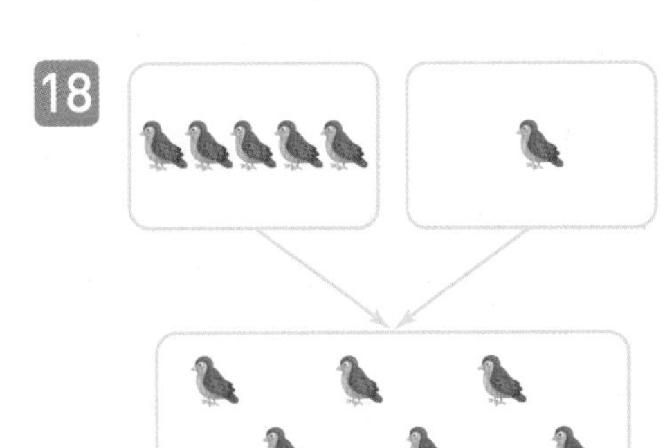

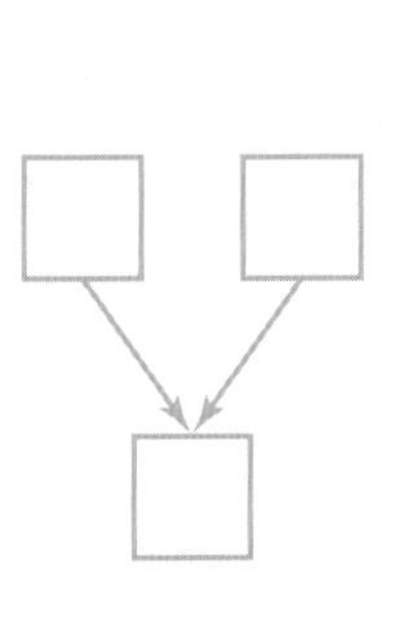

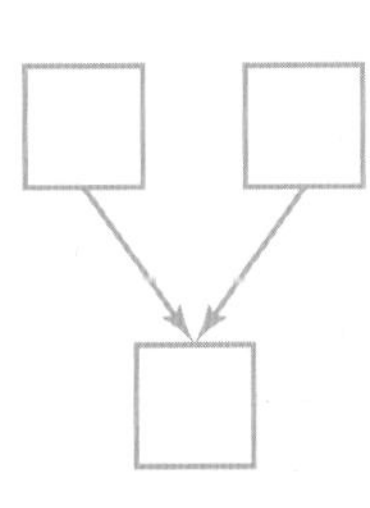

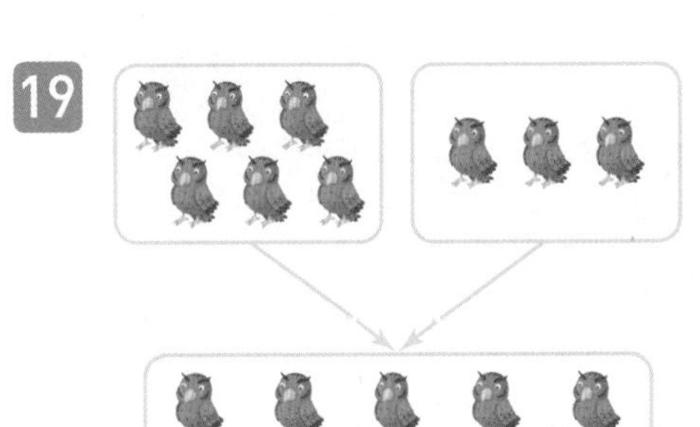

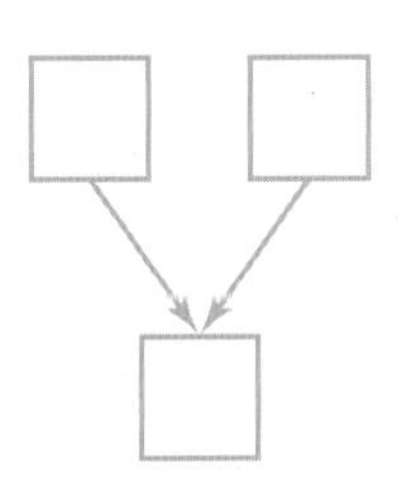

맞힌 개수

개 /19개

나의 학습 결과에 ○표 하세요.

맞힌 개수	0~2개	3~10개	11~17개	18~19개
학습 방법	다시 한번 풀어 봐요.	계산 연습이 필요해요.	틀린 문제를 확인해요.	실수하지 않도록 집중해요.

QR 빠른정답 확인

02 일차 1. 9까지의 수를 모으기(1)

그림을 보고 모으기를 하여 빈칸에 알맞은 수를 써넣으세요.

1
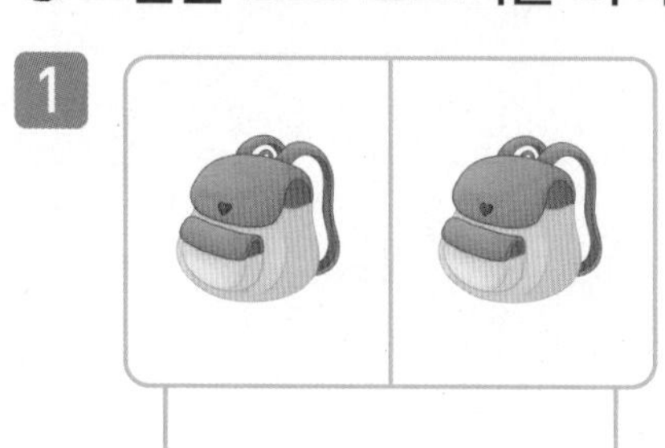

2
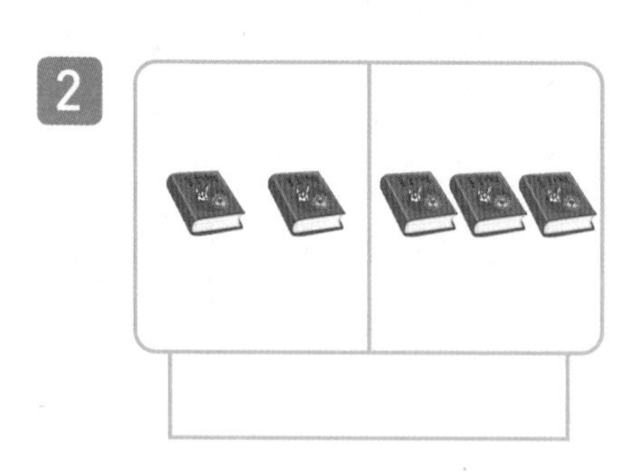

3
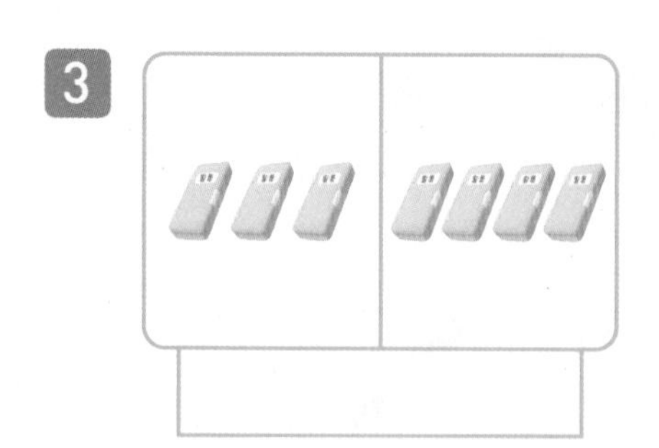

4
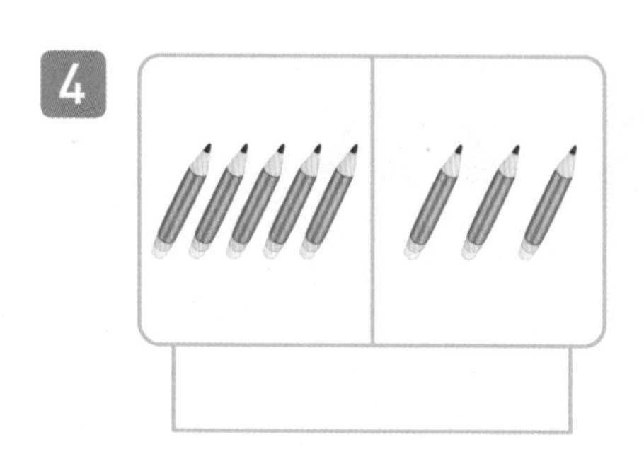

5
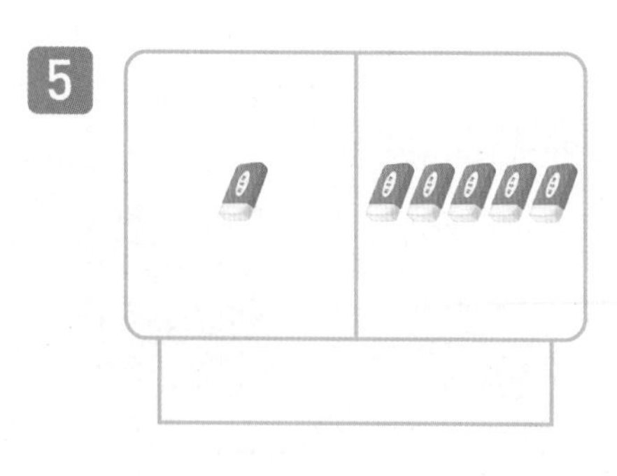

6

7
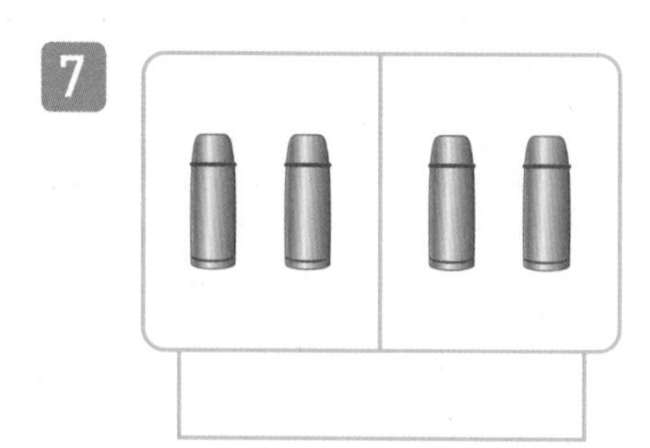

8
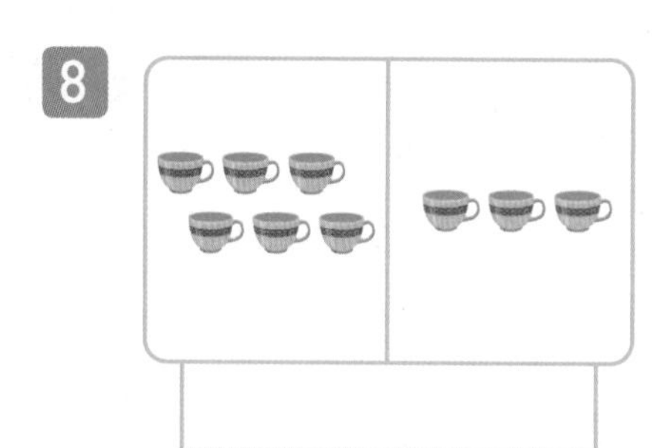

9
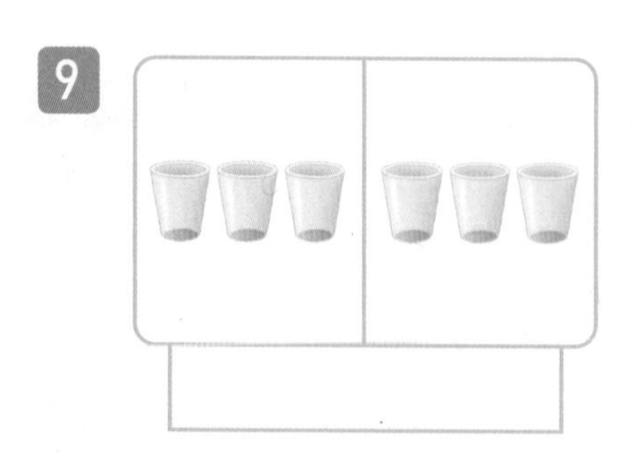

10
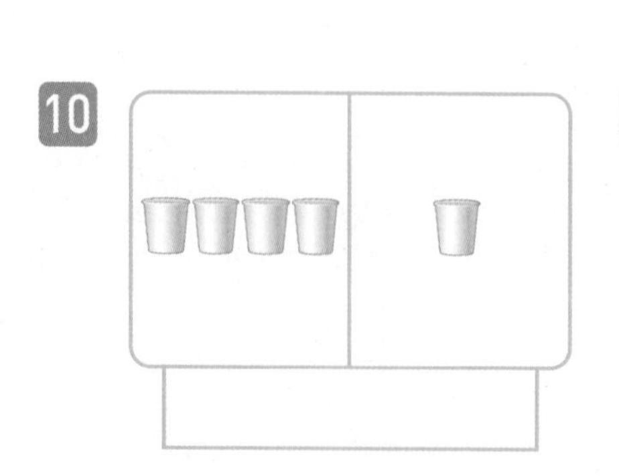

11
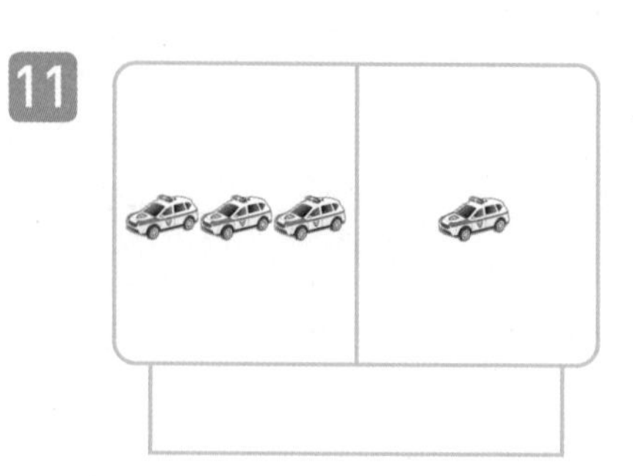

12
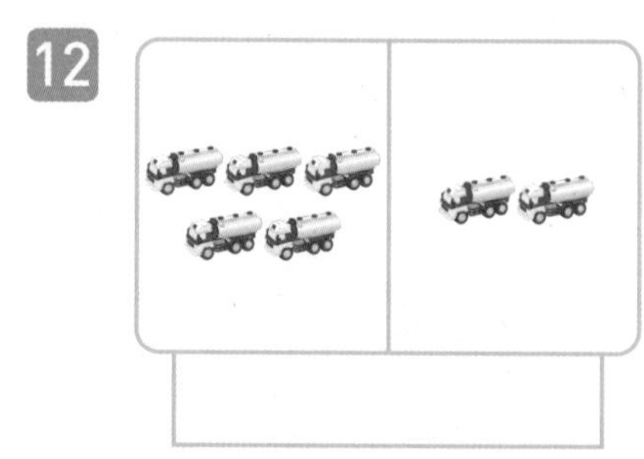

13
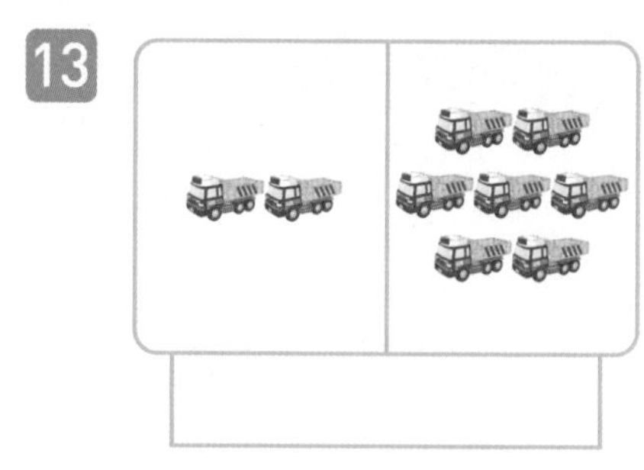

14
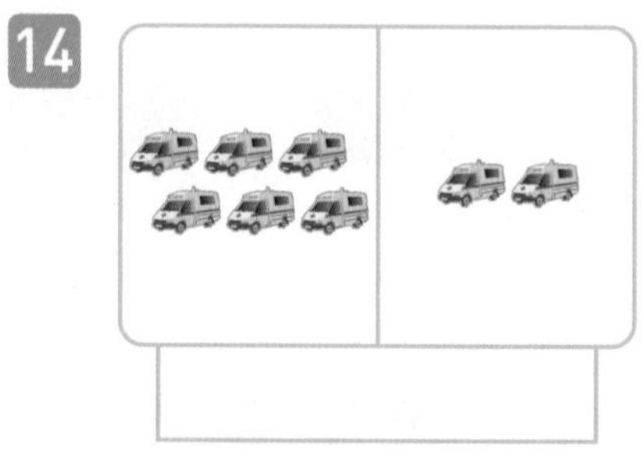

15
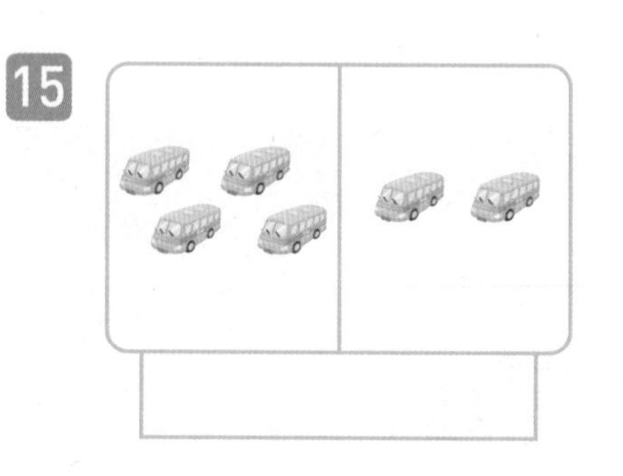

연산 in 문장제

빨간색 장미 3송이와 분홍색 장미 4송이를 모으기 하면 모두 몇 송이가 되는지 구해 보세요.

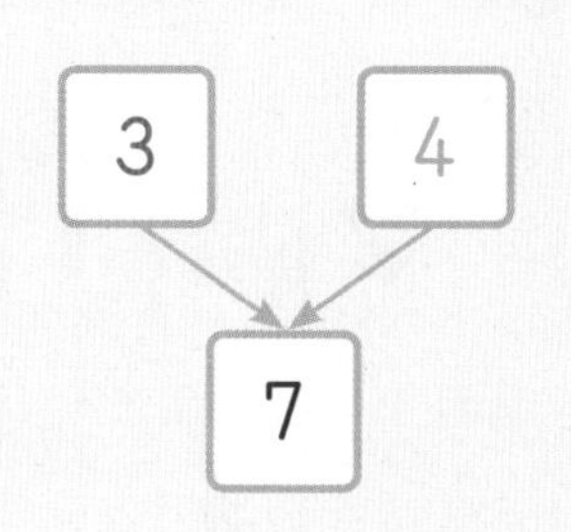

빨간색 장미 3송이 →   ← 분홍색 장미 4송이

모두 7송이가 됩니다.

16 포도맛 사탕 2개와 자두맛 사탕 3개를 모으기 하면 모두 몇 개가 되는지 구해 보세요.

답 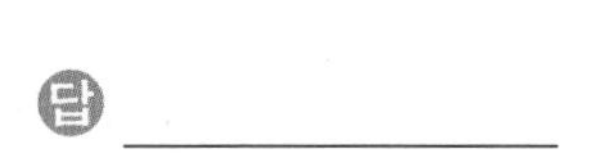

→ 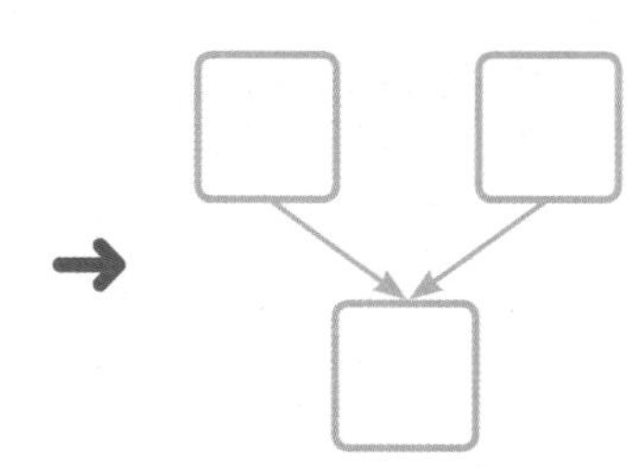

17 청소함에 있는 빗자루 4개와 바닥에 있는 빗자루 2개를 모으기 하면 모두 몇 개가 되는지 구해 보세요.

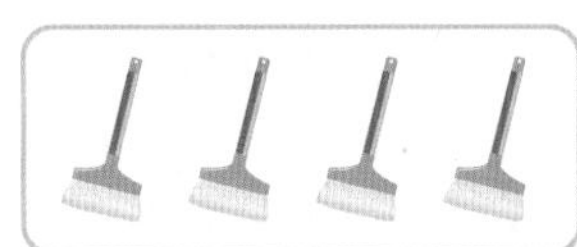 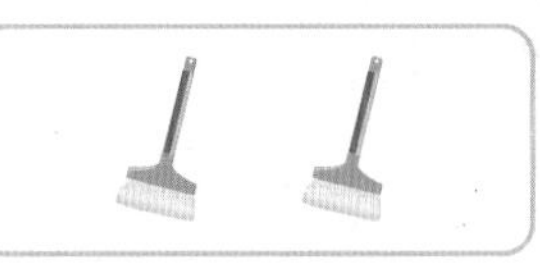

답 

→ 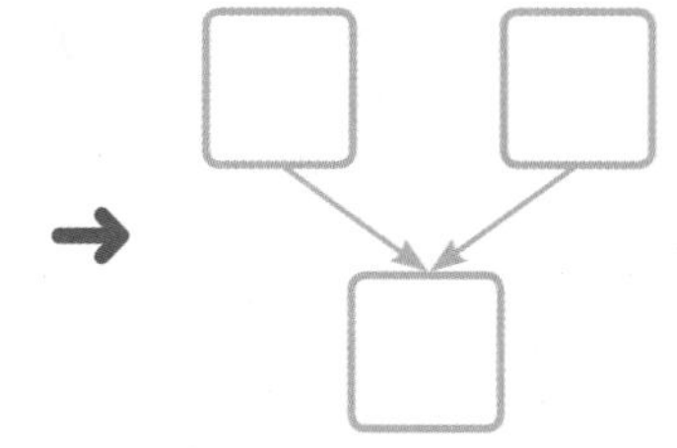

18 주머니에 있는 구슬 5개와 책상 위에 있는 구슬 3개를 모으기 하면 모두 몇 개가 되는지 구해 보세요.

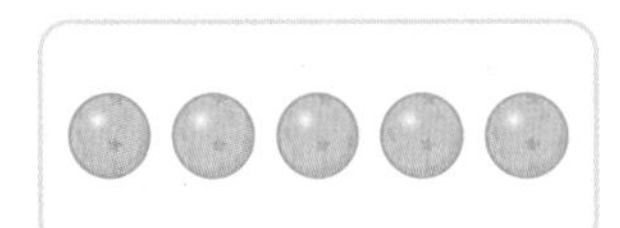 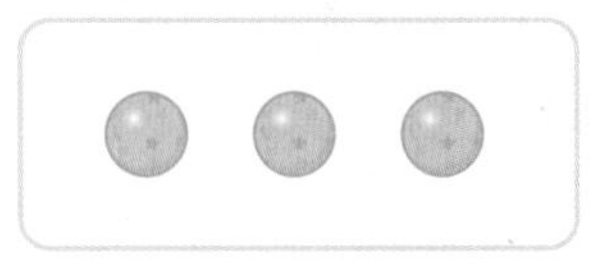

답 

→ 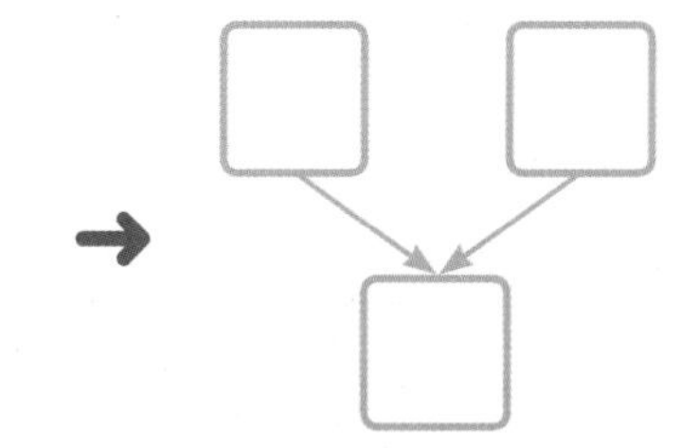

19 큰 방에 있는 펭귄 7마리와 작은 방에 있는 펭귄 2마리를 모으기 하면 모두 몇 마리가 되는지 구해 보세요.

답 

→ 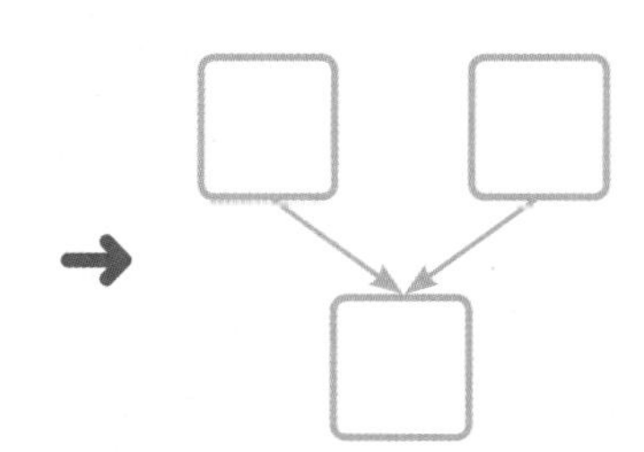

맞힌 개수: 개 /19개

나의 학습 결과에 ○표 하세요.

맞힌 개수	0~2개	3~10개	11~17개	18~19개
학습 방법	다시 한번 풀어 봐요.	계산 연습이 필요해요.	틀린 문제를 확인해요.	실수하지 않도록 집중해요.

QR 빠른 정답 확인

2. 9까지의 수를 모으기(2)

● 그림을 보고 빈칸에 알맞은 수를 써넣으세요.

빈칸에 알맞은 수를 써넣으세요.

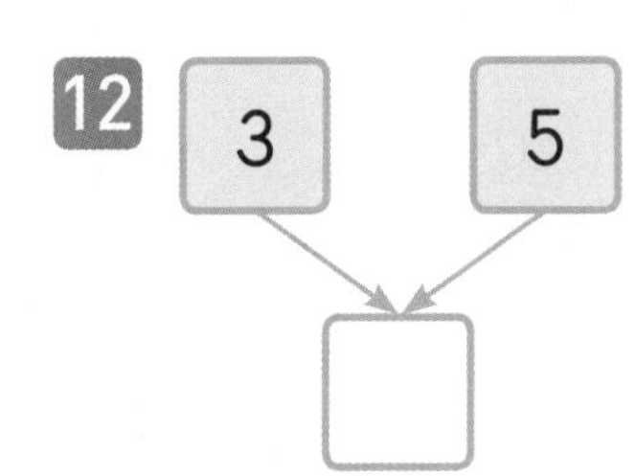

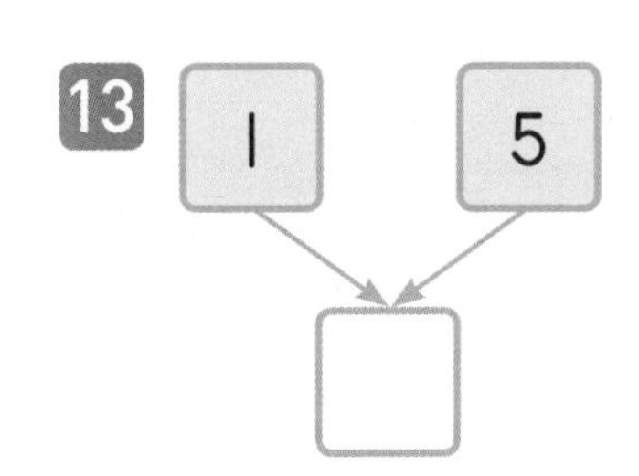

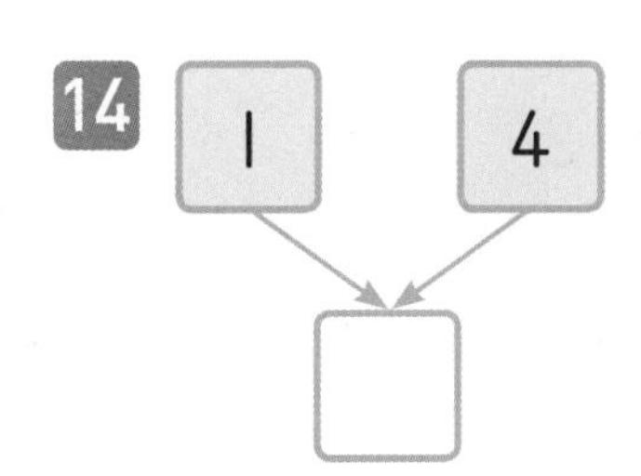

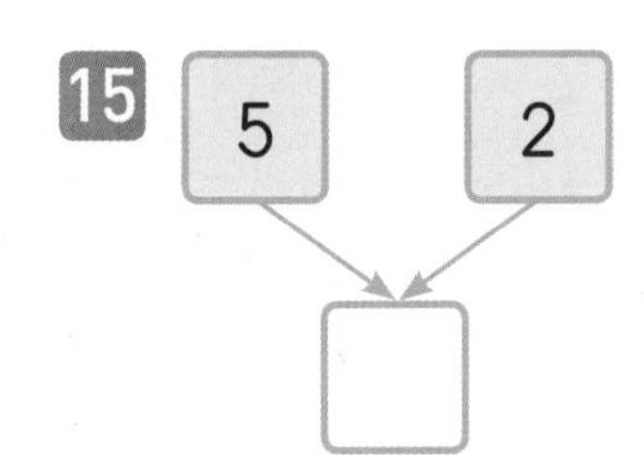

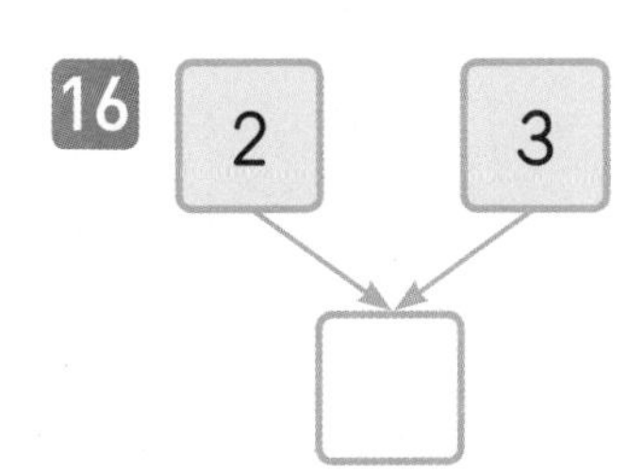

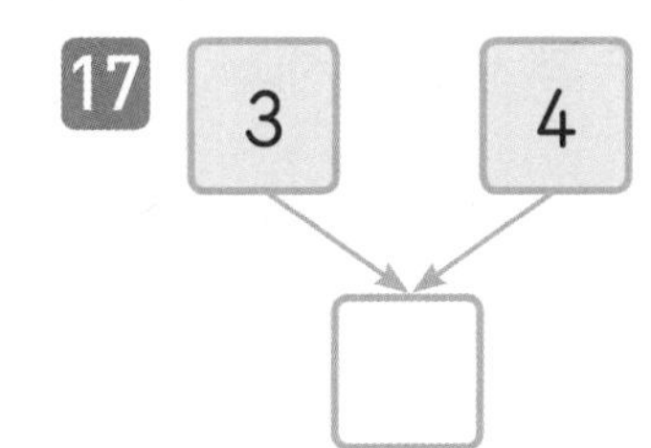

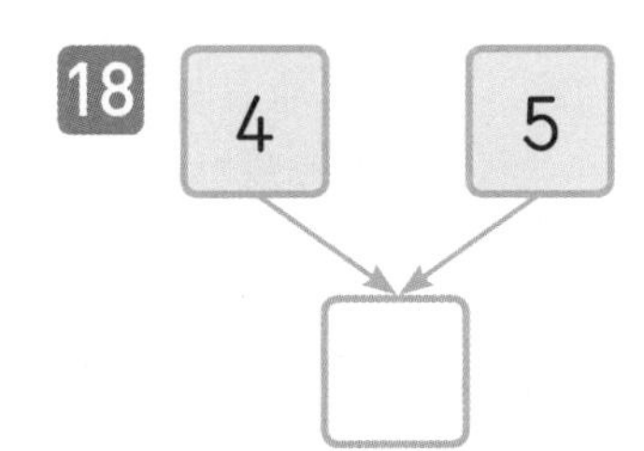

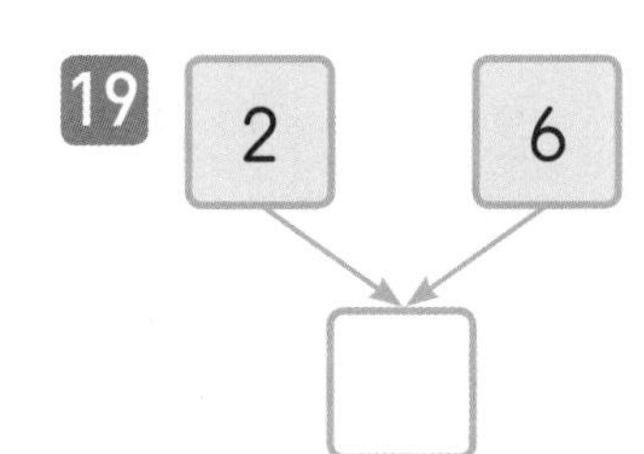

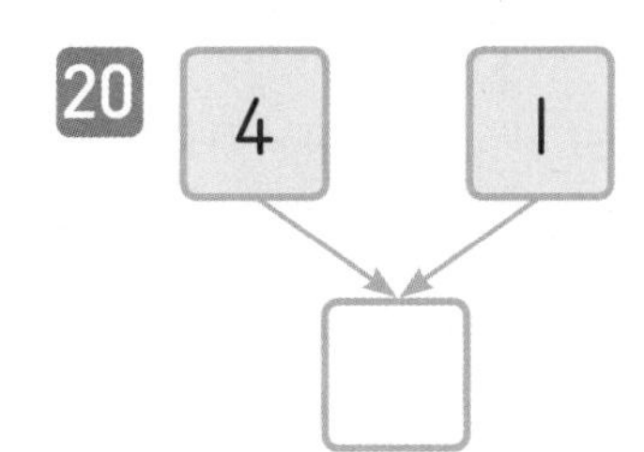

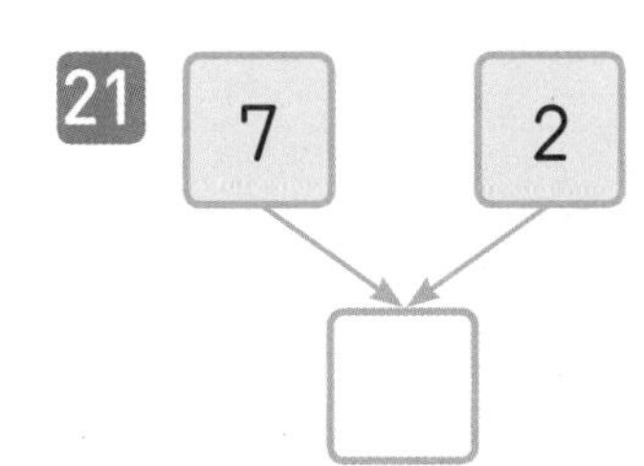

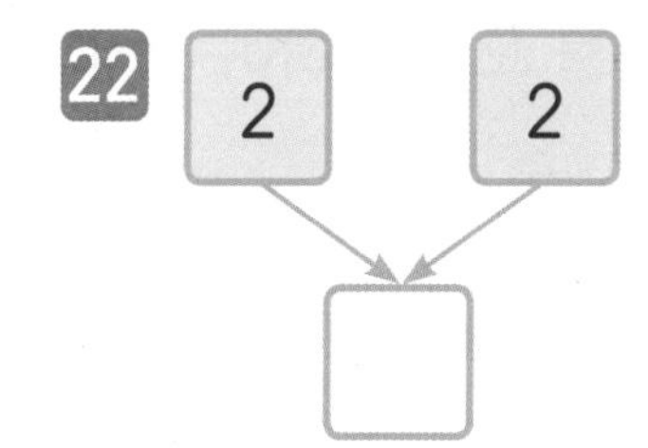

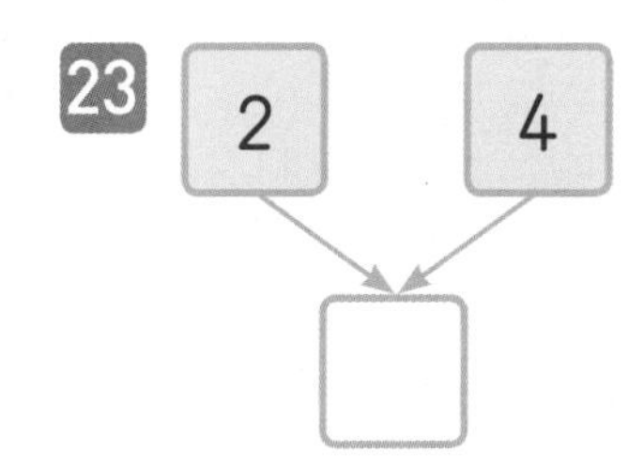

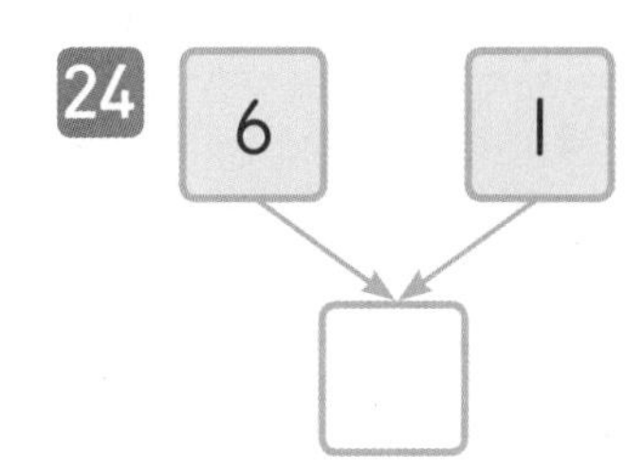

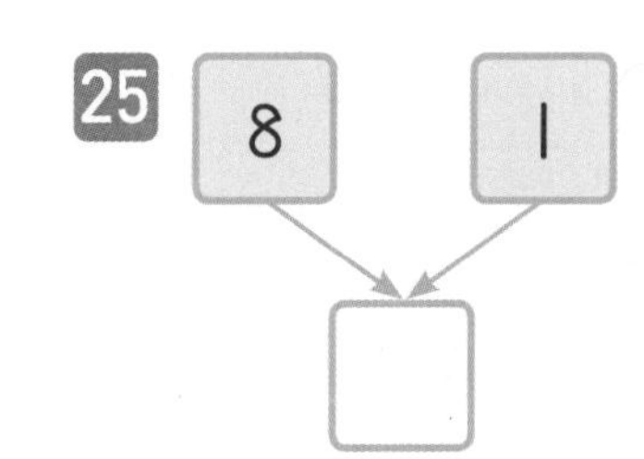

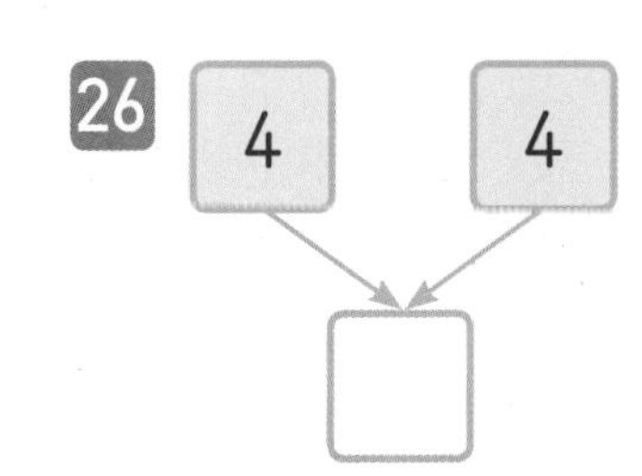

맞힌 개수

개 /26개

나의 학습 결과에 ○표 하세요.

맞힌 개수	0~4개	5~13개	14~22개	23~26개
학습 방법	다시 한번 풀어 봐요.	계산 연습이 필요해요.	틀린 문제를 확인해요.	실수하지 않도록 집중해요.

QR 빠른 정답 확인

04 일차 2. 9까지의 수를 모으기(2)

두 수를 모으기 하여 빈칸에 알맞은 수를 써넣으세요.

1
1	4

2
6	2

3
3	1

4
1	5

5
1	1

6
2	5

7
2	1

8
4	5

9
2	2

10
1	7

11
3	4

12
2	3

13
3	3

14
1	2

15
3	6

16
2	4

17
7	1

18
5	2

연산 in 문장제

식탁 위에 있는 김치만두 5개와 고기만두 4개를 모으기 하면 모두 몇 개가 되는지 구해 보세요.

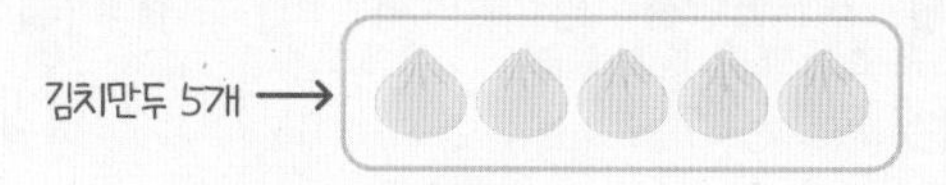

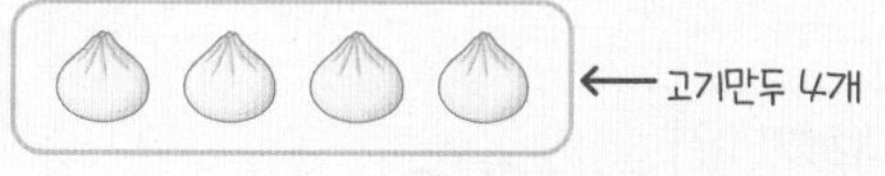

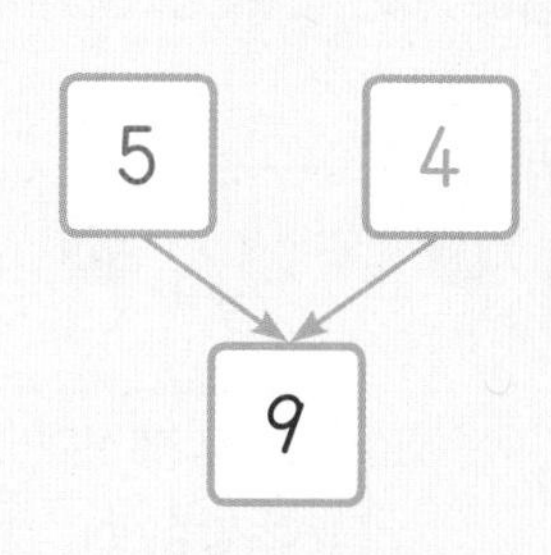

모두 9개가 됩니다.

19 책상 위에 있는 동화책 3권과 역사책 5권을 모으기 하면 모두 몇 권이 되는지 구해 보세요.

답 ____________

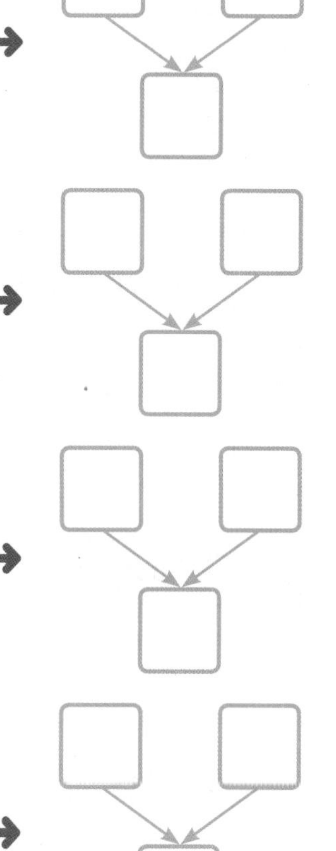

20 거실에 있는 미니카 1대와 방에 있는 미니카 4대를 모으기 하면 모두 몇 대가 되는지 구해 보세요.

답 ____________

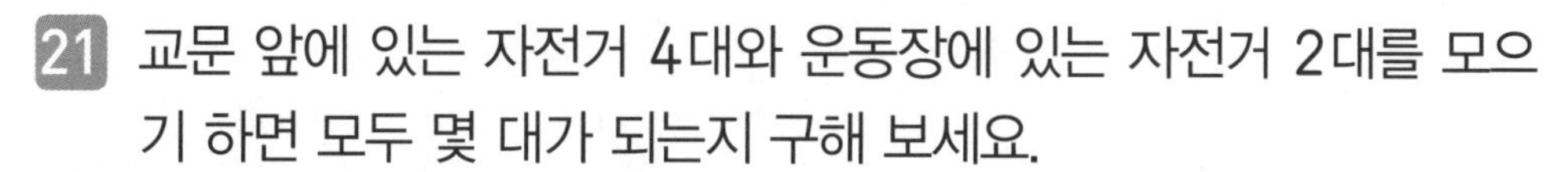

21 교문 앞에 있는 자전거 4대와 운동장에 있는 자전거 2대를 모으기 하면 모두 몇 대가 되는지 구해 보세요.

답 ____________

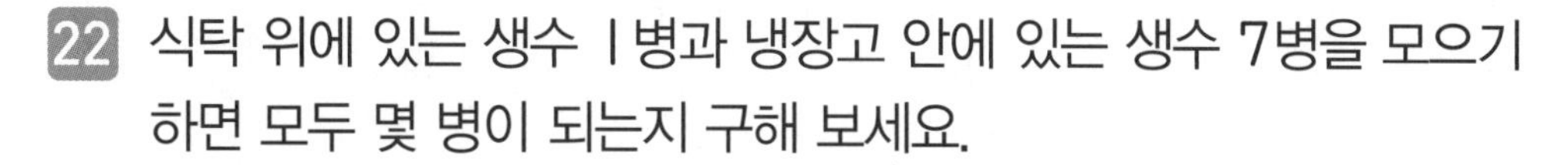

22 식탁 위에 있는 생수 1병과 냉장고 안에 있는 생수 7병을 모으기 하면 모두 몇 병이 되는지 구해 보세요.

답 ____________

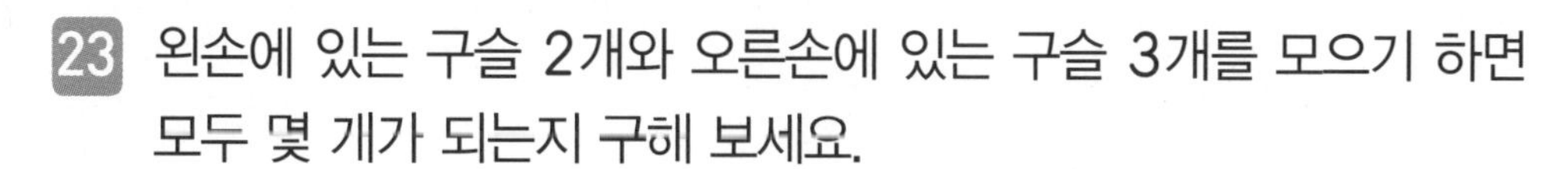

23 왼손에 있는 구슬 2개와 오른손에 있는 구슬 3개를 모으기 하면 모두 몇 개가 되는지 구해 보세요.

답 ____________

맞힌 개수
개 /23개

나의 학습 결과에 ○표 하세요.				
맞힌 개수	0~3개	4~12개	13~20개	21~23개
학습 방법	다시 한번 풀어 봐요.	계산 연습이 필요해요.	틀린 문제를 확인해요.	실수하지 않도록 집중해요.

QR 빠른 정답 확인

05일차 3. 더하여 나타내기

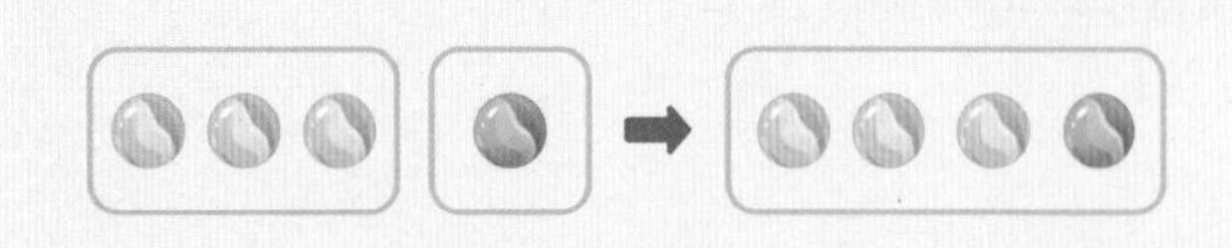

그림에 알맞은 덧셈식을 쓰세요.

1

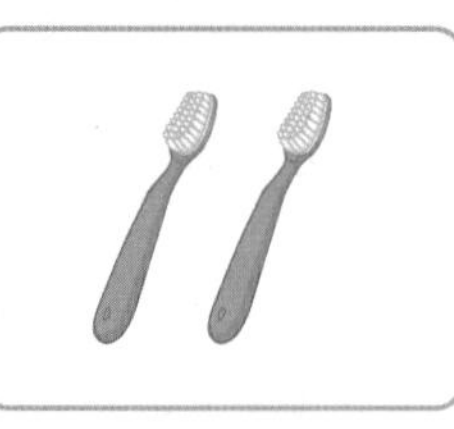 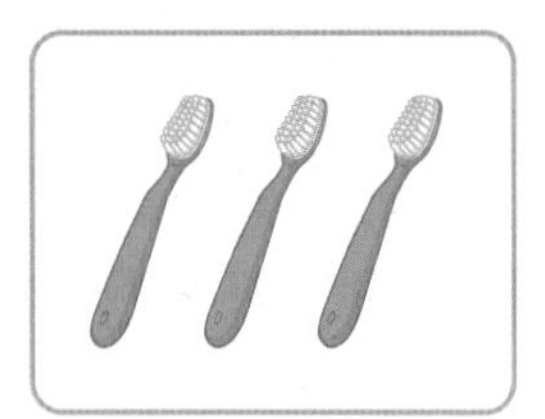

2+□=□

2

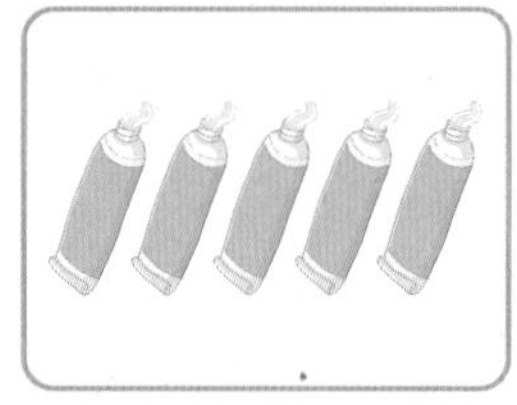 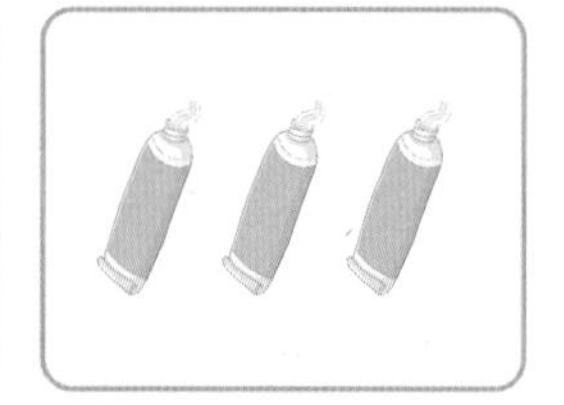

5+□=□

3

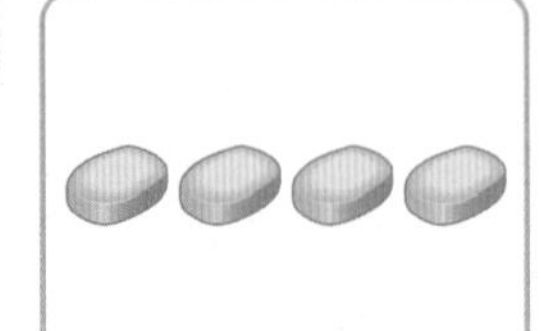 

4+□=□

4

3+□=□

5

5+□=□

6

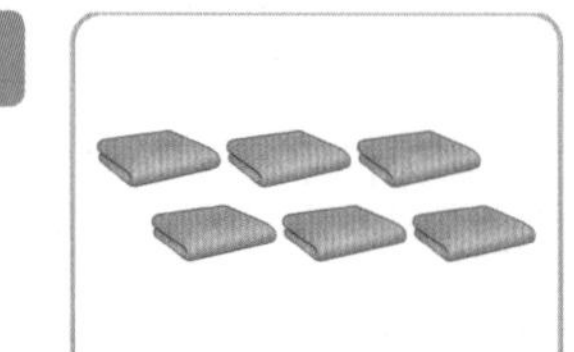 

6+□=□

7

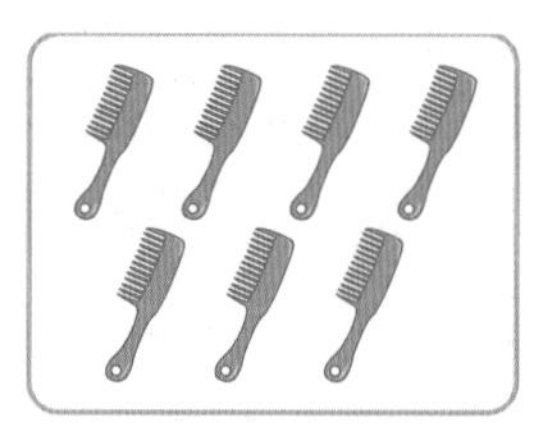 

7+□=□

8

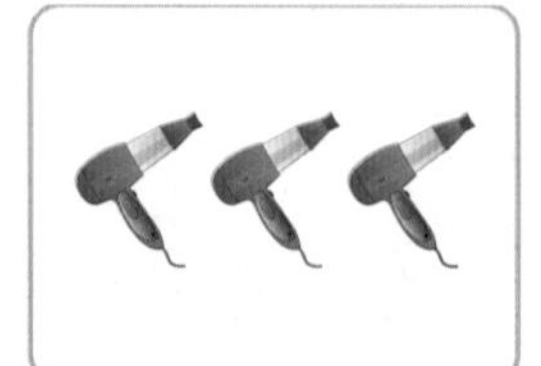 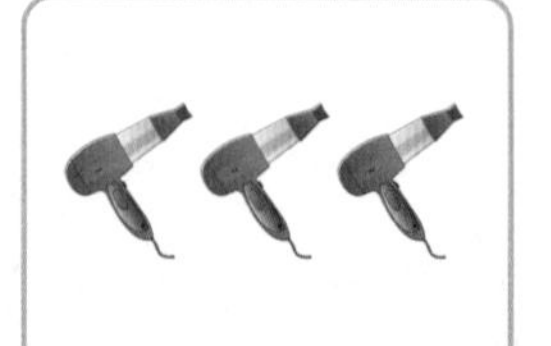

3+□=□

9

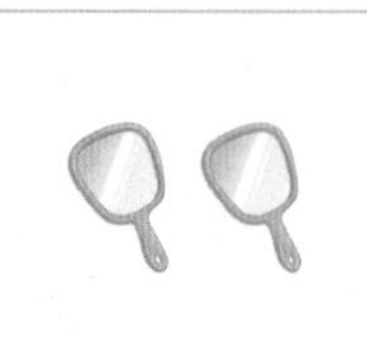 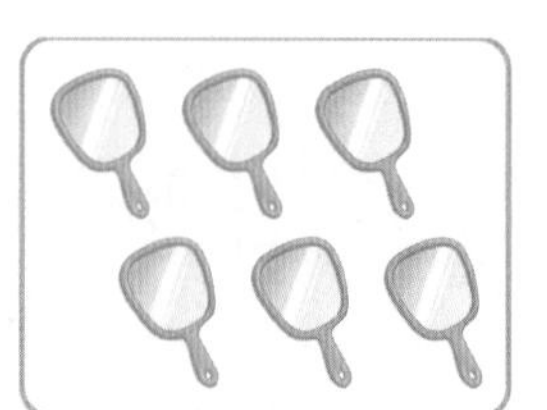

2+□=□

그림에 알맞은 덧셈식을 쓰고 읽어 보세요.

10

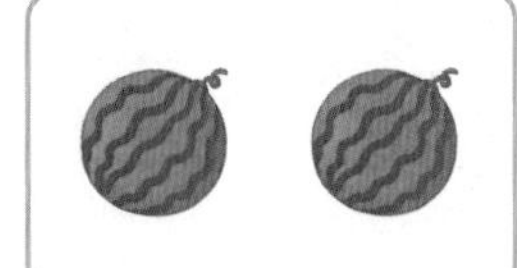

$1+2=\square$

1과 2의 합은 □입니다.

11

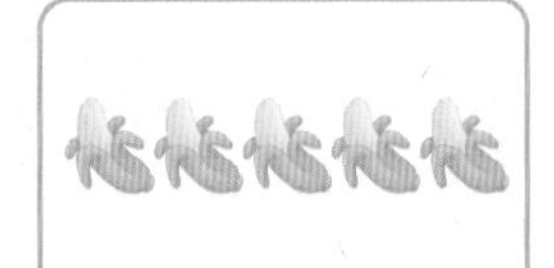

$1+5=\square$

1과 5의 합은 □입니다.

12

$2+6=\square$

2와 6의 합은 □입니다.

13

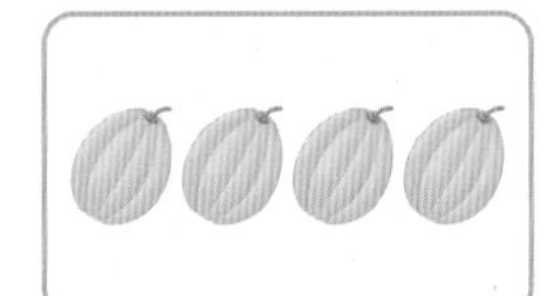

$2+4=\square$

2와 4의 합은 □입니다.

14

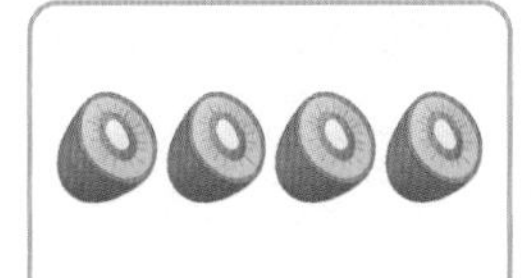
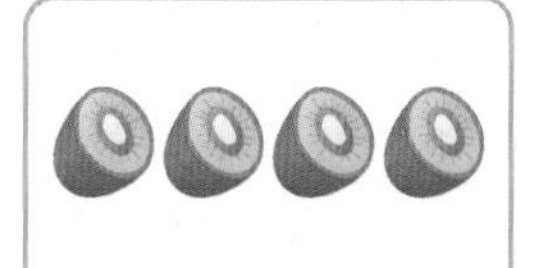

$4+4=\square$

4 더하기 4는 □와/과 같습니다.

15

$5+2=\square$

5 더하기 2는 □와/과 같습니다.

16

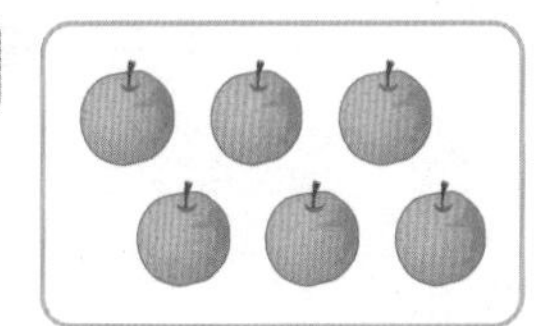
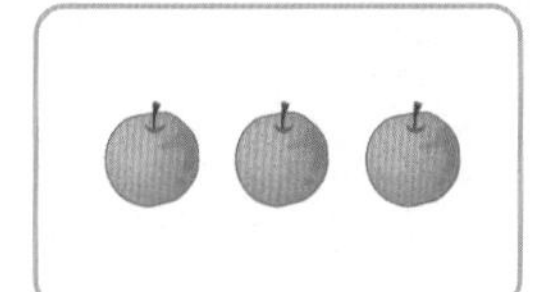

$6+3=\square$

6 더하기 3은 □와/과 같습니다.

17

$7+2=\square$

7 더하기 2는 □와/과 같습니다.

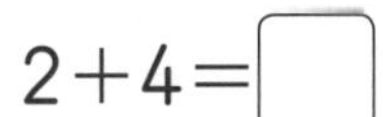

맞힌 개수
개 /17개

나의 학습 결과에 ○표 하세요.

맞힌 개수	0~2개	3~9개	10~15개	16~17개
학습 방법	다시 한번 풀어 봐요.	계산 연습이 필요해요.	틀린 문제를 확인해요.	실수하지 않도록 집중해요.

QR 빠른 정답 확인

점의 수를 세어 덧셈식을 쓰세요.

1

$1+\square=\square$

2

$2+\square=\square$

3

$3+\square=\square$

4

$4+\square=\square$

5

$5+\square=\square$

6

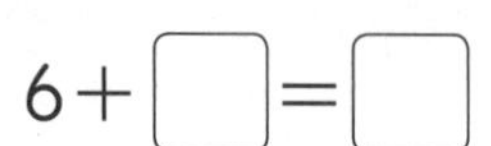

$6+\square=\square$

7

$5+\square=\square$

8

$4+\square=\square$

9
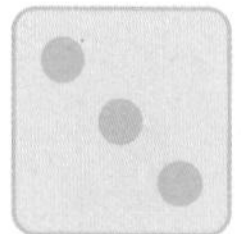

$3+\square=\square$

10

$1+\square=\square$

11

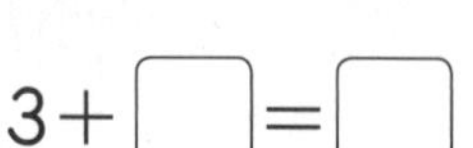

$3+\square=\square$

12

$3+\square=\square$

13

$4+\square=\square$

14

$5+\square=\square$

15

$7+\square=\square$

그림에 알맞은 덧셈식을 쓰고 읽어 보세요.

16

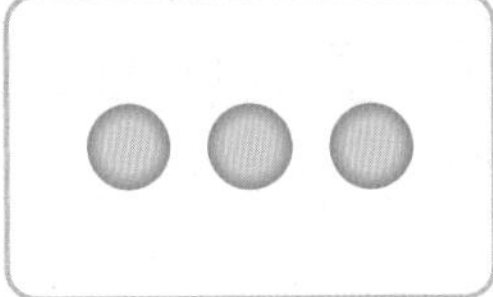 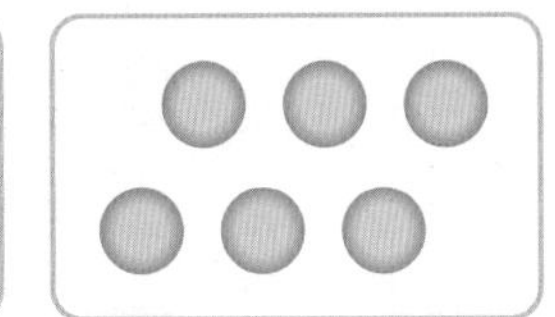

□ + □ = □

□ 와/과 □ 의 합은 □ 입니다.

17

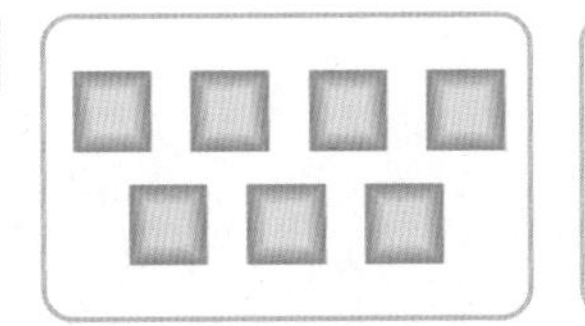 

□ + □ = □

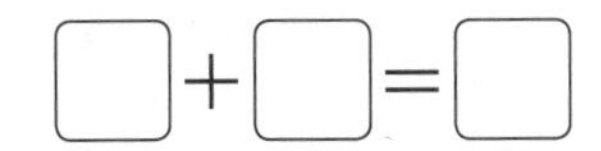

□ 와/과 □ 의 합은 □ 입니다.

18

□ + □ = □

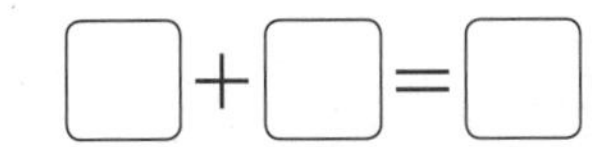

□ 와/과 □ 의 합은 □ 입니다.

19

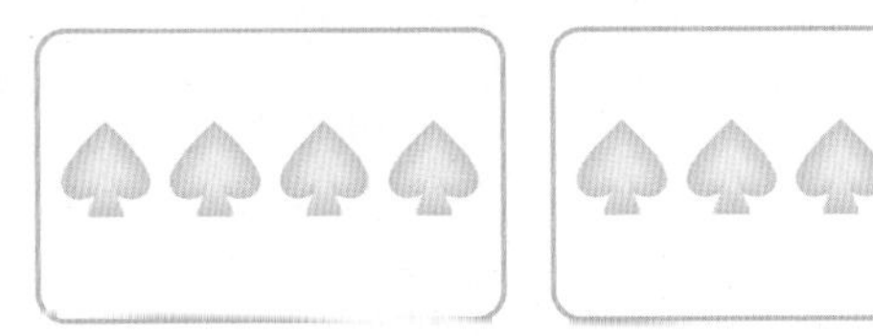

□ + □ = □

□ 와/과 □ 의 합은 □ 입니다.

20

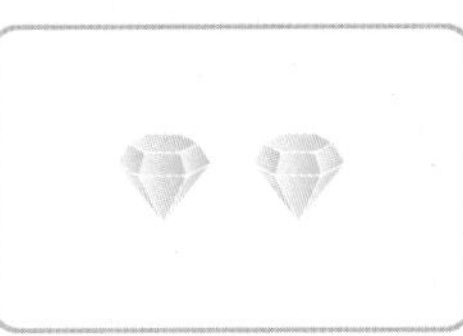 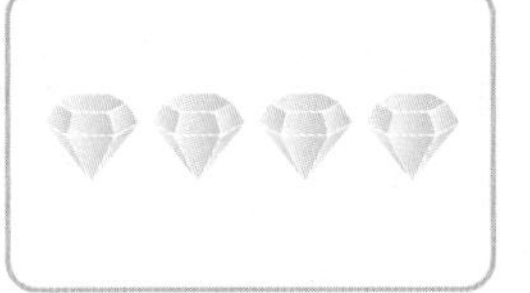

□ + □ = □

□ 더하기 □ 은/는 □ 와/과 같습니다.

21

□ + □ = □

□ 더하기 □ 은/는 □ 와/과 같습니다.

22

□ + □ = □

□ 더하기 □ 은/는 □ 와/과 같습니다.

23

□ + □ = □

□ 더하기 □ 은/는 □ 와/과 같습니다.

맞힌 개수

개 /23개

나의 학습 결과에 ○표 하세요.

맞힌 개수	0~3개	4~12개	13~20개	21~23개
학습 방법	다시 한번 풀어 봐요.	계산 연습이 필요해요.	틀린 문제를 확인해요.	실수하지 않도록 집중해요.

QR 빠른 정답 확인

4. 합이 9까지인 수의 덧셈하기(1)

펼친 손가락의 수를 보고 덧셈을 해 보세요.

1

$1+2=\square$

2

$1+3=\square$

3

$2+4=\square$

4

$3+4=\square$

5

 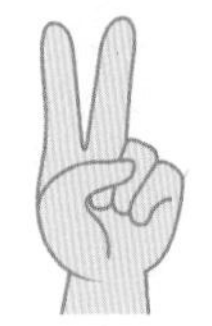

$3+2=\square$

6

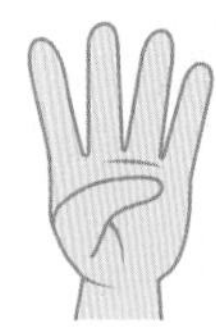 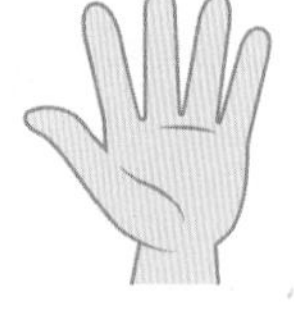

$4+5=\square$

7

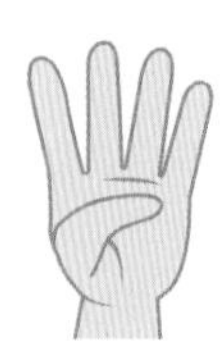 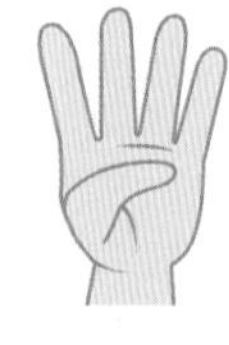

$4+4=\square$

8

$5+1=\square$

9

$5+3=\square$

점의 수를 세어 덧셈을 해 보세요.

10

 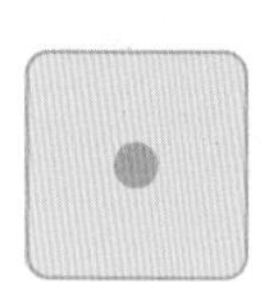

$1+1=\square$

11

$1+5=\square$

12

 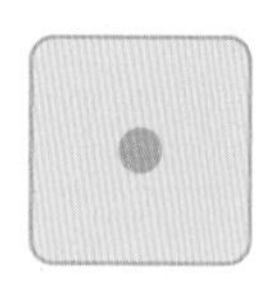

$2+1=\square$

13

$2+6=\square$

14

 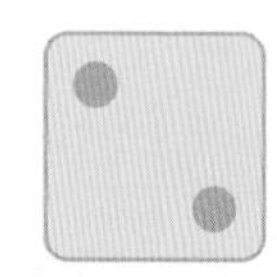

$3+2=\square$

15

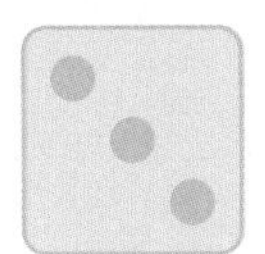 

3+5=□

16

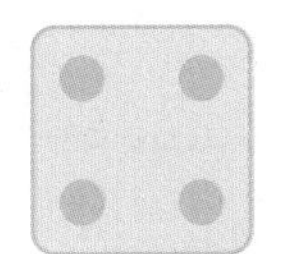 

4+3=□

17

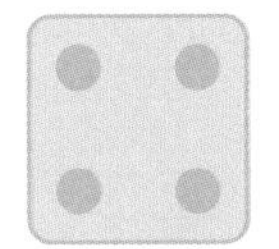 

4+5=□

18

 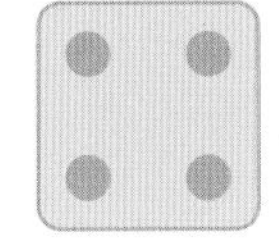

5+4=□

19

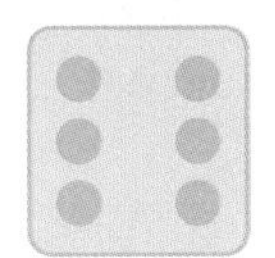

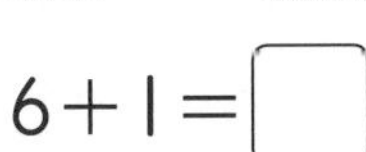

6+1=□

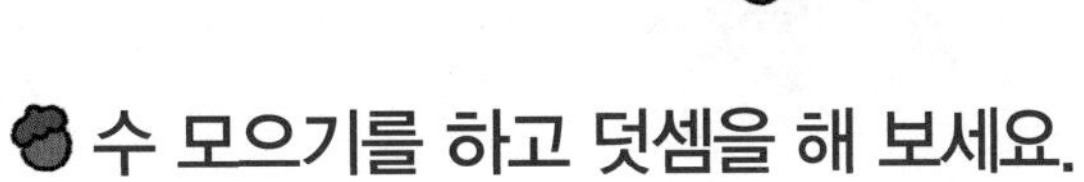

수 모으기를 하고 덧셈을 해 보세요.

20

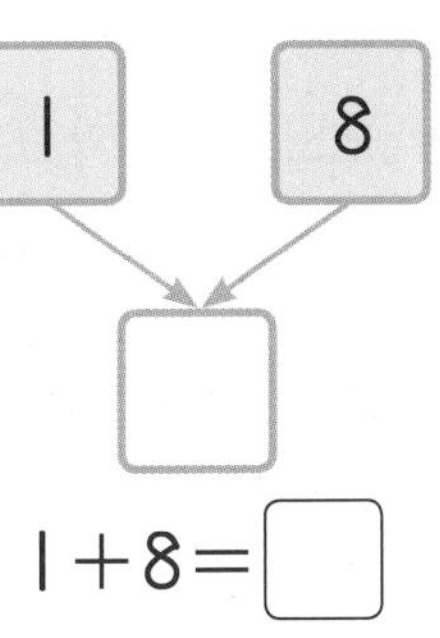

1+8=□

21

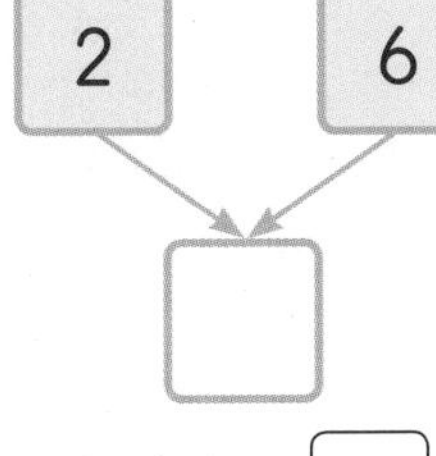

2+6=□

22

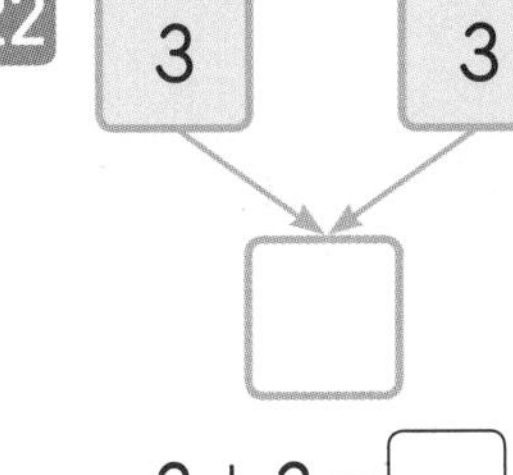

3+3=□

23

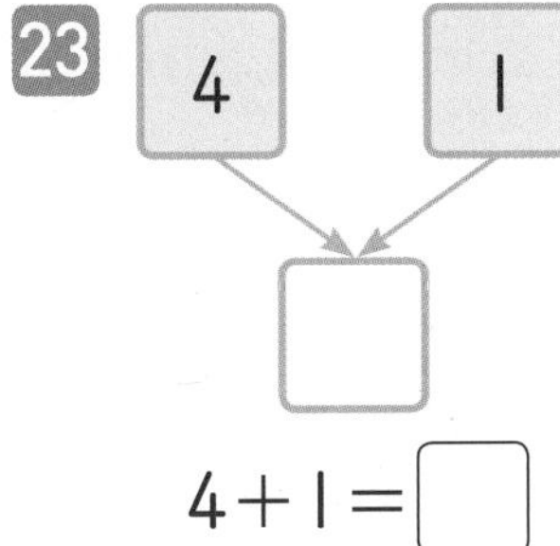

4+1=□

24

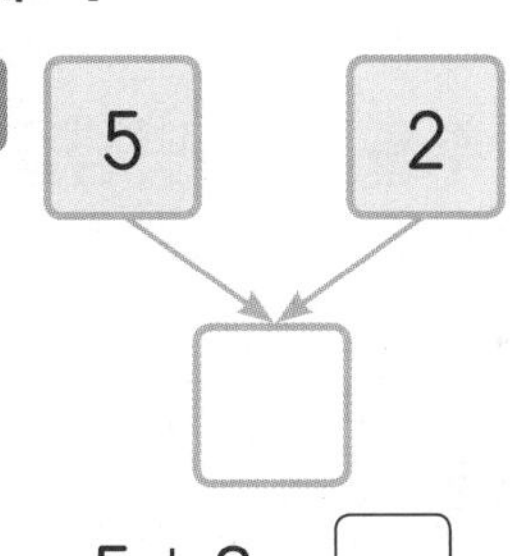

5+2=□

25

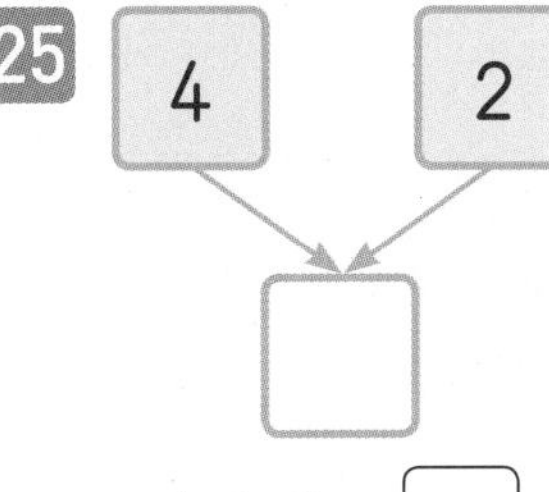

4+2=□

26

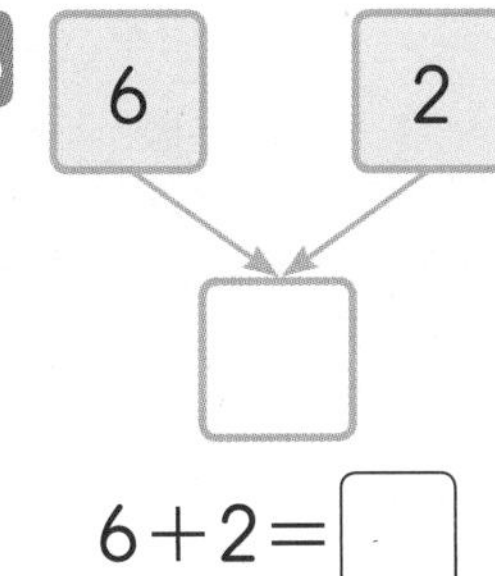

6+2=□

27

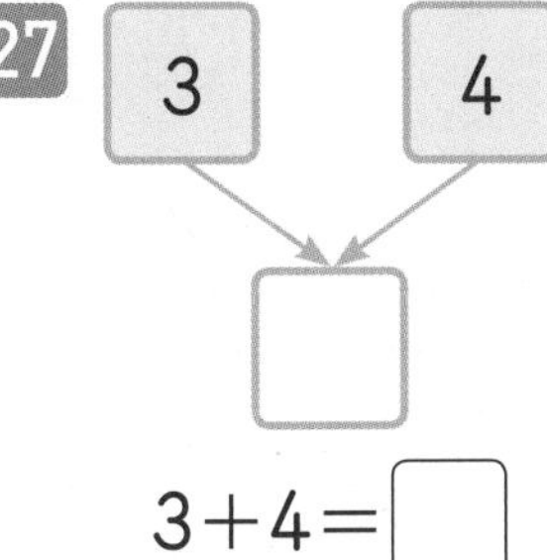

3+4=□

맞힌 개수
개 /27개

나의 학습 결과에 ○표 하세요.

맞힌 개수	0~4개	5~15개	16~24개	25~27개
학습 방법	다시 한번 풀어 봐요.	계산 연습이 필요해요.	틀린 문제를 확인해요.	실수하지 않도록 집중해요.

QR 빠른 정답 확인

08 일차 4. 합이 9까지인 수의 덧셈하기(1)

● 점의 수를 세어 덧셈을 해 보세요.

1

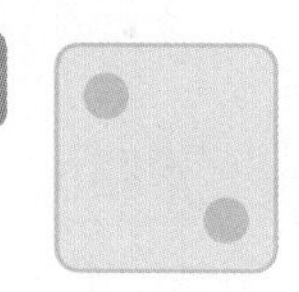 

2+□=□

2

3+□=□

3

 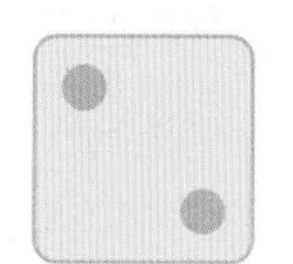

4+□=□

4

5+□=□

5

 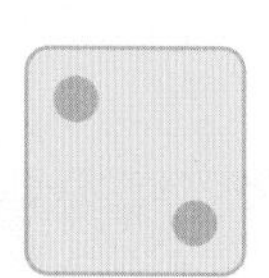

6+□=□

● 수 모으기를 하고 덧셈을 해 보세요.

6

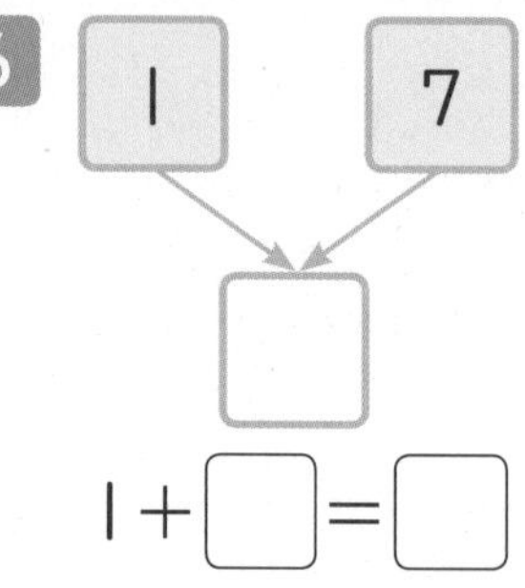

1+□=□

7

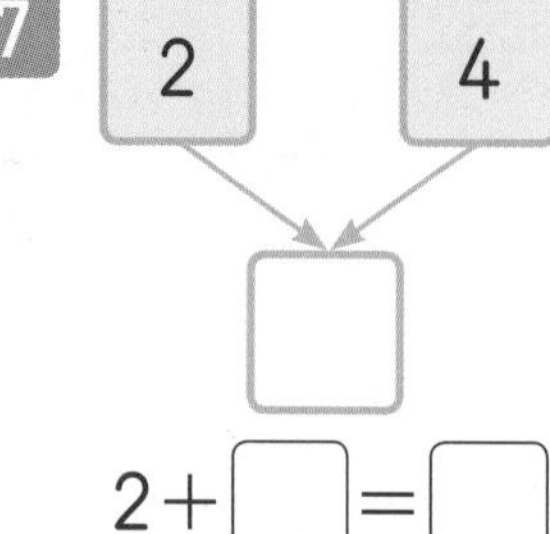

2+□=□

8

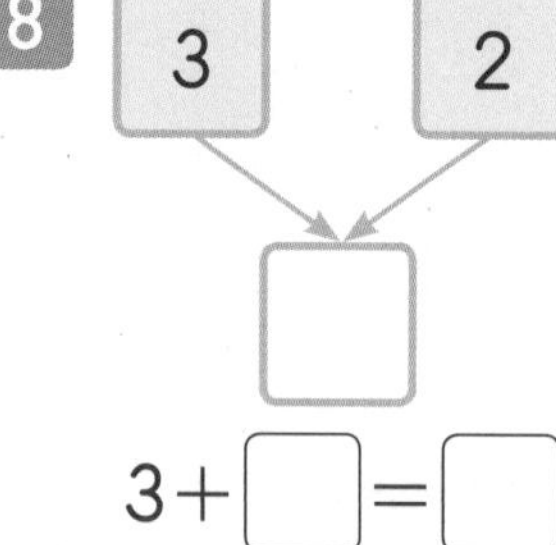

3+□=□

9

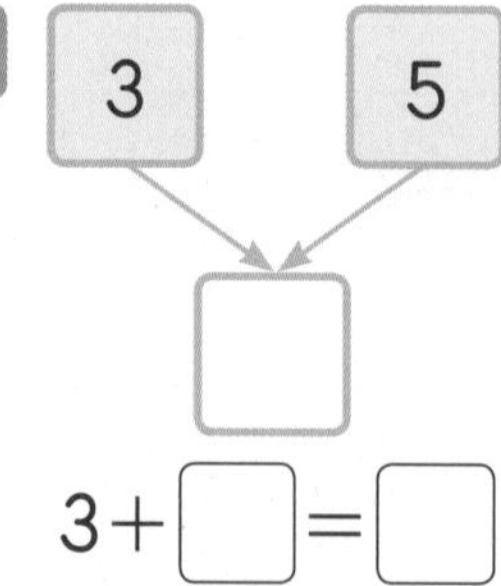

3+□=□

10

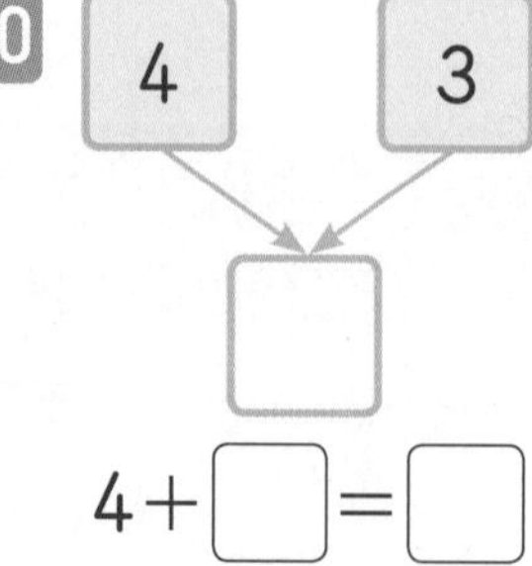

4+□=□

11

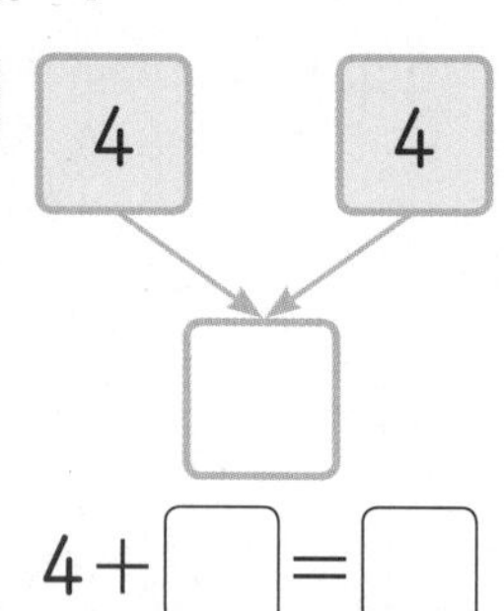

4+□=□

12

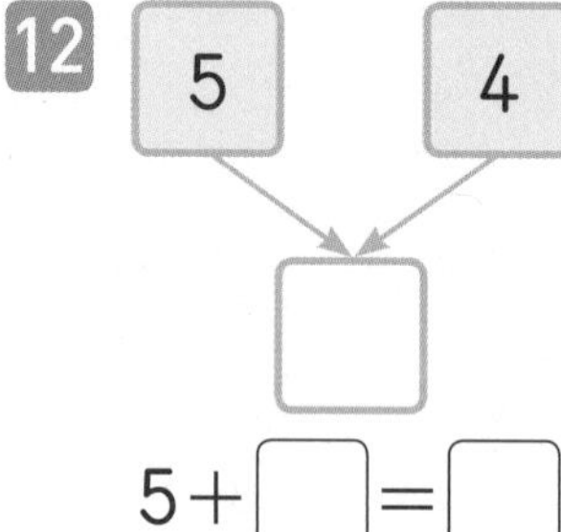

5+□=□

13

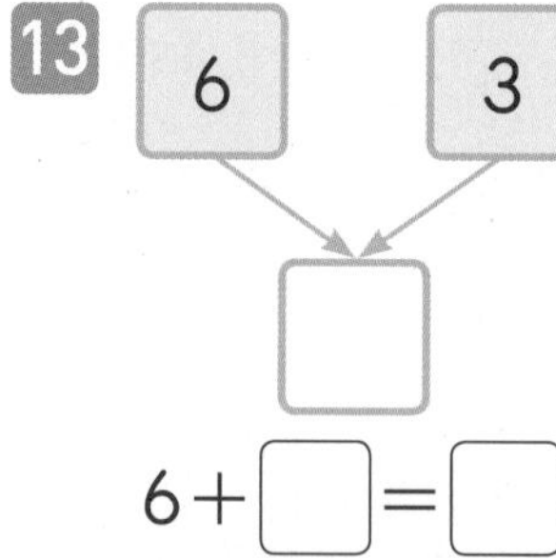

6+□=□

14

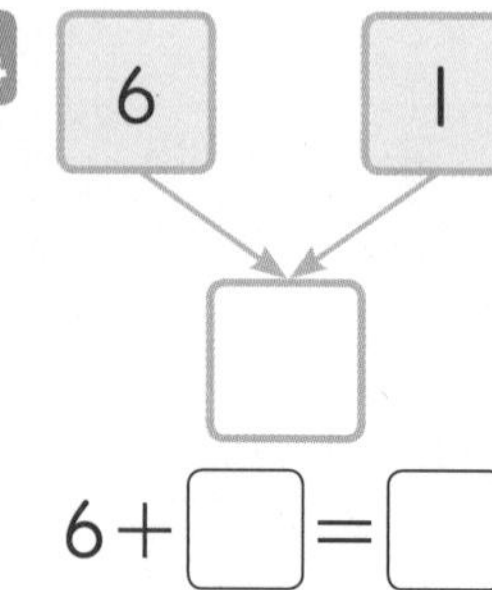

6+□=□

15

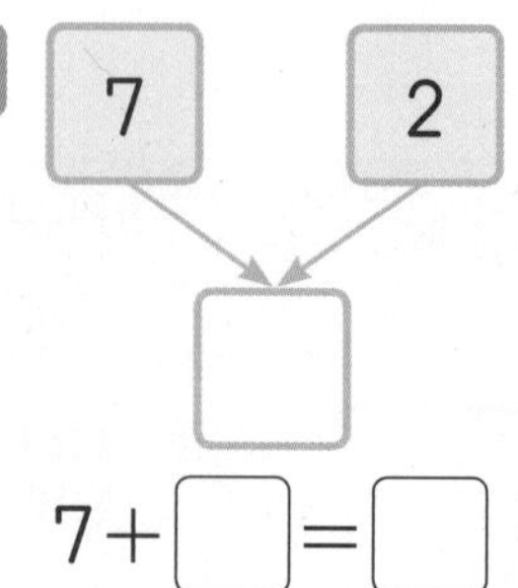

7+□=□

연산 in 문장제

접시에 감자튀김 4개와 야채튀김 3개가 있습니다. 접시에 있는 감자튀김과 야채튀김은 모두 몇 개인지 구해 보세요.

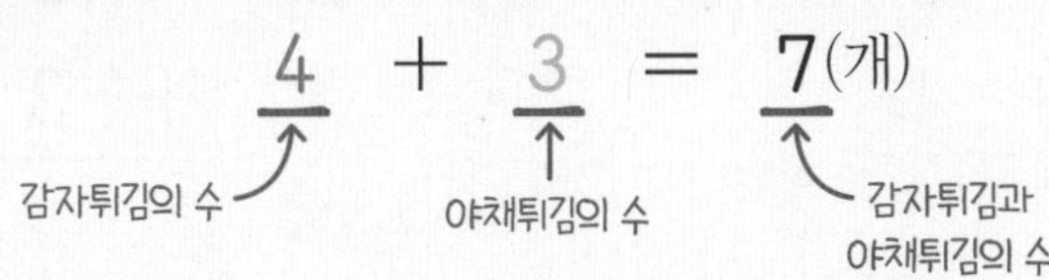

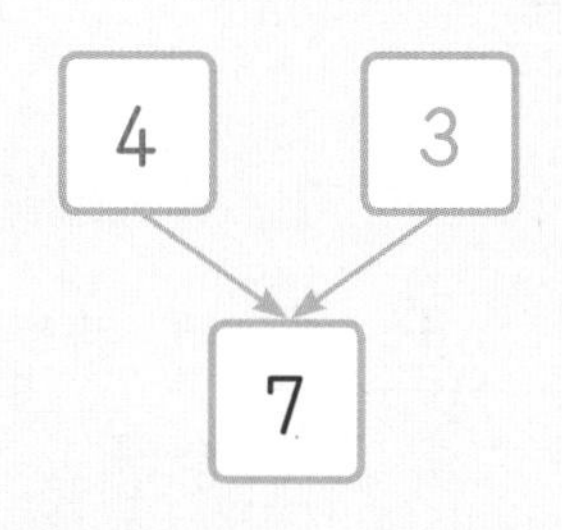

16 동물원에 사자 3마리와 호랑이 3마리가 있습니다. 동물원에 있는 사자와 호랑이는 모두 몇 마리인지 구해 보세요.

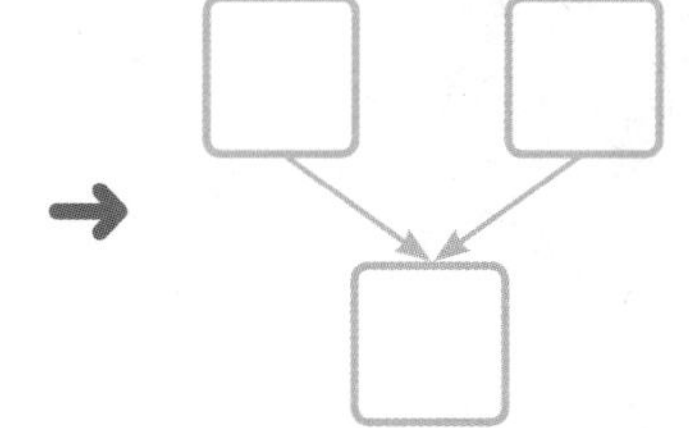

답 ________

17 냉장고에 콜라 5병과 사이다 2병이 들어 있습니다. 냉장고에 들어 있는 콜라와 사이다는 모두 몇 병인지 구해 보세요.

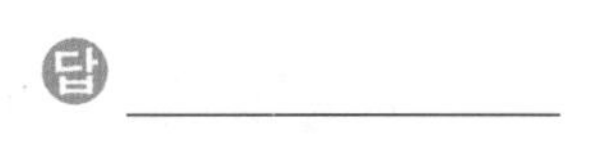

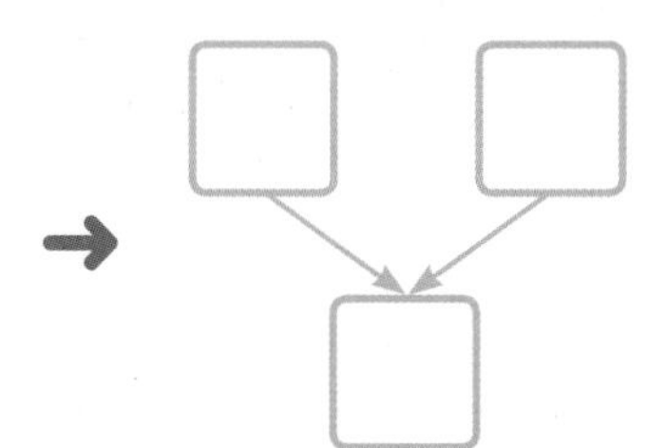

답 ________

18 식당에서 삼겹살 2인분을 주문한 후, 3인분을 더 주문했습니다. 주문한 삼겹살은 모두 몇 인분인지 구해 보세요.

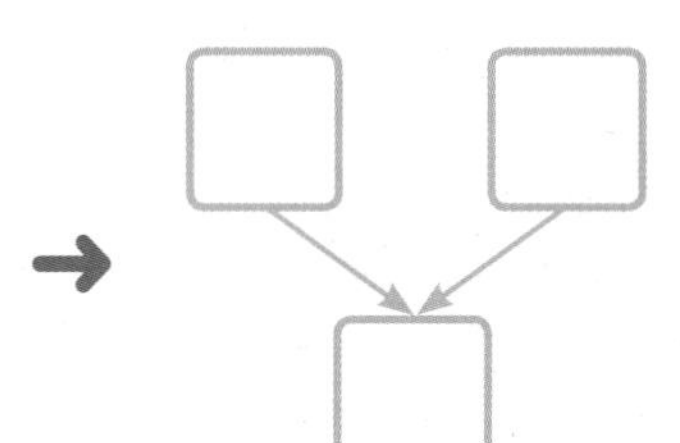

답 ________

19 신발장에 운동화가 6켤레, 장화가 3켤레 있습니다. 신발장에 있는 운동화와 장화는 모두 몇 켤레인지 구해 보세요.

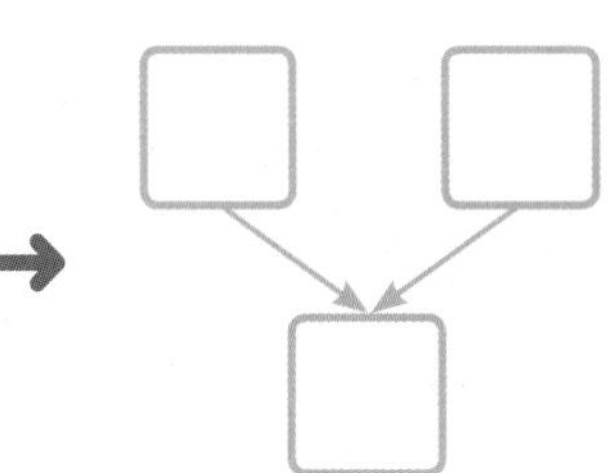

답 ________

20 동전지갑에 500원짜리 동전 1개와 100원짜리 동전 7개가 들어 있습니다. 동전지갑에 들어 있는 500원짜리와 100원짜리 동전은 모두 몇 개인지 구해 보세요.

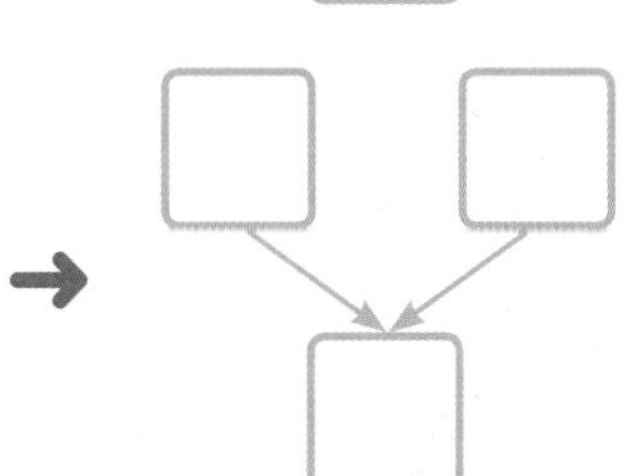

답 ________

맞힌 개수

개 /20개

나의 학습 결과에 ○표 하세요.

맞힌 개수	0~2개	3~10개	11~18개	19~20개
학습 방법	다시 한번 풀어 봐요.	계산 연습이 필요해요.	틀린 문제를 확인해요.	실수하지 않도록 집중해요.

QR 빠른 정답 확인

5. 합이 9까지인 수의 덧셈하기(2)

덧셈을 해 보세요.

1 $\begin{array}{r} 1 \\ +\ 5 \\ \hline \end{array}$

2 $\begin{array}{r} 4 \\ +\ 3 \\ \hline \end{array}$

3 $\begin{array}{r} 5 \\ +\ 4 \\ \hline \end{array}$

4 $\begin{array}{r} 7 \\ +\ 1 \\ \hline \end{array}$

5 $\begin{array}{r} 2 \\ +\ 5 \\ \hline \end{array}$

6 $\begin{array}{r} 8 \\ +\ 1 \\ \hline \end{array}$

7 $\begin{array}{r} 6 \\ +\ 2 \\ \hline \end{array}$

8 $\begin{array}{r} 3 \\ +\ 2 \\ \hline \end{array}$

9 $\begin{array}{r} 2 \\ +\ 7 \\ \hline \end{array}$

10 $\begin{array}{r} 5 \\ +\ 3 \\ \hline \end{array}$

11 $\begin{array}{r} 1 \\ +\ 4 \\ \hline \end{array}$

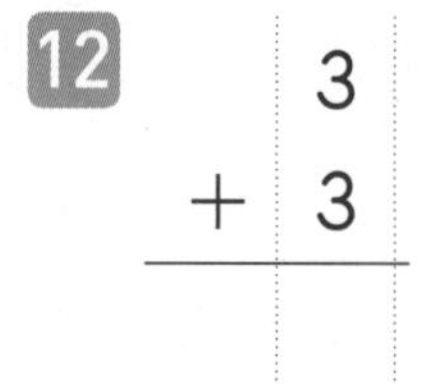

12 $\begin{array}{r} 3 \\ +\ 3 \\ \hline \end{array}$

13 $\begin{array}{r} 2 \\ +\ 4 \\ \hline \end{array}$

14 $\begin{array}{r} 6 \\ +\ 1 \\ \hline \end{array}$

15 $\begin{array}{r} 3 \\ +\ 1 \\ \hline \end{array}$

16 $\begin{array}{r} 1 \\ +\ 2 \\ \hline \end{array}$

17 $\begin{array}{r} 3 \\ +\ 6 \\ \hline \end{array}$

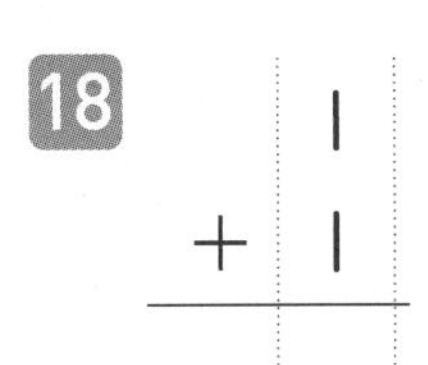

18 $$\begin{array}{r} 1 \\ +\ 1 \\ \hline \end{array}$$

19 $$\begin{array}{r} 2 \\ +\ 3 \\ \hline \end{array}$$

20 $$\begin{array}{r} 7 \\ +\ 2 \\ \hline \end{array}$$

21 $$\begin{array}{r} 3 \\ +\ 4 \\ \hline \end{array}$$

22 $$\begin{array}{r} 5 \\ +\ 1 \\ \hline \end{array}$$

23 $$\begin{array}{r} 1 \\ +\ 7 \\ \hline \end{array}$$

24 $2+1$

25 $6+1$

26 $4+1$

27 $2+2$

28 $2+7$

29 $2+6$

30 $1+8$

31 $3+2$

32 $1+3$

33 $3+5$

34 $4+2$

35 $1+6$

36 $4+4$

37 $7+2$

맞힌 개수

개 /37개

나의 학습 결과에 ○표 하세요.

맞힌 개수	0~5개	6~19개	20~32개	33~37개
학습 방법	다시 한번 풀어 봐요.	계산 연습이 필요해요.	틀린 문제를 확인해요.	실수하지 않도록 집중해요.

QR 빠른 정답 확인

5. 합이 9까지인 수의 덧셈하기(2)

덧셈을 해 보세요.

1 $1 + 2$

2 $1 + 8$

3 $2 + 4$

4 $6 + 3$

5 $1 + 3$

6 $4 + 1$

7 $3 + 5$

8 $5 + 4$

9 $1 + 6$

10 $3 + 3$

11 $1 + 7$

12 $4 + 3$

13 $2 + 7$

14 $3 + 2$

15 $1+4$

16 $5+3$

17 $1+1$

18 $4+3$

19 $6+2$

20 $5+4$

21 $2+4$

22 $3+6$

연산 in 문장제

수현이가 입은 윗옷에는 단추가 6개, 바지에는 단추가 3개 있습니다. 수현이가 입은 윗옷과 바지에 있는 단추는 모두 몇 개인지 구해 보세요.

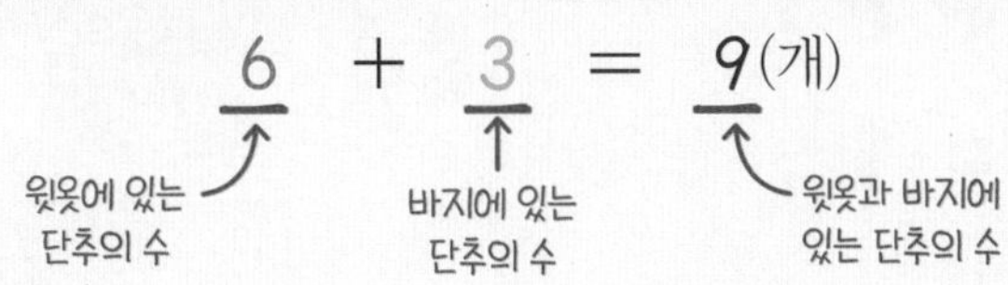

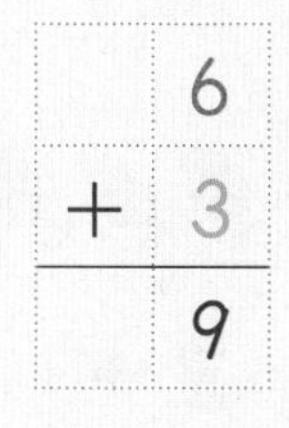

23 성주네 모둠은 남학생이 3명, 여학생이 3명입니다. 성주네 모둠에 있는 학생은 모두 몇 명인지 구해 보세요.

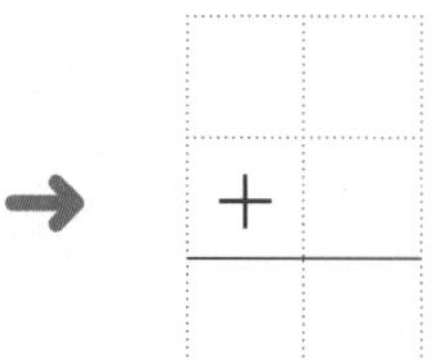

답 ____________

24 지안이는 지난 주에 동화책 1권과 과학책 3권을 읽었습니다. 지안이가 지난 주에 읽은 동화책과 과학책은 모두 몇 권인지 구해 보세요.

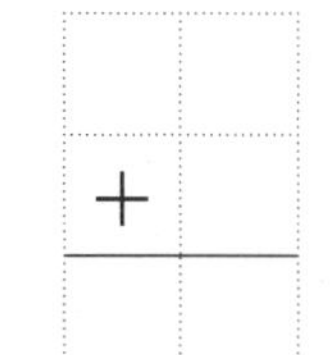

답 ____________

25 학교 창고에 축구공이 4개, 배구공이 3개 있습니다. 창고에 있는 축구공과 배구공은 모두 몇 개인지 구해 보세요.

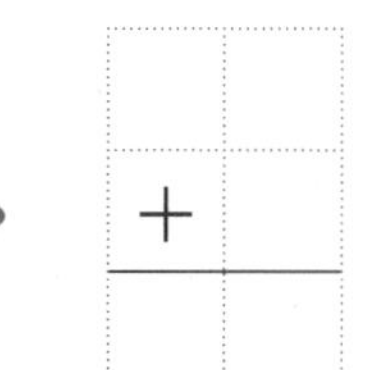

답 ____________

26 화단에 장미 5송이, 튤립 4송이가 피었습니다. 화단에 핀 장미와 튤립은 모두 몇 송이인지 구해 보세요.

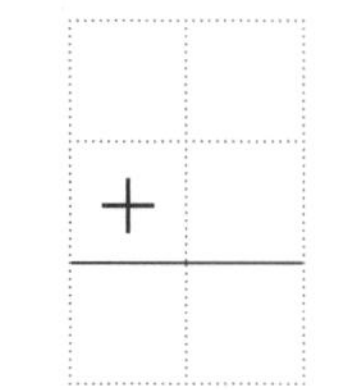

답 ____________

27 은우는 5살입니다. 은우의 형은 은우보다 3살 더 많습니다. 형의 나이는 몇 살인지 구해 보세요.

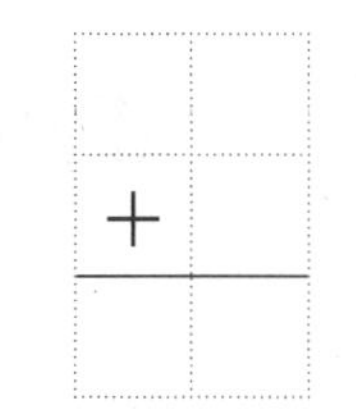

답 ____________

맞힌 개수: 개 /27개

나의 학습 결과에 ○표 하세요.

맞힌 개수	0~3개	4~14개	15~24개	25~27개
학습 방법	다시 한번 풀어 봐요.	계산 연습이 필요해요.	틀린 문제를 확인해요.	실수하지 않도록 집중해요.

QR 빠른 정답 확인

6. 덧셈식에서 □의 값 구하기

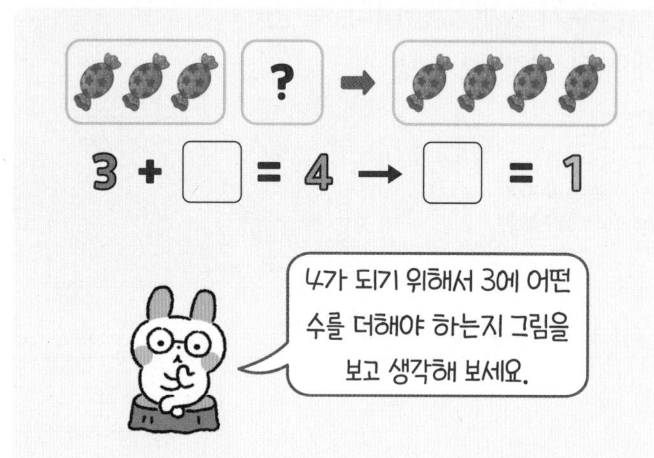

상자 안에 들어 있는 인형의 수를 □ 안에 써넣으세요.

1

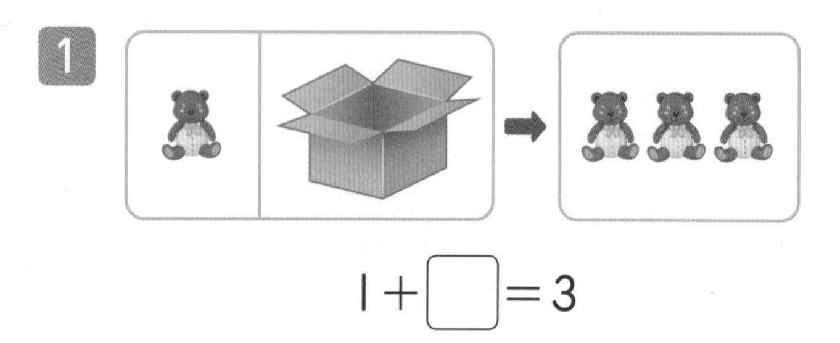

$1+\square=3$

2

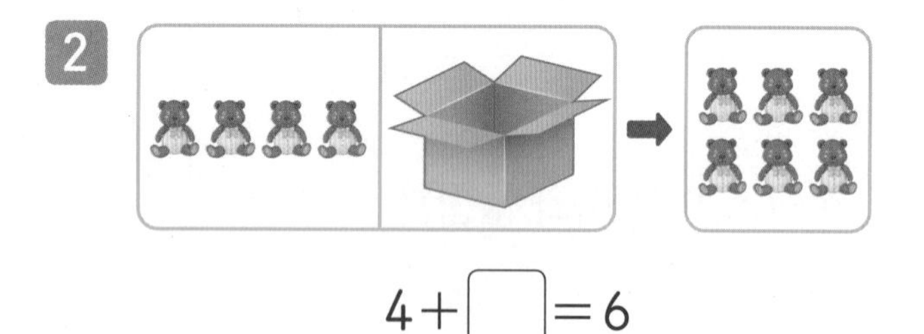

$4+\square=6$

3

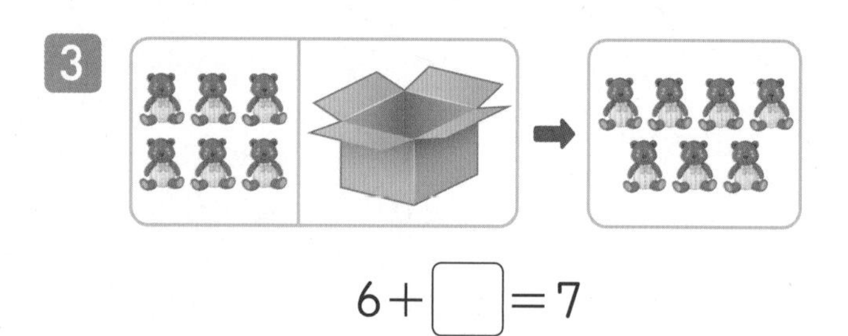

$6+\square=7$

4

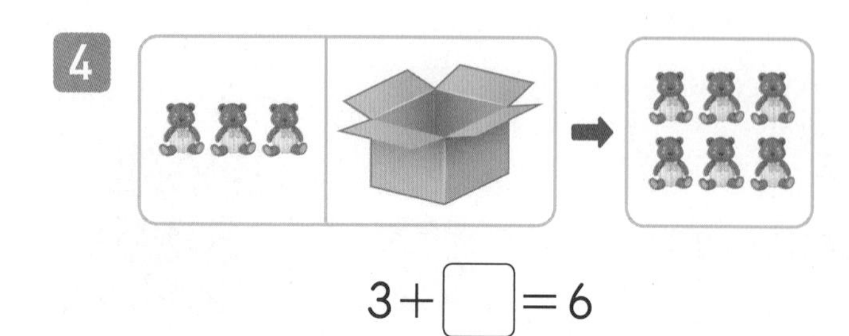

$3+\square=6$

5

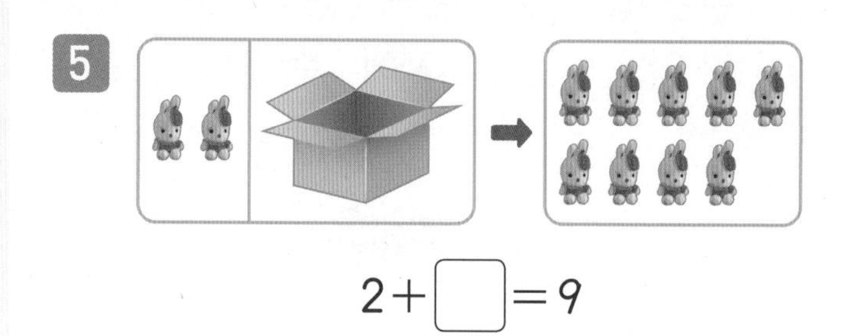

$2+\square=9$

6

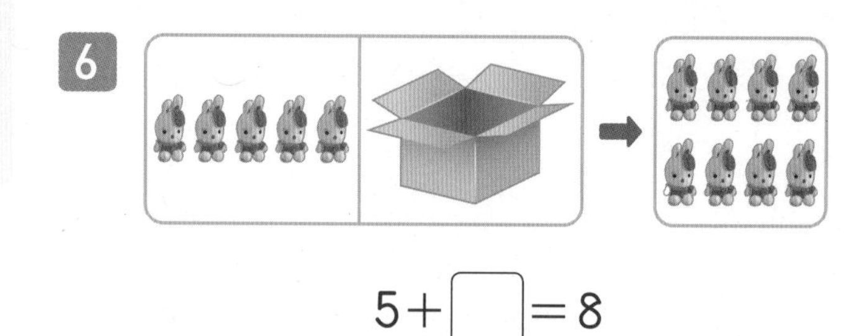

$5+\square=8$

7

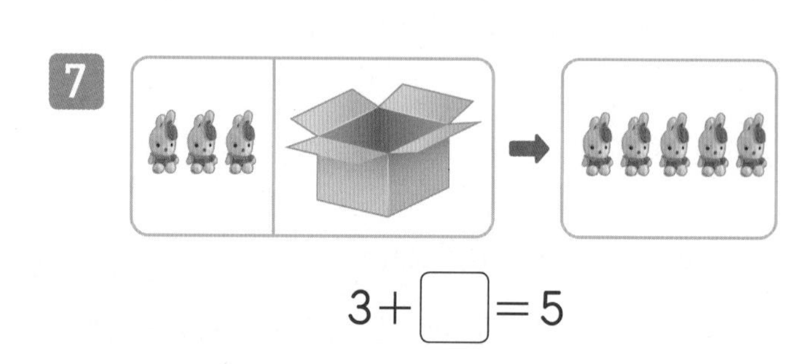

$3+\square=5$

8

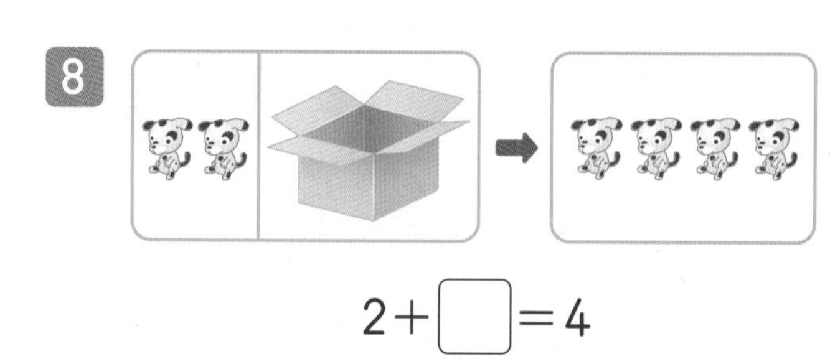

$2+\square=4$

9

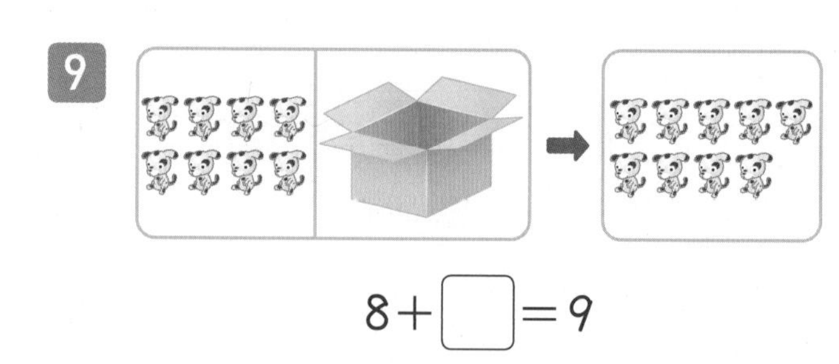

$8+\square=9$

10

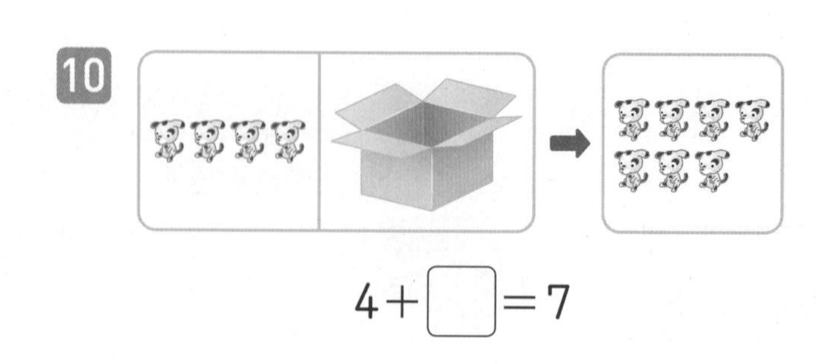

$4+\square=7$

 빈 곳에 알맞은 수만큼 ○를 그려 보고 □ 안에 알맞은 수를 써넣으세요.

11

2+□=3

12

1+□=5

13

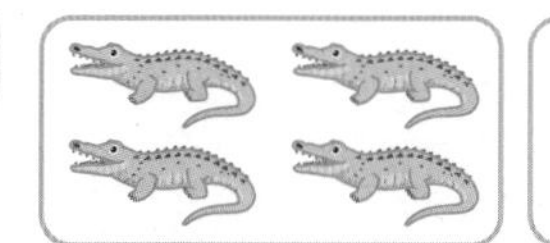

4+□=8

14

3+□=4

15

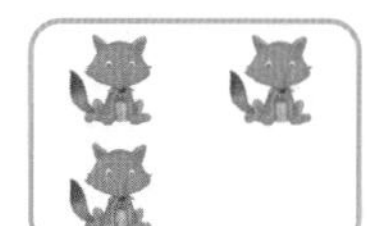

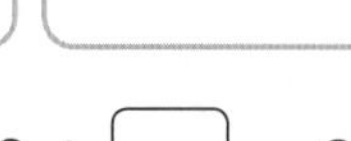

3+□=9

16

1+□=6

17

6+□=8

18

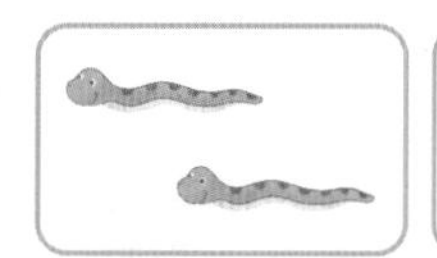

2+□=7

19

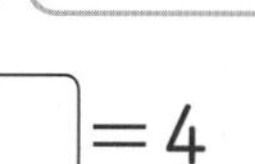

2+□=4

20

1+□=2

21

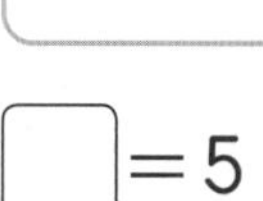

2+□=5

22

5+□=9

맞힌 개수
개 /22개

나의 학습 결과에 ○표 하세요.

맞힌 개수	0~3개	4~11개	12~19개	20~22개
학습 방법	다시 한번 풀어 봐요.	계산 연습이 필요해요.	틀린 문제를 확인해요.	실수하지 않도록 집중해요.

QR 빠른 정답 확인

6. 덧셈식에서 □의 값 구하기

□ 안에 알맞은 수를 써넣으세요.

1. $\begin{array}{r} 2 \\ + \square \\ \hline 3 \end{array}$

2. $\begin{array}{r} 2 \\ + \square \\ \hline 5 \end{array}$

3. $\begin{array}{r} 3 \\ + \square \\ \hline 6 \end{array}$

4. $\begin{array}{r} 2 \\ + \square \\ \hline 4 \end{array}$

5. $\begin{array}{r} 3 \\ + \square \\ \hline 9 \end{array}$

6. $\begin{array}{r} 1 \\ + \square \\ \hline 2 \end{array}$

7. $\begin{array}{r} 3 \\ + \square \\ \hline 7 \end{array}$

8. $\begin{array}{r} 3 \\ + \square \\ \hline 4 \end{array}$

9. $\begin{array}{r} 7 \\ + \square \\ \hline 8 \end{array}$

10. $\begin{array}{r} 5 \\ + \square \\ \hline 8 \end{array}$

11. $\begin{array}{r} 2 \\ + \square \\ \hline 6 \end{array}$

12. $\begin{array}{r} 5 \\ + \square \\ \hline 9 \end{array}$

13. $\begin{array}{r} 6 \\ + \square \\ \hline 7 \end{array}$

14. $\begin{array}{r} 1 \\ + \square \\ \hline 5 \end{array}$

15. $1+\square=4$

16. $4+\square=6$

17. $1+\square=3$

18. $4+\square=9$

19. $2+\square=7$

20. $6+\square=8$

21. $3+\square=5$

22. $6+\square=9$

연산 in 문장제

주현이는 곰인형 3개를 가지고 있었습니다. 아버지에게 선물로 인형 몇 개를 더 받았더니 6개가 되었습니다. 선물 받은 인형은 몇 개인지 구해 보세요.

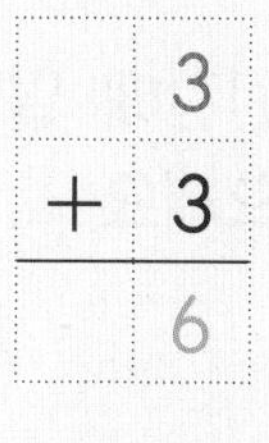

$3 + \boxed{3} = 6$(개)

가지고 있던 인형의 수 / 선물받은 인형의 수 / 지금 가지고 있는 인형의 수

23 재인이는 사탕을 3개 가지고 있었습니다. 어머니에게 사탕 몇 개를 더 받았더니 9개가 되었습니다. 어머니에게 받은 사탕은 몇 개인지 구해 보세요.

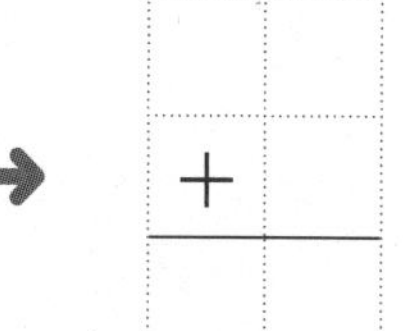

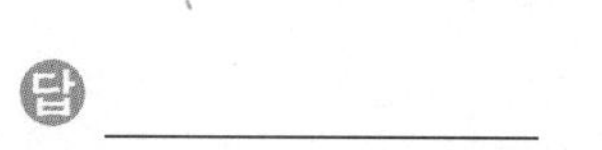

답 ________

24 어항 속에 물고기 4마리가 있었습니다. 준희가 몇 마리를 더 사다 넣었더니 7마리가 되었습니다. 준희가 사다 넣은 물고기는 몇 마리인지 구해 보세요.

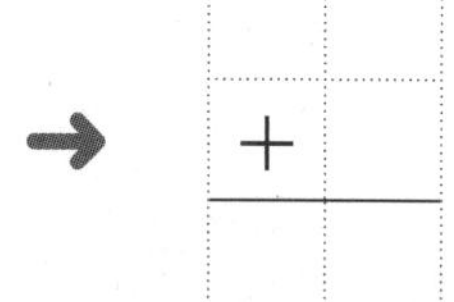

답 ________

25 주차장에 자동차가 2대 주차되어 있었는데 잠시 후에 보니 6대가 되었습니다. 새로 주차된 자동차는 몇 대인지 구해 보세요.

답 ________

26 꽃밭에 나비가 5마리 있었는데 잠시 후에 보니 8마리가 되었습니다. 꽃밭에 더 날아온 나비는 몇 마리인지 구해 보세요.

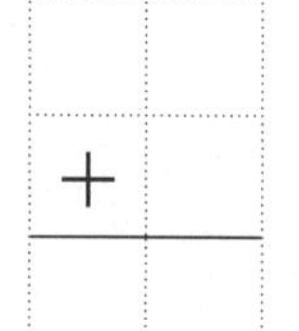

답 ________

27 수빈이는 3개의 구슬을 가지고 있었는데 친구들과 구슬치기를 하고 몇 개를 땄더니 5개가 되었습니다. 수빈이가 구슬치기를 하고 딴 구슬은 몇 개인지 구해 보세요.

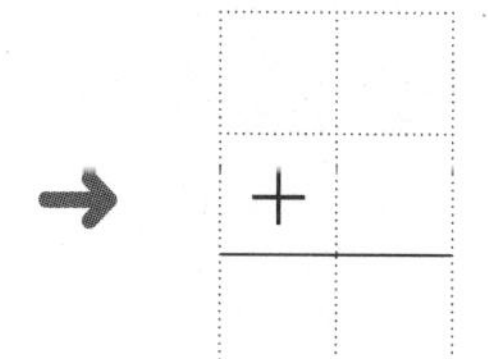

답 ________

맞힌 개수

개 /27개

나의 학습 결과에 ○표 하세요.

맞힌 개수	0~3개	4~14개	15~24개	25~27개
학습 방법	다시 한번 풀어 봐요.	계산 연습이 필요해요.	틀린 문제를 확인해요.	실수하지 않도록 집중해요.

QR 빠른 정답 확인

연산&문장제 마무리

빈칸에 알맞은 수를 써넣으세요.

1

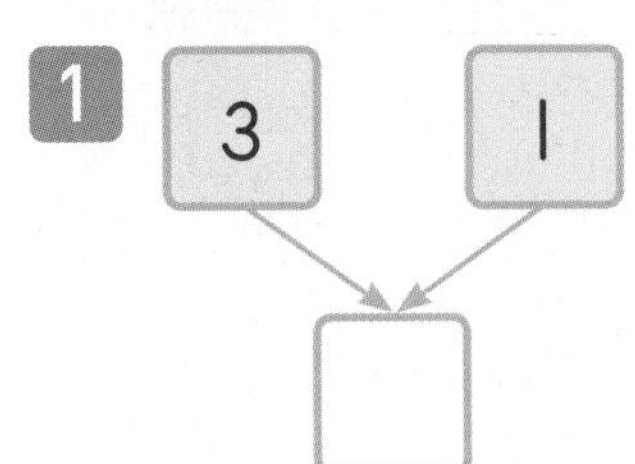

2

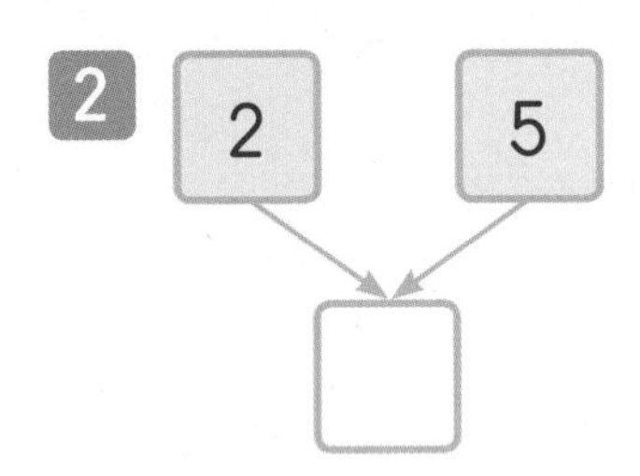

3

4 2

□

4

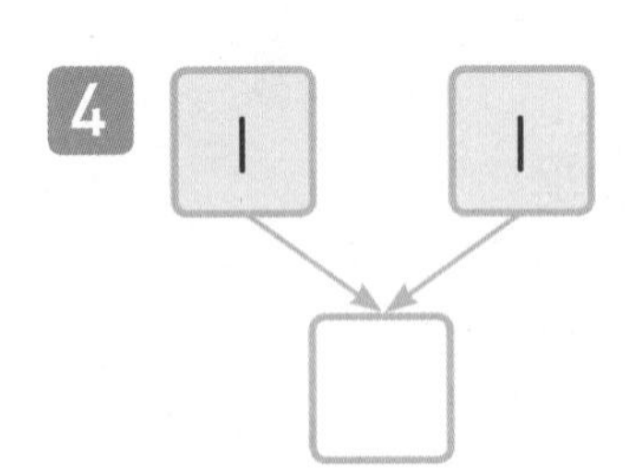

5

5 4

□

6

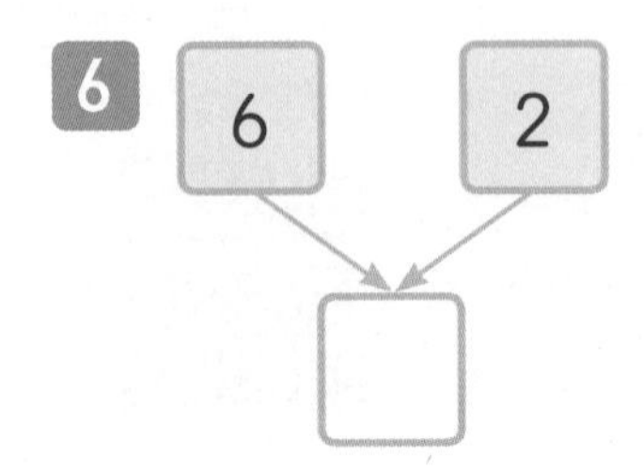

두 수를 모으기 하여 빈칸에 알맞은 수를 써넣으세요.

7

1	8

8

3	2

9

4	4

10

5	3

11

6	1

12

7	2

점의 수를 세어 덧셈을 해 보세요.

13

$1+3=\square$

14

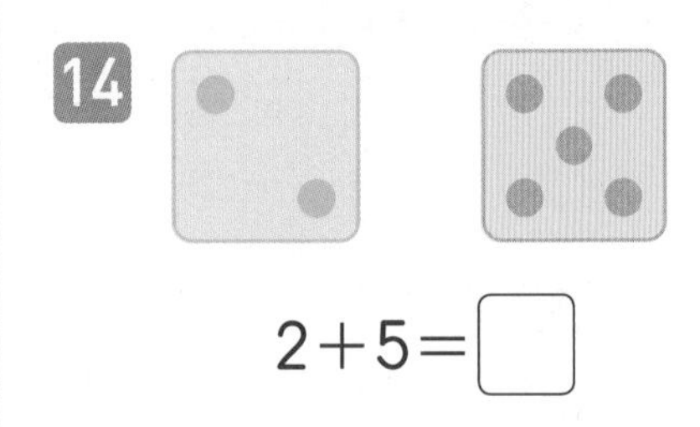

$2+5=\square$

15

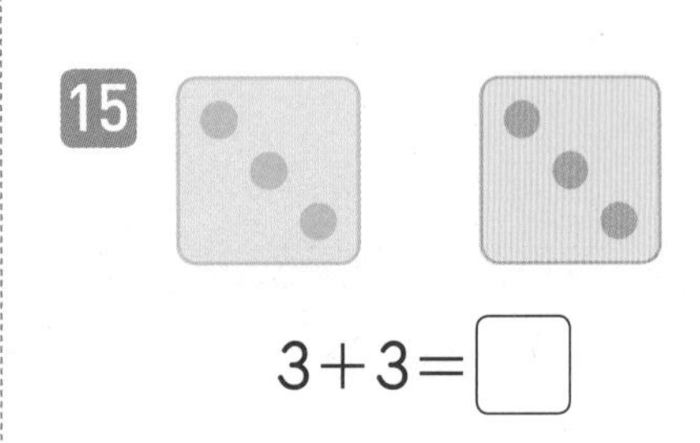

$3+3=\square$

16

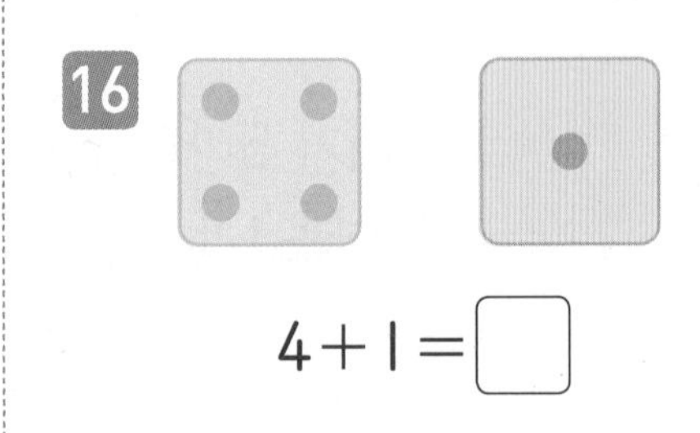

$4+1=\square$

17

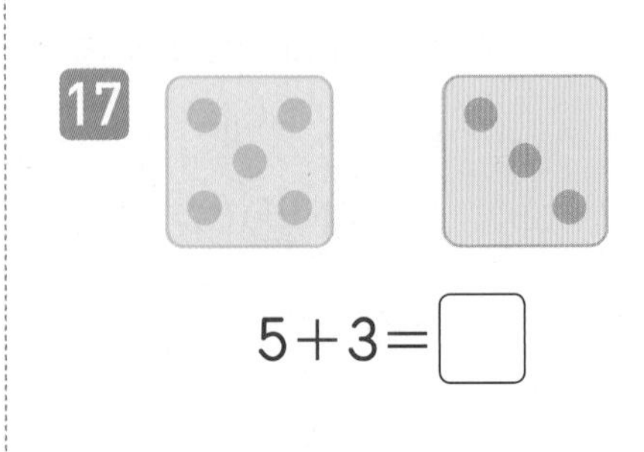

$5+3=\square$

18

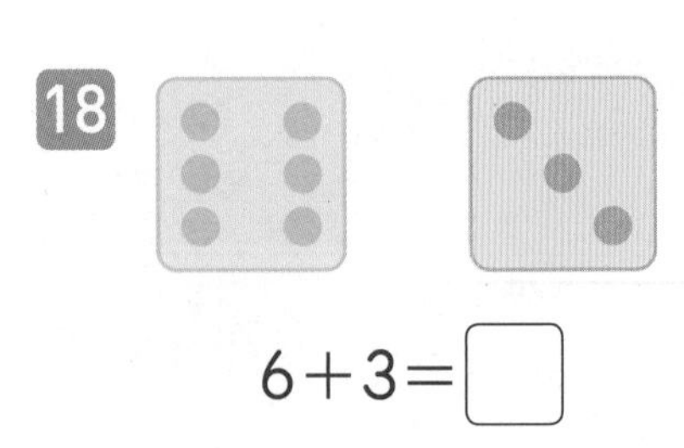

$6+3=\square$

덧셈을 해 보세요.

19 $\begin{array}{r} 1 \\ +\ 5 \\ \hline \end{array}$

20 $\begin{array}{r} 2 \\ +\ 1 \\ \hline \end{array}$

21 $\begin{array}{r} 3 \\ +\ 4 \\ \hline \end{array}$

22 $\begin{array}{r} 4 \\ +\ 2 \\ \hline \end{array}$

23 $\begin{array}{r} 5 \\ +\ 1 \\ \hline \end{array}$

24 $\begin{array}{r} 6 \\ +\ 2 \\ \hline \end{array}$

25 $\begin{array}{r} 7 \\ +\ 2 \\ \hline \end{array}$

26 $\begin{array}{r} 8 \\ +\ 1 \\ \hline \end{array}$

27 $1+7$

28 $2+5$

29 $2+3$

30 $3+1$

31 $4+5$

32 $5+2$

33 $6+3$

34 $7+1$

□ 안에 알맞은 수를 써넣으세요.

35 $3+\square=7$

36 $2+\square=5$

37 $5+\square=6$

38 $1+\square=9$

39 $\square+3=6$

40 $\square+2=3$

41 $\square+5=7$

42 $\square+5=9$

연산 노트

43 책가방 안에 있는 수학책 1권과 연습장 2권을 모으기 하면 모두 몇 권이 되는지 구해 보세요.

답 ______________

44 삼각김밥 4개와 음료수 4개를 모으기 하면 모두 몇 개가 되는지 구해 보세요.

답 ______________

45 재민이는 축구 시합에서 전반전에 2골, 후반전에 2골을 넣었습니다. 재민이가 넣은 골은 모두 몇 골인지 구해 보세요.

답 ______________

46 정원에 사과나무가 4그루, 배나무가 5그루 있습니다. 정원에 있는 사과나무와 배나무는 모두 몇 그루인지 구해 보세요.

답 ______________

47 놀이터에 그네가 3개, 시소가 2개 있습니다. 놀이터에 있는 그네와 시소는 모두 몇 개인지 구해 보세요.

답 ______________

48 성호는 종이학을 6개 접었습니다. 잠시 후 종이학 몇 개를 더 접었더니 8개가 되었습니다. 성호가 더 접은 종이학은 몇 개인지 구해 보세요.

답 ______________

49 도윤이의 필통에 연필이 2자루 있었는데 연필 몇 자루를 더 넣었더니 5자루가 되었습니다. 도윤이가 더 넣은 연필은 몇 자루인지 구해 보세요.

답 ______________

맞힌 개수

개 /49개

나의 학습 결과에 ○표 하세요.

맞힌 개수	0~5개	6~25개	26~44개	45~49개
학습 방법	다시 한번 풀어 봐요.	계산 연습이 필요해요.	틀린 문제를 확인해요.	실수하지 않도록 집중해요.

QR 빠른 정답 확인

3

뺄셈

학습 주제	학습 일차	맞힌 개수
1. 9까지의 수를 가르기(1)	01일차	/19
	02일차	/19
2. 9까지의 수를 가르기(2)	03일차	/26
	04일차	/22
3. 빼서 나타내기	05일차	/17
	06일차	/18
4. 한 자리 수의 뺄셈하기(1)	07일차	/23
	08일차	/19
5. 한 자리 수의 뺄셈하기(2)	09일차	/37
	10일차	/25
6. 뺄셈식에서 □의 값 구하기	11일차	/20
	12일차	/25
연산 & 문장제 마무리	13일차	/47

01일차 1. 9까지의 수를 가르기(1)

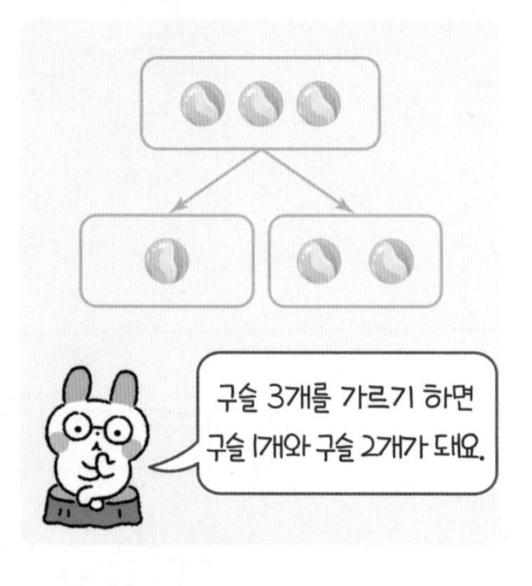

그림을 보고 빈칸에 알맞은 수를 써넣으세요.

1
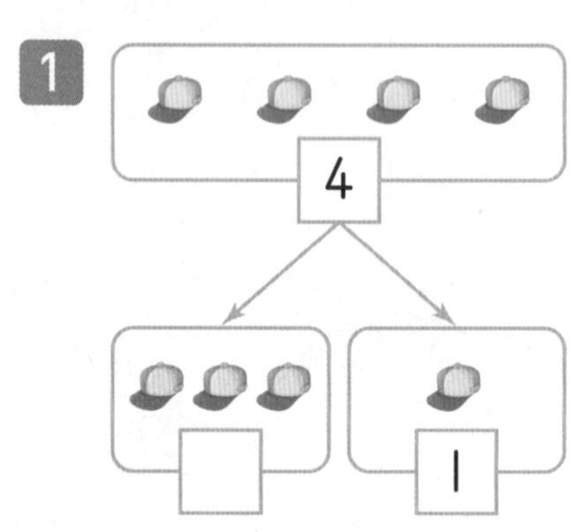

2
6
4

3
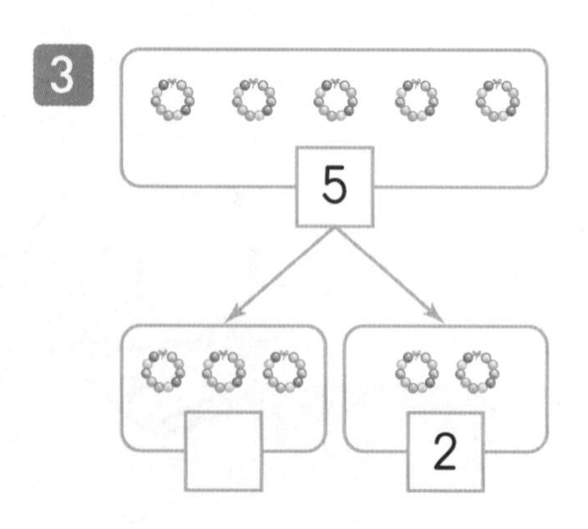

4
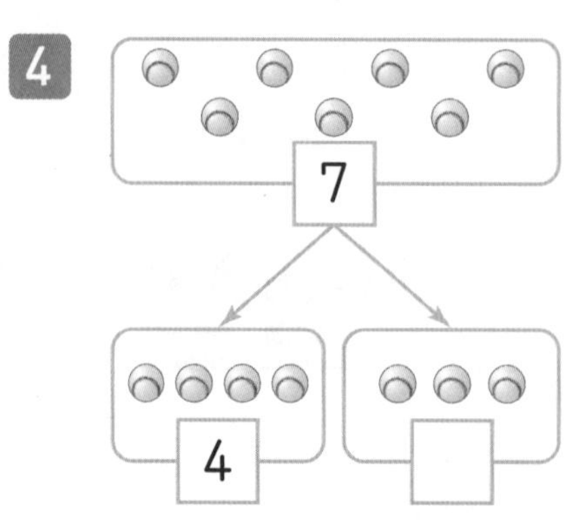

5
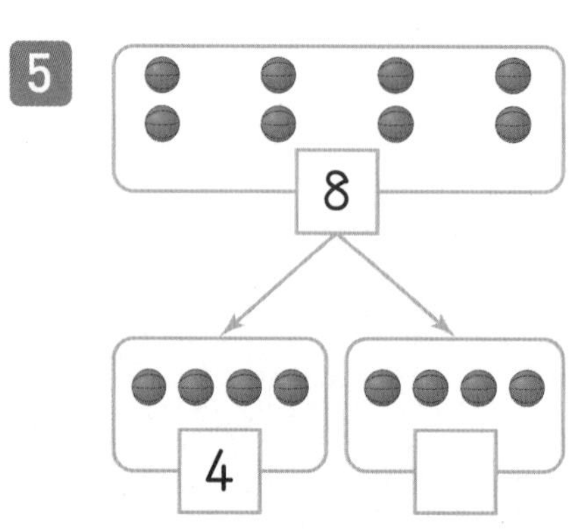

6
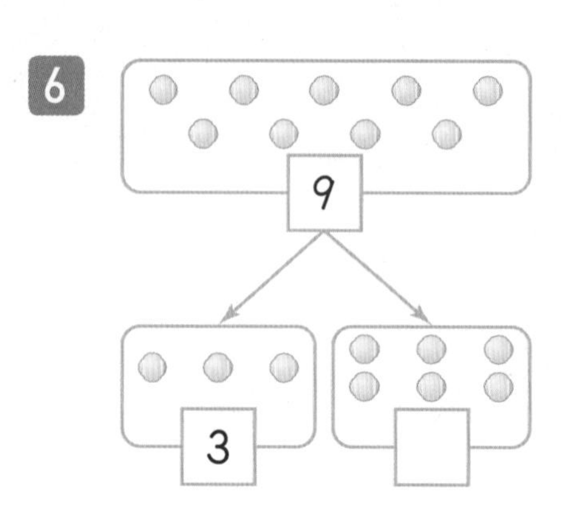

7
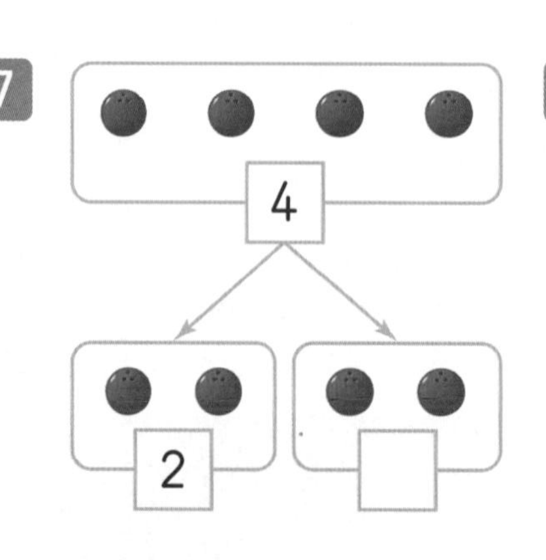

8
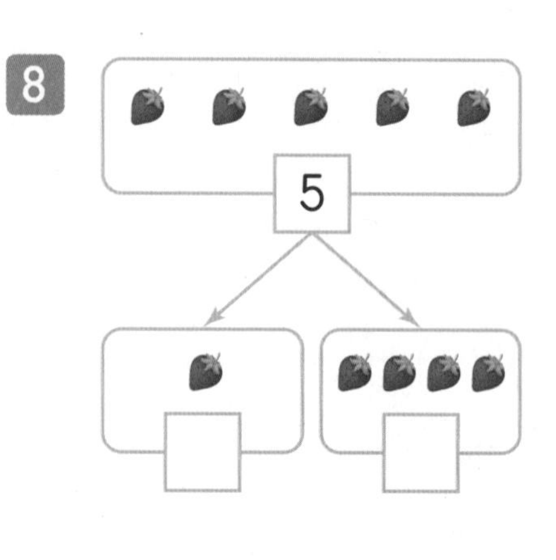

9
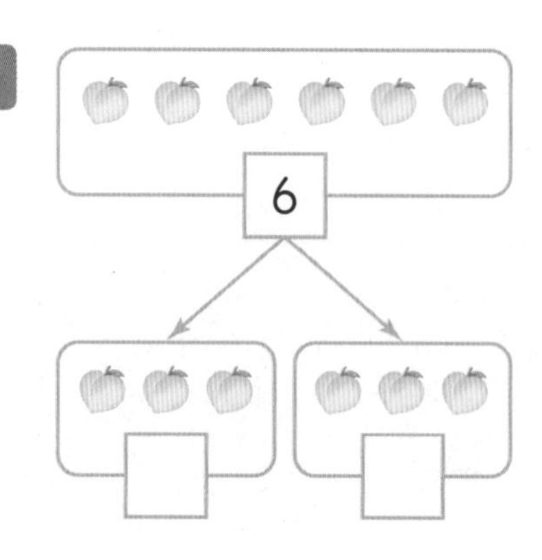

10
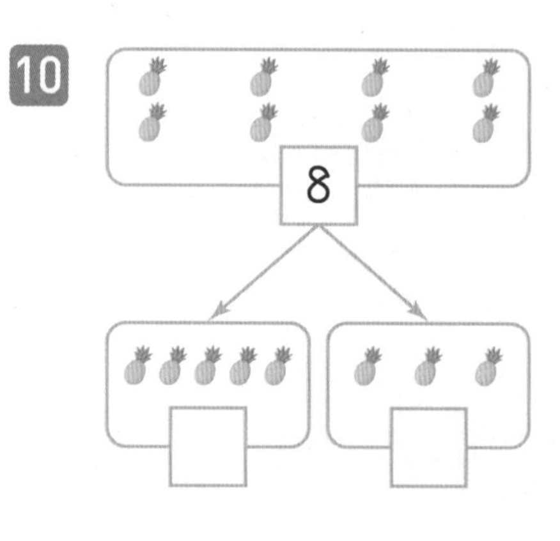

11
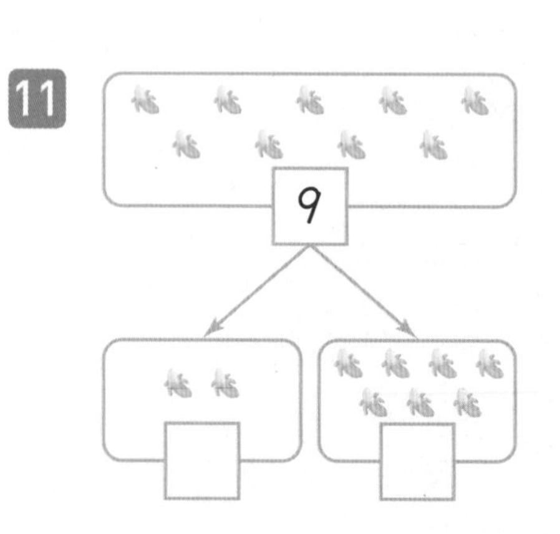

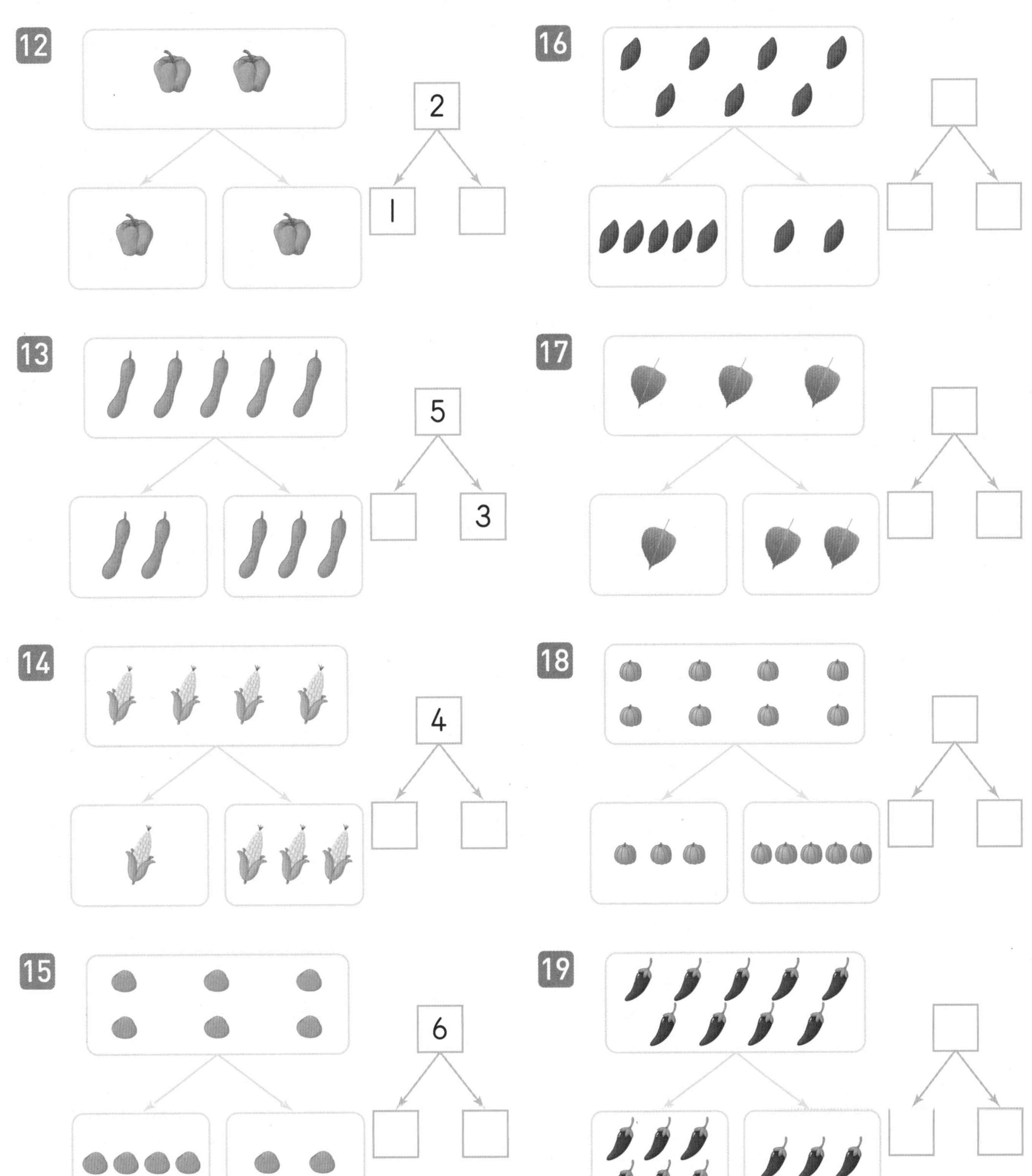

맞힌 개수
개 /19개

나의 학습 결과에 ○표 하세요.				
맞힌 개수	0~3개	4~10개	11~16개	17~19개
학습 방법	다시 한번 풀어 봐요.	계산 연습이 필요해요.	틀린 문제를 확인해요.	실수하지 않도록 집중해요.

QR 빠른 정답 확인

1. 9까지의 수를 가르기(1)

주어진 수를 가르기 하여 빈칸에 알맞은 수만큼 점을 그려 보세요.

1
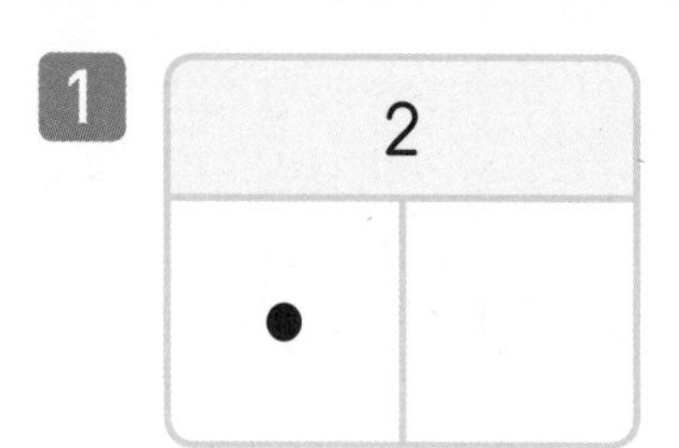

2
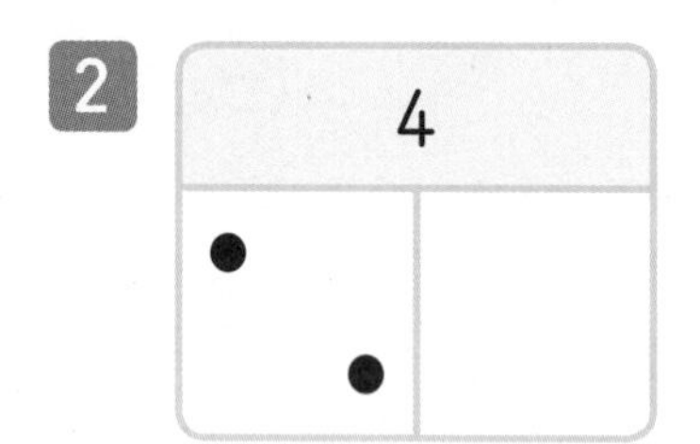

3

3

4
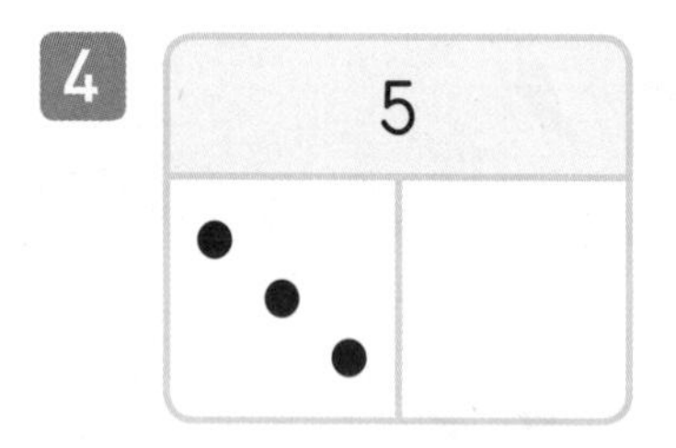

5

6

6
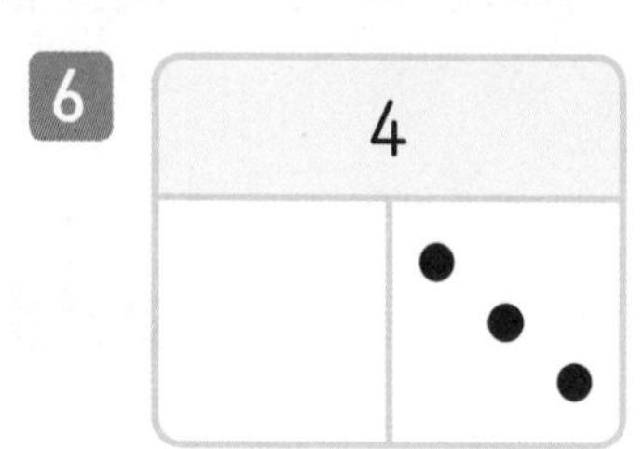

7
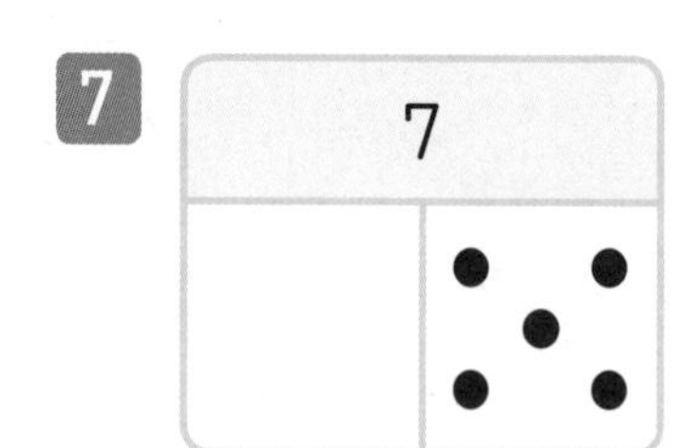

8
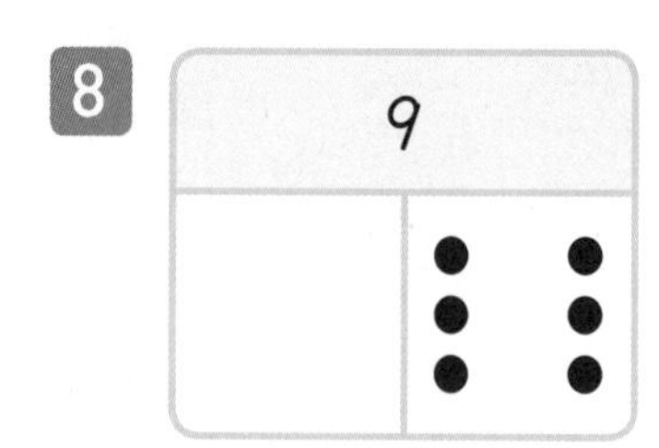

9

6

10

8

11
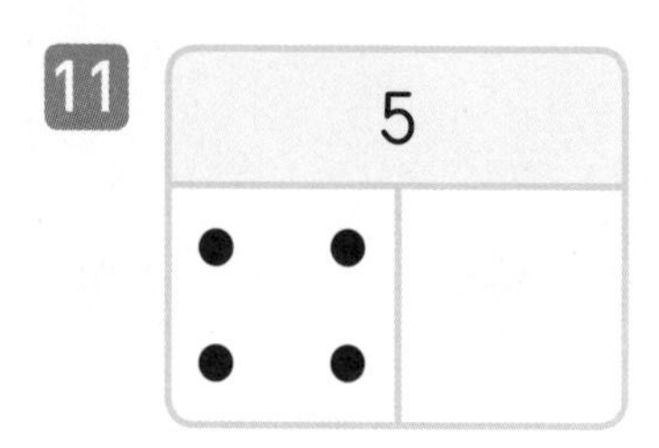

12
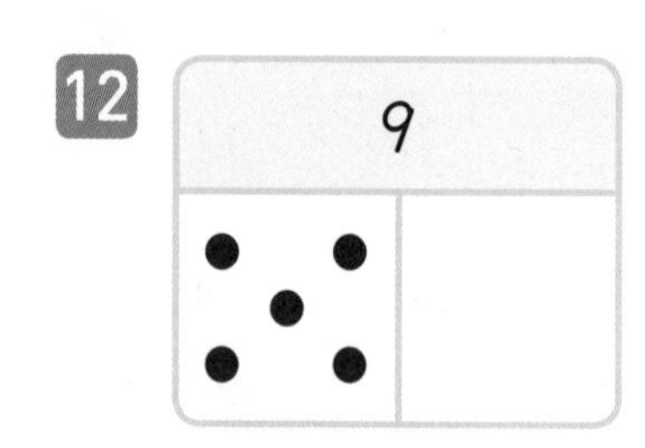

13
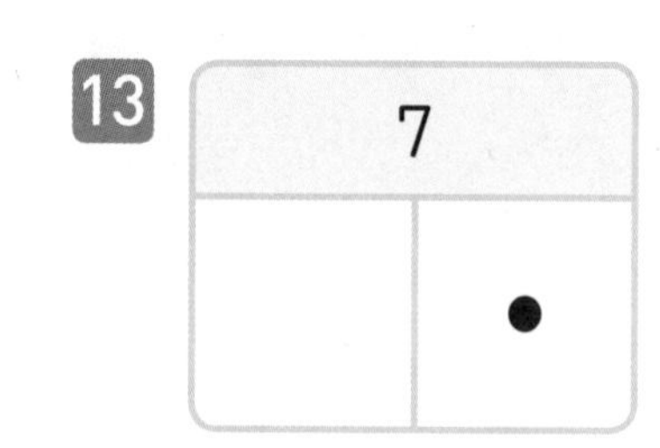

14
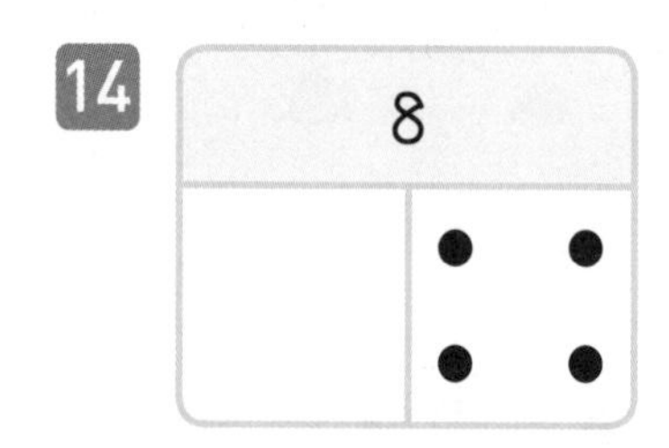

15
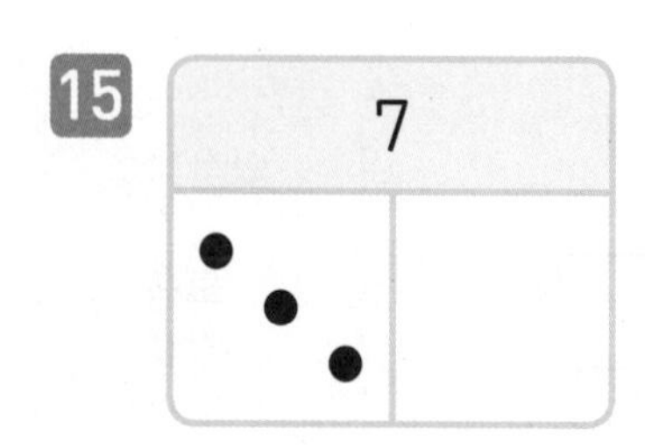

연산 in 문장제

경화네 모둠 5명을 가르기 하려고 합니다. 남학생이 3명이면 여학생은 몇 명인지 구해 보세요.

남학생 3명 →   ← 여학생 2명

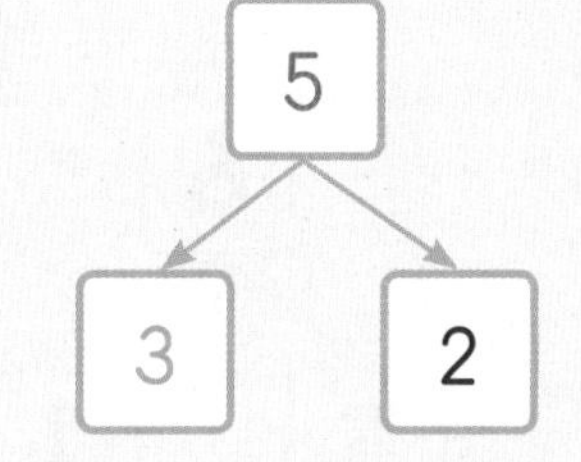

여학생은 2명입니다.

16 정희네 마당에 있는 동물 4마리를 가르기 하려고 합니다. 강아지가 1마리이면 고양이는 몇 마리인지 구해 보세요.

→ 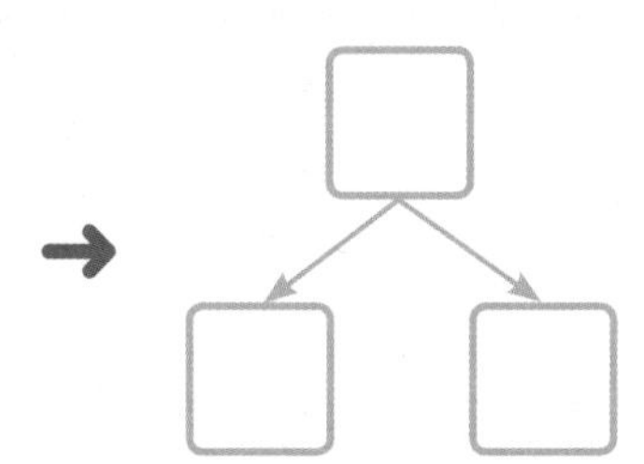

답 ______________

17 통에 있는 바둑돌 7개를 가르기 하려고 합니다. 검은색 바둑돌이 3개이면 하얀색 바둑돌은 몇 개인지 구해 보세요.

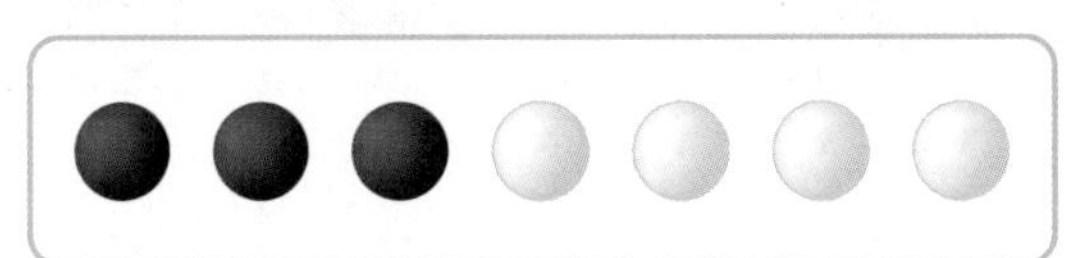

→ 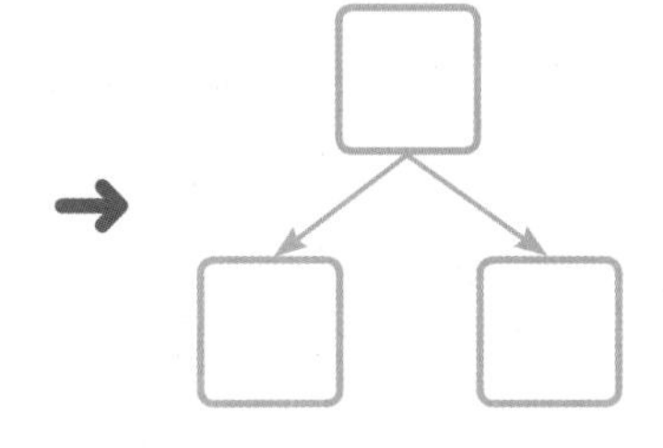

답 ______________

18 책상 위에 있는 수학책과 국어책 8권을 가르기 하려고 합니다. 수학책이 5권이면 국어책은 몇 권인지 구해 보세요.

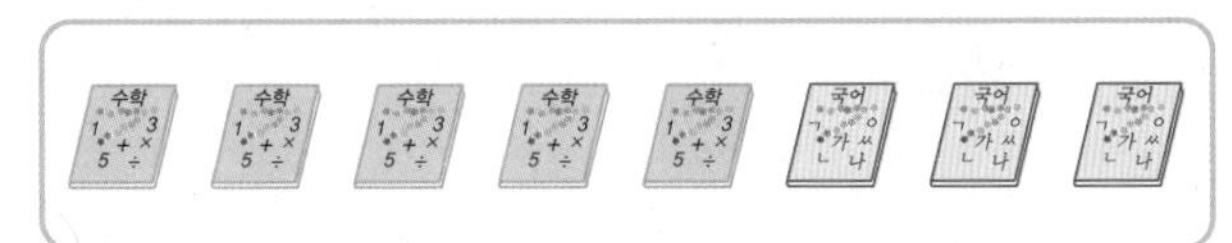

→ 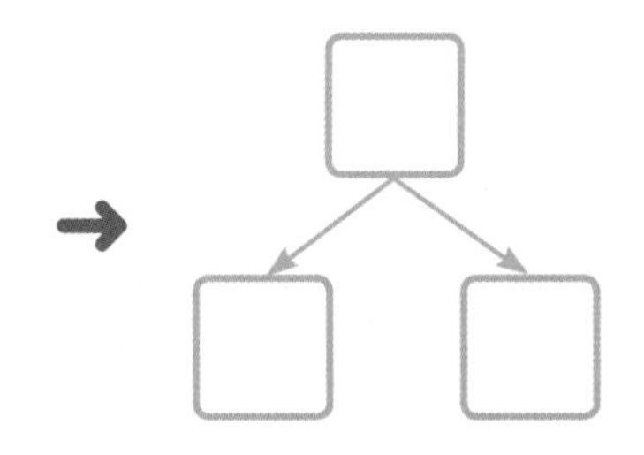

답 ______________

19 모니터 9대를 가르기 하려고 합니다. 켜진 모니터가 7대이면 꺼진 모니터는 몇 대인지 구해 보세요.

→ 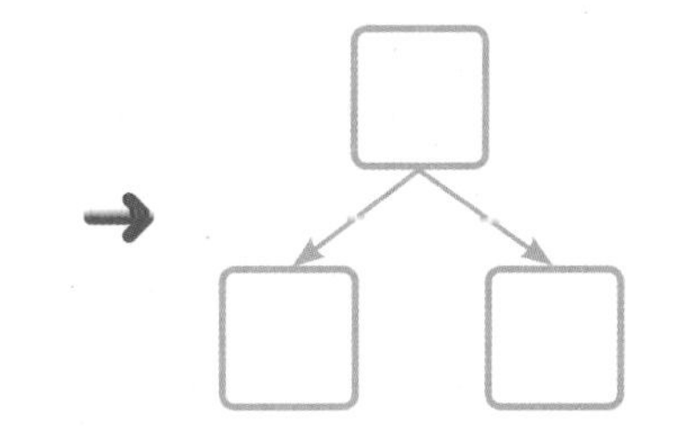

답 ______________

맞힌 개수	나의 학습 결과에 ○표 하세요.			
맞힌 개수	0~3개	4~10개	11~16개	17~19개
학습 방법	다시 한번 풀어 봐요.	계산 연습이 필요해요.	틀린 문제를 확인해요.	실수하지 않도록 집중해요.

맞힌 개수: 개 /19개

QR 빠른 정답 확인

2. 9까지의 수를 가르기(2)

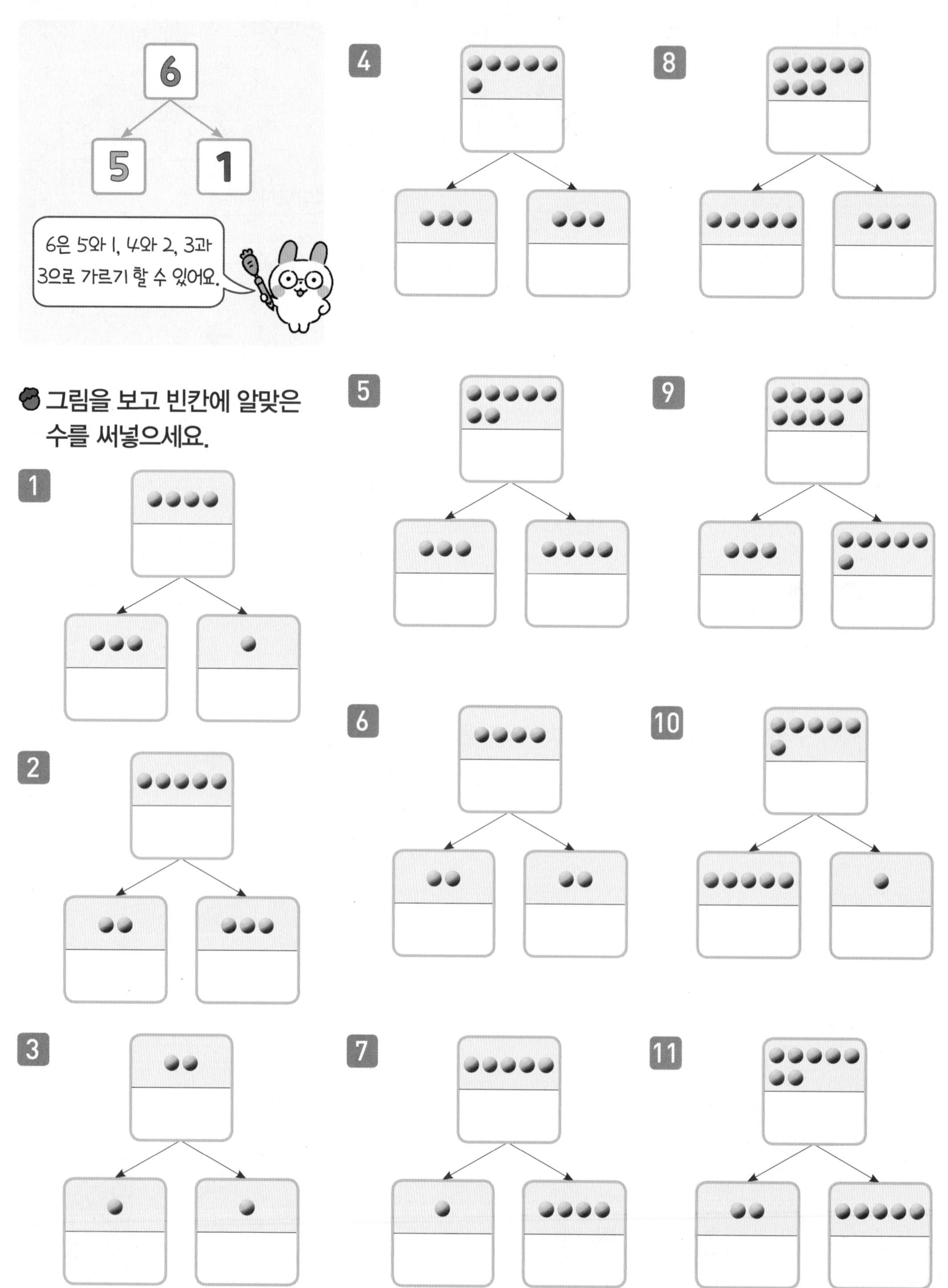

그림을 보고 빈칸에 알맞은 수를 써넣으세요.

빈칸에 알맞은 수를 써넣으세요.

12
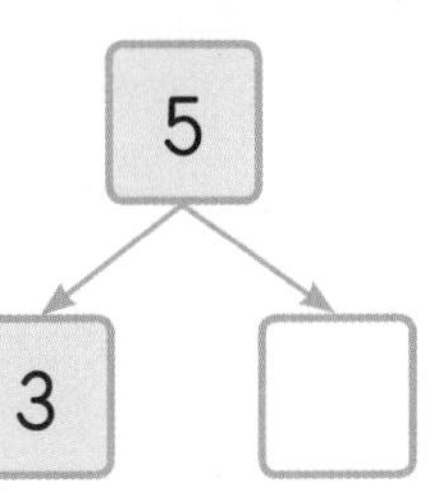

13
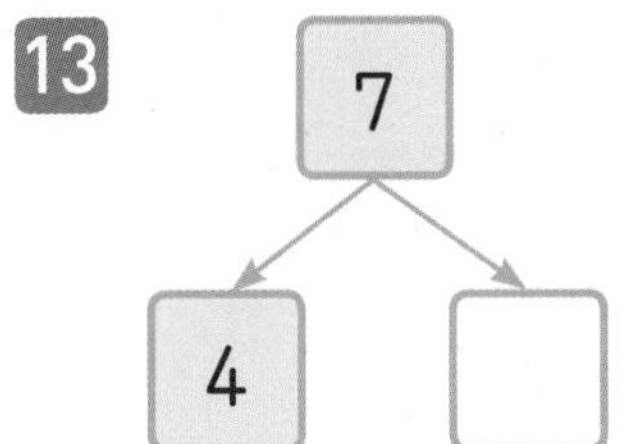

14
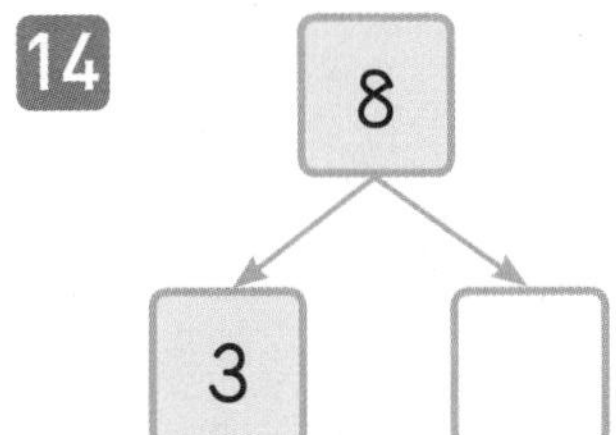

15
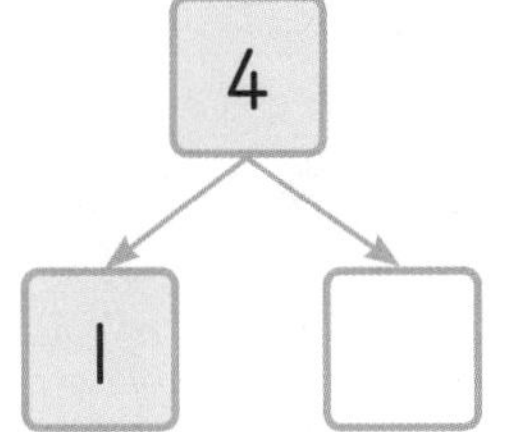

16
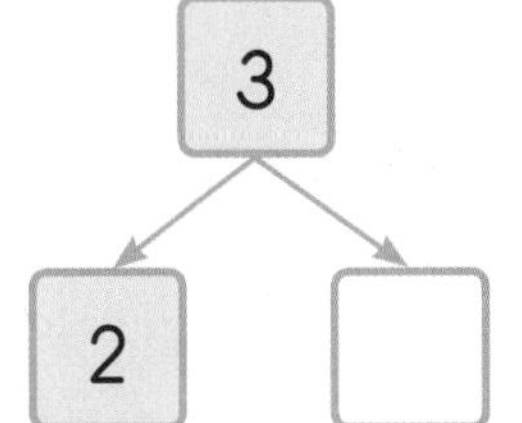

17
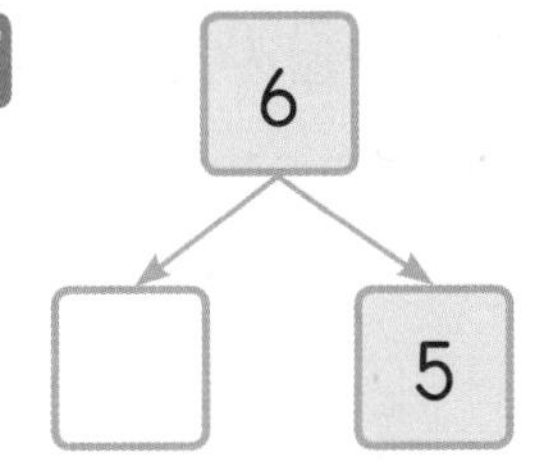

18
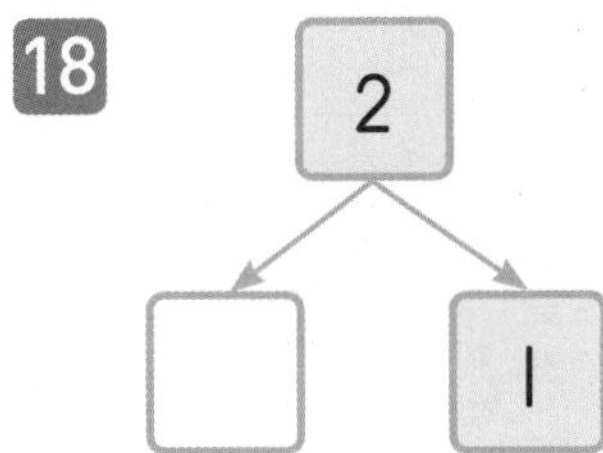

19
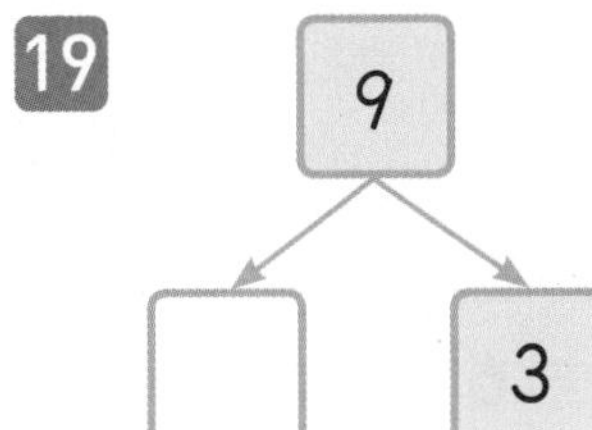

20
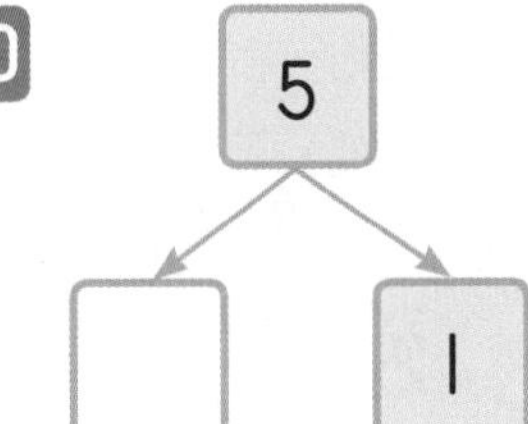

21
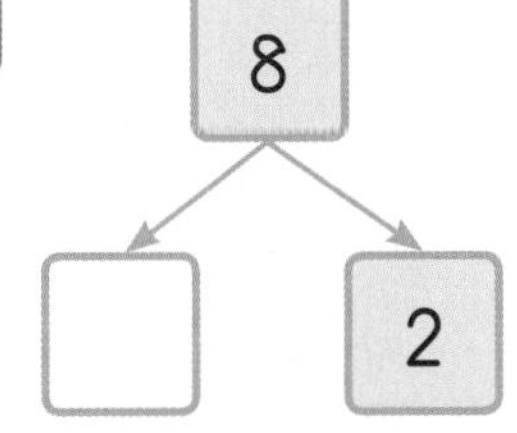

22
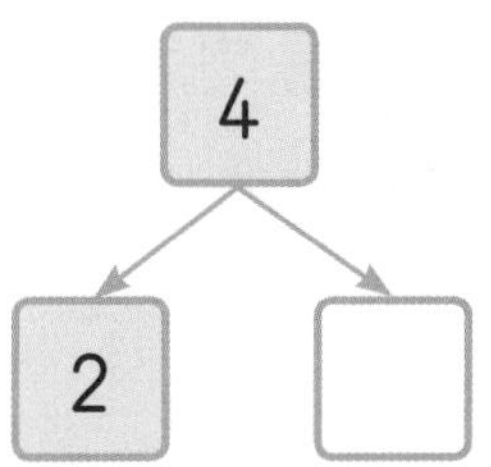

23
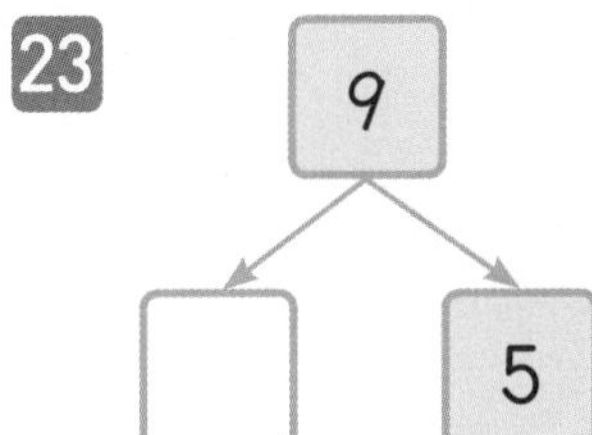

24
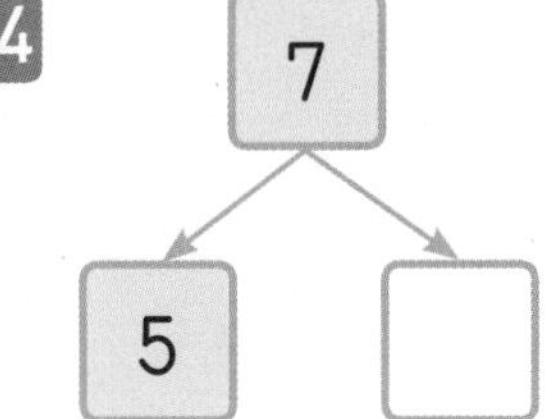

25
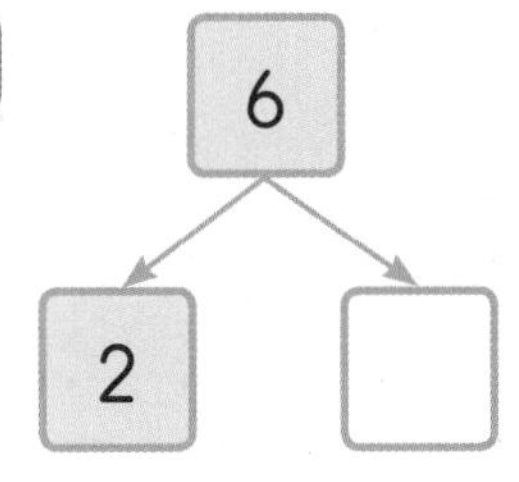

26
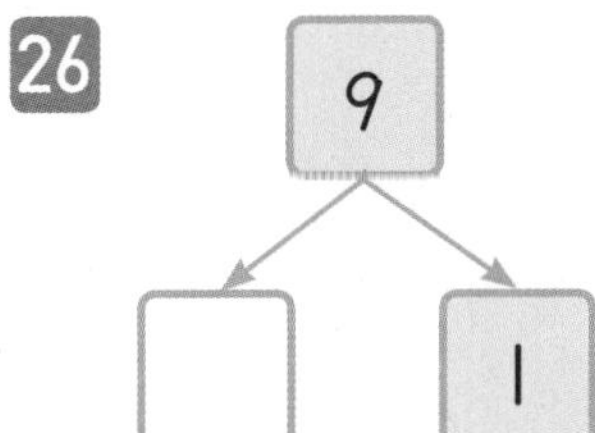

맞힌 개수
개 /26개

나의 학습 결과에 ○표 하세요.				
맞힌 개수	0~4개	5~13개	14~22개	23~26개
학습 방법	다시 한번 풀어 봐요.	계산 연습이 필요해요.	틀린 문제를 확인해요.	실수하지 않도록 집중해요.

QR 빠른정답 확인

04 일차 2. 9까지의 수를 가르기(2)

주어진 수를 가르기 하여 빈칸에 알맞은 수를 써넣으세요.

1

4	
	1

2

8	
	5

3

6	
	2

4

5	
	4

5

2	
	1

6

9	
2	

7

3	
2	

8

7	
4	

9

9	
6	

10

4	
2	

11

6	
	5

12

8	
4	

13

7	
5	

14

9	
	5

15

6	
3	

16

8	
2	

17

5	
	3

18

7	
	1

연산 in 문장제

버스 안에 있는 사람 6명을 가르기 하려고 합니다. 안경을 쓴 사람이 3명이면 안경을 쓰지 않은 사람은 몇 명인지 구해 보세요.

안경을 쓴 사람 3명 →

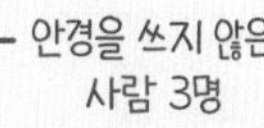

← 안경을 쓰지 않은 사람 3명

6

3 3

안경을 쓰지 않은 사람은 3명입니다.

19 학교 앞 사거리에서 보행자 신호등 8개를 가르기 하려고 합니다. 빨간불인 신호등이 4개이면 초록불인 신호등은 몇 개인지 구해 보세요.

답 ________

→ 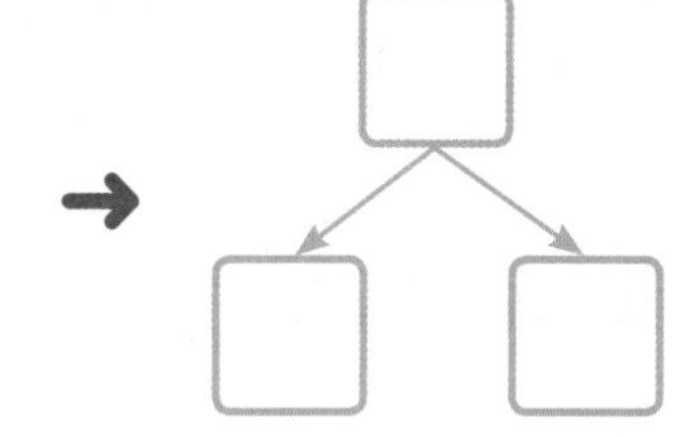

20 정혜네 반에서 반장 선거로 나온 후보 3명을 가르기 하려고 합니다. 남학생이 2명이면 여학생은 몇 명인지 구해 보세요.

답 ________

→ 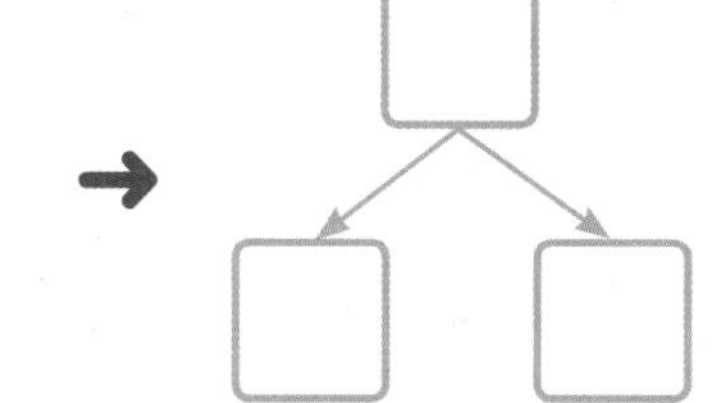

21 은경이네 집에 있는 문 6개를 가르기 하려고 합니다. 열려 있는 문이 5개이면 닫혀 있는 문은 몇 개인지 구해 보세요.

답 ________

→ 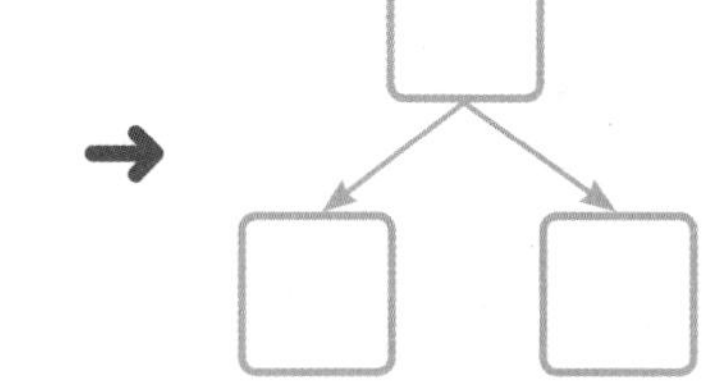

22 지석이네 모둠 5명을 가르기 하려고 합니다. 동생이 있는 친구가 3명이면 동생이 없는 친구는 몇 명인지 구해 보세요.

답 ________

→ 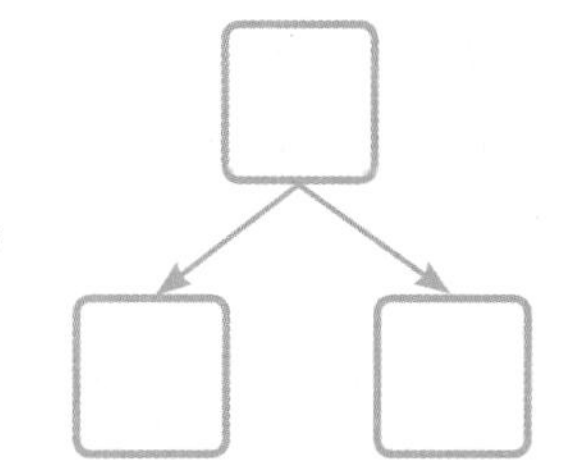

맞힌 개수
개 /22개

나의 학습 결과에 ○표 하세요.

맞힌 개수	0~3개	4~11개	12~19개	20~22개
학습 방법	다시 한번 풀어 봐요.	계산 연습이 필요해요.	틀린 문제를 확인해요.	실수하지 않도록 집중해요.

QR 빠른 정답 확인

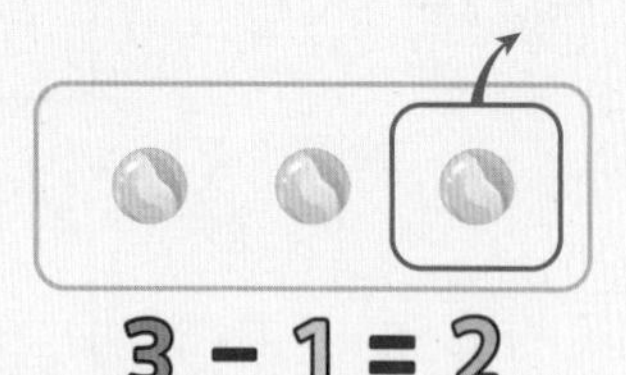

3 - 1 = 2

 그림에 알맞은 뺄셈식을 쓰세요.

1

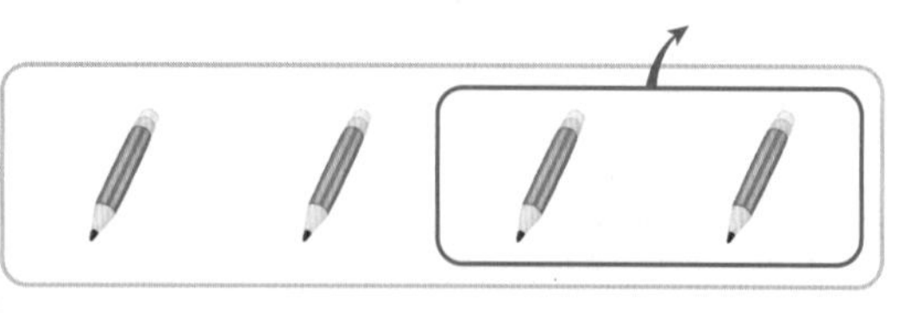

4－2=☐

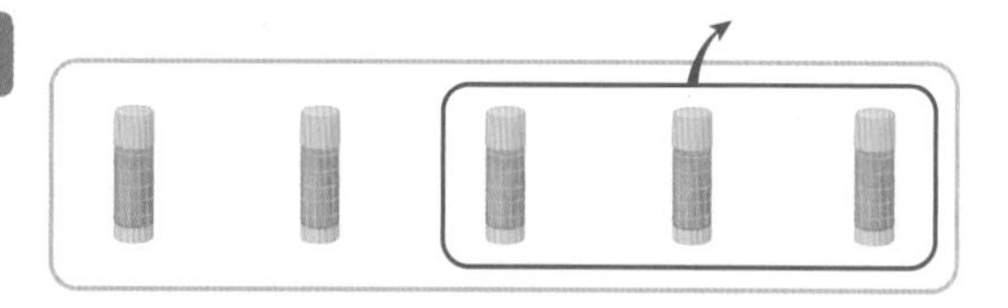

5－3=☐

3

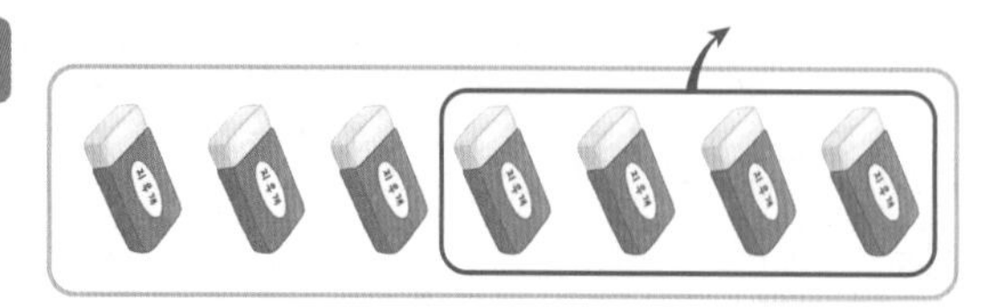

7－4=☐

4

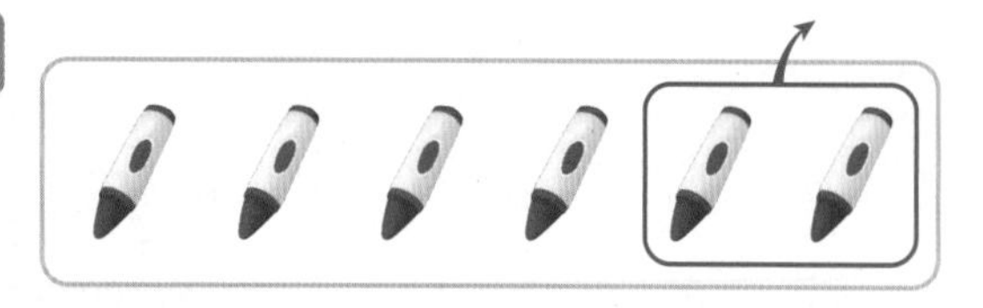

6－2=☐

5

8－5=☐

6

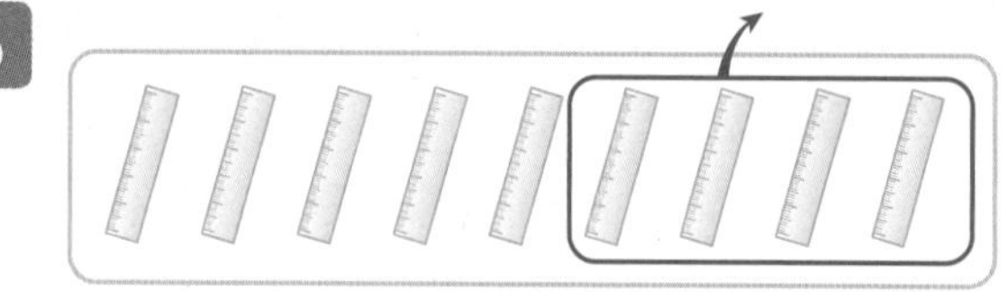

9－4=☐

7

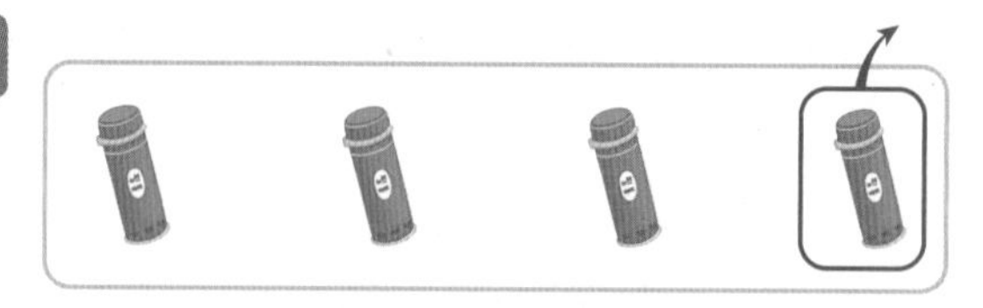

4－1=☐

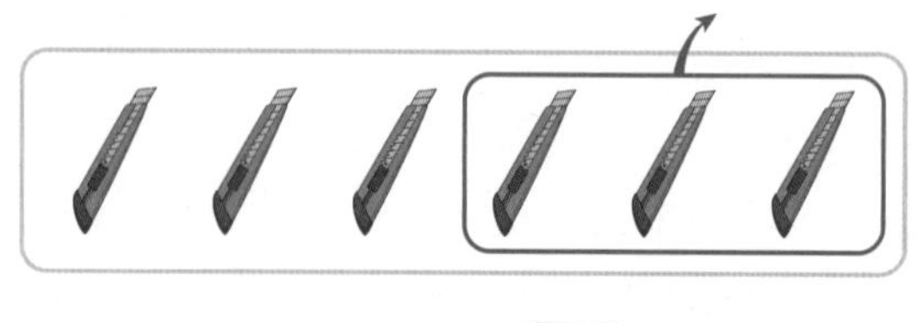

6－3=☐

9

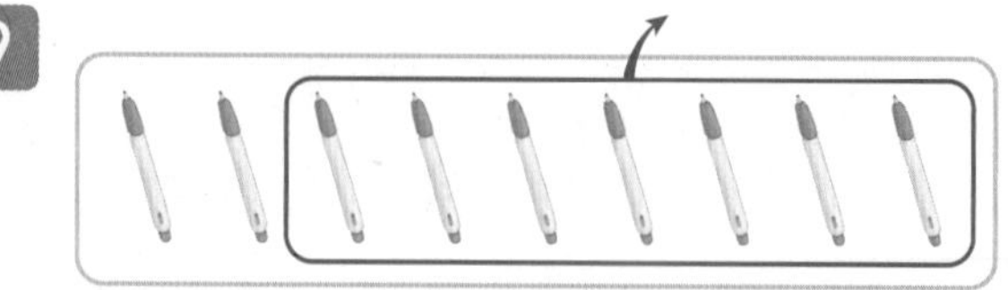

9－7=☐

그림에 알맞은 뺄셈식을 쓰고 읽어 보세요.

10

$3-2=\square$

3 빼기 2는 ☐와/과 같습니다.

11

$8-6=\square$

8 빼기 6은 ☐와/과 같습니다.

12

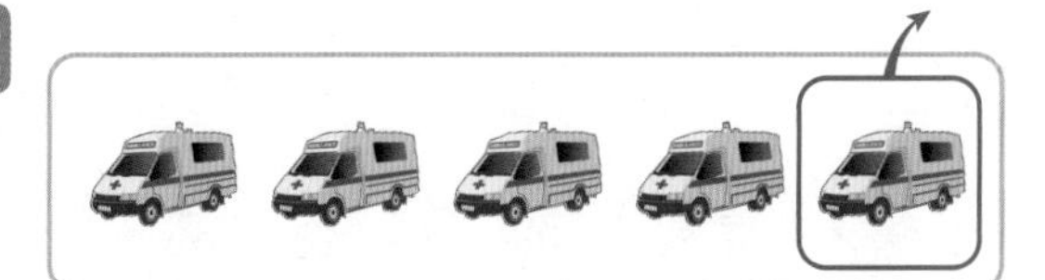

$5-1=\square$

5 빼기 1은 ☐와/과 같습니다.

13

$7-2=\square$

7 빼기 2는 ☐와/과 같습니다.

14

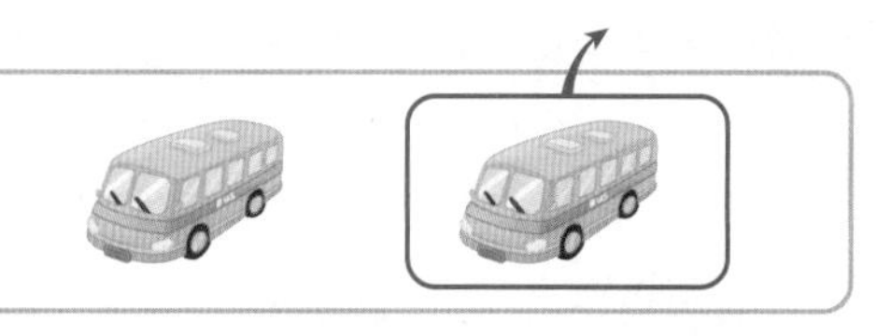

$2-1=\square$

2와 1의 차는 ☐입니다.

15

$6-4=\square$

6과 4의 차는 ☐입니다.

16

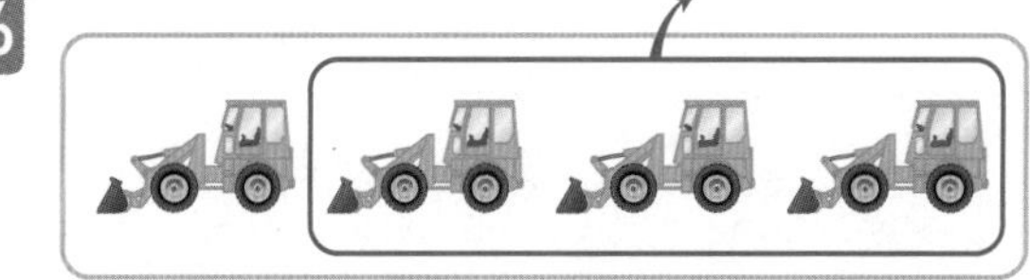

$4-3=\square$

4와 3의 차는 ☐입니다.

17

$9-3=\square$

9와 3의 차는 ☐입니다.

맞힌 개수

개 /17개

나의 학습 결과에 ○표 하세요.

맞힌 개수	0~3개	4~9개	10~14개	15~17개
학습 방법	다시 한번 풀어 봐요.	계산 연습이 필요해요.	틀린 문제를 확인해요.	실수하지 않도록 집중해요.

QR 빠른 정답 확인

06 일차 3. 빼서 나타내기

그림에 알맞은 뺄셈식을 쓰세요.

1

3 − □ = □

2

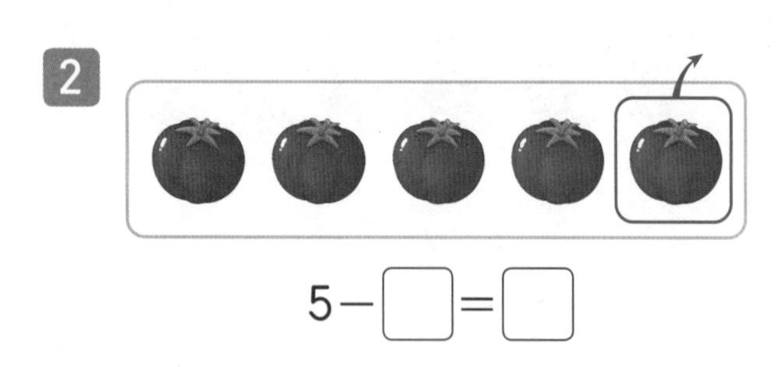

5 − □ = □

3

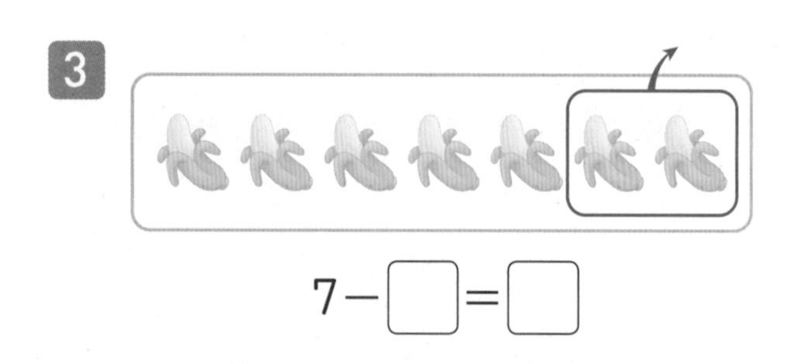

7 − □ = □

4

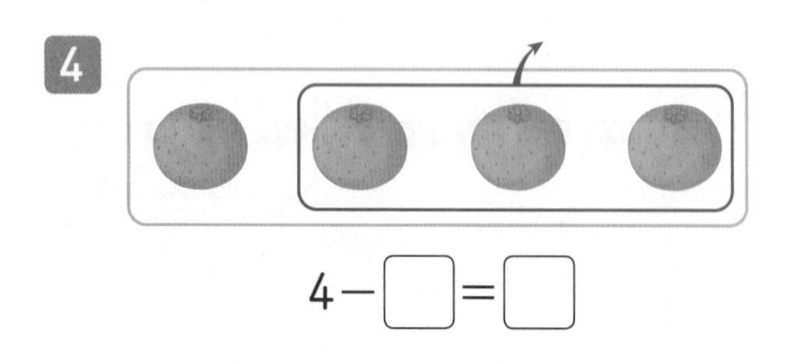

4 − □ = □

5

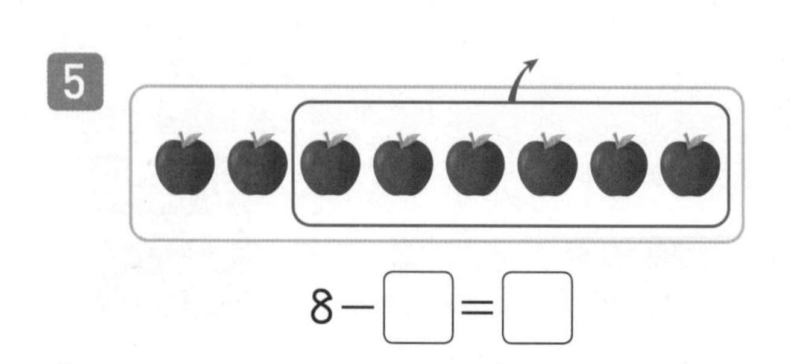

8 − □ = □

6

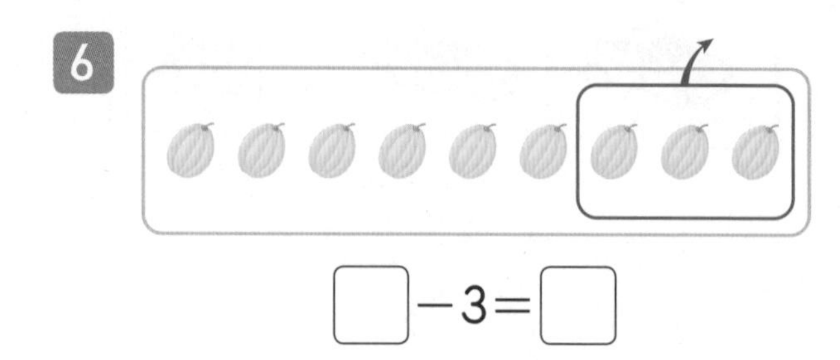

□ − 3 = □

7

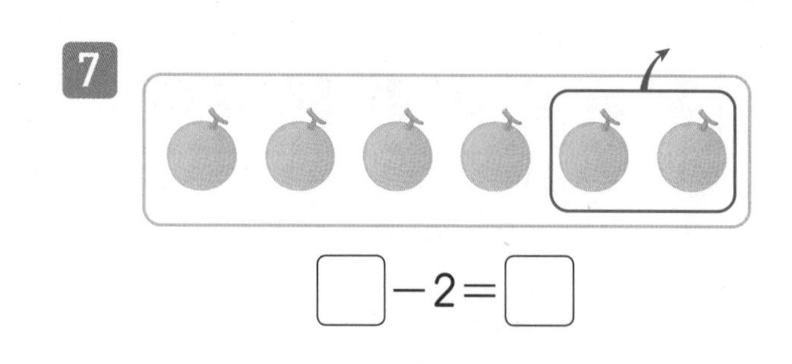

□ − 2 = □

8

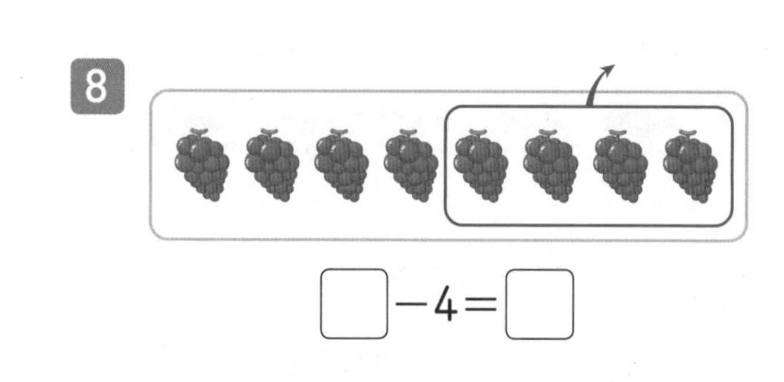

□ − 4 = □

9

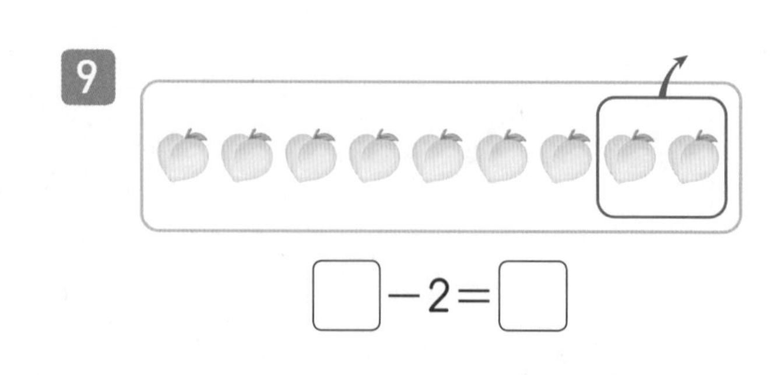

□ − 2 = □

10

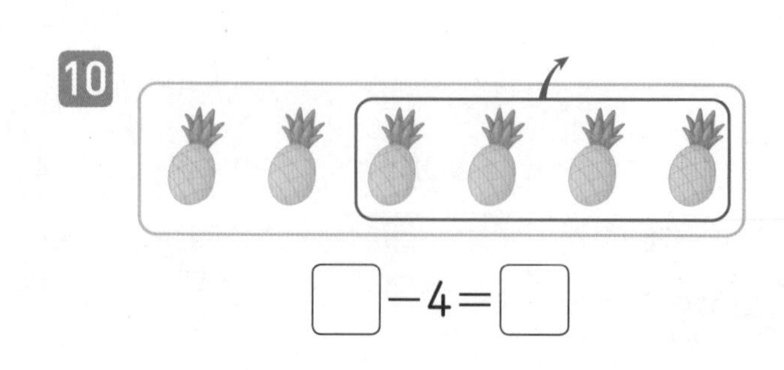

□ − 4 = □

 그림에 알맞은 뺄셈식을 쓰고 읽어 보세요.

11

□ − □ = □

□ 빼기 □ 은/는 □ 와/과 같습니다.

12

□ − □ = □

□ 빼기 □ 은/는 □ 와/과 같습니다.

13

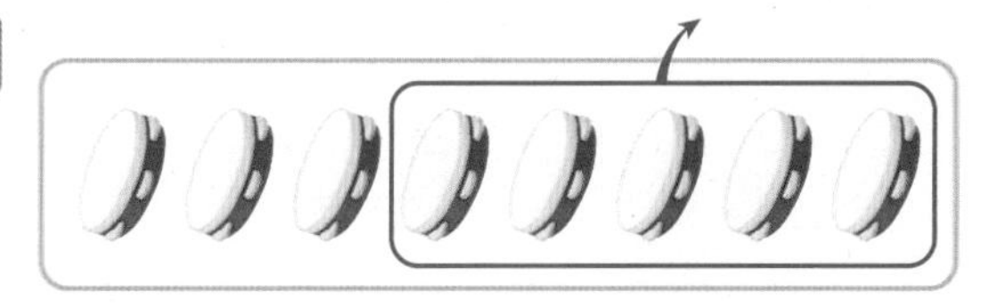

□ − □ = □

□ 빼기 □ 은/는 □ 와/과 같습니다.

14

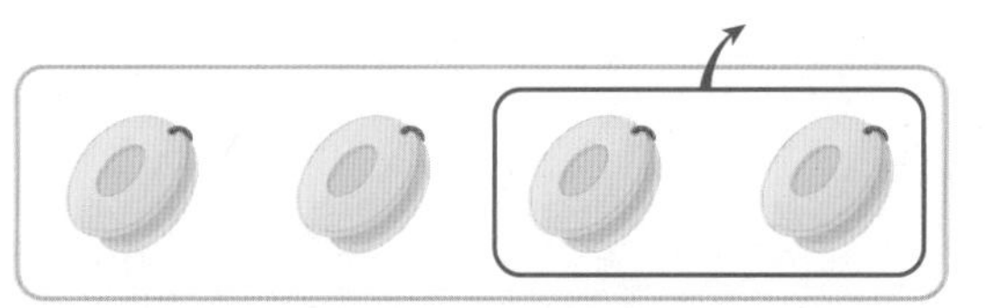

□ − □ = □

□ 빼기 □ 은/는 □ 와/과 같습니다.

15

□ − □ = □

□ 와/과 □ 의 차는 □ 입니다.

16

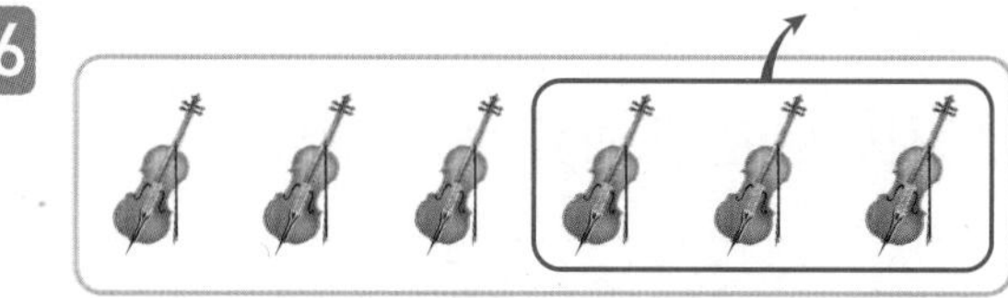

□ − □ = □

□ 와/과 □ 의 차는 □ 입니다.

17

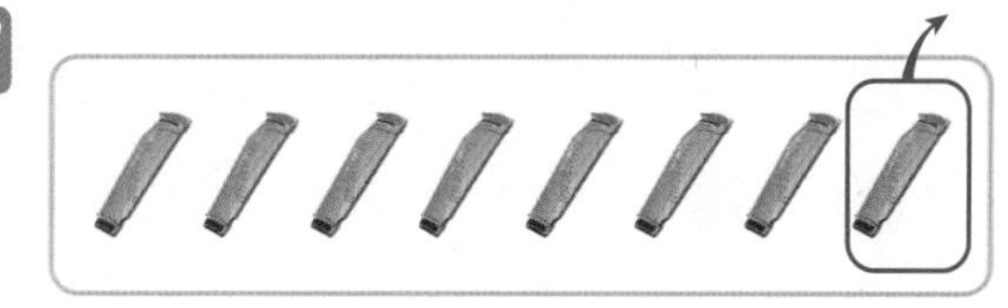

□ − □ = □

□ 와/과 □ 의 차는 □ 입니다.

18

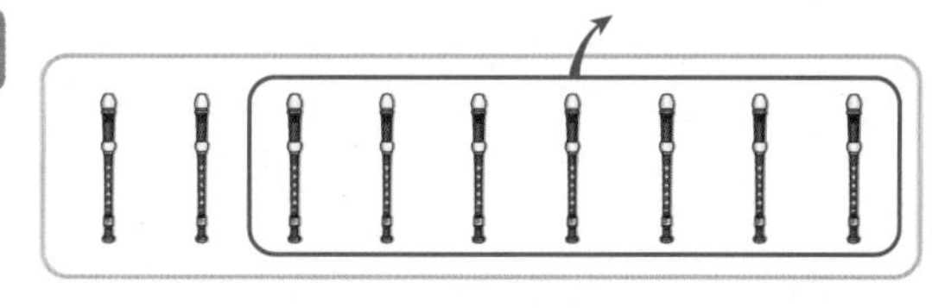

□ − □ = □

□ 와/과 □ 의 차는 □ 입니다.

맞힌 개수
개 /18개

나의 학습 결과에 ○표 하세요.

맞힌 개수	0~2개	3~9개	10~16개	17~18개
학습 방법	다시 한번 풀어 봐요.	계산 연습이 필요해요.	틀린 문제를 확인해요.	실수하지 않도록 집중해요.

QR 빠른 정답 확인

4. 한 자리 수의 뺄셈하기(1)

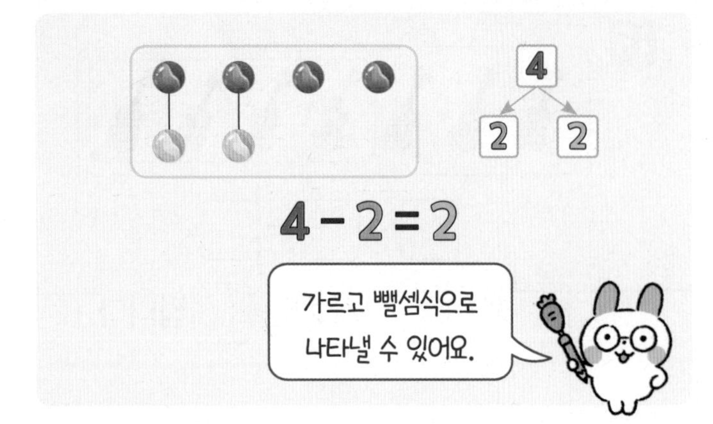

그림을 보고 뺄셈을 해 보세요.

1

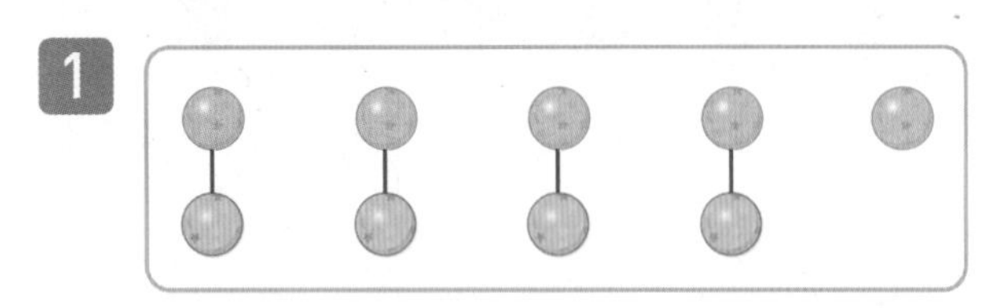

5－4=□

2

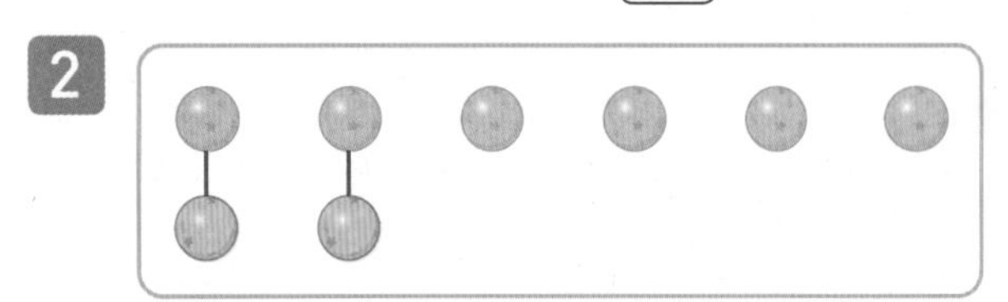

6－2=□

3

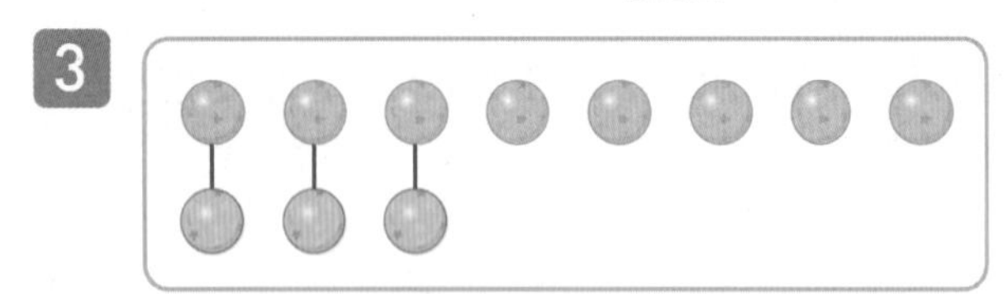

8－3=□

4

4－1=□

5

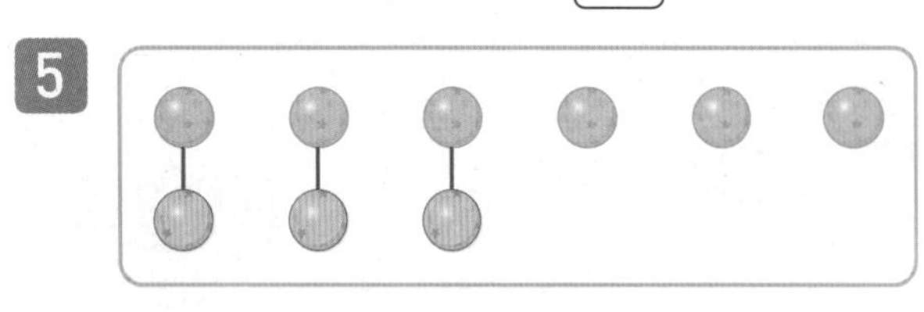

6－3=□

6

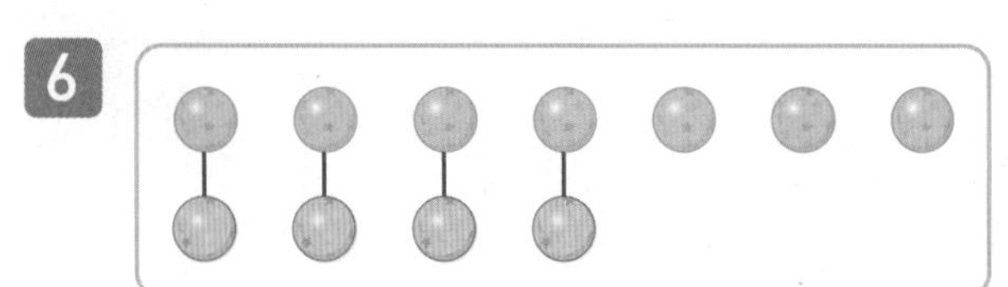

7－4=□

7

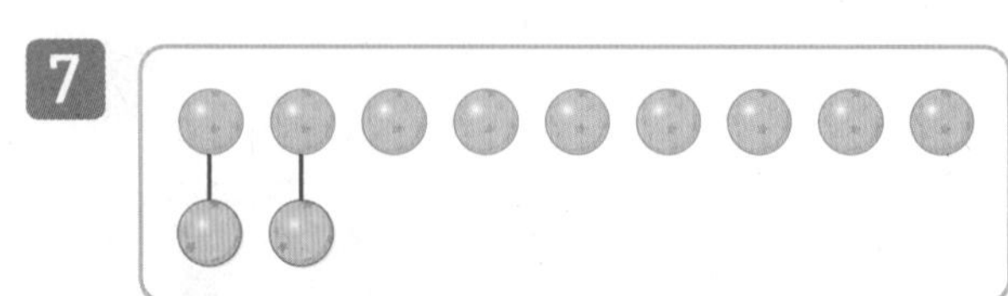

9－2=□

8

5－3=□

9

7－2=□

10

9－3=□

11

8－7=□

수 가르기를 하고 뺄셈을 해 보세요.

12

2 → 1, □

□ − 1 = □

13

3 → 2, □

□ − 2 = □

14

4 → 1, □

□ − 1 = □

15

4 → 2, □

□ − 2 = □

16

5 → □, 1

□ − □ = 1

17

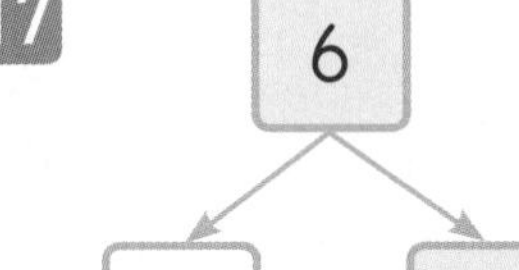

6 → □, 5

□ − □ = 5

18

6 → □, 2

□ − □ = 2

19

7 → □, 3

□ − □ = 3

20

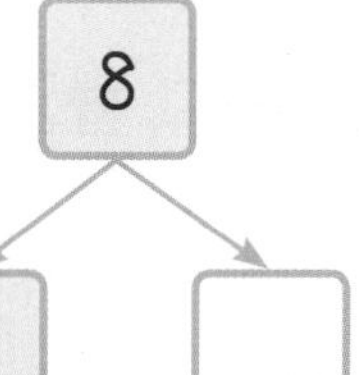

8 → 4, □

□ − 4 = □

21

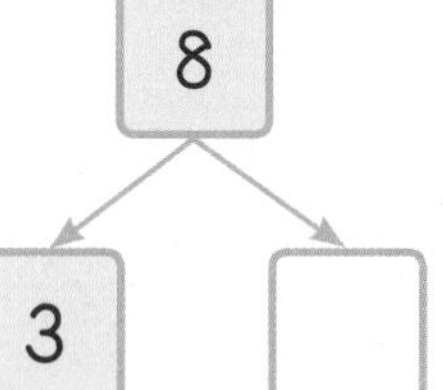

8 → 3, □

□ − 3 = □

22

9 → 2, □

□ − □ = 7

23

9 → 8, □

□ − □ = 1

맞힌 개수
개 /23개

나의 학습 결과에 ○표 하세요.

맞힌 개수	0~4개	5~12개	13~19개	20~23개
학습 방법	다시 한번 풀어 봐요.	계산 연습이 필요해요.	틀린 문제를 확인해요.	실수하지 않도록 집중해요.

QR 빠른 정답 확인

4. 한 자리 수의 뺄셈하기(1)

그림을 보고 뺄셈을 해 보세요.

1
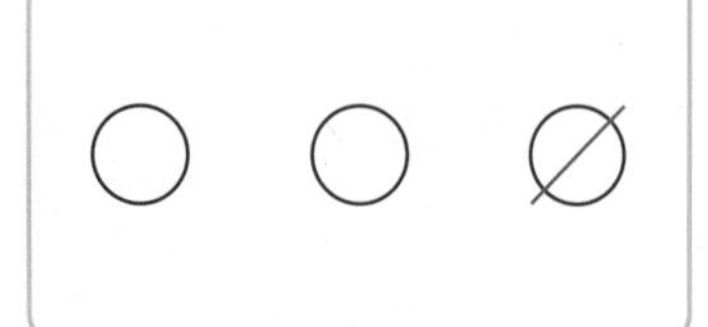

3−□=□

2
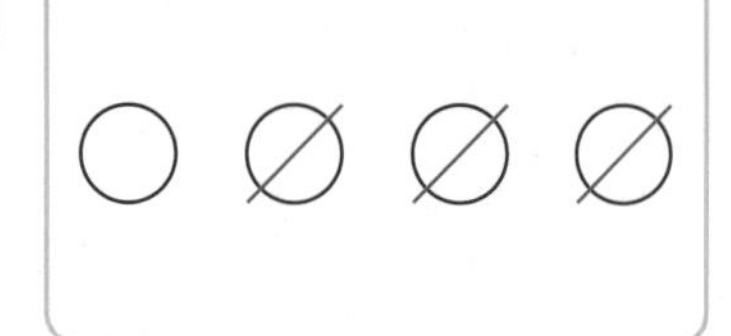

4−□=□

3
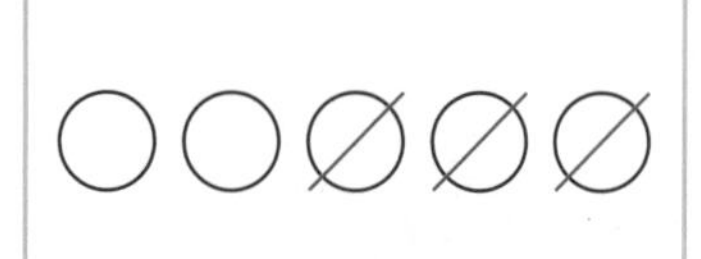

5−□=□

4

6−□=□

5

6−□=□

6
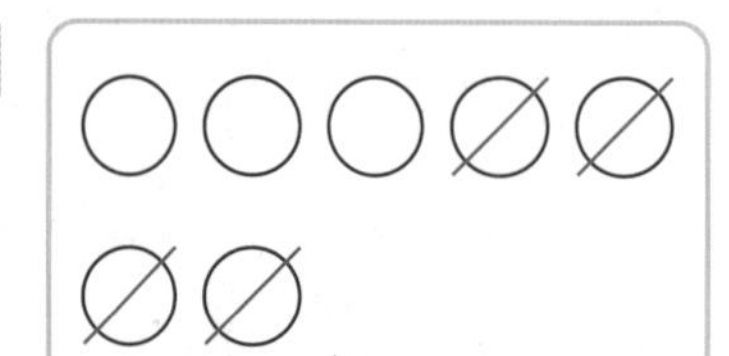

7−□=□

7
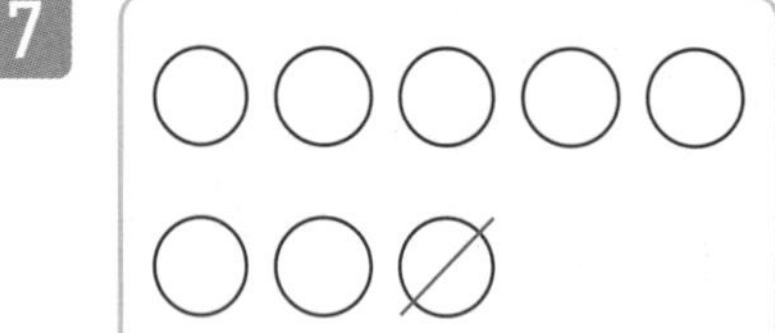

8−□=□

8
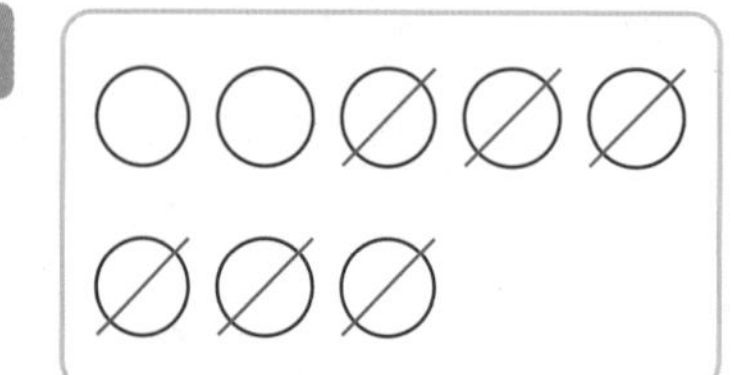

8−□=□

9
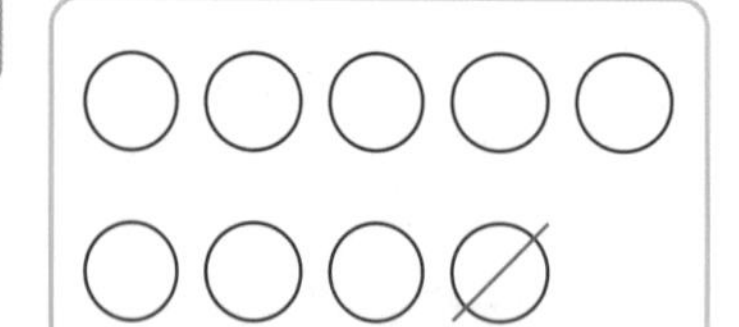

9−□=□

10
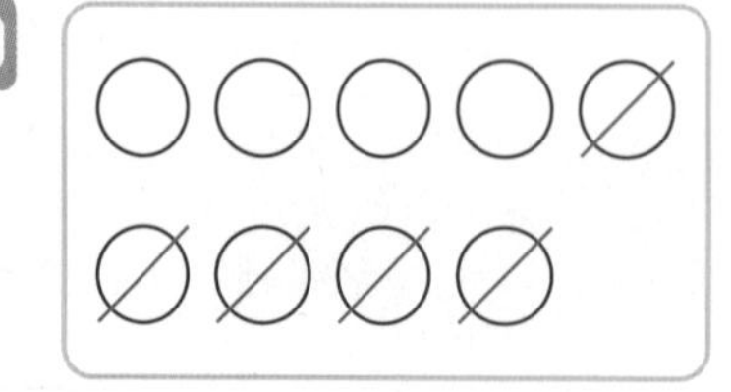

9−□=□

수 가르기를 하고 뺄셈을 해 보세요.

11
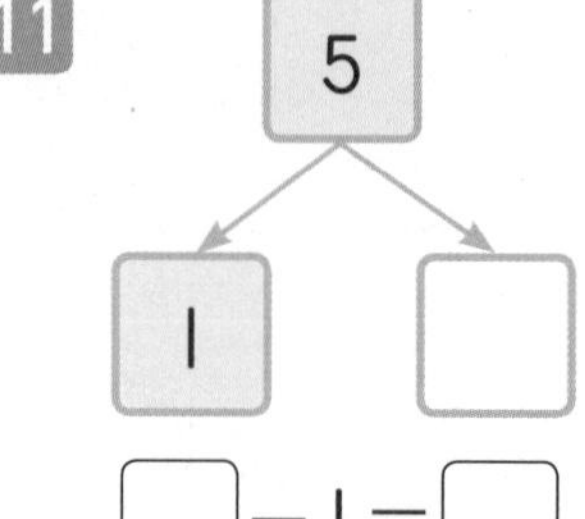

□−1=□

12
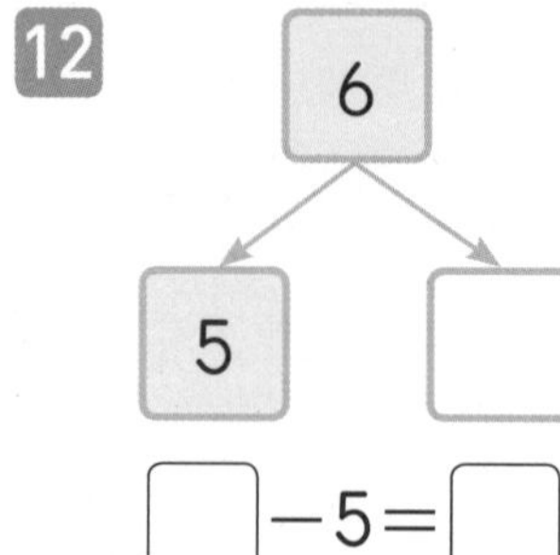

□−5=□

13
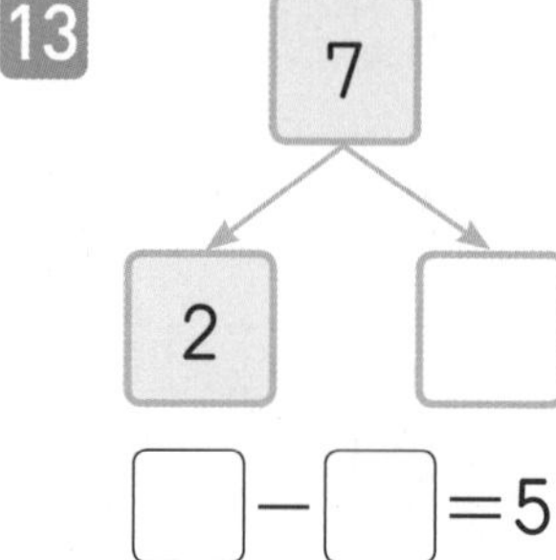

□−□=5

14
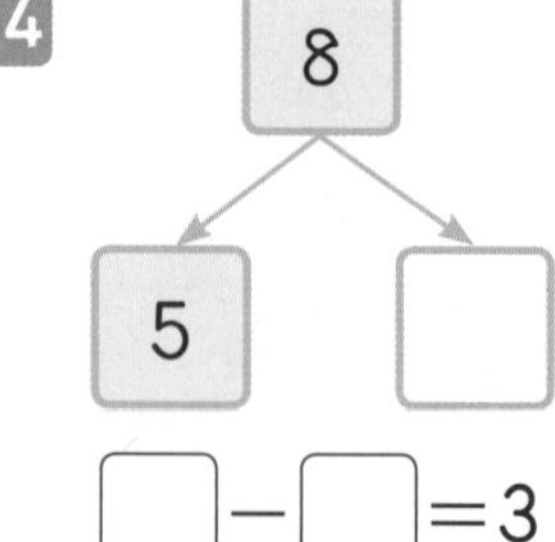

□−□=3

15
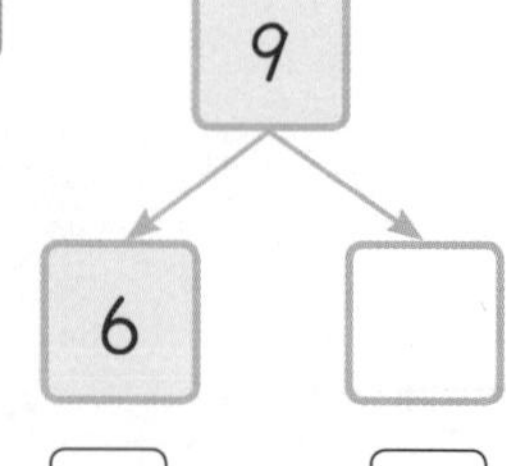

□−6=□

연산 in 문장제

채린이는 마트에서 초콜릿 6개와 사탕 2개를 샀습니다. 채린이가 산 초콜릿은 사탕보다 몇 개 더 많은지 구해 보세요.

$\underline{6} - \underline{2} = \underline{4}$(개)

채린이가 산 초콜릿의 수 / 채린이가 산 사탕의 수 / 초콜릿과 사탕 수의 차

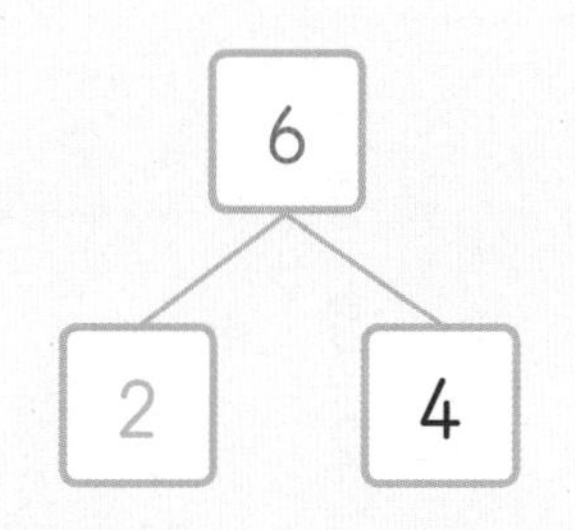

16 주차장에 자동차 4대가 주차되어 있었는데 2대가 밖으로 나갔습니다. 주차장에 남아 있는 자동차는 몇 대인지 구해 보세요.

답 ______________

→ 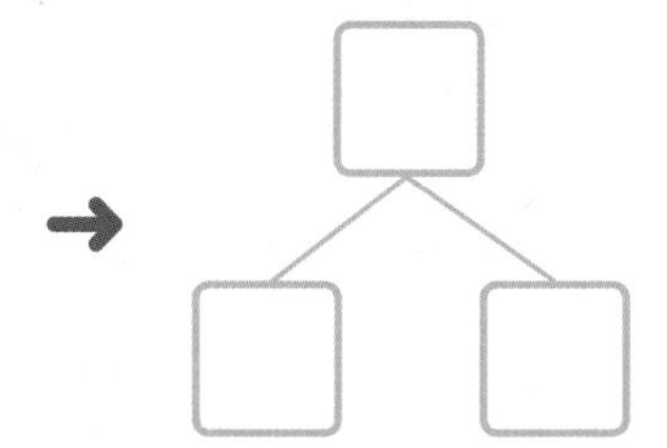

17 정원에 장미와 튤립이 피어 있습니다. 장미는 5송이 피어 있고, 튤립은 장미보다 3송이 더 적게 피어 있습니다. 정원에 피어 있는 튤립은 몇 송이인지 구해 보세요.

→ 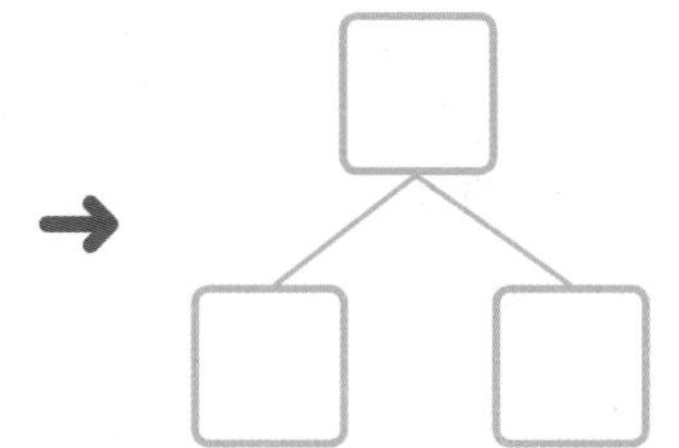

18 지안이는 냉장고에 있는 오렌지 주스 3병 중에서 1병을 마셨습니다. 냉장고에 남아 있는 오렌지 주스는 몇 병인지 구해 보세요.

답 ______________

→ 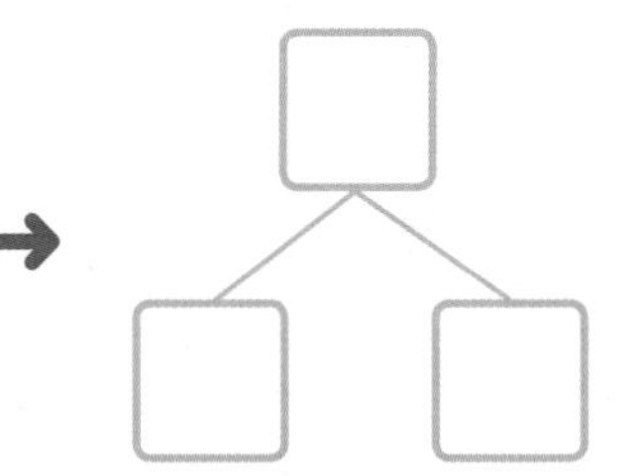

19 성준이의 미니카는 8개이고 유빈이의 미니카는 5개입니다. 성준이의 미니카는 유빈이보다 몇 개 더 많은지 구해 보세요.

→ 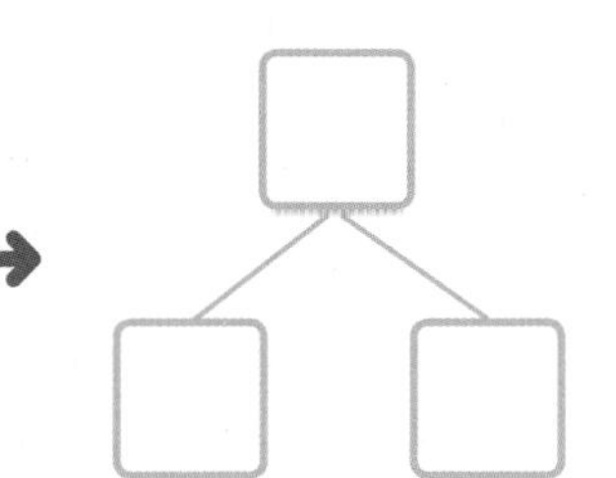

맞힌 개수
개 /19개

나의 학습 결과에 ○표 하세요.

맞힌 개수	0~3개	4~9개	10~16개	17~19개
학습 방법	다시 한번 풀어 봐요.	계산 연습이 필요해요.	틀린 문제를 확인해요.	실수하지 않도록 집중해요.

QR 빠른 정답 확인

5. 한 자리 수의 뺄셈하기(2)

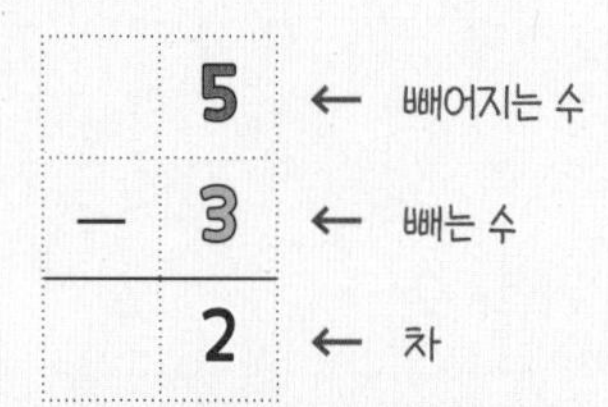

뺄셈을 해 보세요.

1

	2
−	1

2

	7
−	5

3

	3
−	1

4

	8
−	5

5

	5
−	1

6

	9
−	1

7

	6
−	4

8

	4
−	2

9

	7
−	3

10

	4
−	3

11

	6
−	2

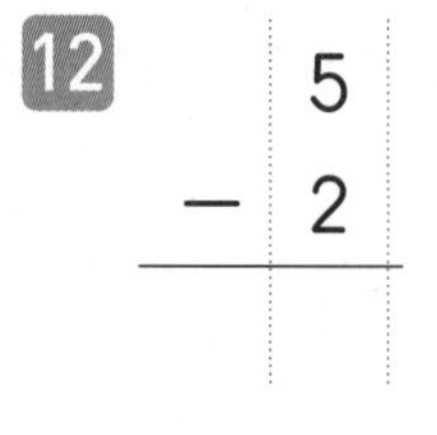

12

	5
−	2

13

	4
−	1

14

	6
−	5

15

	3
−	2

16

	7
−	2

17

	9
−	7

18 $\begin{array}{r} 7 \\ - \ 4 \\ \hline \end{array}$

19 $\begin{array}{r} 6 \\ - \ 3 \\ \hline \end{array}$

20 $\begin{array}{r} 8 \\ - \ 4 \\ \hline \end{array}$

21 $\begin{array}{r} 8 \\ - \ 6 \\ \hline \end{array}$

22 $\begin{array}{r} 5 \\ - \ 4 \\ \hline \end{array}$

23 $\begin{array}{r} 9 \\ - \ 5 \\ \hline \end{array}$

24 $9-6$

25 $6-1$

26 $8-2$

27 $7-6$

28 $8-1$

29 $9-3$

30 $8-3$

31 $3-1$

32 $9-2$

33 $5-3$

34 $9-4$

35 $8-7$

36 $9-8$

37 $7-1$

맞힌 개수

개 /37개

나의 학습 결과에 ○표 하세요.

맞힌 개수	0~5개	6~19개	20~33개	34~37개
학습 방법	다시 한번 풀어 봐요.	계산 연습이 필요해요.	틀린 문제를 확인해요.	실수하지 않도록 집중해요.

QR 빠른 정답 확인

10일차 5. 한 자리 수의 뺄셈하기(2)

뺄셈을 해 보세요.

1 $\begin{array}{r} 3 \\ -\ 1 \\ \hline \end{array}$

2 $\begin{array}{r} 7 \\ -\ 6 \\ \hline \end{array}$

3 $\begin{array}{r} 4 \\ -\ 2 \\ \hline \end{array}$

4 $\begin{array}{r} 5 \\ -\ 3 \\ \hline \end{array}$

5 $\begin{array}{r} 9 \\ -\ 4 \\ \hline \end{array}$

6 $\begin{array}{r} 6 \\ -\ 1 \\ \hline \end{array}$

7 $\begin{array}{r} 8 \\ -\ 5 \\ \hline \end{array}$

8 $\begin{array}{r} 9 \\ -\ 8 \\ \hline \end{array}$

9 $\begin{array}{r} 6 \\ -\ 2 \\ \hline \end{array}$

10 $\begin{array}{r} 4 \\ -\ 1 \\ \hline \end{array}$

11 $\begin{array}{r} 7 \\ -\ 4 \\ \hline \end{array}$

12 $\begin{array}{r} 5 \\ -\ 2 \\ \hline \end{array}$

13 $\begin{array}{r} 8 \\ -\ 3 \\ \hline \end{array}$

14 $\begin{array}{r} 9 \\ -\ 2 \\ \hline \end{array}$

15 $2-1$

16 $8-7$

17 $5-4$

18 $7-2$

19 $6-3$

20 $9-1$

21 $3-2$

연산 in 문장제

은주는 열쇠고리 8개를 샀습니다. 그중에서 7개를 친구들에게 선물했다면 남은 열쇠고리는 몇 개인지 구해 보세요.

$8 - 7 = 1$(개)

- 8: 은주가 산 열쇠고리의 수
- 7: 친구들에게 선물한 열쇠고리의 수
- 1: 남은 열쇠고리의 수

$$\begin{array}{r} 8 \\ -\ 7 \\ \hline 1 \end{array}$$

22 지훈이는 색종이 6장을 가지고 있었습니다. 그중에서 3장으로 종이학을 접었다면 남은 색종이는 몇 장인지 구해 보세요.

답 ______________

➜ 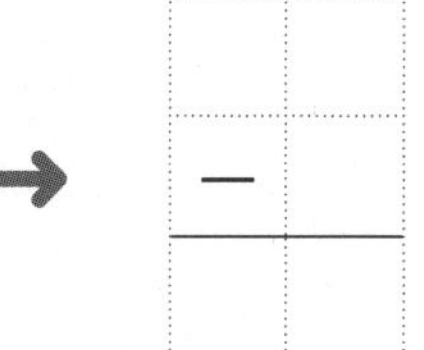

23 준영이의 연필꽂이에 연필 9자루와 색연필 4자루가 꽂혀 있습니다. 연필꽂이에 꽂혀 있는 연필은 색연필보다 몇 자루 더 많은지 구해 보세요.

답 ______________

➜ 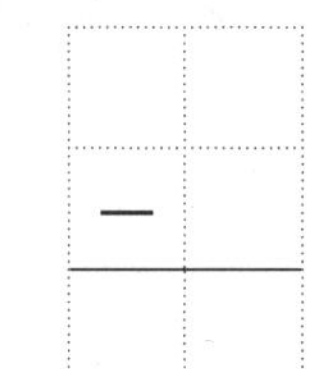

24 종원이는 어제 도서관에서 동화책 7권을 빌렸습니다. 그중에서 1권을 오늘 도서관에 반납했습니다. 종원이가 반납하고 남은 동화책은 몇 권인지 구해 보세요.

답 ______________

➜ 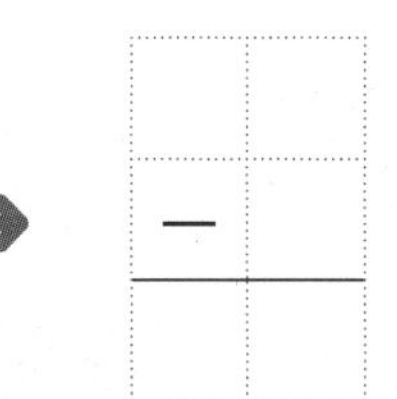

25 농구장에 7명의 학생들이 있었는데 그중에서 5명이 집으로 돌아 갔습니다. 농구장에 남아 있는 학생은 몇 명인지 구해 보세요.

답 ______________

➜ 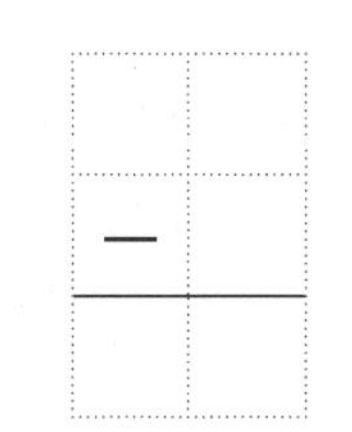

맞힌 개수: 개 /25개

나의 학습 결과에 ○표 하세요.

맞힌 개수	0~5개	6~13개	14~21개	22~25개
학습 방법	다시 한번 풀어 봐요.	계산 연습이 필요해요.	틀린 문제를 확인해요.	실수하지 않도록 집중해요.

QR 빠른 정답 확인

6. 뺄셈식에서 □의 값 구하기

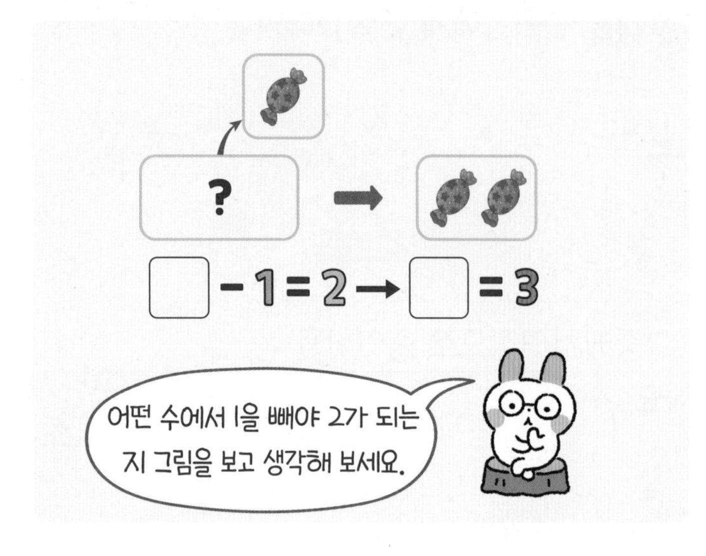

처음 통에 들어 있던 과자의 수를 □ 안에 써넣으세요.

1

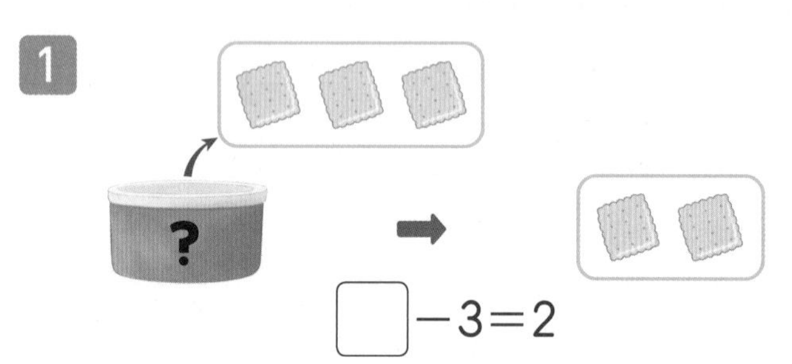

□−3=2

2

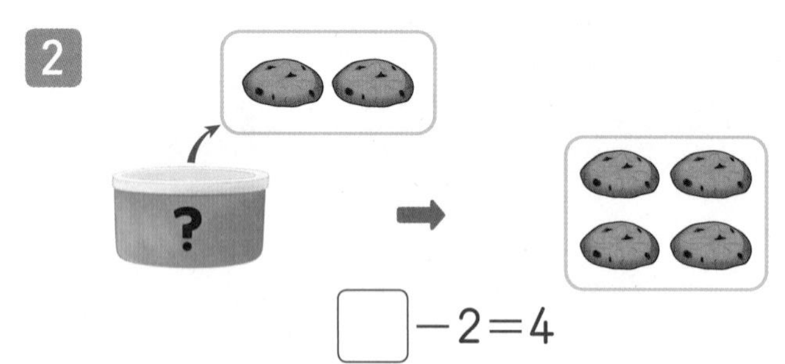

□−2=4

3

□−1=3

4

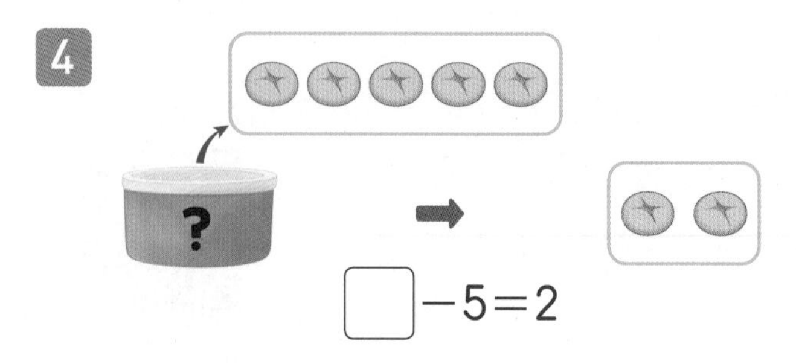

□−5=2

5

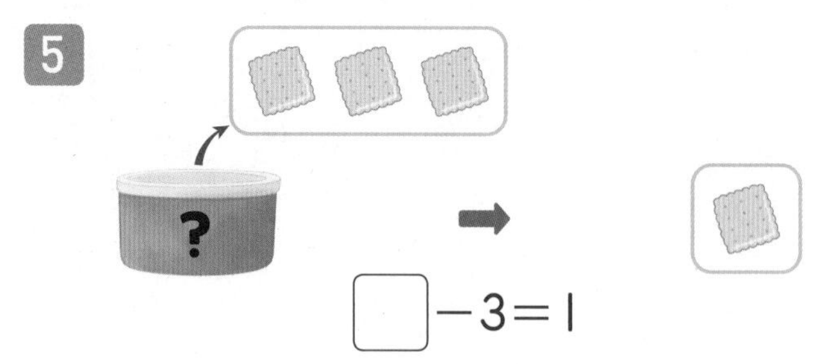

□−3=1

6

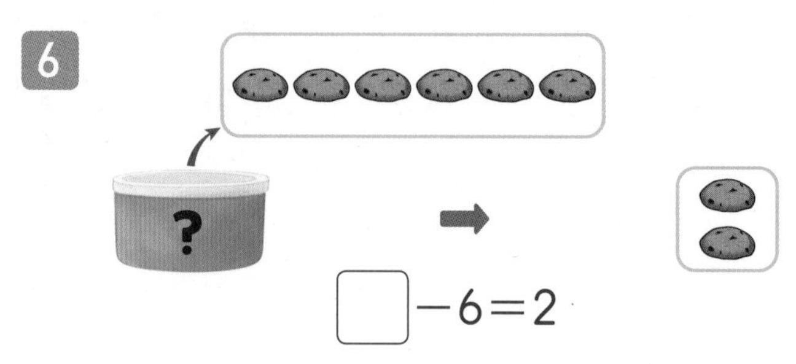

□−6=2

7

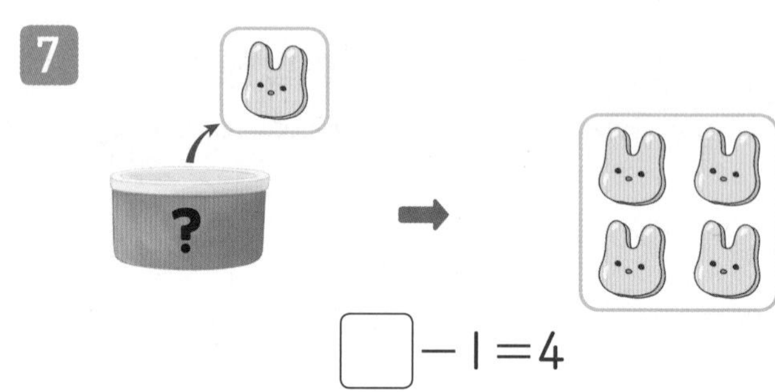

□−1=4

8

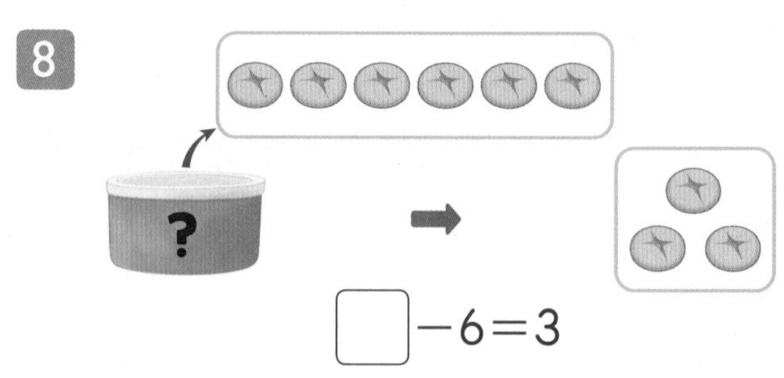

□−6=3

9

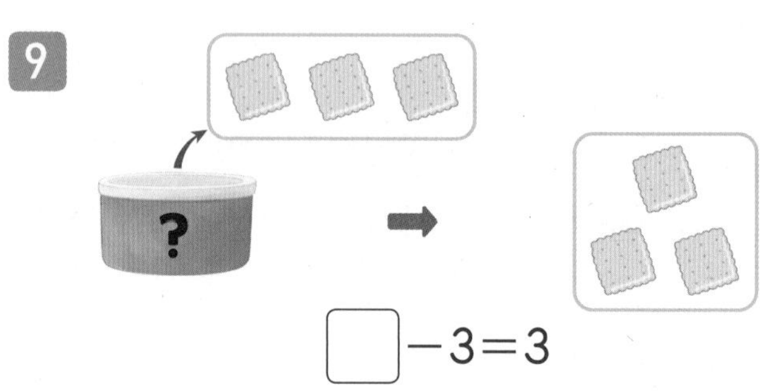

□−3=3

10

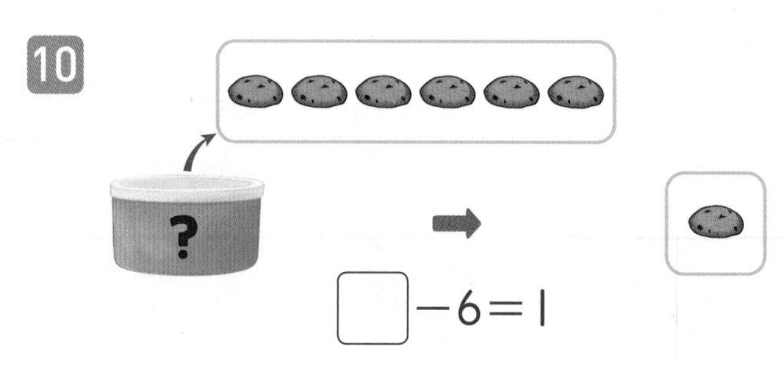

□−6=1

먹은 사탕의 수를 □ 안에 써넣으세요.

11

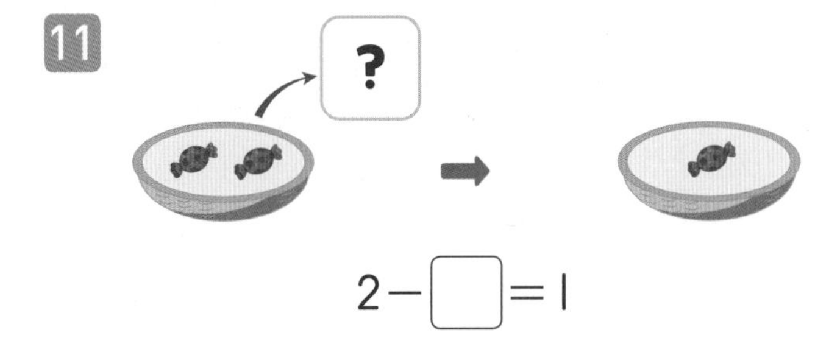

2－□＝1

12

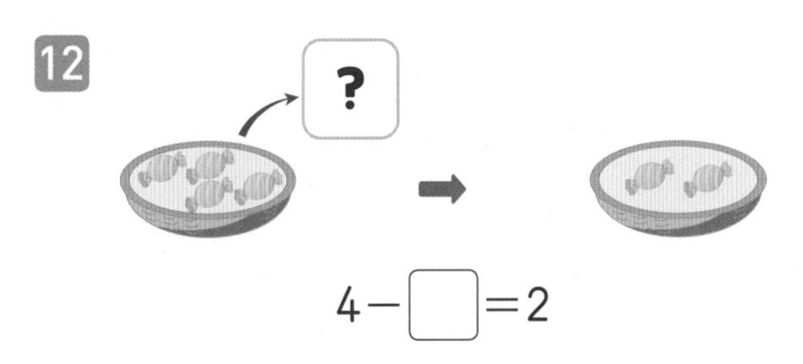

4－□＝2

13

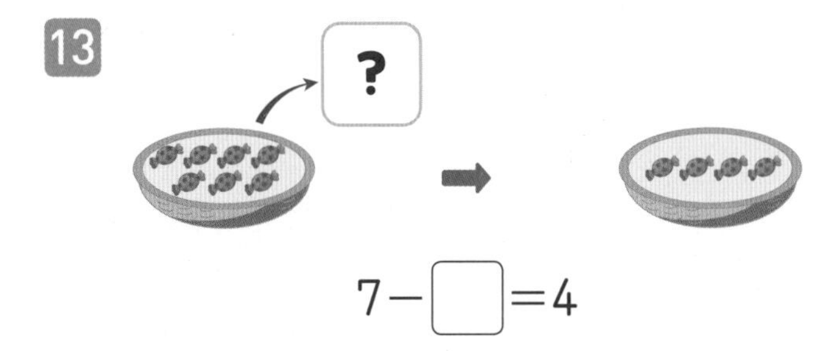

7－□＝4

14

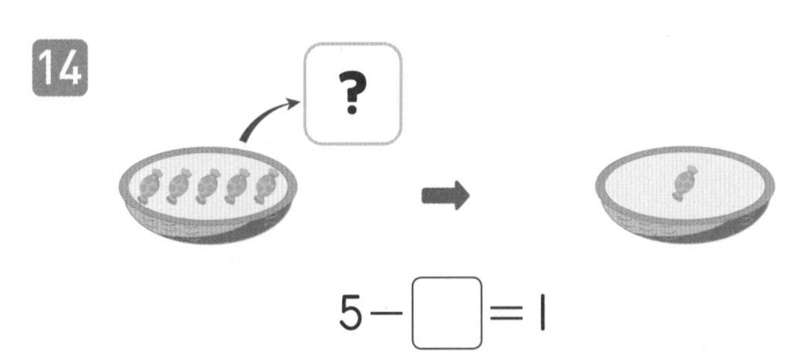

5－□＝1

15

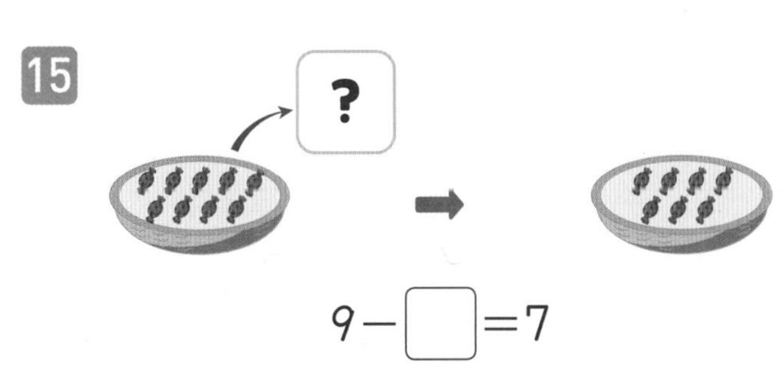

9－□＝7

16

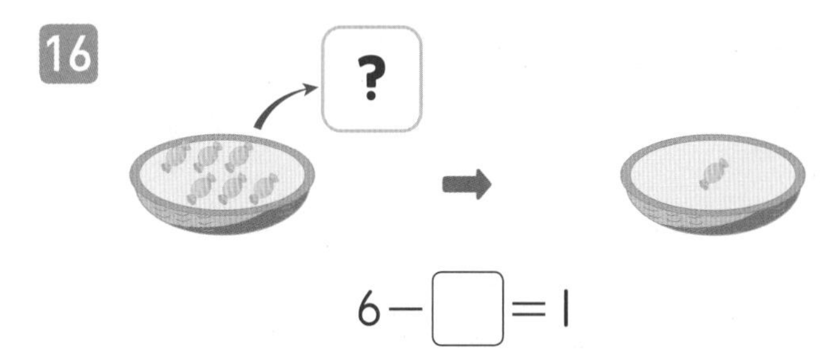

6－□＝1

17

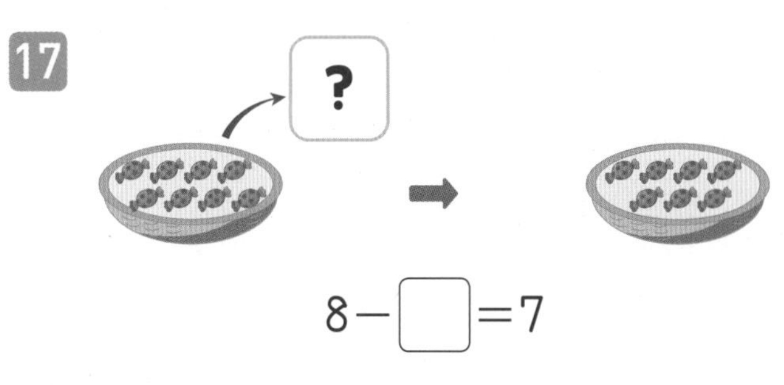

8－□＝7

18

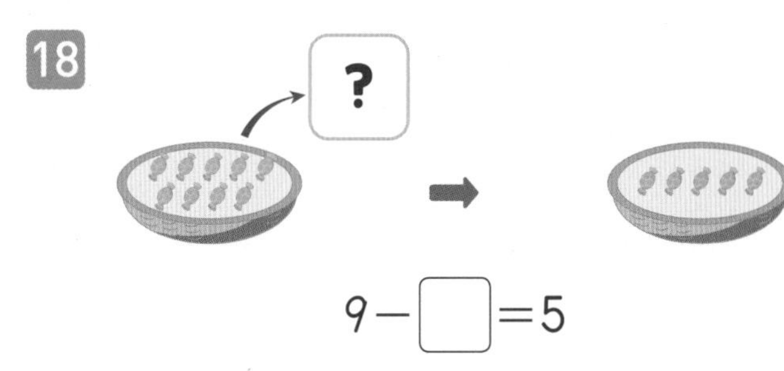

9－□＝5

19

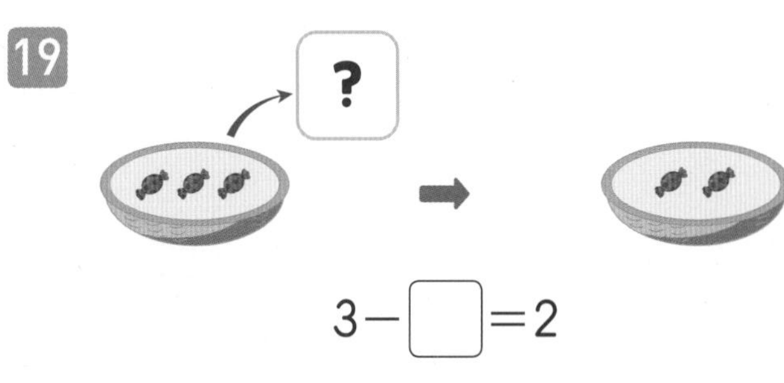

3－□＝2

20

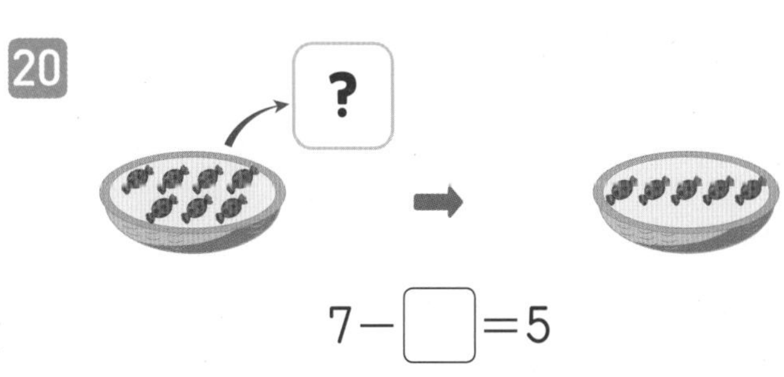

7－□＝5

맞힌 개수

개 /20개

나의 학습 결과에 ○표 하세요.

맞힌 개수	0~3개	4~10개	11~17개	18~20개
학습 방법	다시 한번 풀어 봐요.	계산 연습이 필요해요.	틀린 문제를 확인해요.	실수하지 않도록 집중해요.

QR 빠른 정답 확인

6. 뺄셈식에서 □의 값 구하기

□ 안에 알맞은 수를 써넣으세요.

1 $4 - \square = 3$

2 $7 - \square = 5$

3 $6 - \square = 2$

4 $5 - \square = 1$

5 $8 - \square = 6$

6 $3 - \square = 1$

7 $9 - \square = 8$

8 $\square - 7 = 1$

9 $\square - 3 = 3$

10 $\square - 2 = 2$

11 $\square - 4 = 3$

12 $\square - 2 = 3$

13 $\square - 3 = 6$

14 $\square - 1 = 1$

15 $3 - \square = 2$

16 $6 - \square = 1$

17 $8 - \square = 4$

18 $5 - \square = 4$

19 $\square - 6 = 1$

20 $\square - 4 = 5$

21 $\square - 3 = 1$

연산 in 문장제

승수는 그림엽서 9장을 가지고 있었는데 몇 장을 친구들에게 보냈더니 6장이 남았습니다. 승수가 친구들에게 보낸 그림엽서는 몇 장인지 구해 보세요.

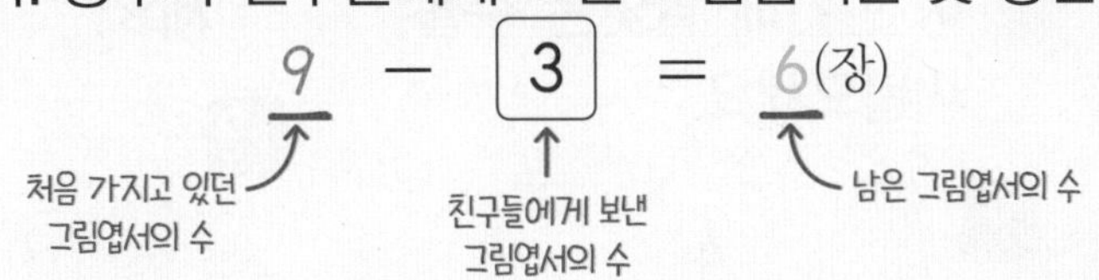

	9
−	3
	6

22 1층에서 8명이 엘리베이터에 탔습니다. 중간에 타는 사람 없이 몇 명이 내리고 가장 위층에 도착해서 2명이 내렸습니다. 중간에 내린 사람은 몇 명인지 구해 보세요.

→

−	

답 ______

23 서현이는 마카롱 4개를 사서 몇 개를 언니에게 주었더니 2개가 남았습니다. 서현이가 언니에게 준 마카롱은 몇 개인지 구해 보세요.

→

−	

답 ______

24 놀이공원에 있는 미니기차의 좌석은 9개입니다. 이 미니기차에 몇 명이 타고 나서 비어 있는 좌석은 4개였습니다. 미니기차에 탄 사람은 몇 명인지 구해 보세요.

→

−	

답 ______

25 나뭇가지에 참새 7마리가 앉아 있었는데 몇 마리가 날아가고 3마리가 남았습니다. 날아간 참새는 몇 마리인지 구해 보세요.

→

−	

답 ______

맞힌 개수: 개 /25개

나의 학습 결과에 ○표 하세요.

맞힌 개수	0~4개	5~11개	12~21개	22~25개
학습 방법	다시 한번 풀어 봐요.	계산 연습이 필요해요.	틀린 문제를 확인해요.	실수하지 않도록 집중해요.

QR 빠른정답 확인

연산&문장제 마무리

● 빈칸에 알맞은 수를 써넣으세요.

1
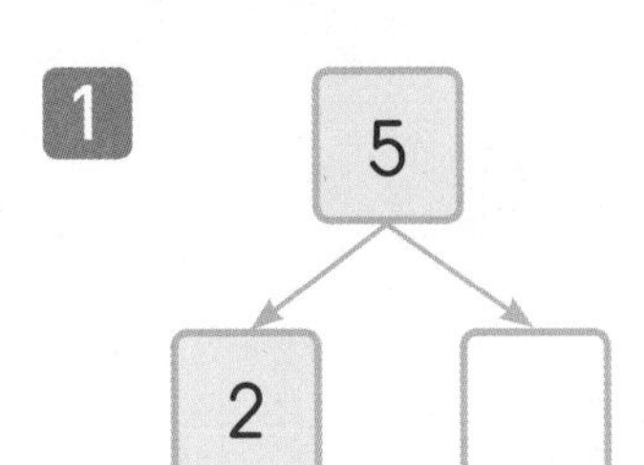

2
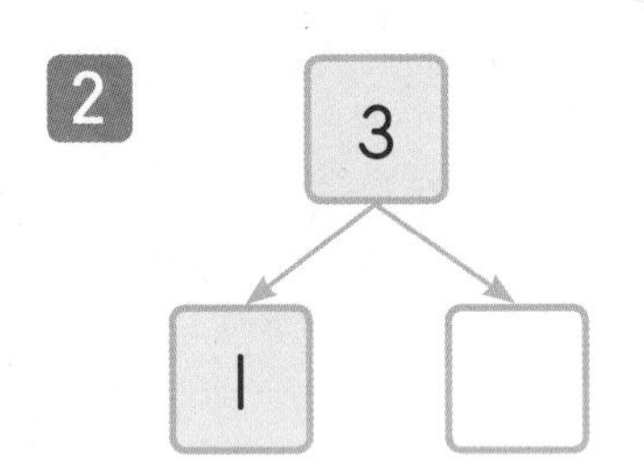

3
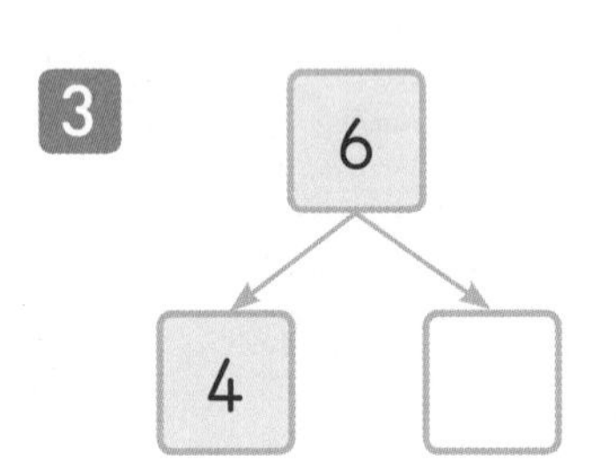

4
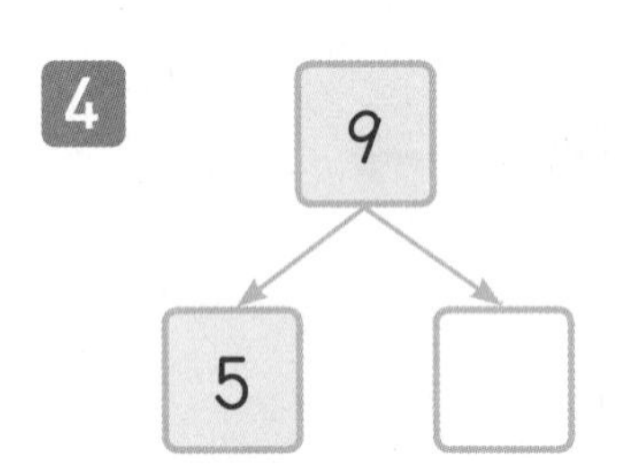

5
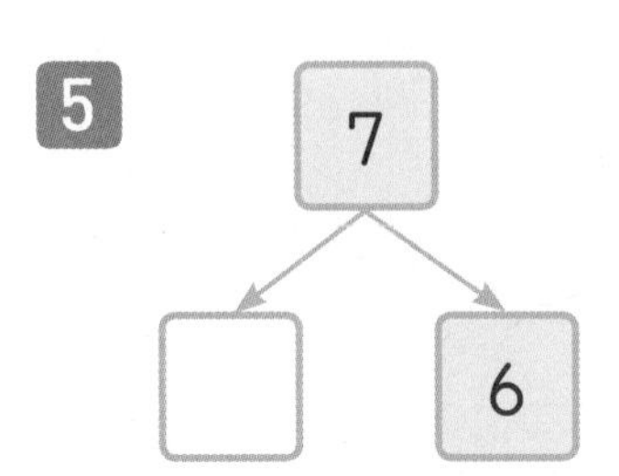

6
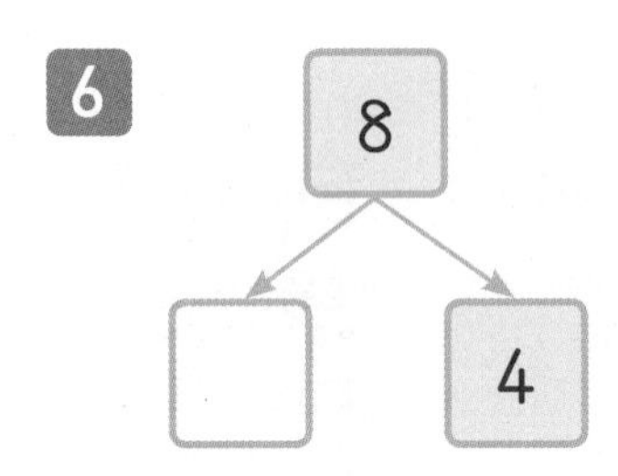

● 주어진 수를 가르기 하여 빈칸에 알맞은 수를 써넣으세요.

7
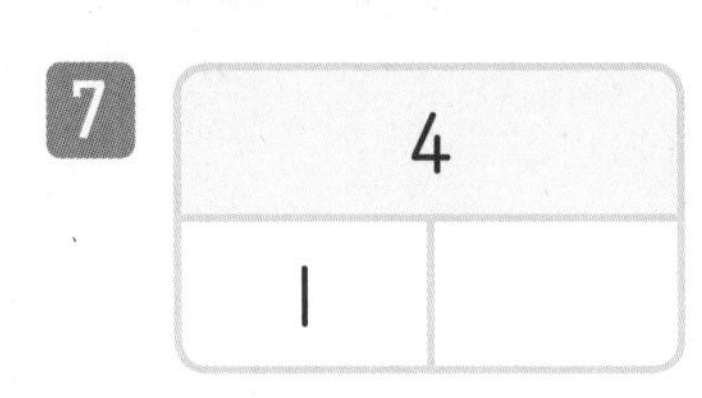

8
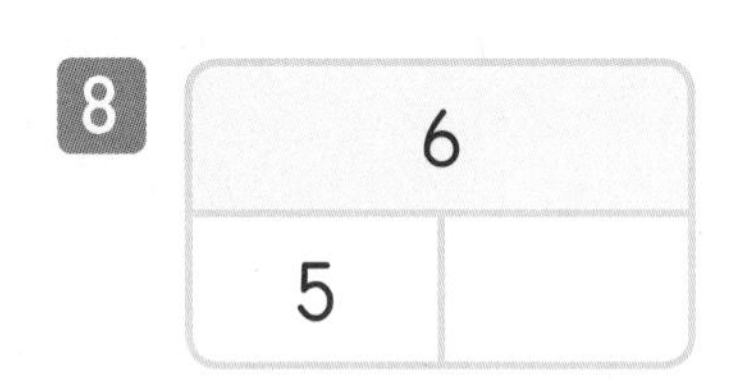

9

7	
2	

10

5	
	1

11

8	
	7

12

9	
	2

● 그림을 보고 뺄셈을 해 보세요.

13

○○○○∅

$5-1=\square$

14

○○○∅∅
∅∅∅∅

$9-6=\square$

15

○○∅∅∅
∅∅

$7-5=\square$

16

○○○○○
∅∅∅

$8-3=\square$

17

○○○○○
∅

$6-1=\square$

빼셈을 해 보세요.

18
$$\begin{array}{r} 2 \\ -\ 1 \\ \hline \end{array}$$

19
$$\begin{array}{r} 4 \\ -\ 3 \\ \hline \end{array}$$

20
$$\begin{array}{r} 8 \\ -\ 2 \\ \hline \end{array}$$

21
$$\begin{array}{r} 5 \\ -\ 4 \\ \hline \end{array}$$

22
$$\begin{array}{r} 7 \\ -\ 3 \\ \hline \end{array}$$

23
$$\begin{array}{r} 3 \\ -\ 2 \\ \hline \end{array}$$

24
$$\begin{array}{r} 6 \\ -\ 3 \\ \hline \end{array}$$

25
$$\begin{array}{r} 9 \\ -\ 7 \\ \hline \end{array}$$

26 $5-2$

27 $7-5$

28 $8-4$

29 $4-2$

30 $6-4$

31 $8-5$

32 $9-5$

33 $4-1$

□ 안에 알맞은 수를 써넣으세요.

34 $3-\square=1$

35 $5-\square=2$

36 $7-\square=3$

37 $8-\square=7$

38 $\square-2=4$

39 $\square-3=6$

40 $\square-6=2$

41 $\square-1=2$

정답 18쪽

42 운동장에 있는 학생 5명을 가르기 하려고 합니다. 여학생이 4명이면 남학생은 몇 명인지 구해 보세요.

답 ____________

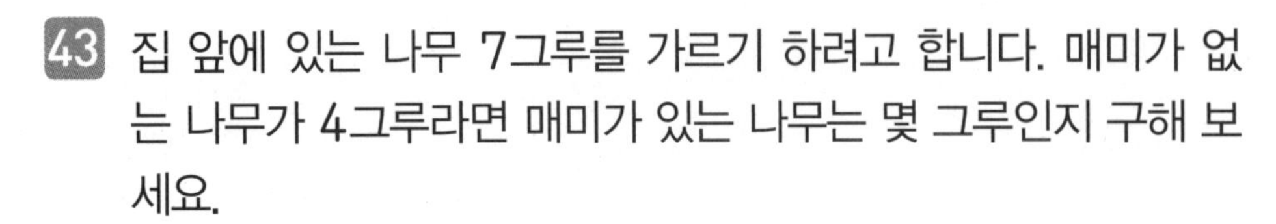

43 집 앞에 있는 나무 7그루를 가르기 하려고 합니다. 매미가 없는 나무가 4그루라면 매미가 있는 나무는 몇 그루인지 구해 보세요.

답 ____________

44 연경이는 피자 6조각 중에서 2조각을 먹었습니다. 남은 피자는 몇 조각인지 구해 보세요.

답 ____________

45 건조대에 윗옷이 9벌, 바지가 7벌 걸려 있습니다. 건조대에 걸려 있는 윗옷은 바지보다 몇 벌 더 많은지 구해 보세요.

답 ____________

46 공항 활주로에 비행기 8대가 있었습니다. 그중에서 비행기 2대가 날아갔다면 활주로에 남아 있는 비행기는 몇 대인지 구해 보세요.

답 ____________

47 냉장고에 달걀 6개가 있었는데 그중에서 몇 개를 사용하여 달걀말이를 만들었습니다. 냉장고에 남은 달걀이 1개라면 달걀말이를 만드는 데 사용한 달걀은 몇 개인지 구해 보세요.

답 ____________

연산 노트

맞힌 개수

개 /47개

나의 학습 결과에 ○표 하세요.

맞힌 개수	0~5개	6~24개	25~42개	43~47개
학습 방법	다시 한번 풀어 봐요.	계산 연습이 필요해요.	틀린 문제를 확인해요.	실수하지 않도록 집중해요.

QR 빠른 정답 확인

4

덧셈과 뺄셈

학습 주제	학습 일차	맞힌 개수
1. 0을 더하거나 빼기	01일차	/37
	02일차	/27
2. 덧셈과 뺄셈하기(1)	03일차	/40
	04일차	/28
3. 덧셈과 뺄셈하기(2)	05일차	/34
	06일차	/29
4. 세 수로 덧셈식과 뺄셈식 만들기	07일차	/25
	08일차	/21
연산 & 문장제 마무리	09일차	/52

01일차 1. 0을 더하거나 빼기

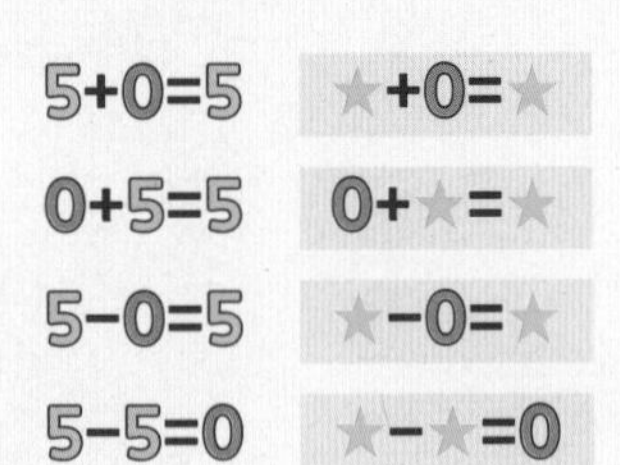

0은 아무것도 없는 수이므로 더하거나 빼어도 그대로예요.

덧셈과 뺄셈을 해 보세요.

1. $4 + 0$
2. $2 + 0$
3. $7 + 0$
4. $0 + 3$
5. $0 + 9$
6. $8 - 0$
7. $9 - 0$
8. $3 - 0$
9. $6 - 0$
10. $7 - 7$
11. $4 - 4$
12. $1 + 0$
13. $6 + 0$
14. $9 + 0$
15. $0 + 5$
16. $0 + 7$
17. $0 + 8$

18 $\begin{array}{r} 2 \\ -\ 0 \\ \hline \end{array}$

19 $\begin{array}{r} 5 \\ -\ 0 \\ \hline \end{array}$

20 $\begin{array}{r} 7 \\ -\ 0 \\ \hline \end{array}$

21 $\begin{array}{r} 1 \\ -\ 1 \\ \hline \end{array}$

22 $\begin{array}{r} 8 \\ -\ 8 \\ \hline \end{array}$

23 $\begin{array}{r} 6 \\ -\ 6 \\ \hline \end{array}$

24 $5+0$

25 $3+0$

26 $9+0$

27 $0+6$

28 $0+4$

29 $0+8$

30 $0+1$

31 $6-0$

32 $1-0$

33 $9-0$

34 $3-3$

35 $5-5$

36 $7-7$

37 $2-2$

맞힌 개수
개 /37개

나의 학습 결과에 ○표 하세요.

맞힌 개수	0~4개	5~18개	19~32개	33~37개
학습 방법	다시 한번 풀어 봐요.	계산 연습이 필요해요.	틀린 문제를 확인해요.	실수하지 않도록 집중해요.

QR 빠른 정답 확인

02 일차

1. 0을 더하거나 빼기

덧셈과 뺄셈을 해 보세요.

1. $\begin{array}{r} 3 \\ +\ 0 \\ \hline \end{array}$

2. $\begin{array}{r} 6 \\ +\ 0 \\ \hline \end{array}$

3. $\begin{array}{r} 2 \\ +\ 0 \\ \hline \end{array}$

4. $\begin{array}{r} 8 \\ +\ 0 \\ \hline \end{array}$

5. $\begin{array}{r} 0 \\ +\ 4 \\ \hline \end{array}$

6. $\begin{array}{r} 0 \\ +\ 9 \\ \hline \end{array}$

7. $\begin{array}{r} 0 \\ +\ 7 \\ \hline \end{array}$

8. $\begin{array}{r} 4 \\ -\ 0 \\ \hline \end{array}$

9. $\begin{array}{r} 1 \\ -\ 0 \\ \hline \end{array}$

10. $\begin{array}{r} 3 \\ -\ 0 \\ \hline \end{array}$

11. $\begin{array}{r} 8 \\ -\ 0 \\ \hline \end{array}$

12. $\begin{array}{r} 5 \\ -\ 5 \\ \hline \end{array}$

13. $\begin{array}{r} 6 \\ -\ 6 \\ \hline \end{array}$

14. $\begin{array}{r} 9 \\ -\ 9 \\ \hline \end{array}$

15. $1+0$

16. $4+0$

17. $0+3$

18. $0+5$

19. $2-0$

20. $7-0$

21. $4-4$

22. $8-8$

연산 in 문장제

민주는 아버지와 낚시를 하였습니다. 민주는 물고기를 아침에 3마리 잡고, 저녁에는 잡지 못했습니다. 민주가 잡은 물고기는 모두 몇 마리인지 구해 보세요.

	3
+	0
	3

$3 + 0 = 3$(마리)

아침에 잡은 물고기의 수 / 저녁에 잡은 물고기의 수 / 민주가 잡은 전체 물고기의 수

23 지호는 바둑돌을 왼손에 7개, 오른손에 0개를 쥐었습니다. 지호가 두 손에 쥔 바둑돌은 모두 몇 개인지 구해 보세요.

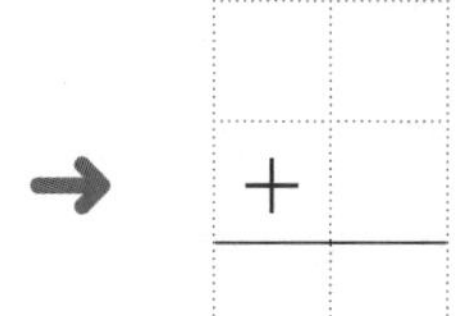

답 ____________

24 축구 경기에서 1반은 3골을 넣고, 2반은 골을 넣지 못했습니다. 1반과 2반이 넣은 골은 모두 몇 골인지 구해 보세요.

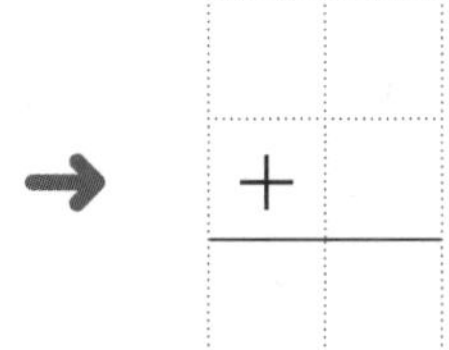

답 ____________

25 우산이 ㉮ 상자에는 5개, ㉯ 상자에는 0개 들어 있습니다. ㉮ 상자에 들어 있는 우산은 ㉯ 상자에 들어 있는 우산보다 몇 개 더 많은지 구해 보세요.

→ −

답 ____________

26 촛불 4개에 불이 켜져 있었습니다. 바람이 불어 4개의 촛불이 꺼졌습니다. 불이 켜져 있는 촛불은 몇 개인지 구해 보세요.

→ −

답 ____________

27 접시 위에 방울토마토가 8개 있었습니다. 그중에서 8개를 수민이가 먹었습니다. 접시 위에 남은 방울토마토는 몇 개인지 구해 보세요.

→ −

답 ____________

맞힌 개수
개 /27개

나의 학습 결과에 ○표 하세요.

맞힌 개수	0~5개	6~13개	14~21개	22~27개
학습 방법	다시 한번 풀어 봐요.	계산 연습이 필요해요.	틀린 문제를 확인해요.	실수하지 않도록 집중해요.

QR 빠른 정답 확인

2. 덧셈과 뺄셈하기(1)

□ 안에 +와 − 중 알맞은 것을 써넣으세요.

1
- 2 □ 1=3
- 2 □ 1=1

2
- 5 □ 1=6
- 5 □ 1=4

3
- 8 □ 1=9
- 8 □ 1=7

4
- 6 □ 2=8
- 6 □ 2=4

5
- 4 □ 2=6
- 4 □ 2=2

6
- 2 □ 2=4
- 2 □ 2=0

7
- 5 □ 3=8
- 5 □ 3=2

8
- 4 □ 3=7
- 4 □ 3=1

9
- 6 □ 3=9
- 6 □ 3=3

10
- 4 □ 4=0
- 4 □ 4=8

11
- 5 □ 4=1
- 5 □ 4=9

12
- 3 □ 3=0
- 3 □ 3=6

13
- 3 □ 2=1
- 3 □ 2=5

14
- 5 □ 2=3
- 5 □ 2=7

15
- 6 □ 1=5
- 6 □ 1=7

16
- 7 □ 1=6
- 7 □ 1=8

17
- 8 □ 8=0
- 0 □ 8=8

18
- 0 □ 4=4
- 4 □ 4=0

19
- 6 □ 6=0
- 0 □ 6=6

20 8 ☐ 6=2

21 7 ☐ 1=6

22 6 ☐ 3=9

23 7 ☐ 4=3

24 2 ☐ 6=8

25 5 ☐ 3=8

26 6 ☐ 4=2

27 5 ☐ 2=7

28 9 ☐ 7=2

29 7 ☐ 7=0

30 5 ☐ 4=9

31 3 ☐ 3=6

32 8 ☐ 4=4

33 0 ☐ 9=9

34 2 ☐ 3=5

35 1 ☐ 5=6

36 1 ☐ 1=2

37 9 ☐ 1=8

38 5 ☐ 5=0

39 5 ☐ 4=1

40 7 ☐ 2=9

맞힌 개수

개 /40개

나의 학습 결과에 ○표 하세요.

맞힌 개수	0~5개	6~20개	21~34개	35~40개
학습 방법	다시 한번 풀어 봐요.	계산 연습이 필요해요.	틀린 문제를 확인해요.	실수하지 않도록 집중해요.

QR 빠른 정답 확인

04 일차 2. 덧셈과 뺄셈하기(1)

□ 안에 +와 − 중 알맞은 것을 써넣으세요.

1
7 □ 2=9
7 □ 2=5

2
4 □ 3=7
4 □ 3=1

3
4 □ 1=3
4 □ 1=5

4
6 □ 3=3
6 □ 3=9

5
5 □ 4=9
5 □ 4=1

6
6 □ 2=4
6 □ 2=8

7
5 □ 5=0
0 □ 5=5

8 8 □ 1=7

9 6 □ 2=8

10 3 □ 2=5

11 7 □ 1=8

12 9 □ 9=0

13 4 □ 2=2

14 4 □ 2=6

15 7 □ 3=4

16 6 □ 5=1

17 5 □ 3=2

18 0 □ 2=2

19 5 □ 1=4

20 8 □ 2=6

21 3 □ 5=8

22 2 □ 7=9

23 9 □ 5=4

연산 in 문장제

체육 시간에 제기를 가연이는 4번, 주연이는 3번을 찼습니다. 두 사람이 찬 제기는 모두 몇 번인지 구해 보세요.

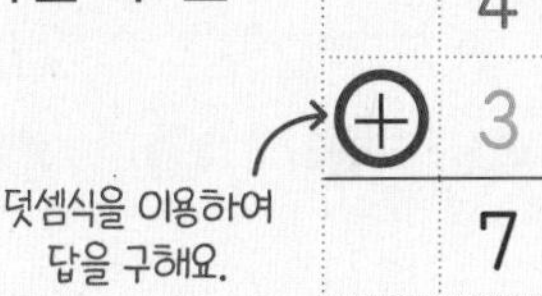

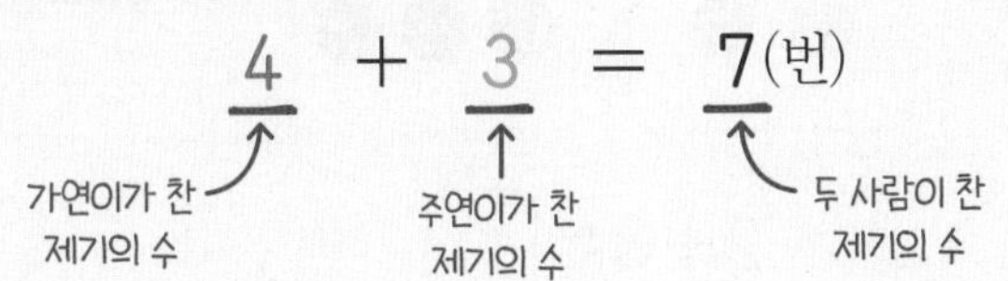

덧셈식을 이용하여 답을 구해요.

24 범석이는 아버지와 같이 등산을 했습니다. 올라갈 때는 3시간, 내려올 때는 2시간이 걸렸습니다. 범석이가 등산을 한 시간은 모두 몇 시간인지 구해 보세요.

답 ______________

25 세윤이는 가게에서 녹색 고추 7개와 빨간색 고추 2개를 샀습니다. 세윤이가 산 녹색 고추와 빨간색 고추는 모두 몇 개인지 구해 보세요.

답 ______________

26 어느 휴대폰 가게에서 어제는 휴대폰을 8대 팔았고, 오늘은 어제보다 2대 적게 팔았습니다. 이 가게에서 오늘 판 휴대폰은 몇 대인지 구해 보세요.

답 ______________

27 현서는 이번 주에 9권의 책을 읽으려고 합니다. 오늘까지 5권을 읽었다면 이번 주까지 몇 권을 더 읽어야 하는지 구해 보세요.

답 ______________

28 어느 외양간에 5마리의 소가 있습니다. 그중에서 2마리는 수컷일 때 암컷은 몇 마리인지 구해 보세요.

답 ______________

맞힌 개수: 개 /28개

나의 학습 결과에 ○표 하세요.

맞힌 개수	0~5개	6~14개	15~22개	23~28개
학습 방법	다시 한번 풀어 봐요.	계산 연습이 필요해요.	틀린 문제를 확인해요.	실수하지 않도록 집중해요.

QR 빠른 정답 확인

05일차 3. 덧셈과 뺄셈하기(2)

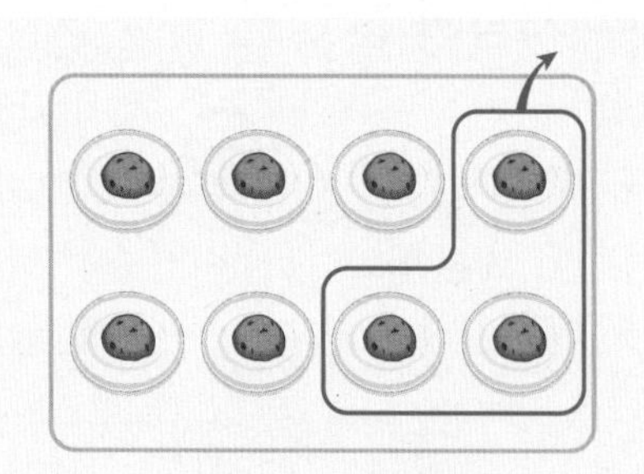

$8-3=5$

그림을 보고 □ 안에 알맞은 수를 써넣으세요.

1

 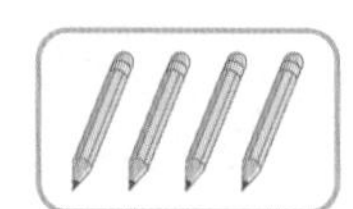

$2+4=\square$

2

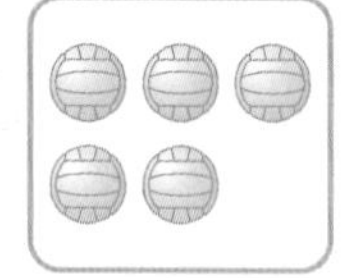 

$5+2=\square$

3

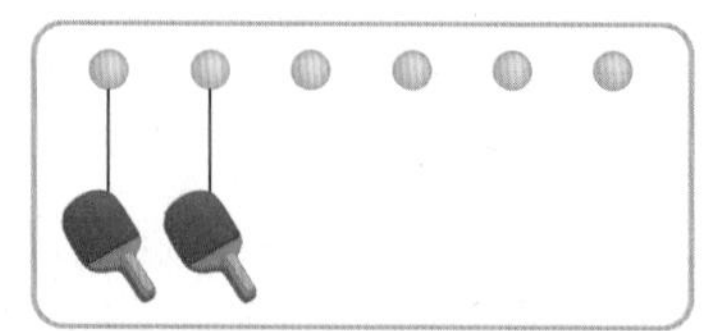

$6-2=\square$

4

$2+3=\square$

5

$4+3=\square$

6

$3+6=\square$

7

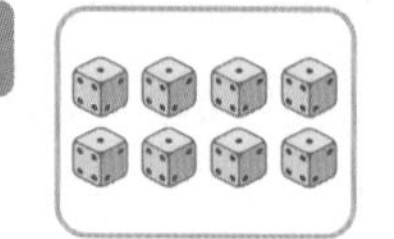

$8+1=\square$

8

 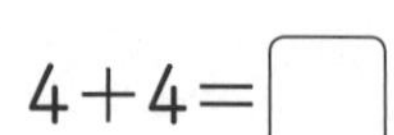

$4+4=\square$

9

 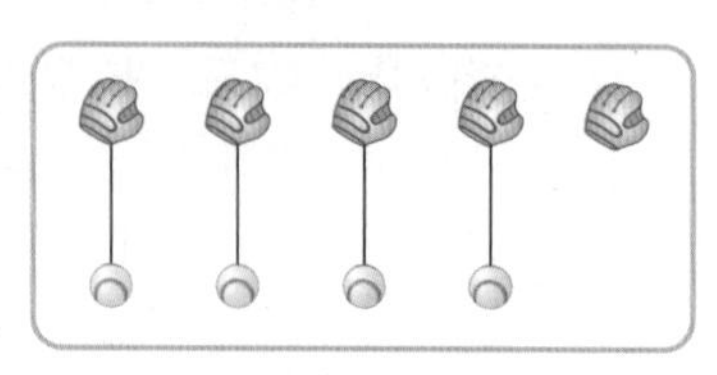

$5-4=\square$

10

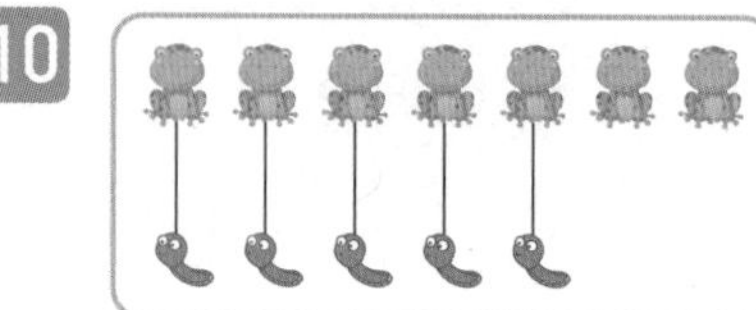

$7-5=\square$

11

$6-2=\square$

12

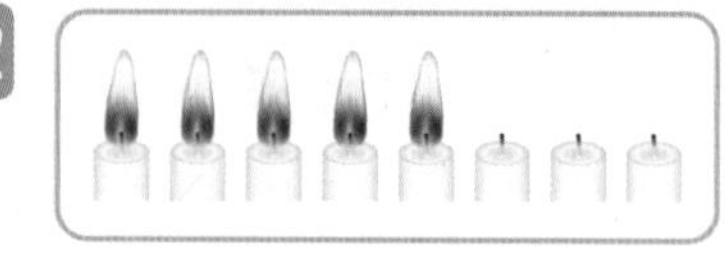

$8-3=\square$

13

$5-3=\square$

□ 안에 알맞은 수를 써넣으세요.

14 $0+2=\square$

15 $7-4=\square$

16 $7-1=\square$

17 $4+5=\square$

18 $6-3=\square$

19 $1+2=\square$

20 $9-4=\square$

21 $8-6=\square$

22 $5+3=\square$

23 $3-2=\square$

24 $8-1=\square$

25 $5+0=\square$

26 $7-2=\square$

27 $2+6=\square$

28 $2+5=\square$

29 $9-3=\square$

30 $6+1=\square$

31 $9-5=\square$

32 $4-2=\square$

33 $3+3=\square$

34 $5+4=\square$

맞힌 개수

개 /34개

나의 학습 결과에 ○표 하세요.

맞힌 개수	0~4개	5~17개	18~29개	30~34개
학습 방법	다시 한번 풀어 봐요.	계산 연습이 필요해요.	틀린 문제를 확인해요.	실수하지 않도록 집중해요.

QR 빠른 정답 확인

06일차 3. 덧셈과 뺄셈하기(2)

□ 안에 알맞은 수를 써넣으세요.

1 $5+1=\square$

2 $6-2=\square$

3 $2-0=\square$

4 $8-5=\square$

5 $1+6=\square$

6 $2+2=\square$

7 $8-7=\square$

8 $7+2=\square$

9 $8-3=\square$

10 $3+5=\square$

11 $4+4=\square$

12 $3+1=\square$

13 $3-3=\square$

14 $7-3=\square$

15 $0+7=\square$

16 $6-4=\square$

17 $1+3=\square$

18 $5-2=\square$

19 $9-6=\square$

20 $6+0=\square$

21 $5-1=\square$

22 $4+2=\square$

23 $9-7=\square$

24 $4-0=\square$

연산 in 문장제

바구니에 참외 4개, 복숭아 3개가 담겨 있습니다. 바구니에 있는 참외와 복숭아는 모두 몇 개인지 구해 보세요.

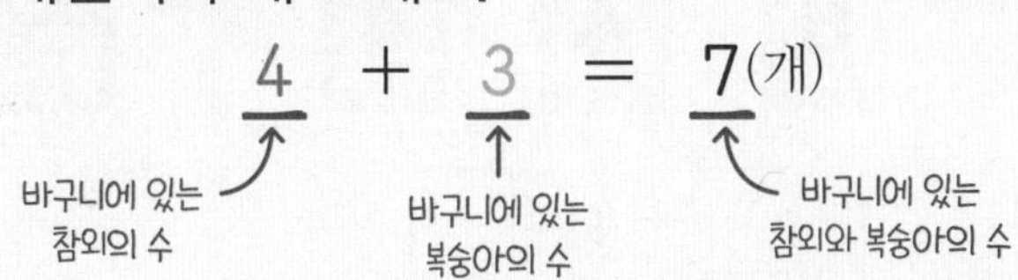

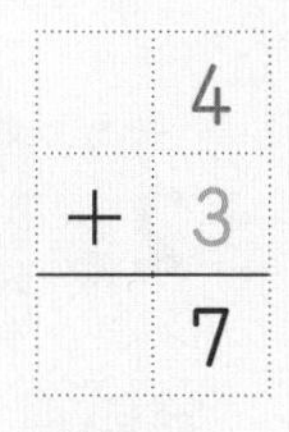

25 민주는 파란 색연필 3자루와 빨간 색연필 2자루를 가지고 있습니다. 민주가 가지고 있는 파란 색연필과 빨간 색연필은 모두 몇 자루인지 구해 보세요.

→ +

답 ______________

26 밭에서 형은 수박 1통을, 동생은 수박 3통을 땄습니다. 형과 동생이 딴 수박은 모두 몇 통인지 구해 보세요.

→ +

답 ______________

27 접시 위에 9개의 알사탕이 있었습니다. 그중에서 3개를 경희가 먹었습니다. 접시에 남은 알사탕은 몇 개인지 구해 보세요.

→ −

답 ______________

28 1반과 2반이 축구 경기를 하여 1반은 8골, 2반은 5골을 넣었습니다. 1반은 2반보다 몇 골을 더 많이 넣었는지 구해 보세요.

→ −

답 ______________

29 이슬이는 6개의 풍선을 가지고 있었는데 그중에서 4개를 동생에게 주었습니다. 이슬이에게 남은 풍선은 몇 개인지 구해 보세요.

→ −

답 ______________

맞힌 개수: 개 /29개

나의 학습 결과에 ○표 하세요.

맞힌 개수	0~5개	6~14개	15~23개	24~29개
학습 방법	다시 한번 풀어 봐요.	계산 연습이 필요해요.	틀린 문제를 확인해요.	실수하지 않도록 집중해요.

QR 빠른정답 확인

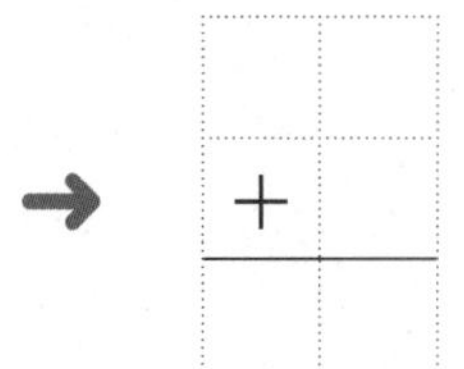

4. 세 수로 덧셈식과 뺄셈식 만들기

2 5 7

덧셈식
2+5=7
5+2=7

뺄셈식
7-2=5
7-5=2

3장의 숫자 카드로 덧셈식 또는 뺄셈식을 만들 수 있어요.

● 세 수로 덧셈식과 뺄셈식을 완성해 보세요.

1. 5 4 1

$\square+4=\square$

세 수를 한 번씩 모두 써서 식을 만들어요.

2. 3 7 4

$\square+4=\square$

3. 6 3 9

$\square-3=\square$

4. 4 7 3

$\square-3=\square$

5. 8 4 4

$\square+4=\square$

6. 4 2 6

$\square+2=\square$

7. 5 8 3

$\square+5=\square$

8. 8 1 7

$\square+7=\square$

9. 2 5 3

$\square+2=\square$

10. 9 3 6

$\square+6=\square$

11. 5 3 8

$\square-5=\square$

12. 7 1 6

$\square-6=\square$

13. 2 7 9

$\square-2=\square$

14. 3 1 2

$\square-1=\square$

15. 3 4 7

$\square-4=\square$

16. 6 2 8

$\square-6=\square$

세 수로 덧셈식과 뺄셈식을 만들어 보세요.

17 6 4 2

2+□=□
4+□=□
□−2=□
□−4=□

세 수를 한 번씩 모두 써서 식을 만들어요.

18 4 3 7

3+□=□
4+□=□
□−3=□
□−4=□

19 5 2 7

2+□=□
5+□=□
□−2=□
□−5=□

20 4 1 5

1+□=□
4+□=□
□−1=□
□−4=□

21 9 5 4

4+□=□
5+□=□
□−4=□
□−5=□

22 3 0 3

0+□=□
3+□=□
□−0=□
□−3=□

23 5 8 3

3+□=□
5+□=□
□−3=□
□−5=□

24 2 9 7

2+□=□
7+□=□
□−2=□
□−7=□

25 6 2 8

2+□=□
6+□=□
□−2=□
□−6=□

맞힌 개수

개 /25개

나의 학습 결과에 ○표 하세요.

맞힌 개수	0~4개	5~12개	13~20개	21~25개
학습 방법	다시 한번 풀어 봐요.	계산 연습이 필요해요.	틀린 문제를 확인해요.	실수하지 않도록 집중해요.

QR 빠른 정답 확인

08 일차 4. 세 수로 덧셈식과 뺄셈식 만들기

세 수로 덧셈식과 뺄셈식을 만들어 보세요.

1

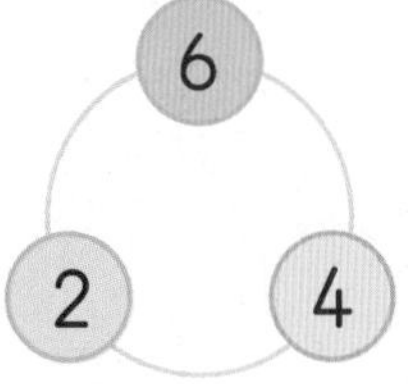

$2+\square=\square$

$\square-2=\square$

세 수를 한 번씩 모두 써서 식을 만들어요.

2

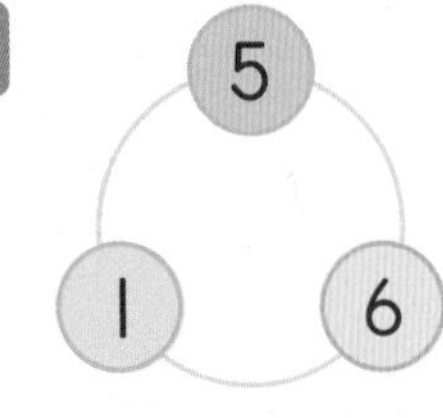

$5+\square=\square$

$\square-5=\square$

3

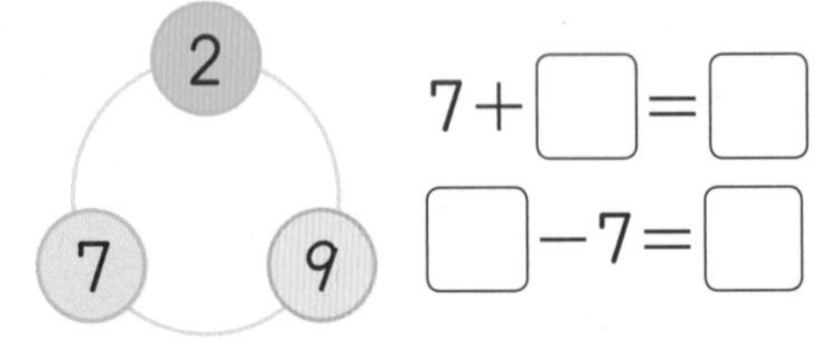

$7+\square=\square$

$\square-7=\square$

4

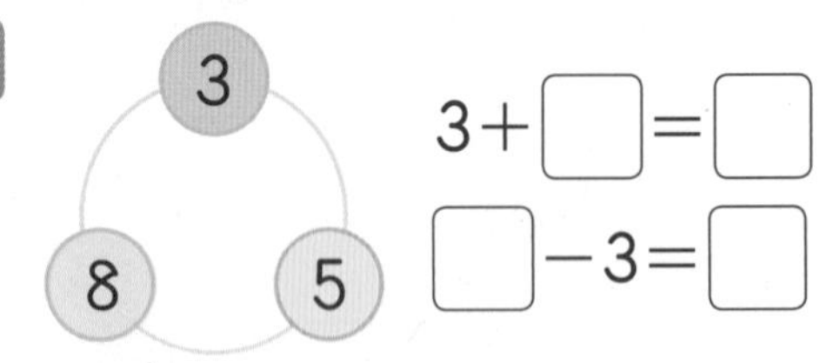

$3+\square=\square$

$\square-3=\square$

5

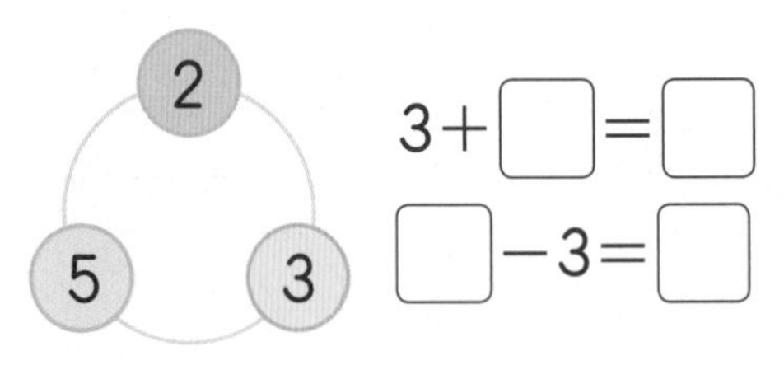

$3+\square=\square$

$\square-3=\square$

6

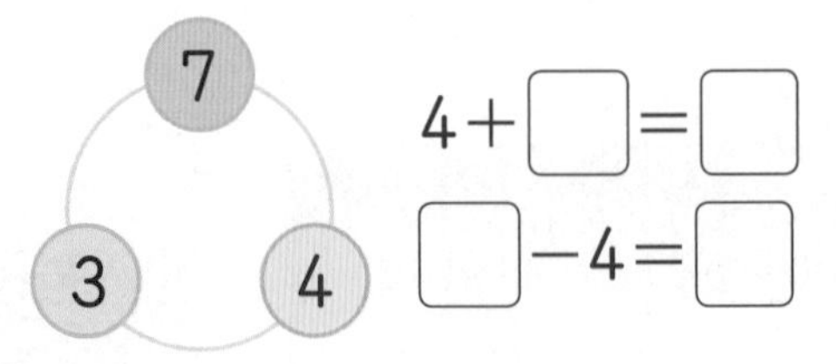

$4+\square=\square$

$\square-4=\square$

7

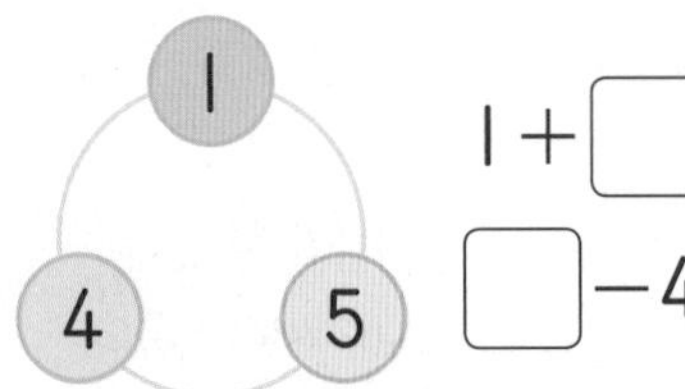

$1+\square=\square$

$\square-4=\square$

8

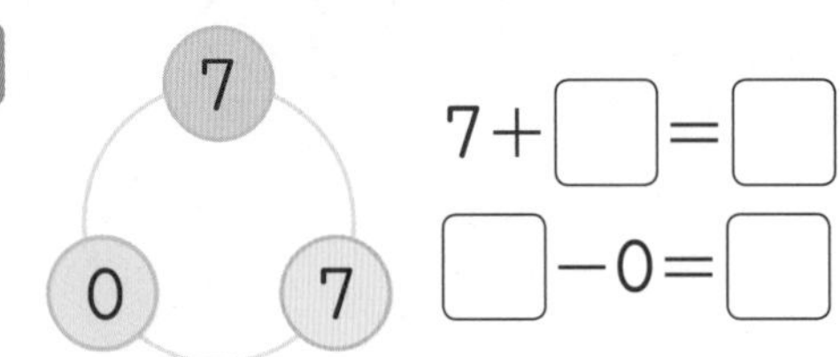

$7+\square=\square$

$\square-0=\square$

9

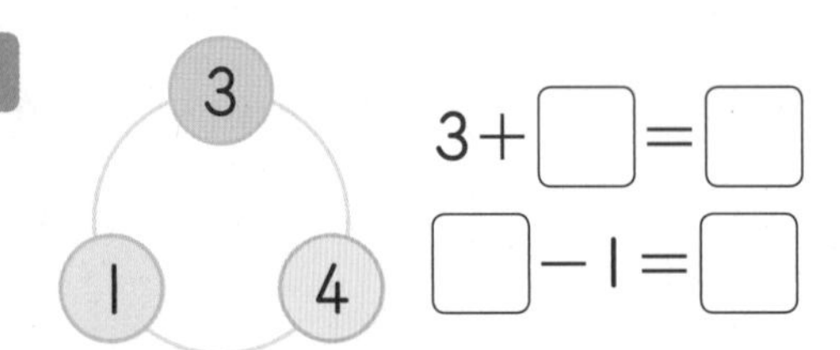

$3+\square=\square$

$\square-1=\square$

10

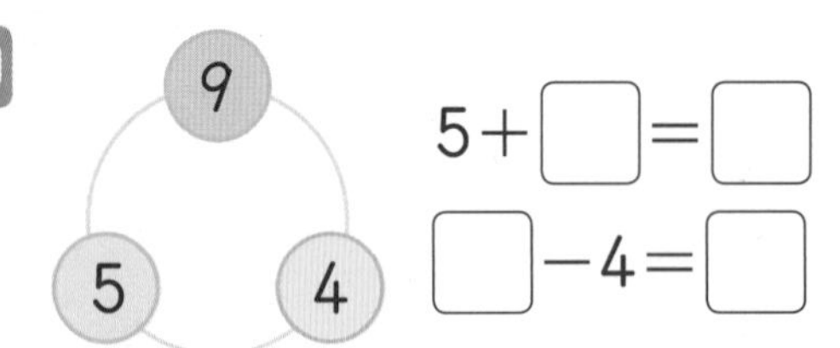

$5+\square=\square$

$\square-4=\square$

11

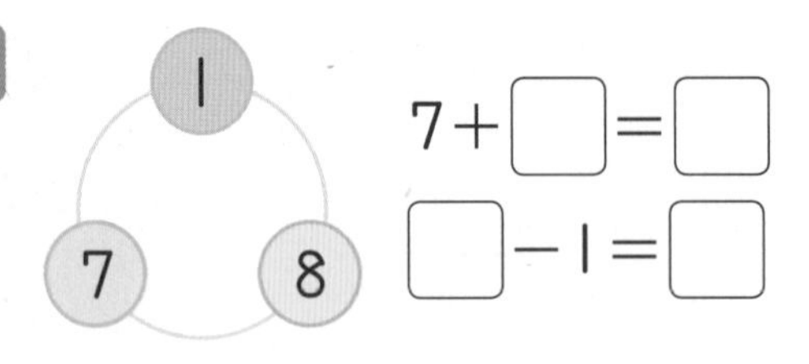

$7+\square=\square$

$\square-1=\square$

12

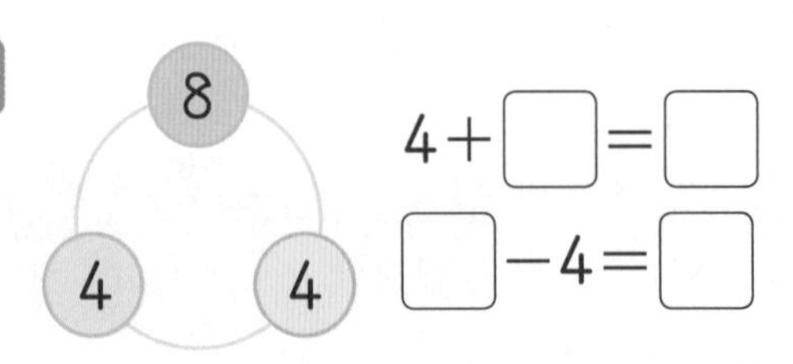

$4+\square=\square$

$\square-4=\square$

세 수로 덧셈식과 뺄셈식을 만들어 보세요.

13 4 1 3

1+☐=☐
3+☐=☐
☐−1=☐
☐−3=☐

세 수를 한 번씩 모두 써서 식을 만들어요.

16 1 5 6

1+☐=☐
5+☐=☐
☐−1=☐
☐−5=☐

19 1 9 8

1+☐=☐
8+☐=☐
☐−1=☐
☐−8=☐

14 7 8 1

1+☐=☐
7+☐=☐
☐−1=☐
☐−7=☐

17 4 4 0

0+☐=☐
4+☐=☐
☐−0=☐
☐−4=☐

20 3 2 1

1+☐=☐
2+☐=☐
☐−1=☐
☐−2=☐

15 6 3 9

3+☐=☐
6+☐=☐
☐−3=☐
☐−6=☐

18 5 2 3

2+☐=☐
3+☐=☐
☐−2=☐
☐−3=☐

21 1 7 6

1+☐=☐
6+☐=☐
☐−1=☐
☐−6=☐

맞힌 개수
개 /21개

나의 학습 결과에 ○표 하세요.

맞힌 개수	0~3개	4~10개	11~17개	18~21개
학습 방법	다시 한번 풀어 봐요.	계산 연습이 필요해요.	틀린 문제를 확인해요.	실수하지 않도록 집중해요.

QR 빠른 정답 확인

09 일차 연산&문장제 마무리

덧셈과 뺄셈을 해 보세요.

1 2+0

2 6+0

3 0+7

4 0+3

5 4−0

6 5−0

7 1−1

8 8−8

□ 안에 +와 − 중 알맞은 것을 써넣으세요.

9 6 □ 1=5

10 8 □ 1=9

11 2 □ 5=7

12 3 □ 4=7

13 6 □ 3=3

14 4 □ 3=7

15 2 □ 1=1

16 9 □ 8=1

17 6 □ 2=4

18 3 □ 6=9

19 5 □ 2=3

20 4 □ 1=3

21 0 □ 8=8

22 3 □ 3=0

23 4 □ 4=8

24 7 □ 2=5

25 $6+2=\square$

26 $3+2=\square$

27 $4+3=\square$

28 $1+5=\square$

29 $7+1=\square$

30 $8+0=\square$

31 $2+1=\square$

32 $3+4=\square$

33 $9-3=\square$

34 $4-3=\square$

35 $7-5=\square$

36 $5-3=\square$

37 $6-0=\square$

38 $8-4=\square$

39 $6-1=\square$

40 $9-8=\square$

세 수로 덧셈식과 뺄셈식을 만들어 보세요.

41 3 3 6

$3+\square=\square$

$\square-3=\square$

세 수를 한 번씩 모두 써서 식을 만들어요.

42 3 2 5

$2+\square=\square$

$\square-2=\square$

43 6 8 2

$6+\square=\square$

$\square-6=\square$

44 1 7 8

$7+\square=\square$

$\square-7=\square$

45 2 4 2

$2+\square=\square$

$\square-2=\square$

46 0 9 9

$0+\square=\square$

$\square-9=\square$

47 상욱이는 단원평가 시험에서 국어는 2문제를 틀리고, 수학은 모두 맞혔습니다. 상욱이가 국어와 수학에서 틀린 문제는 모두 몇 문제인지 구해 보세요.

답 ____________

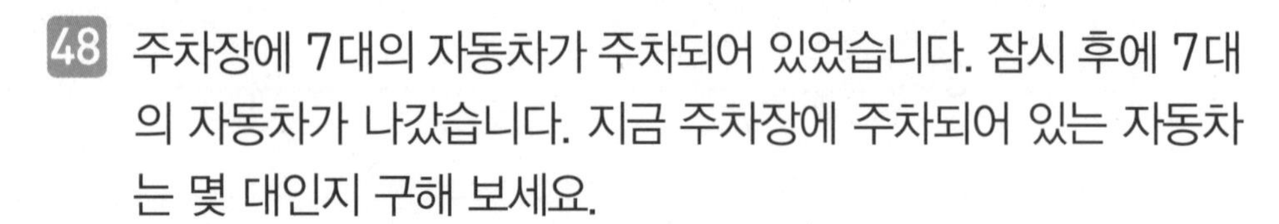

48 주차장에 7대의 자동차가 주차되어 있었습니다. 잠시 후에 7대의 자동차가 나갔습니다. 지금 주차장에 주차되어 있는 자동차는 몇 대인지 구해 보세요.

답 ____________

49 1학년 5명과 2학년 3명이 피구를 하고 있습니다. 피구를 하고 있는 1학년과 2학년 학생은 모두 몇 명인지 구해 보세요.

답 ____________

50 진아는 빨간 종이학 2개와 파란 종이학 4개를 접었습니다. 진아가 접은 빨간 종이학과 파란 종이학은 모두 몇 개인지 구해 보세요.

답 ____________

51 동국이는 지난 일요일에 농구를 2시간, 축구를 3시간 동안 하였습니다. 동국이가 농구와 축구를 한 시간은 모두 몇 시간인지 구해 보세요.

답 ____________

52 언니는 8살이고, 동생은 언니보다 4살 적습니다. 동생의 나이는 몇 살인지 구해 보세요.

답 ____________

연산 노트

맞힌 개수

개 /52개

나의 학습 결과에 ○표 하세요.

맞힌 개수	0~7개	8~26개	27~44개	45~52개
학습 방법	다시 한번 풀어 봐요.	계산 연습이 필요해요.	틀린 문제를 확인해요.	실수하지 않도록 집중해요.

QR 빠른 정답 확인

5

19까지의 수

학습 주제	학습 일차	맞힌 개수
1. 9 다음의 수	01일차	/22
	02일차	/21
2. 10 모으기와 가르기	03일차	/18
	04일차	/23
3. 십몇 알아보기	05일차	/24
	06일차	/18
4. 19까지의 수 모으기(1)	07일차	/14
	08일차	/20
5. 19까지의 수 모으기(2)	09일차	/25
	10일차	/22
6. 19까지의 수 가르기(1)	11일차	/14
	12일차	/20
7. 19까지의 수 가르기(2)	13일차	/25
	14일차	/22
연산 & 문장제 마무리	15일차	/47

1. 9 다음의 수

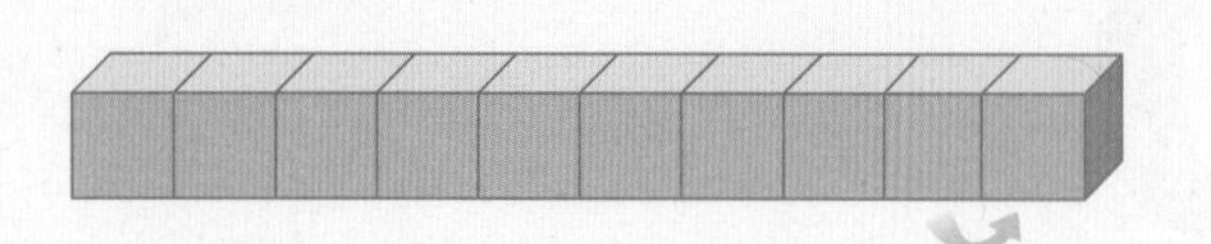

1 2 3 4 5 6 7 8 9 10

9보다 1만큼 더 큰 수

쓰기 10 읽기 십, 열

그림을 보고 10인 것을 찾아 ○표 하세요.

1
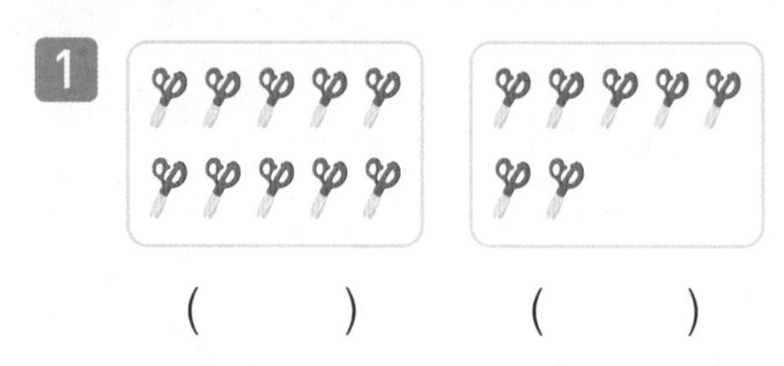

( ) ( )

2

( ) ( )

3
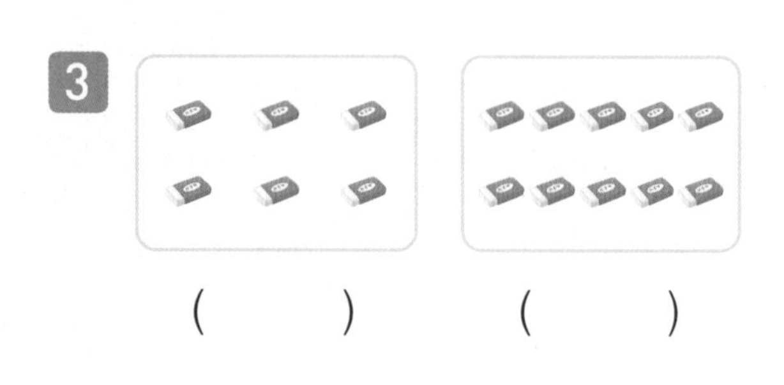

( ) ( )

4
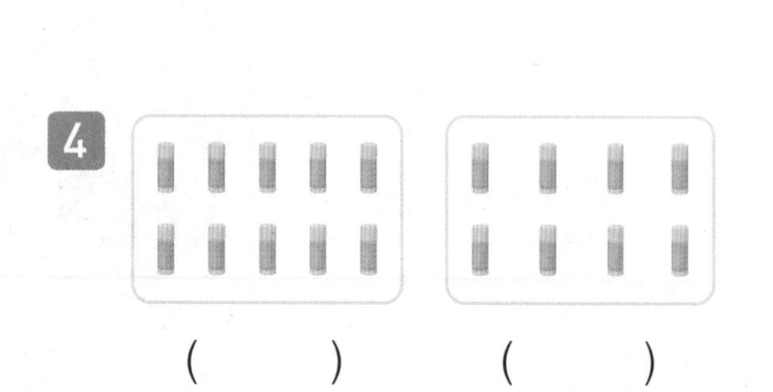

( ) ( )

5
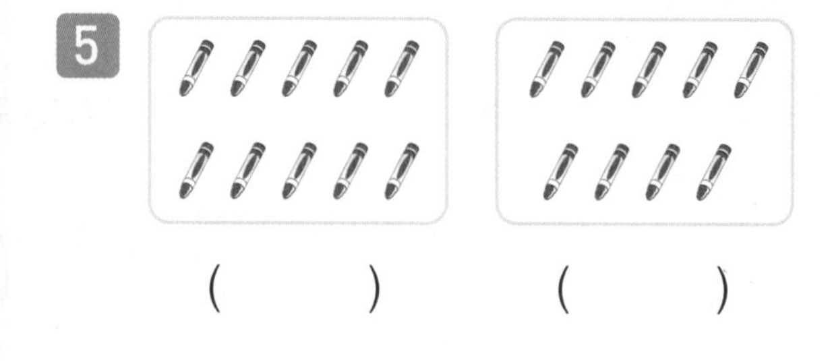

( ) ( )

6
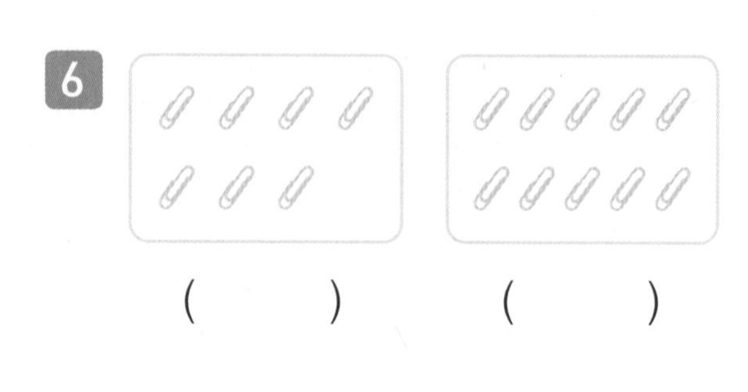

( ) ( )

7
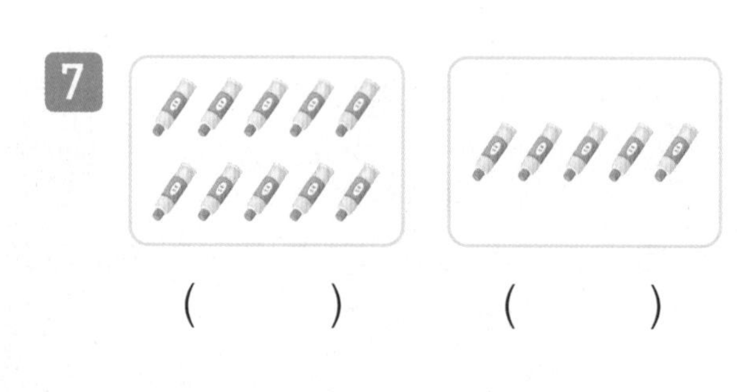

( ) ( )

8
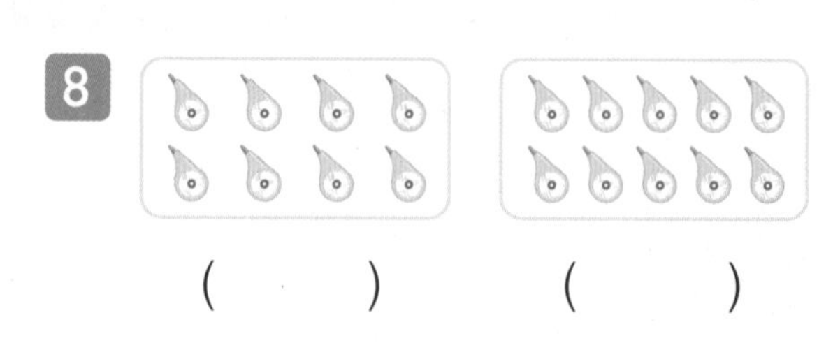

( ) ( )

9
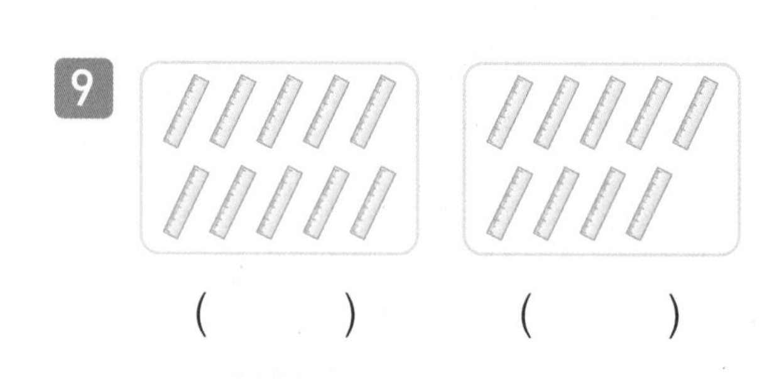

( ) ( )

10
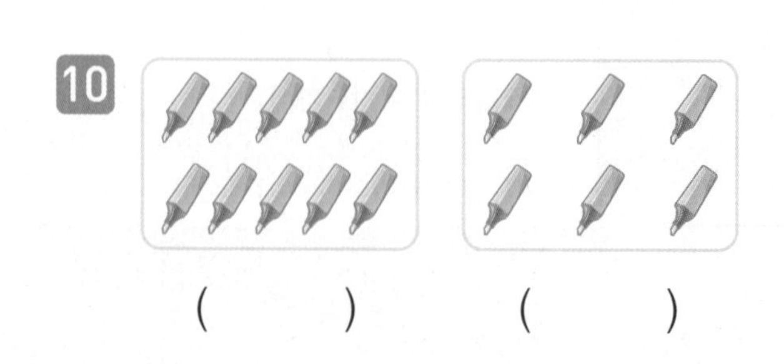

( ) ( )

10이 되도록 ○를 그려 보세요.

11

12

13

14

15

16

17

18

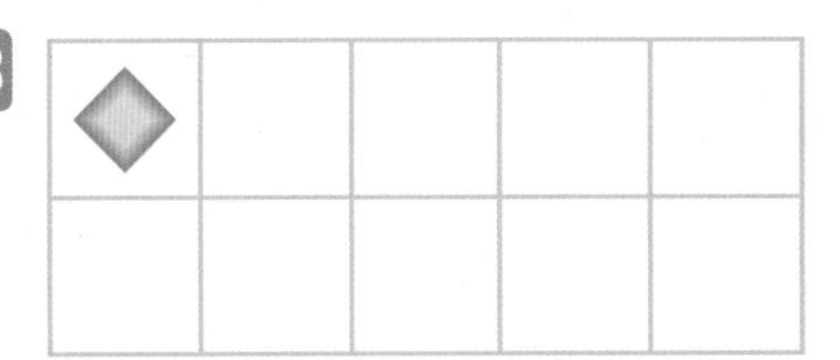

19

20

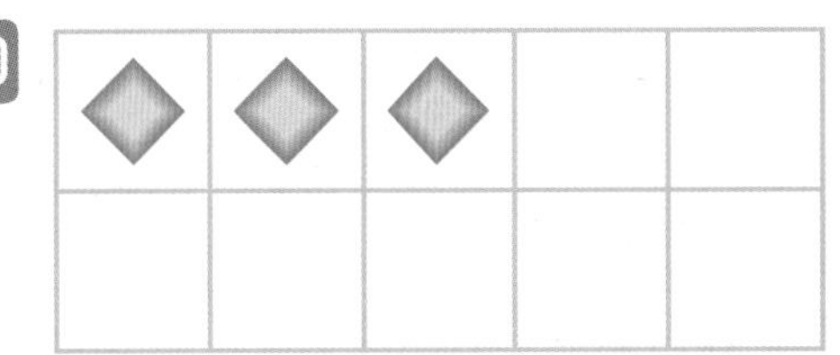

21

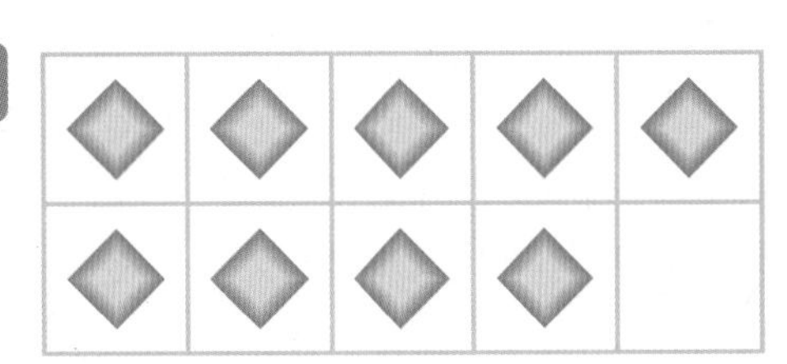

22

맞힌 개수
개 /22개

나의 학습 결과에 ○표 하세요.

맞힌 개수	0~4개	5~11개	12~18개	19~22개
학습 방법	다시 한번 풀어 봐요.	계산 연습이 필요해요.	틀린 문제를 확인해요.	실수하지 않도록 집중해요.

QR 빠른 정답 확인

02 일차 1. 9 다음의 수

□ 안에 알맞은 수를 써넣으세요.

1 9보다 1만큼 더 큰 수는 □입니다.

2 7보다 3만큼 더 큰 수는 □입니다.

3 5보다 5만큼 더 큰 수는 □입니다.

4 3보다 7만큼 더 큰 수는 □입니다.

5 6보다 4만큼 더 큰 수는 □입니다.

6 8보다 2만큼 더 큰 수는 □입니다.

7 4보다 6만큼 더 큰 수는 □입니다.

8 1보다 9만큼 더 큰 수는 □입니다.

9 10은 8보다 □만큼 더 큰 수입니다.

10 10은 4보다 □만큼 더 큰 수입니다.

11 10은 9보다 □만큼 더 큰 수입니다.

12 10은 5보다 □만큼 더 큰 수입니다.

13 10은 7보다 □만큼 더 큰 수입니다.

14 10은 3보다 □만큼 더 큰 수입니다.

15 10은 6보다 □만큼 더 큰 수입니다.

16 10은 2보다 □만큼 더 큰 수입니다.

연산 in 문장제

종국이가 귤을 어제는 9개, 오늘은 1개 먹었습니다. 종국이가 어제와 오늘 먹은 귤은 모두 몇 개인지 구해 보세요.

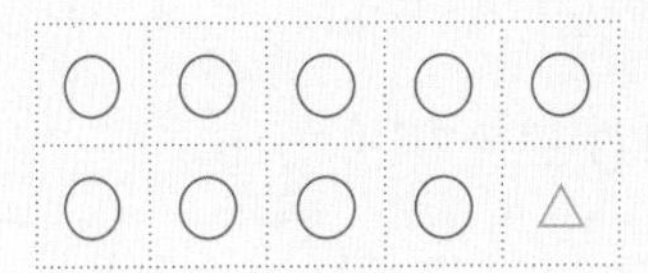

9보다 1만큼 더 큰 수는 10이므로 먹은 귤은 모두 10개입니다.

17 은민이는 오늘 할아버지와 7번, 할머니와 3번의 문자메시지를 주고 받았습니다. 은민이가 할아버지, 할머니와 주고 받은 문자메시지는 모두 몇 번인지 구해 보세요.

답 ____________

18 한발서기를 지호가 5분, 윤아도 5분 동안 하였습니다. 지호와 윤아가 한발서기를 한 시간은 모두 몇 분인지 구해 보세요.

답 ____________

19 바둑대회에서 준형이는 6판을 이기고, 4판을 졌습니다. 준형이가 바둑대회에서 둔 바둑은 모두 몇 판인지 구해 보세요.

답 ____________

20 어느 할인마트에서 한 봉지에 원하는 과자를 10개까지 담을 수 있다고 합니다. 민경이가 지금까지 과자 3개를 담았다면 더 담을 수 있는 과자는 몇 개인지 구해 보세요.

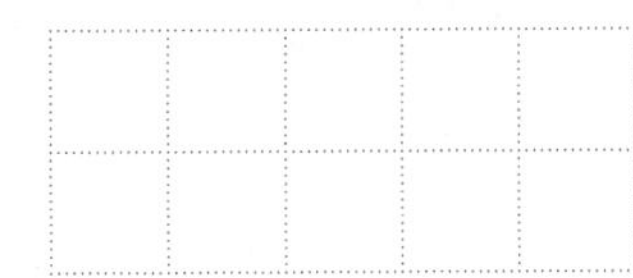

답 ____________

21 채린이는 칭찬 붙임딱지 10장을 모으려고 합니다. 지금까지 4장을 모았습니다. 더 모아야 하는 칭찬 붙임딱지는 몇 장인지 구해 보세요.

답 ____________

맞힌 개수

개 /21개

나의 학습 결과에 ○표 하세요.

맞힌 개수	0~4개	5~11개	12~17개	18~21개
학습 방법	다시 한번 풀어 봐요.	계산 연습이 필요해요.	틀린 문제를 확인해요.	실수하지 않도록 집중해요.

QR 빠른정답 확인

03 일차

2. 10 모으기와 가르기

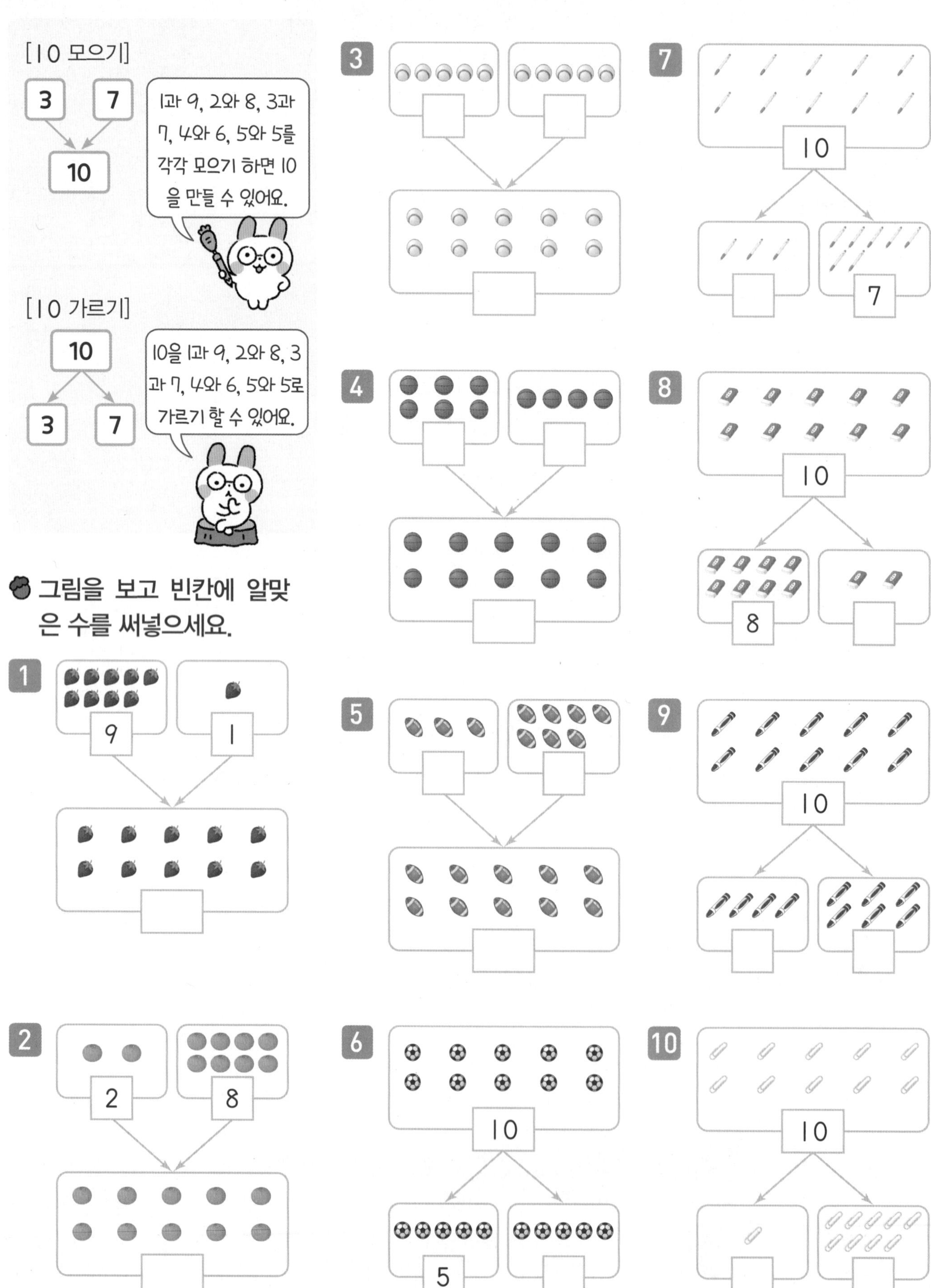
[10 모으기]
3
7
10
1과 9, 2와 8, 3과 7, 4와 6, 5와 5를 각각 모으기 하면 10을 만들 수 있어요.
[10 가르기]
10
3
7
10을 1과 9, 2와 8, 3과 7, 4와 6, 5와 5로 가르기 할 수 있어요.
그림을 보고 빈칸에 알맞은 수를 써넣으세요.
1
9
1
2
2
8
3
4
5
6
10
5
7
10
7
8
10
8
9
10
10
10

11
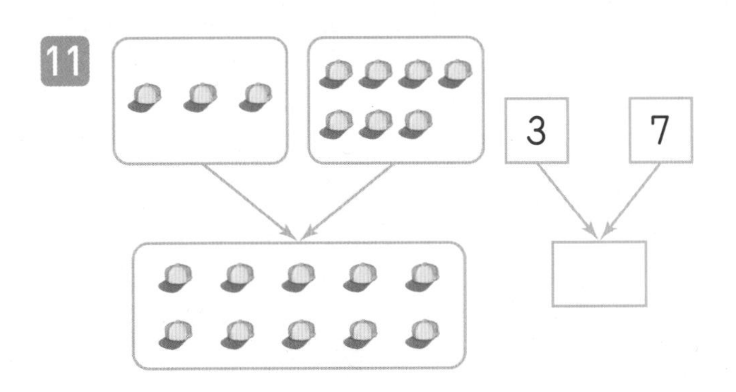

15
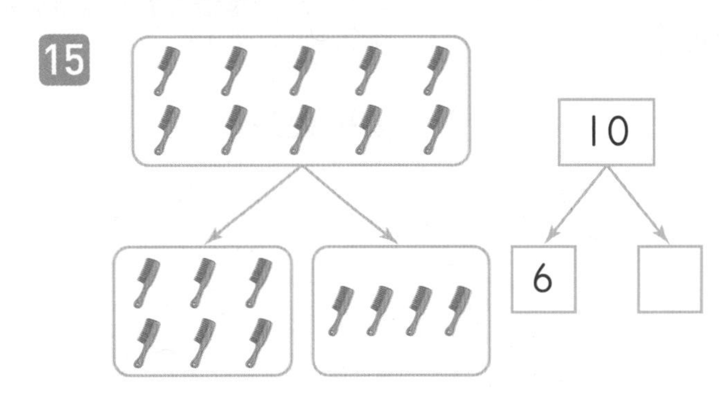

12
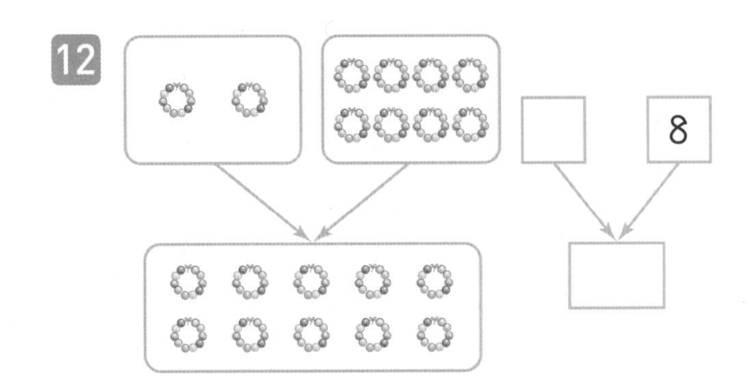

16
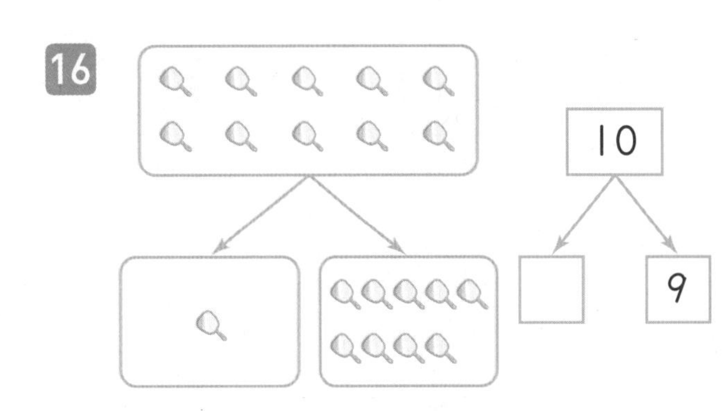

13
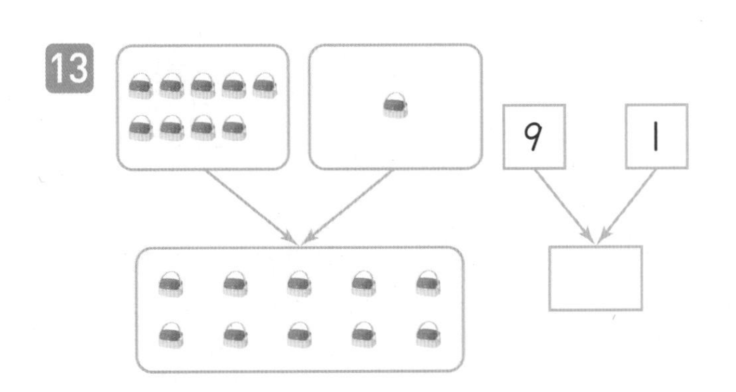

17
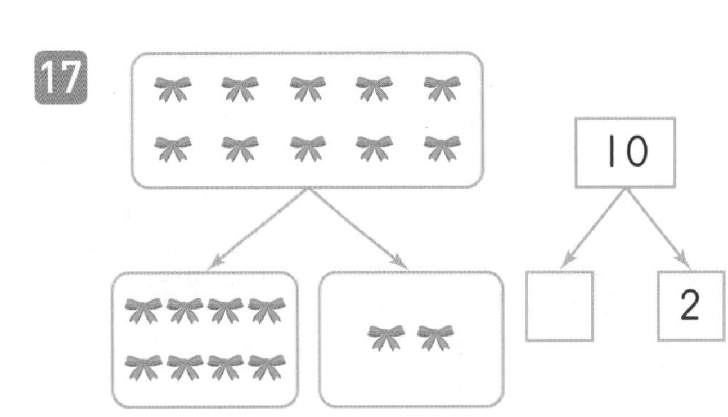

14
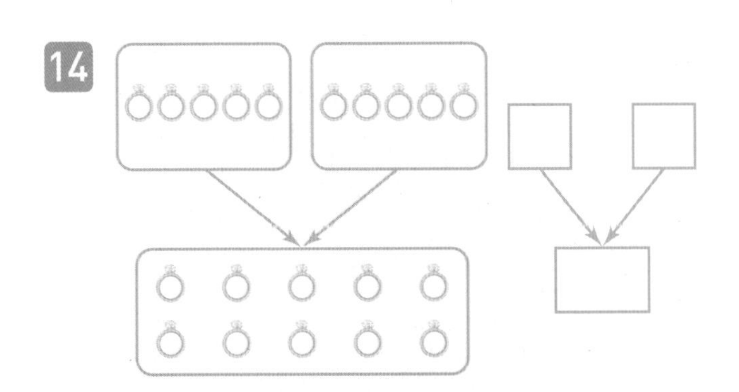

18
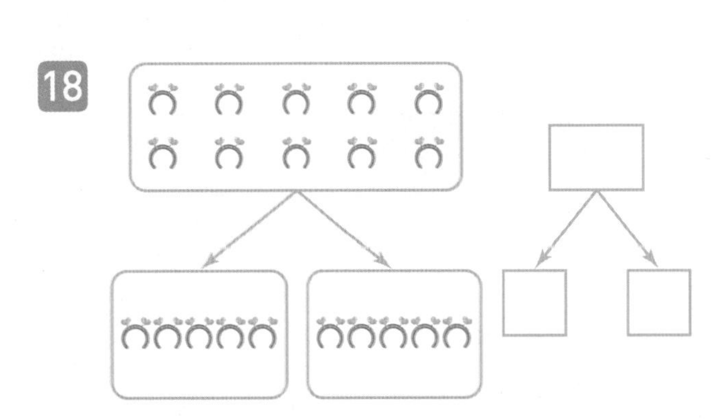

맞힌 개수
개 /18개

나의 학습 결과에 ○표 하세요.				
맞힌 개수	0~3개	4~9개	10~15개	16~18개
학습 방법	다시 한번 풀어 봐요.	계산 연습이 필요해요.	틀린 문제를 확인해요.	실수하지 않도록 집중해요.

QR 빠른정답 확인

2. 10 모으기와 가르기

● 빈칸에 알맞은 수를 써넣으세요.

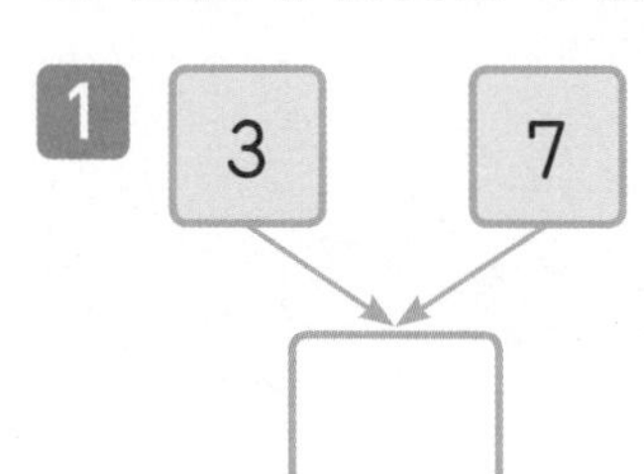

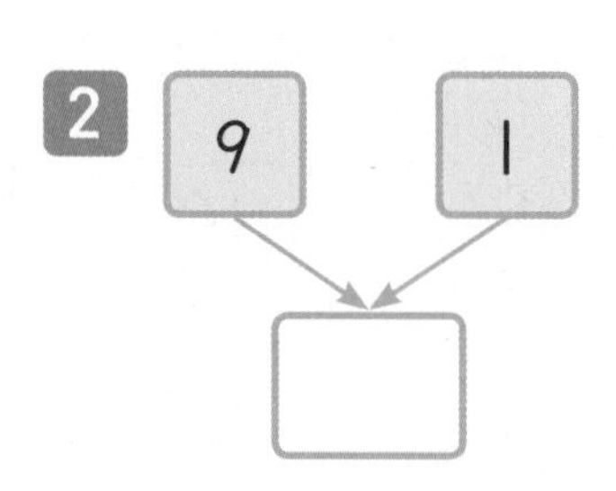

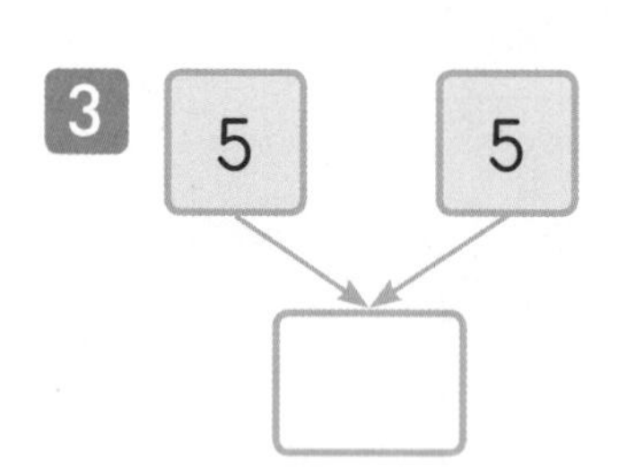

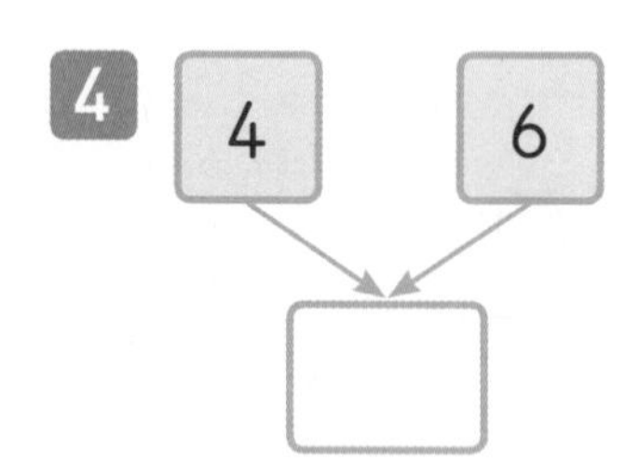

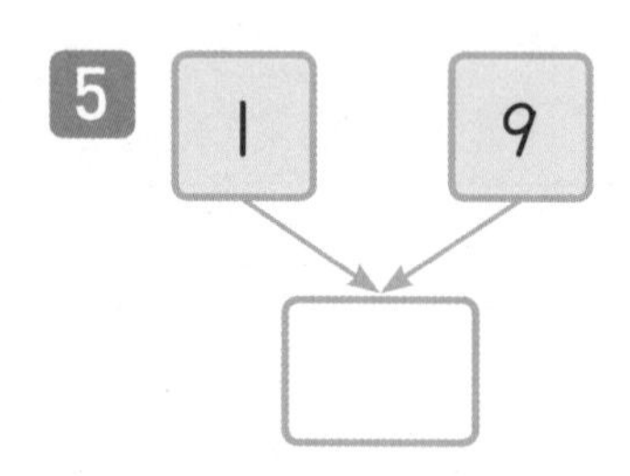

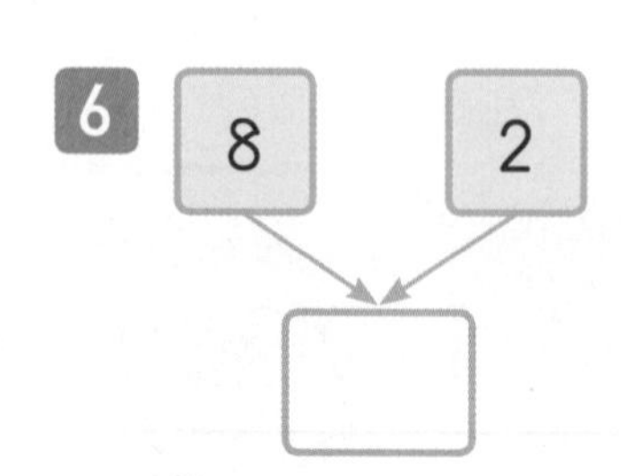

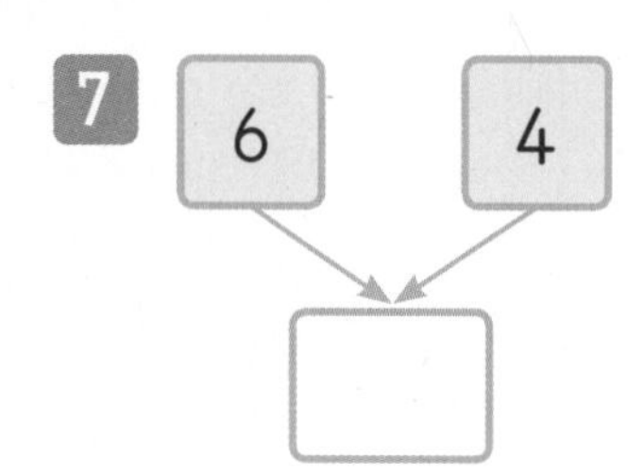

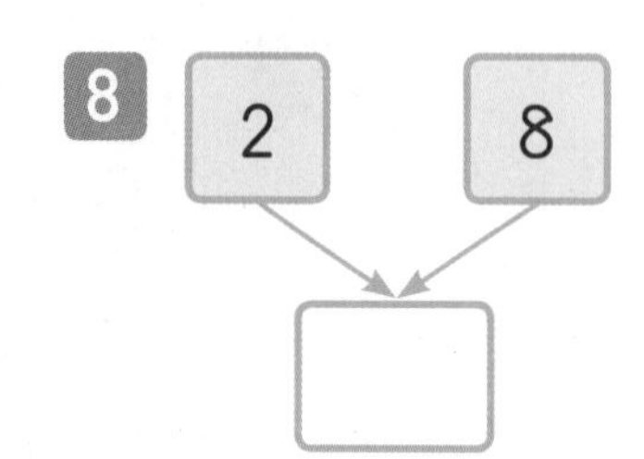

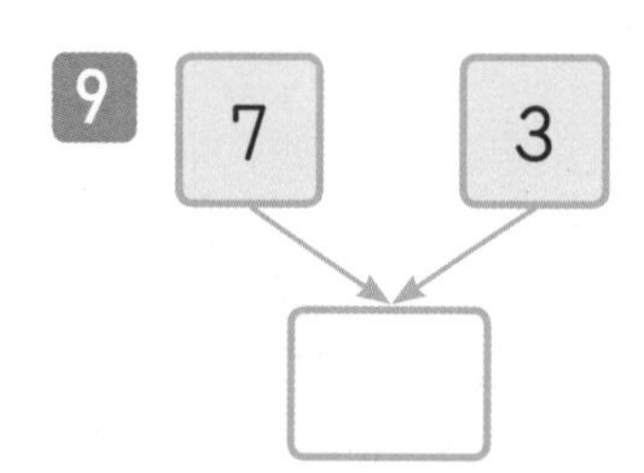

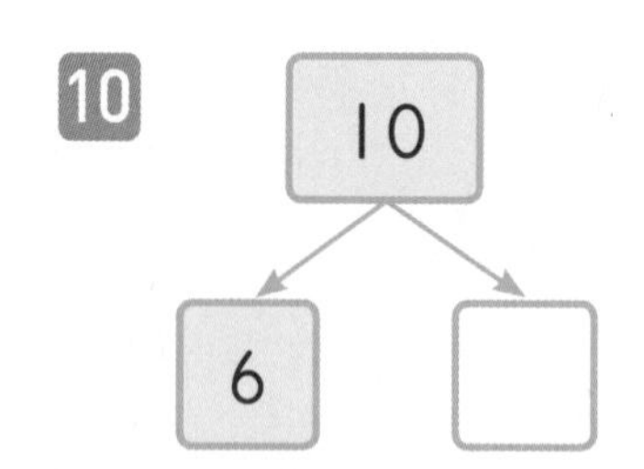

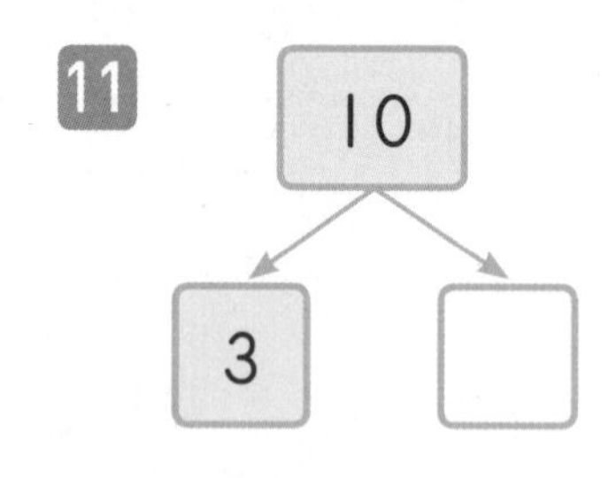

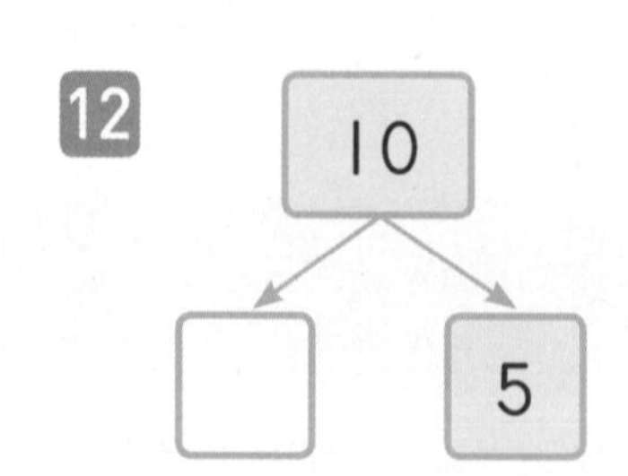

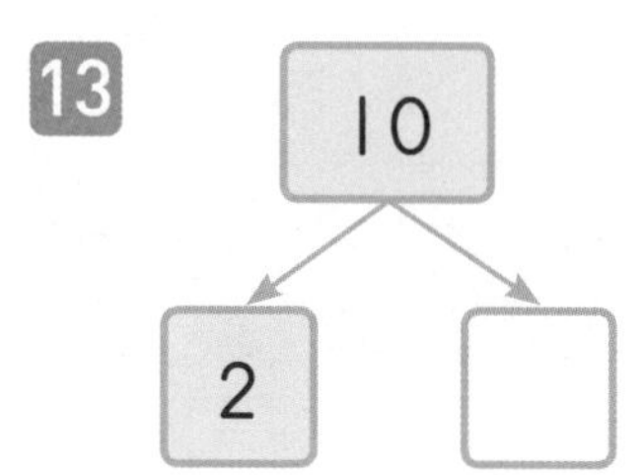

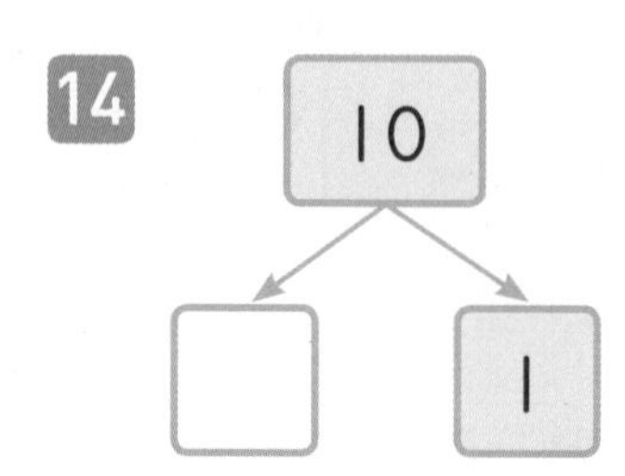

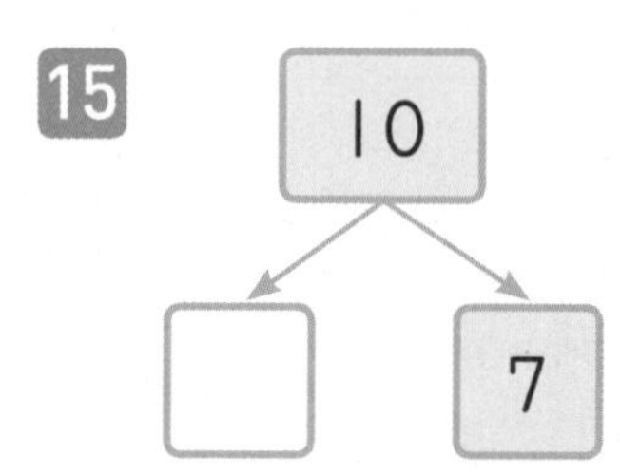

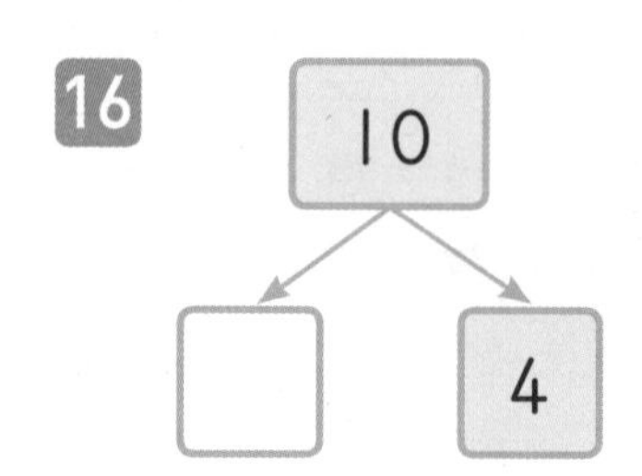

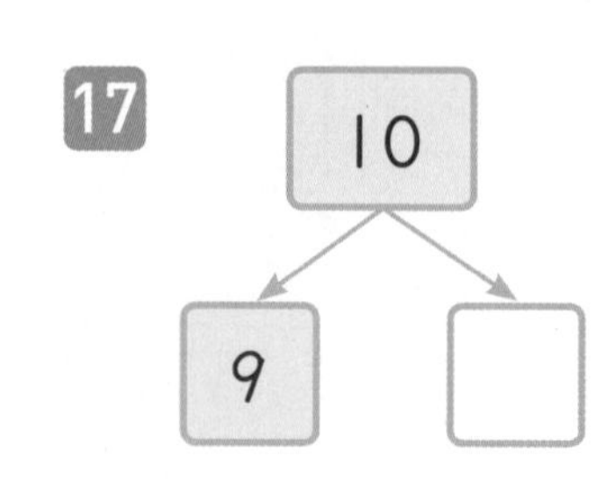

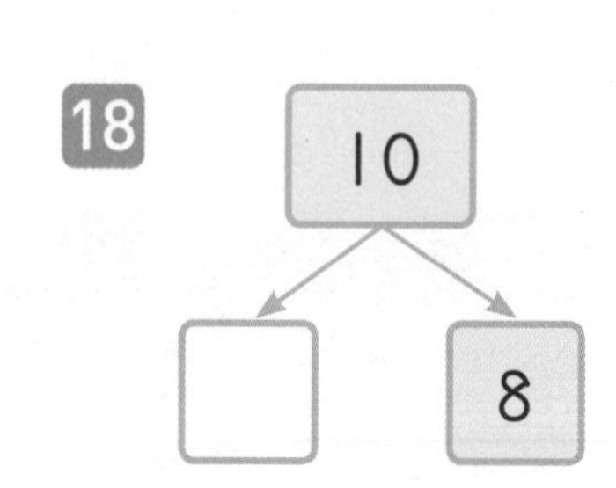

연산 in 문장제

어항 속에 구피 6마리가 있었는데 구피 4마리를 더 넣었습니다. 지금 어항 속에 있는 구피는 모두 몇 마리인지 구해 보세요.

6과 4를 모으기 하면 10이므로 구피는 모두 10마리입니다.

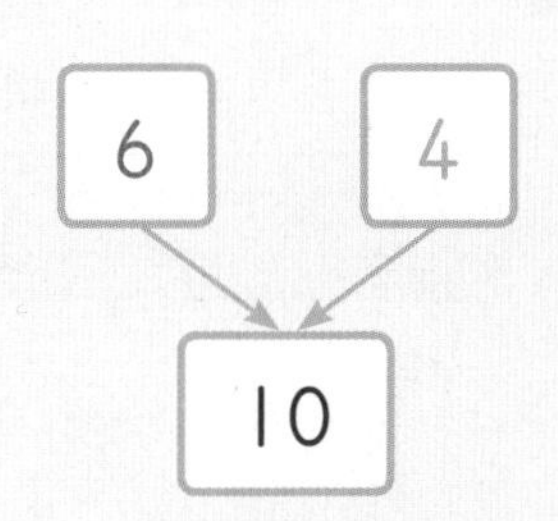

19 장훈이가 양손에 쥔 구슬을 세어 보니 왼손에는 3개, 오른손에는 7개였습니다. 장훈이가 양손에 쥔 구슬은 모두 몇 개인지 구해 보세요.

20 세윤이는 수첩을 5권 가지고 있었는데 5권을 더 샀습니다. 세윤이가 가지고 있는 수첩은 모두 몇 권인지 구해 보세요.

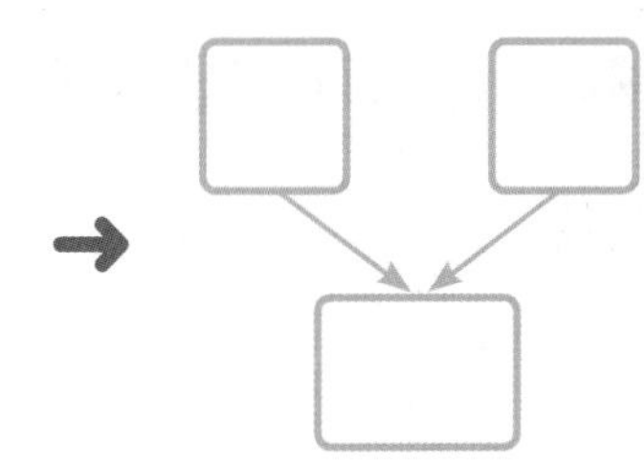

21 영호가 볼링공을 던져서 10개의 볼링핀 중에서 8개를 쓰러뜨렸습니다. 쓰러지지 않고 남아 있는 볼링핀은 몇 개인지 구해 보세요.

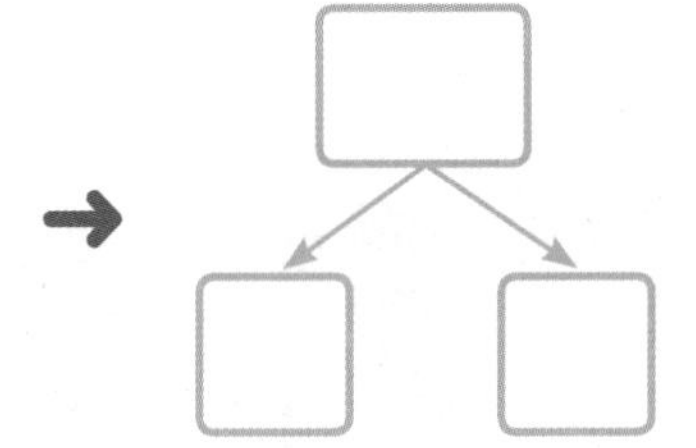

22 체육관에 있는 10명의 학생 중에서 6명의 학생은 서 있습니다. 앉아 있는 학생은 몇 명인지 구해 보세요.

답 ________

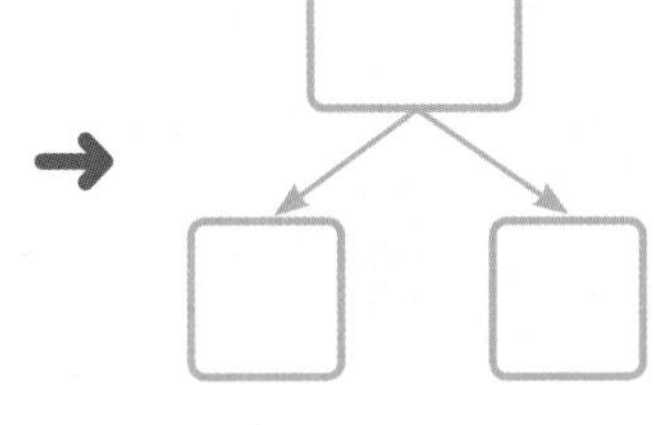

23 봉주가 운동장을 10바퀴 도는 달리기 대회에 참가하였습니다. 몇 바퀴를 돌고 마지막 1바퀴가 남았다면 지금까지 운동장을 몇 바퀴 돌았는지 구해 보세요.

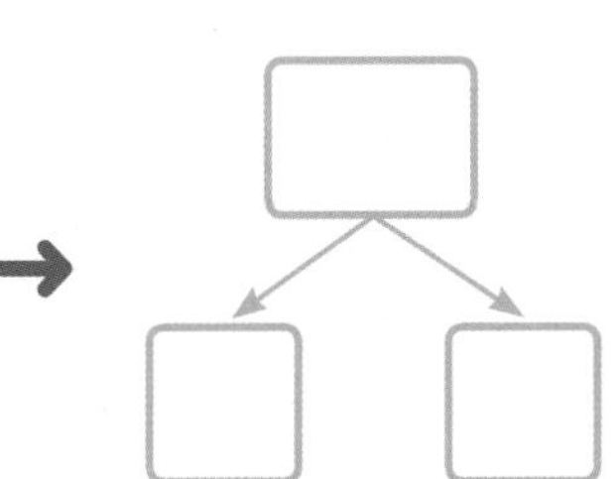

맞힌 개수: 개 /23개

나의 학습 결과에 ○표 하세요.

맞힌 개수	0~4개	5~12개	13~19개	20~23개
학습 방법	다시 한번 풀어 봐요.	계산 연습이 필요해요.	틀린 문제를 확인해요.	실수하지 않도록 집중해요.

3. 십몇 알아보기

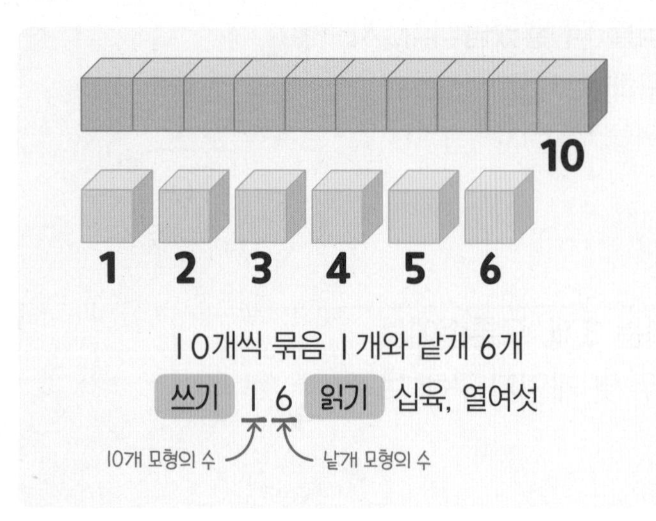

● 수를 세어 □ 안에 알맞은 수를 써넣으세요.

1

2

3

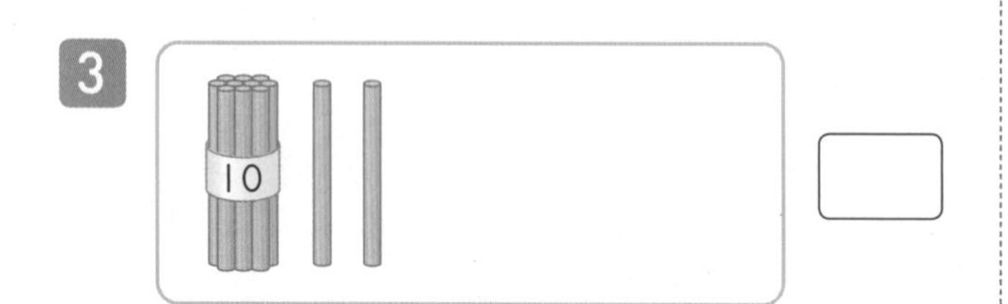

4

5

● 빈칸에 알맞은 수를 써넣으세요.

6

수	10개씩 묶음	낱개
13		

7

수	10개씩 묶음	낱개
12		

8

수	10개씩 묶음	낱개
18		

9

수	10개씩 묶음	낱개
14		

10

수	10개씩 묶음	낱개
15		

11

수	10개씩 묶음	낱개
19		

12

수	10개씩 묶음	낱개
16		

수를 세어 두 가지 방법으로 읽어 보세요.

13

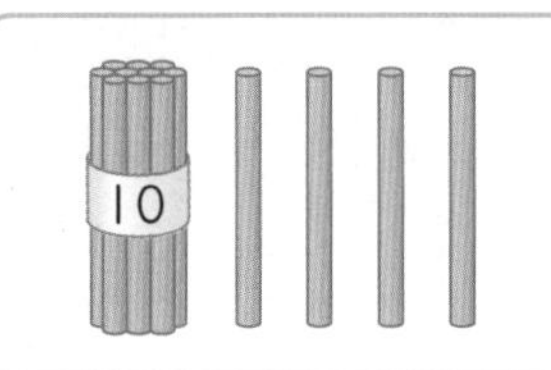

(,)

14

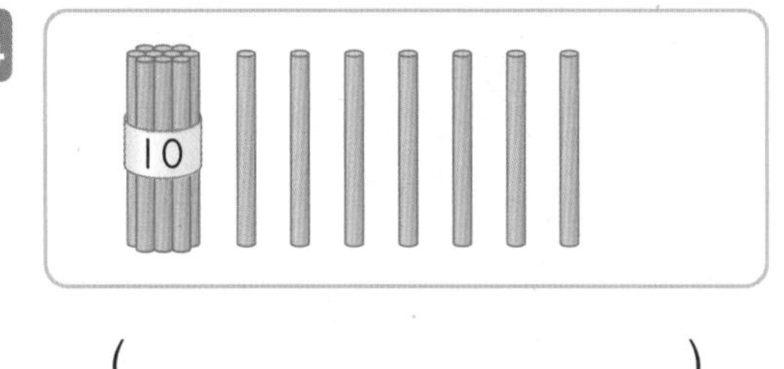

(,)

15

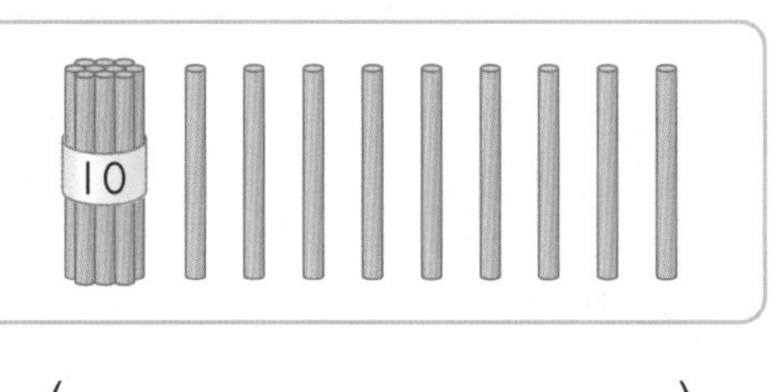

(,)

16

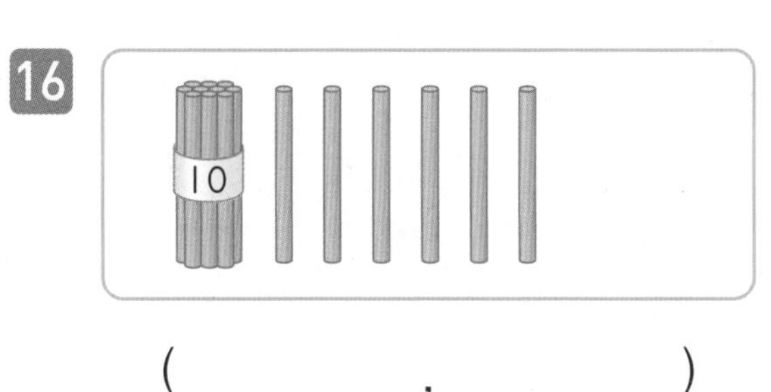

(,)

17

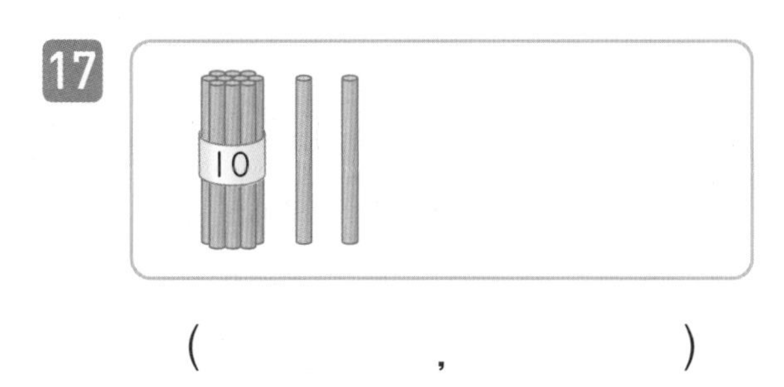

(,)

수를 두 가지 방법으로 읽어 보세요.

18 13 → ☐, ☐

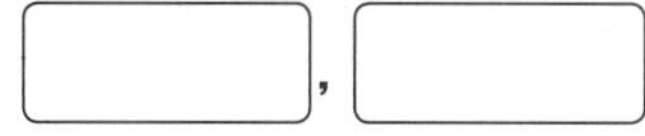

19 11 → ☐, ☐

20 15 → ☐, ☐

21 18 → ☐, ☐

22 16 → ☐, ☐

23 14 → ☐, ☐

24 17 → ☐, ☐

맞힌 개수
개 /24개

나의 학습 결과에 ○표 하세요.

맞힌 개수	0~5개	6~12개	13~19개	20~24개
학습 방법	다시 한번 풀어 봐요.	계산 연습이 필요해요.	틀린 문제를 확인해요.	실수하지 않도록 집중해요.

QR 빠른 정답 확인

3. 십몇 알아보기

빈칸에 알맞은 수를 써넣으세요.

1
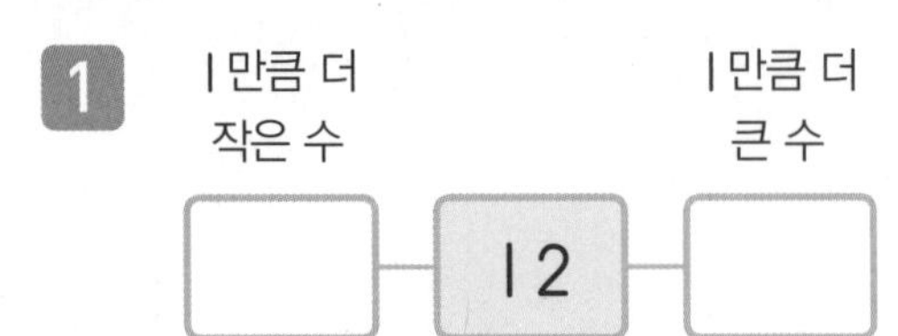

2
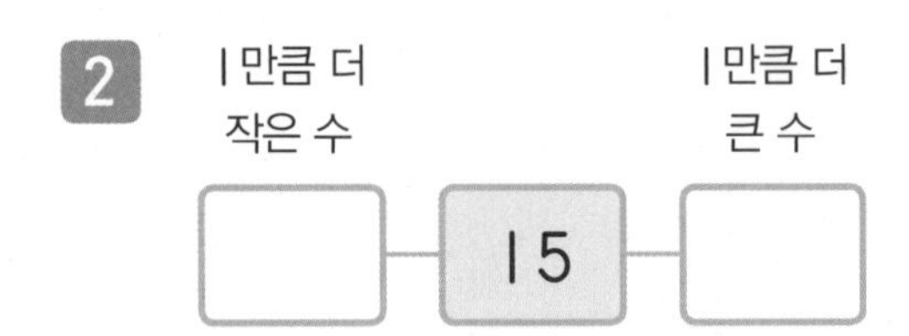

3
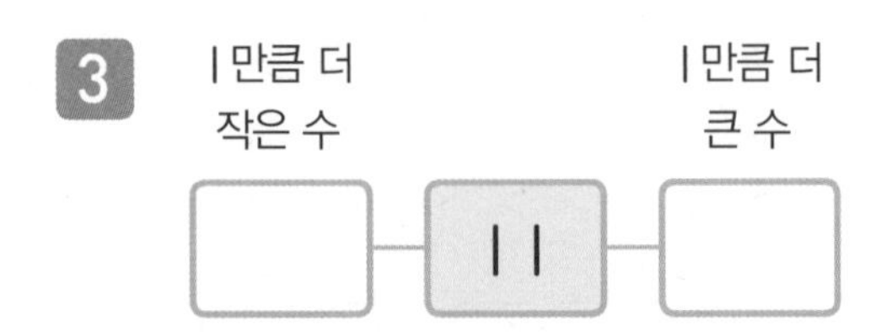

4
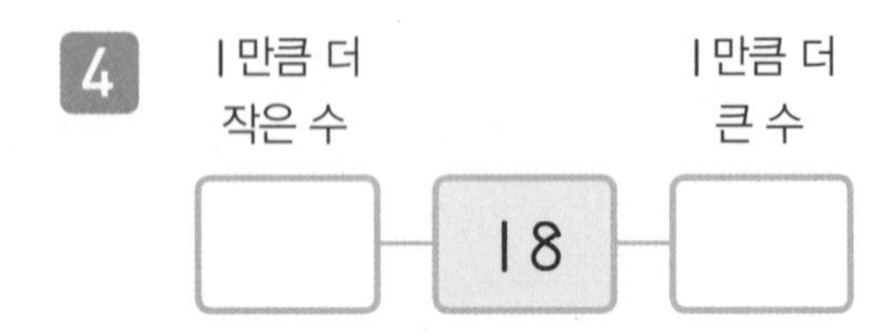

5
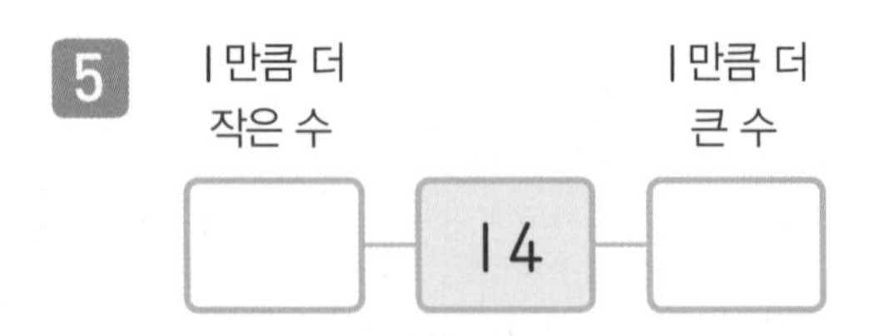

6
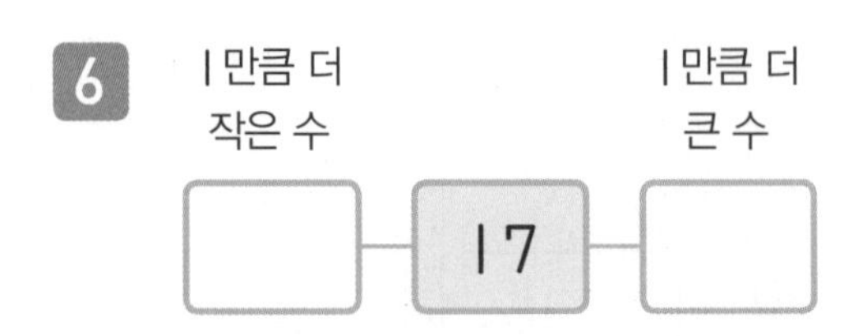

7
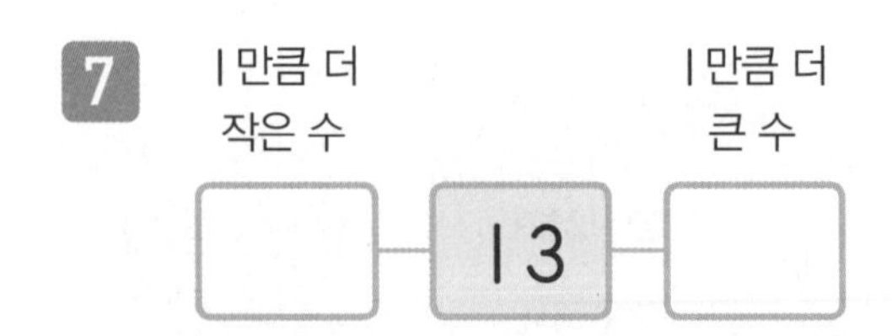

순서에 알맞게 빈칸에 수를 써넣으세요.

8
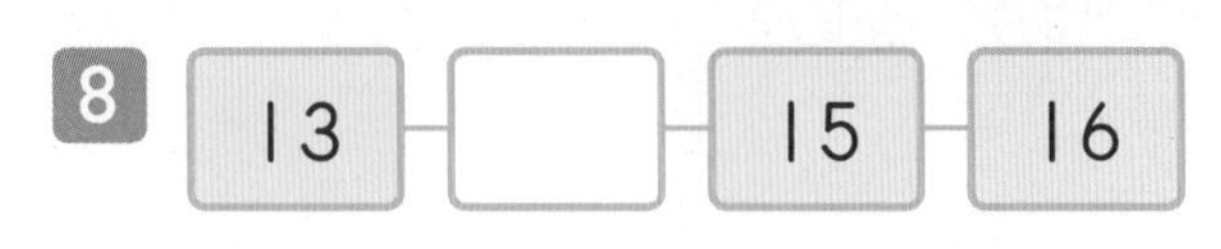

9
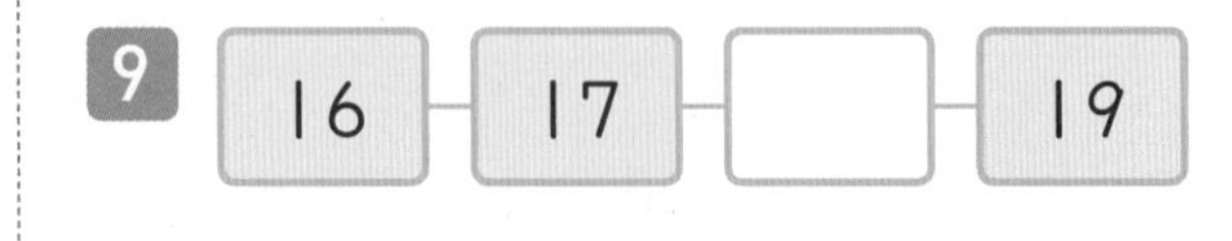

10
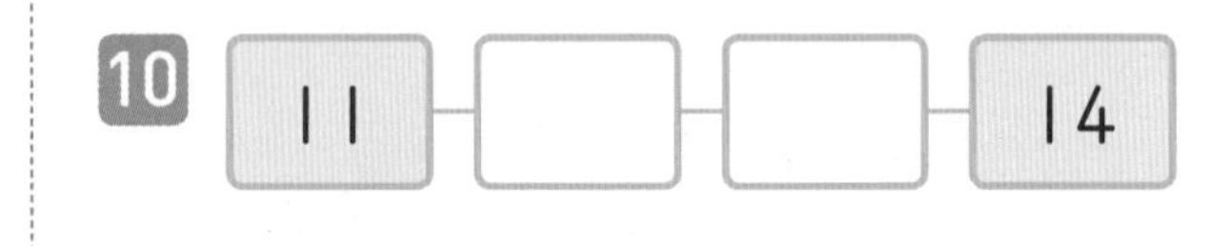

11
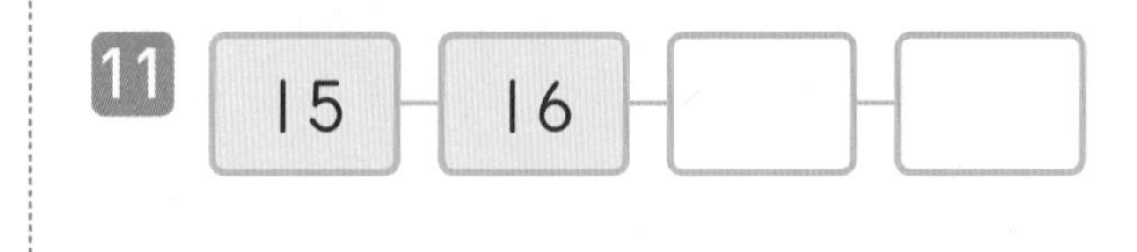

12
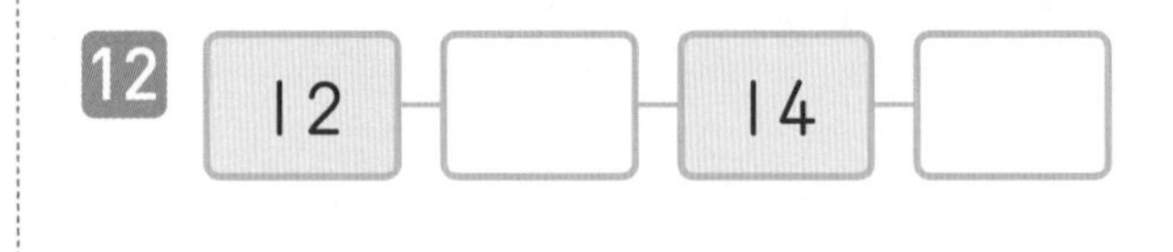

13
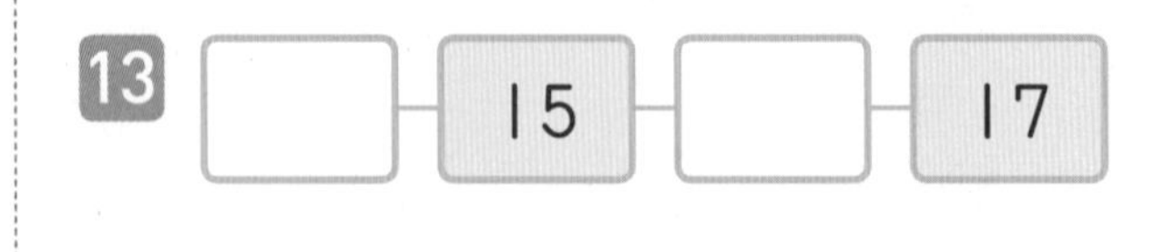

14

12 13

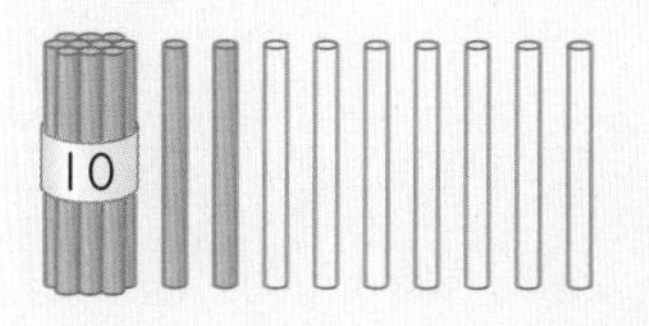

연산 in 문장제

달걀이 10개씩 묶음 1개와 낱개 2개가 있습니다. 달걀은 모두 몇 개인지 구해 보세요.

10개씩 묶음 1개와 낱개 2개이므로 달걀은 모두 12개입니다.

15 윤미는 사탕 10개짜리 묶음 1개와 낱개 4개를 샀습니다. 윤미가 산 사탕은 모두 몇 개인지 구해 보세요.

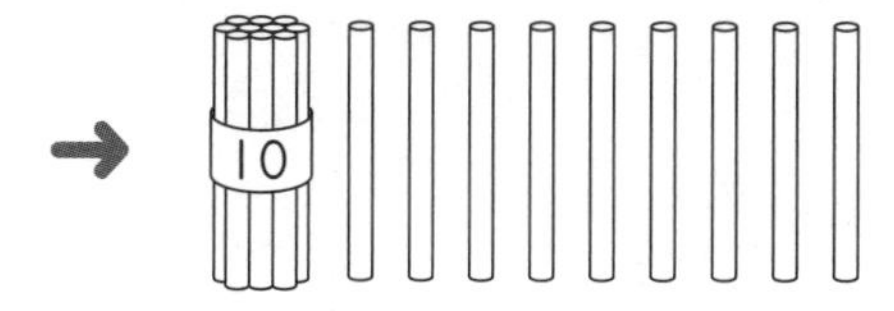

답 ________

16 미유는 머리끈을 16개 가지고 있고, 세윤이는 미유보다 머리끈을 1개 더 많이 가지고 있습니다. 세윤이가 가진 머리끈은 몇 개인지 구해 보세요.

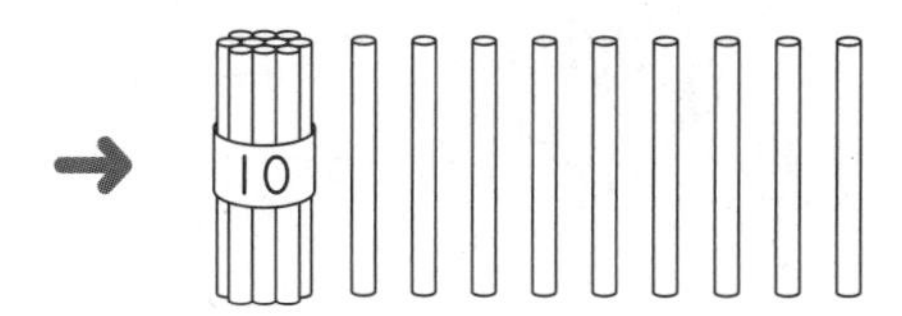

답 ________

17 운동장 달리기에서 재근이는 19초가 걸렸고, 동준이는 재근이보다 1초 빨리 달렸습니다. 동준이의 달리기 기록은 몇 초인지 구해 보세요.

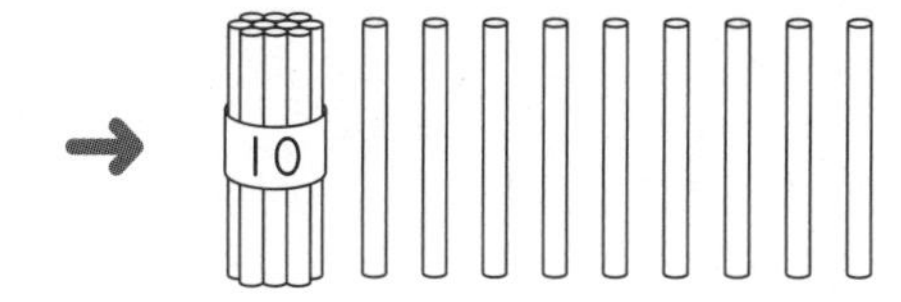

달리기 기록이 작을수록 빨라요.

답 ________

18 도서관에 동화책이 순서대로 꽂혀 있습니다. 승호가 12번과 14번 사이에 있는 동화책을 꺼내 읽고 있습니다. 승호가 읽고 있는 동화책은 몇 번인지 구해 보세요.

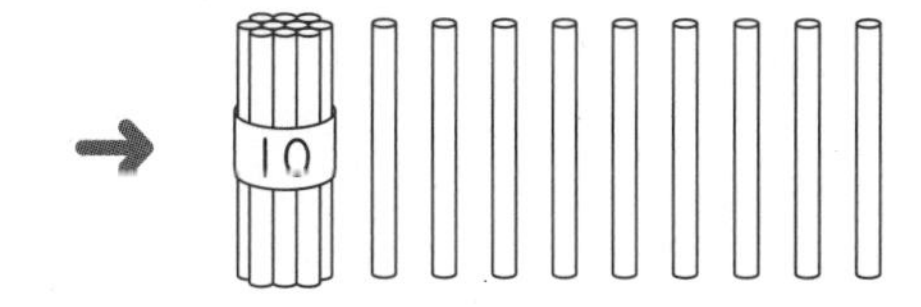

답 ________

맞힌 개수
개 /18개

나의 학습 결과에 ○표 하세요.

맞힌 개수	0~4개	5~10개	11~15개	16~18개
학습 방법	다시 한번 풀어 봐요.	계산 연습이 필요해요.	틀린 문제를 확인해요.	실수하지 않도록 집중해요.

QR 빠른정답 확인

07일차 4. 19까지의 수 모으기(1)

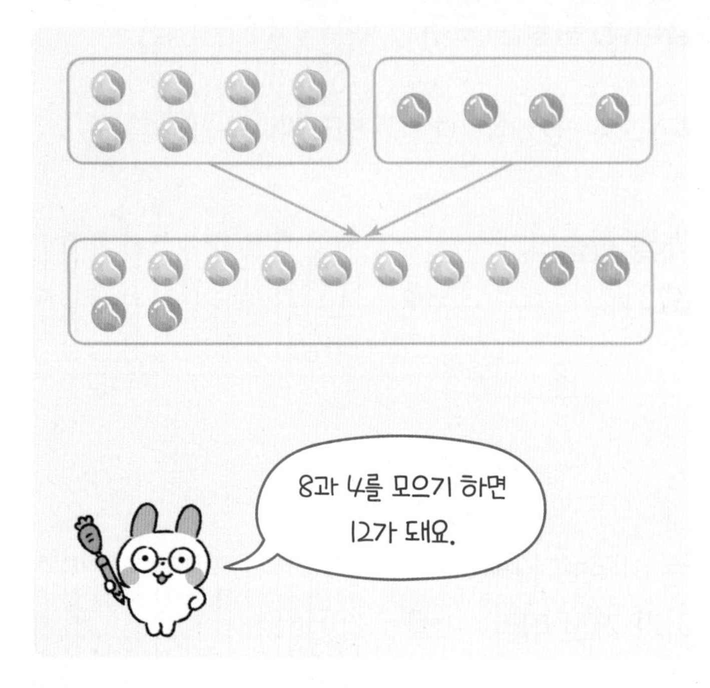

그림을 보고 빈칸에 알맞은 수를 써넣으세요.

1
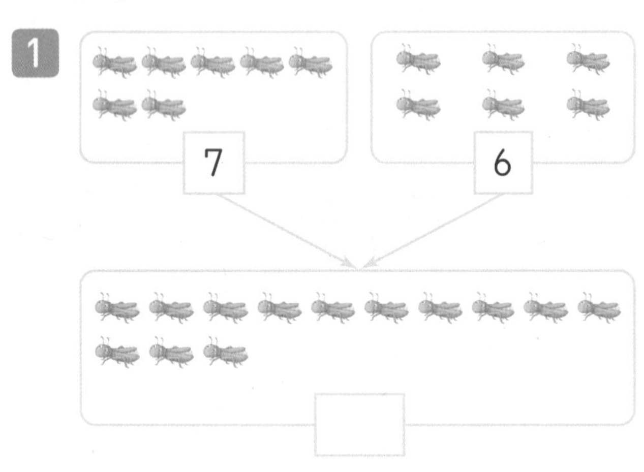

2
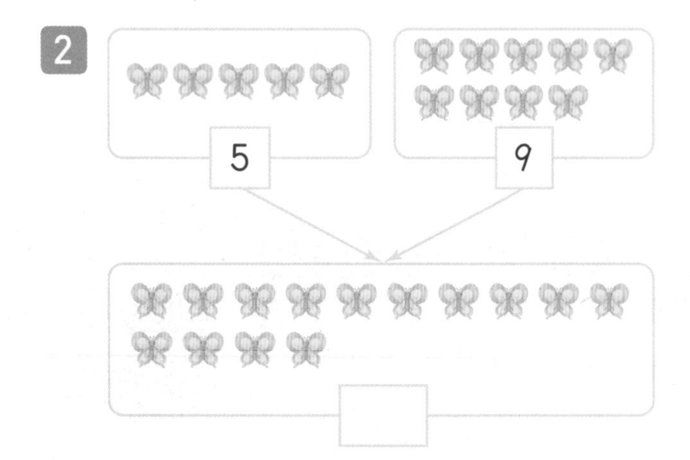

3
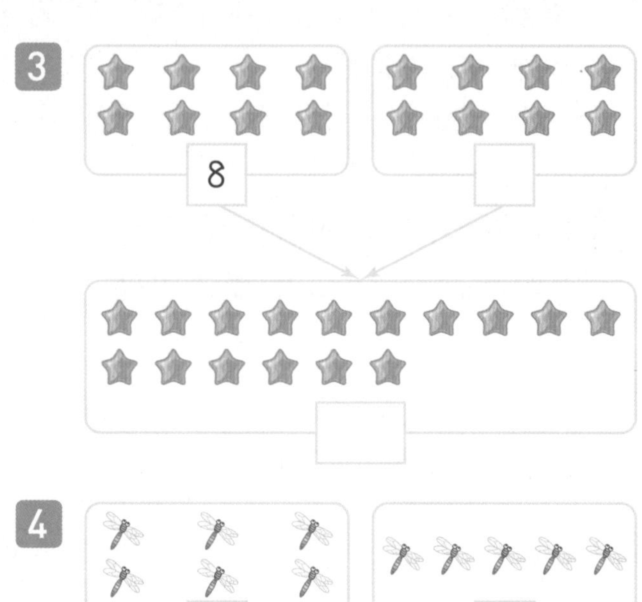

4
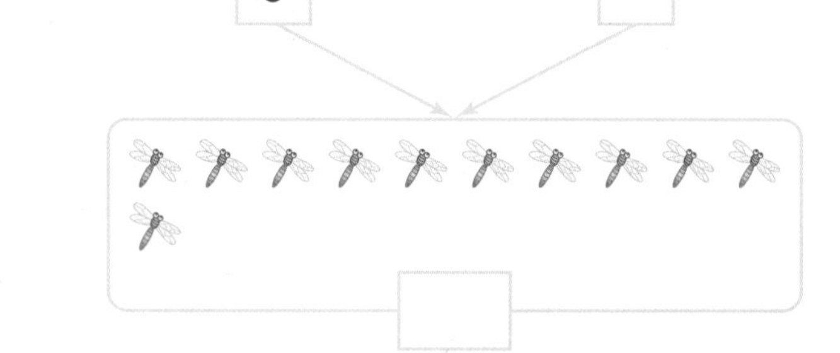

5

6
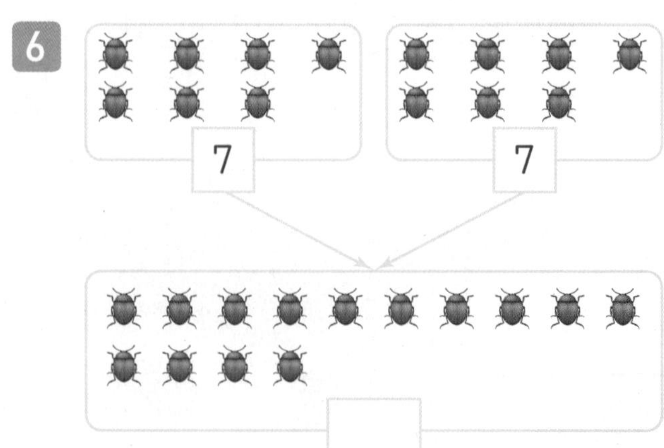

7

11

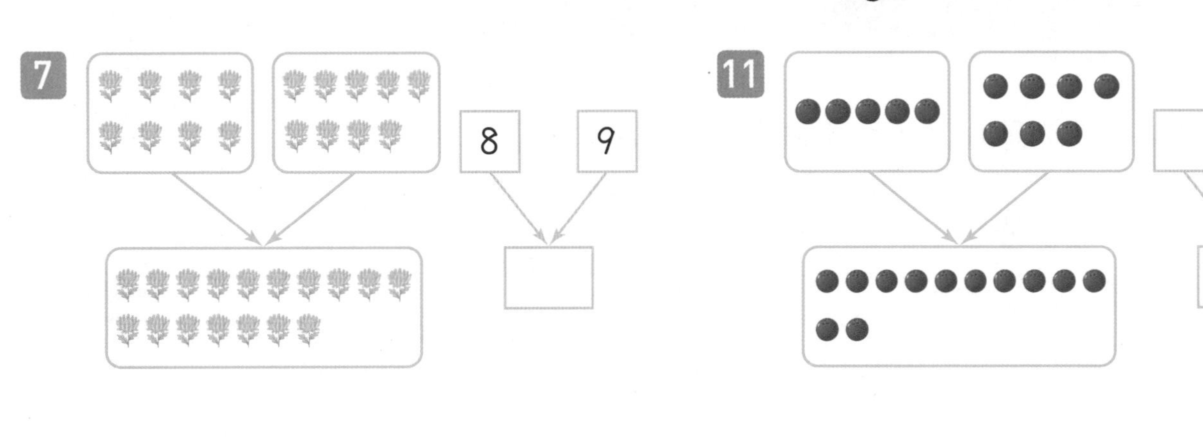

8

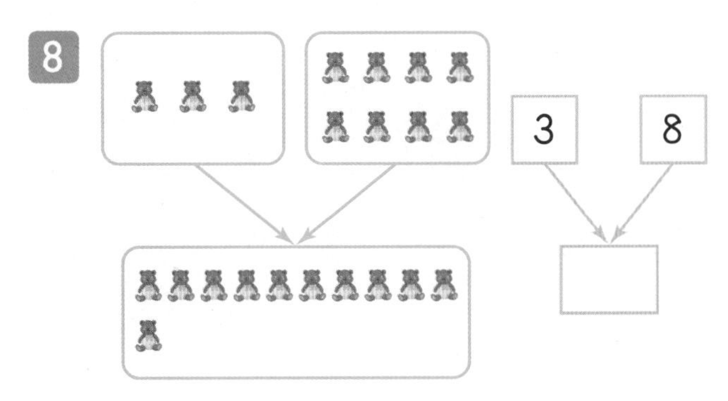

12

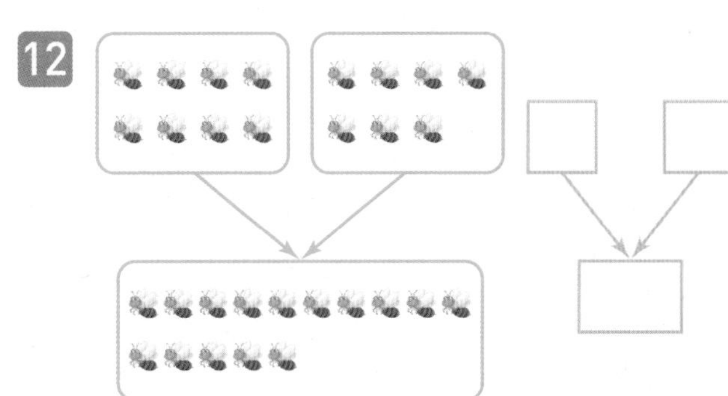

9

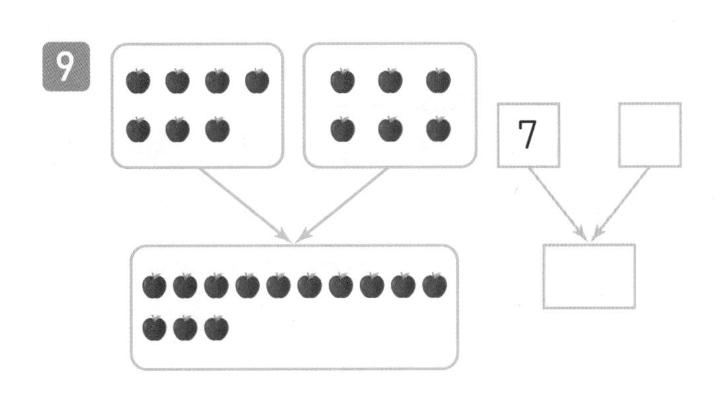

13

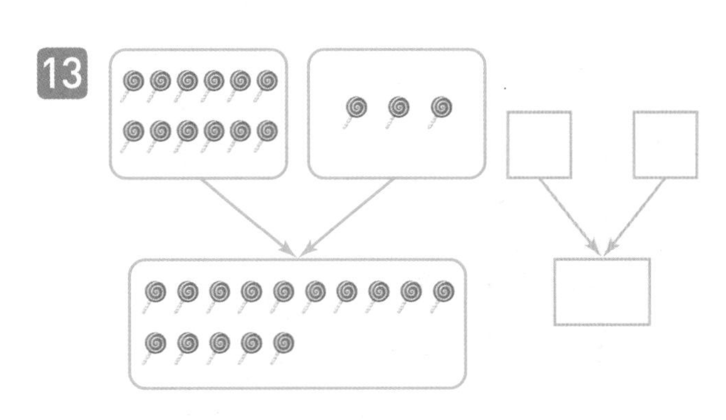

10

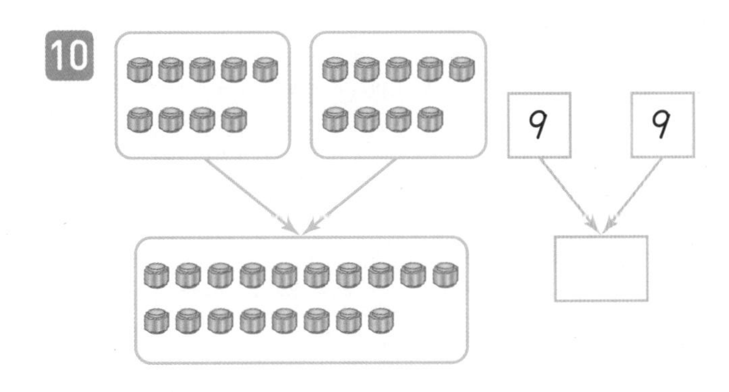

14

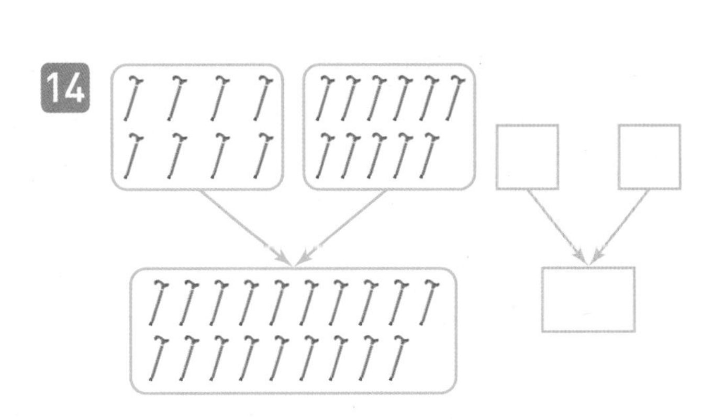

맞힌 개수
개 /14개

나의 학습 결과에 ○표 하세요.				
맞힌 개수	0~3개	4~8개	9~12개	13~14개
학습 방법	다시 한번 풀어 봐요.	계산 연습이 필요해요.	틀린 문제를 확인해요.	실수하지 않도록 집중해요.

QR 빠른 정답 확인

4. 19까지의 수 모으기(1)

그림을 보고 모으기를 하여 빈칸에 알맞은 수를 써넣으세요.

1
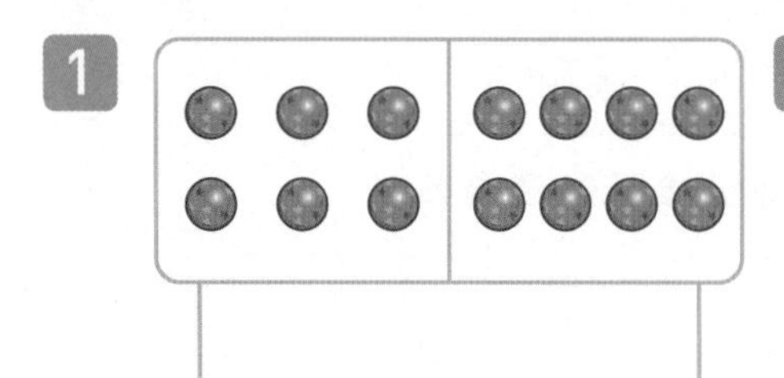

2
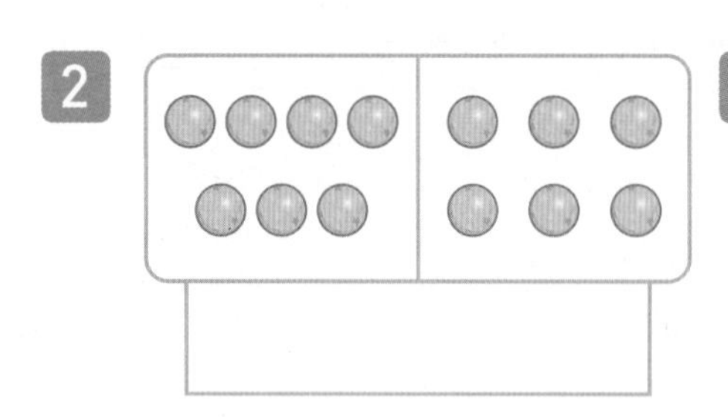

3
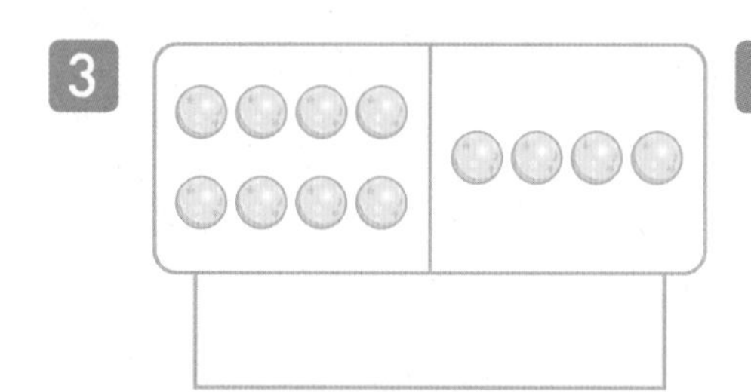

4
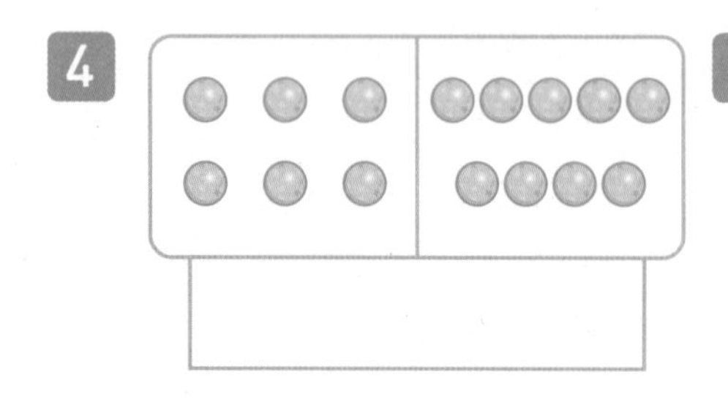

5
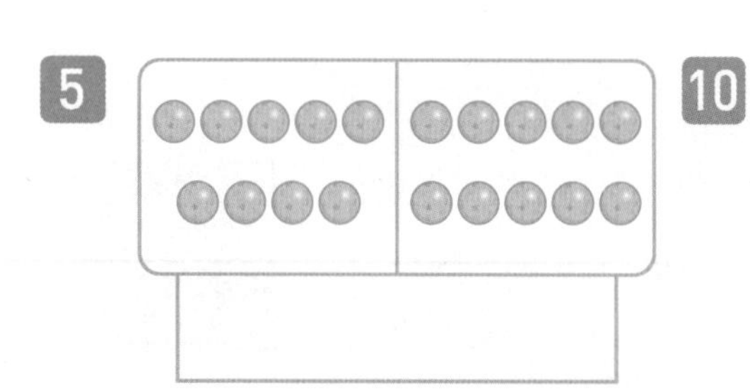

6
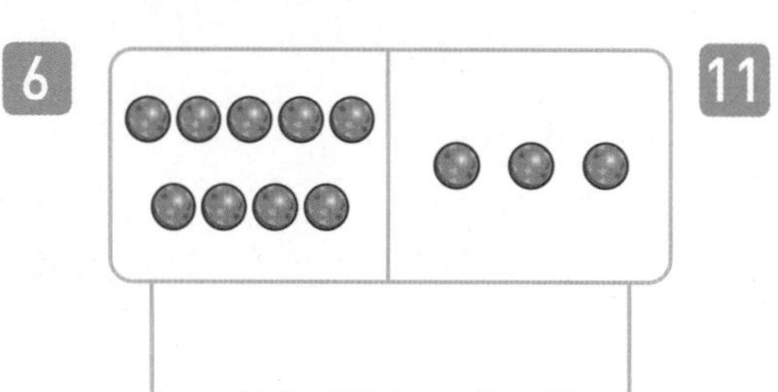

7
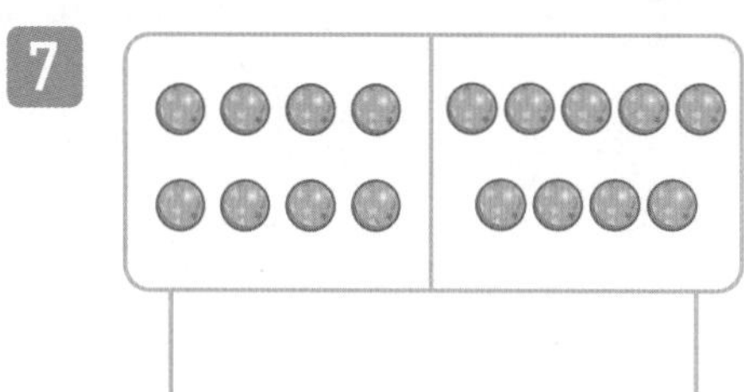

8
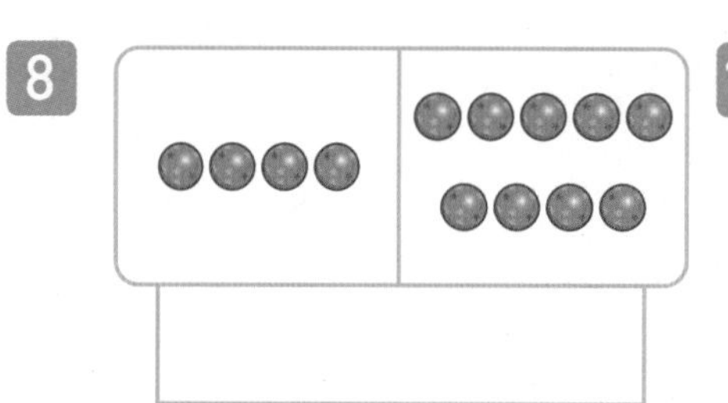

9
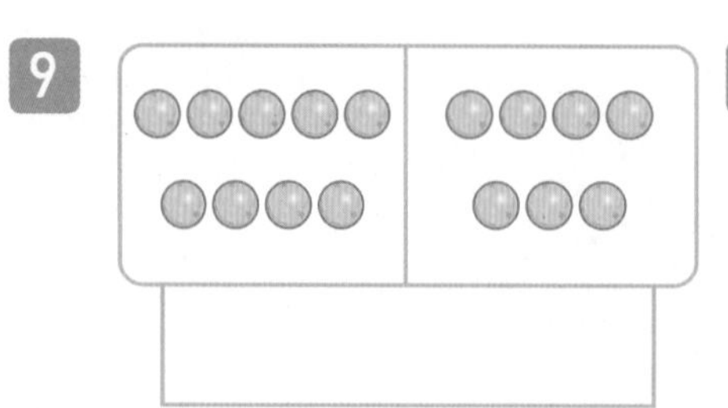

10
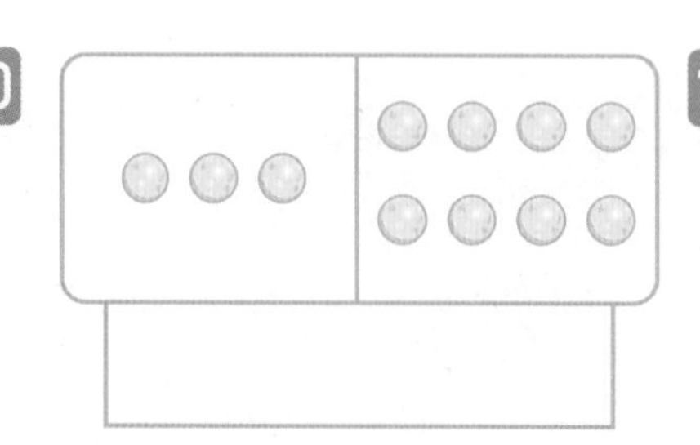

11
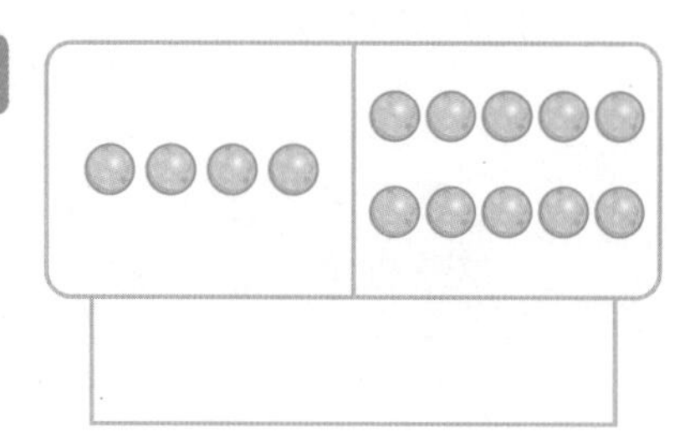

12
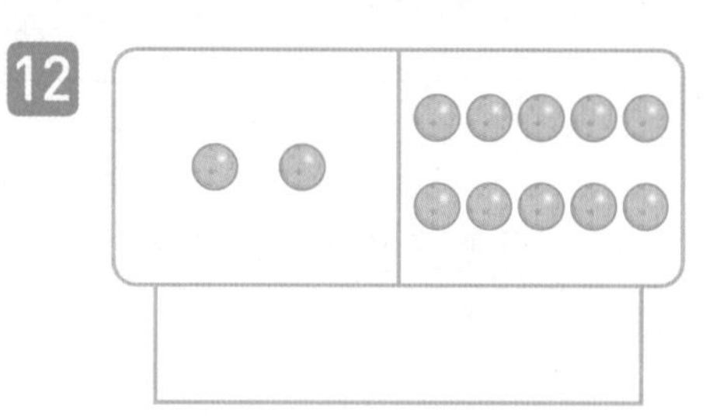

13
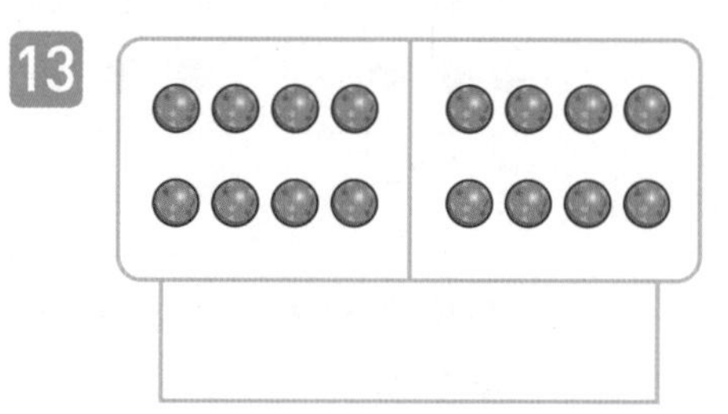

14
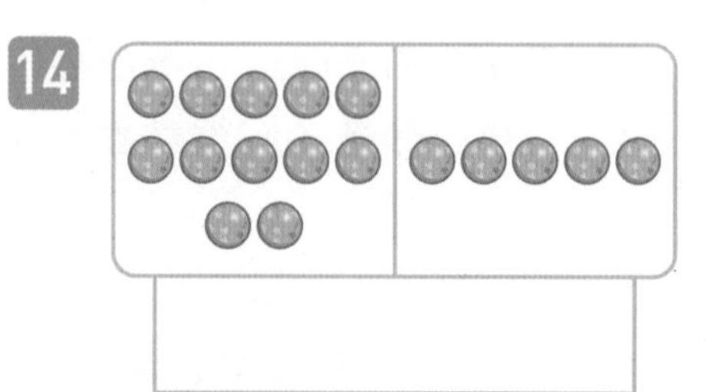

15
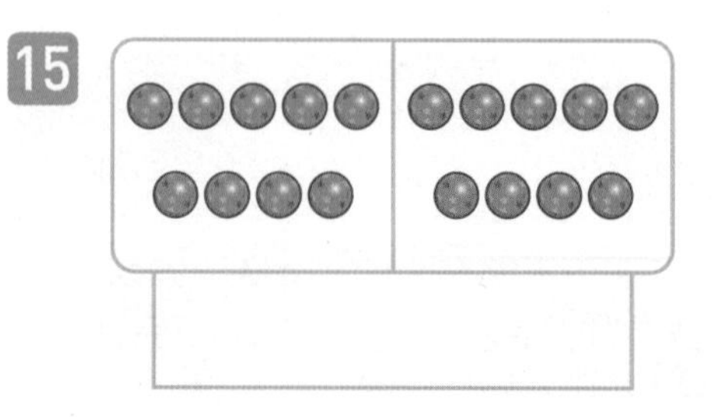

연산 in 문장제

화요일에 박물관을 방문한 관람객은 남자가 8명, 여자가 9명이었습니다. 박물관을 방문한 관람객은 모두 몇 명인지 구해 보세요.

8과 9를 모으기 하면 17이므로 방문한 관람객은 모두 17명입니다.

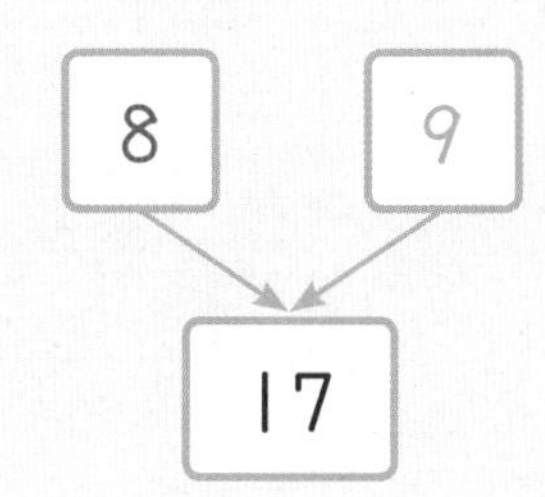

16 지율이는 지우개를 8개 가지고 있습니다. 오늘 지우개 3개를 더 샀다면 지율이가 가진 지우개는 모두 몇 개인지 구해 보세요.

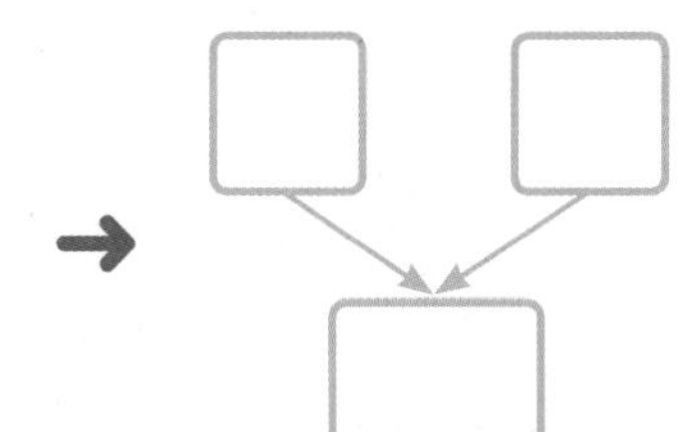

답 ____________

17 우산꽂이에 우산이 4개 꽂혀 있었는데 잠시 후에 학생들이 들어와서 우산 9개를 더 꽂았습니다. 우산꽂이에 꽂혀 있는 우산은 모두 몇 개인지 구해 보세요.

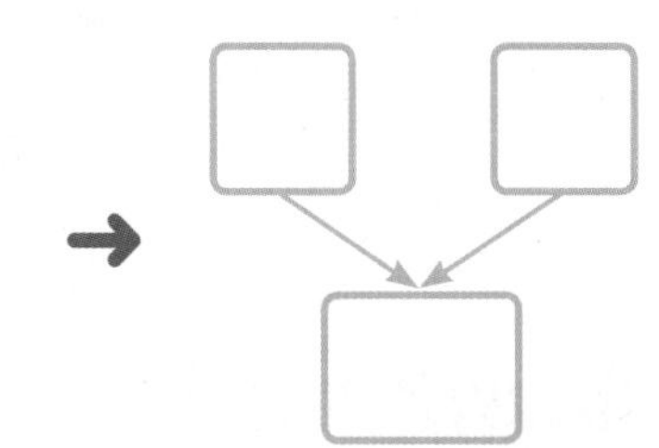

답 ____________

18 윤아는 생일날 미주에게 7자루, 찬수에게 12자루의 연필을 받았습니다. 윤아가 미주와 찬수에게 받은 연필은 모두 몇 자루인지 구해 보세요.

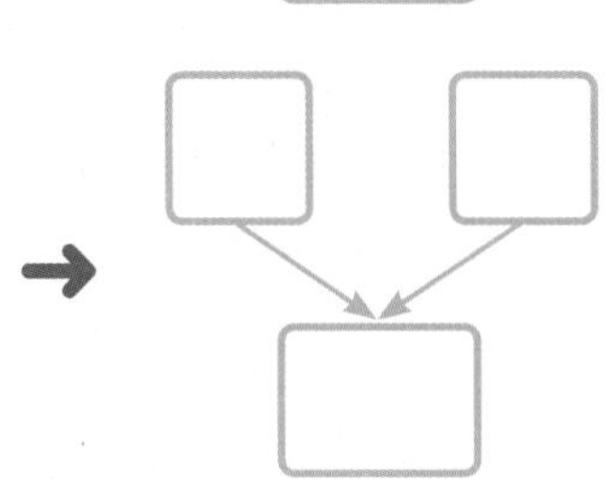

답 ____________

19 공원에서 현수가 14마리, 현서가 3마리의 매미를 잡았습니다. 두 사람이 잡은 매미는 모두 몇 마리인지 구해 보세요.

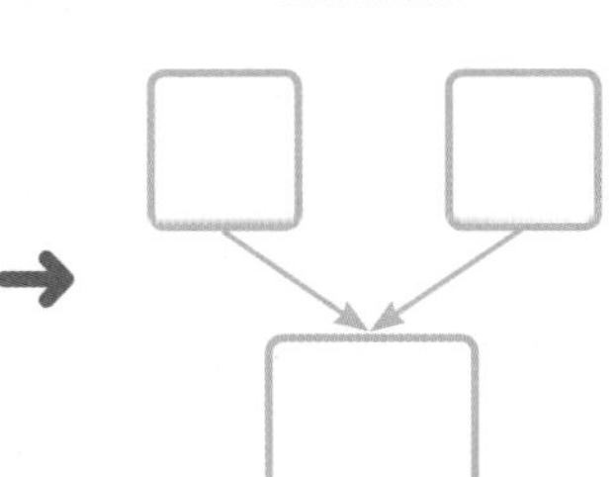

답 ____________

20 종이비행기 날리기를 하고 있습니다. 유미가 8초, 재훈이가 4초 동안 날렸다면 두 사람이 종이비행기를 날린 시간은 모두 몇 초인지 구해 보세요.

답 ____________

맞힌 개수: 개 /20개

나의 학습 결과에 ○표 하세요.

맞힌 개수	0~3개	4~10개	11~17개	18~20개
학습 방법	다시 한번 풀어 봐요.	계산 연습이 필요해요.	틀린 문제를 확인해요.	실수하지 않도록 집중해요.

QR 빠른 정답 확인

5. 19까지의 수 모으기(2)

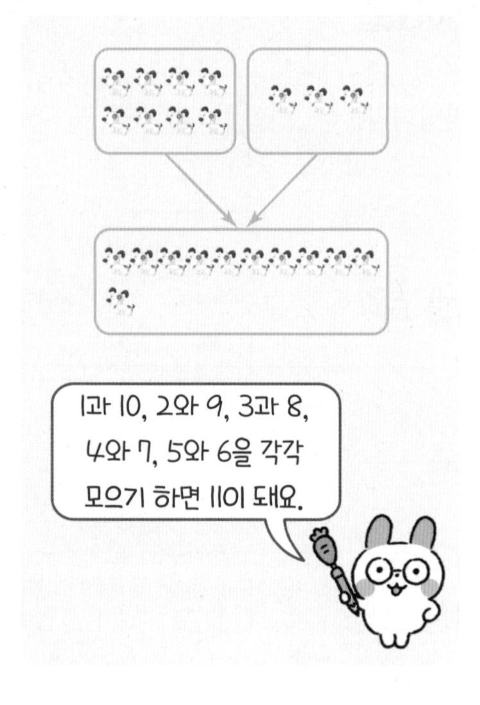

● 그림을 보고 빈칸에 알맞은 수를 써넣으세요.

1

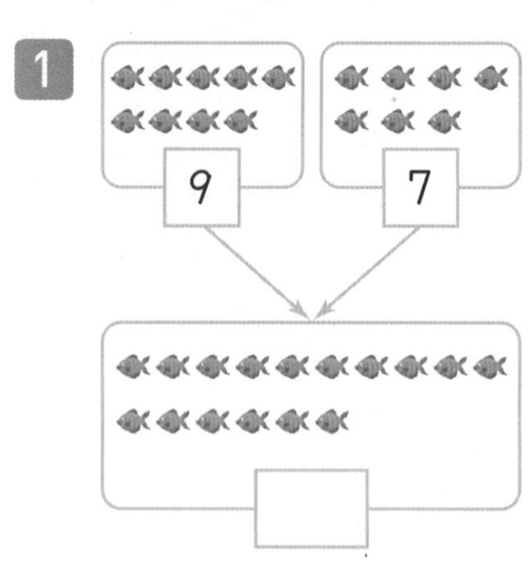

2

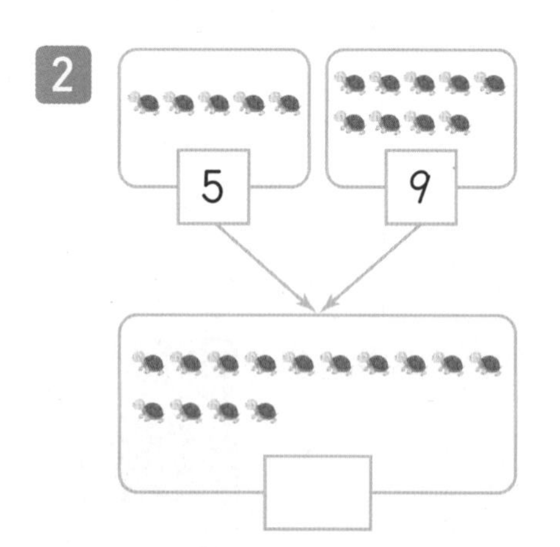

3

3 9

4

5 7

5

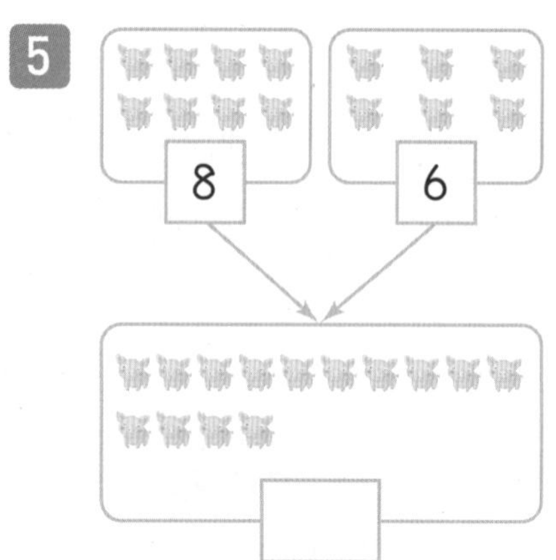

6

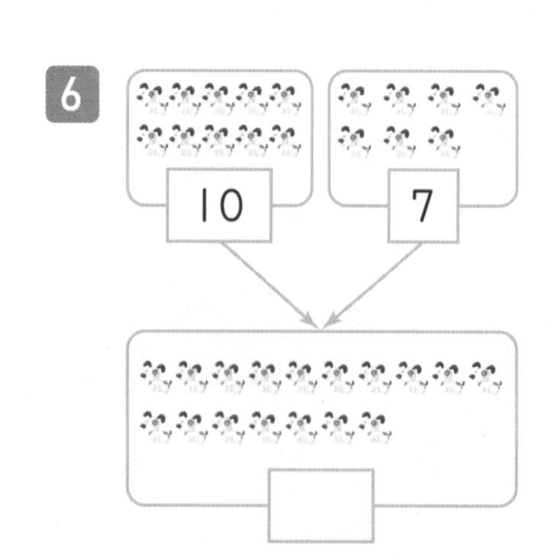

7

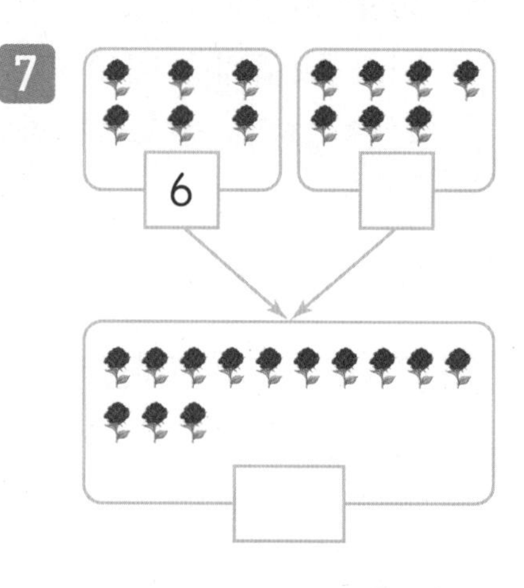

8

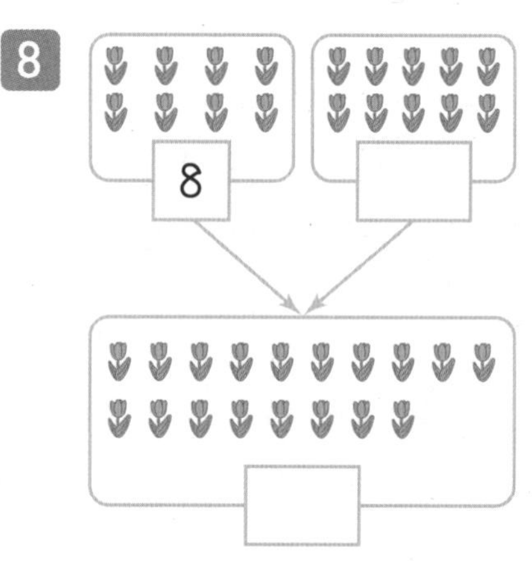

9

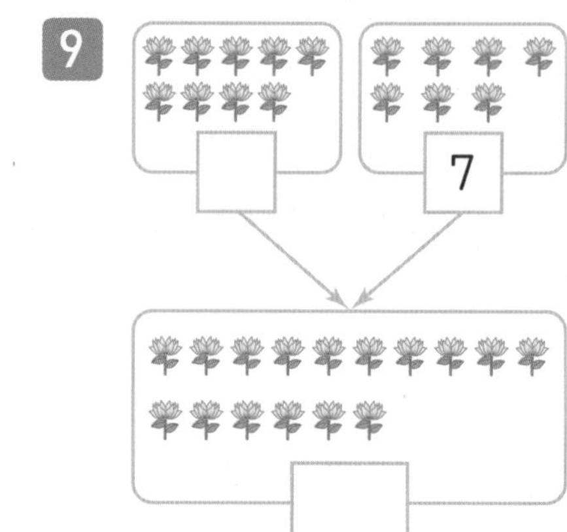

10

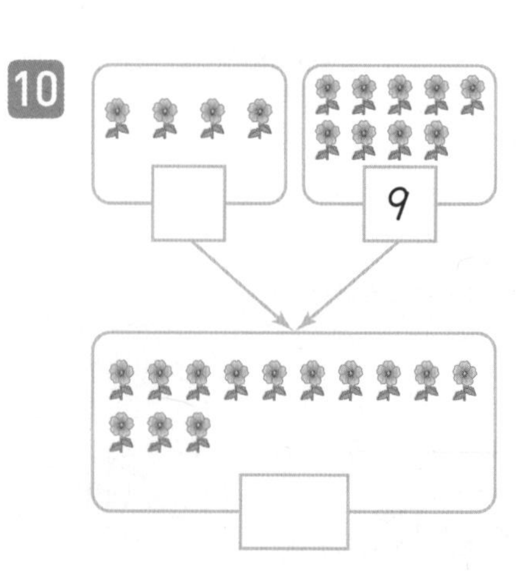

빈칸에 알맞은 수를 써넣으세요.

11
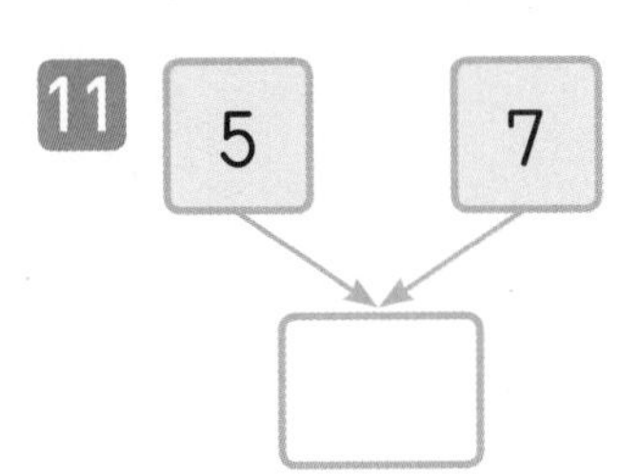

12
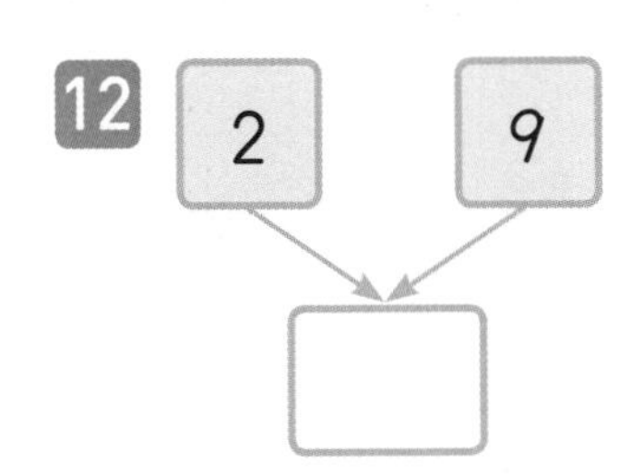

13
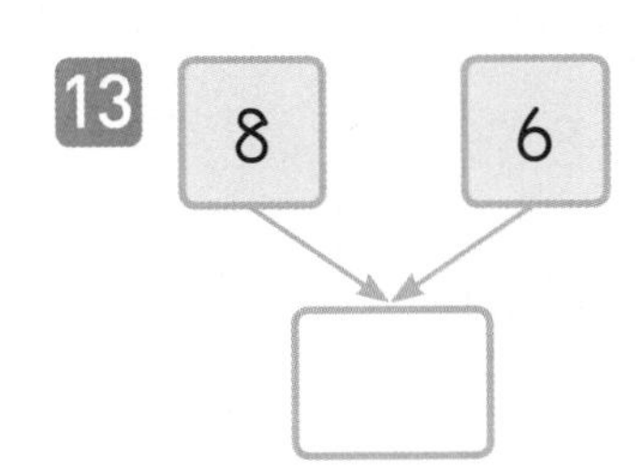

14
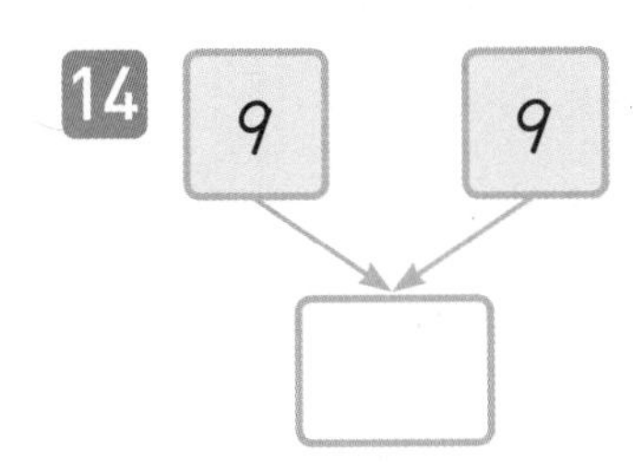

15
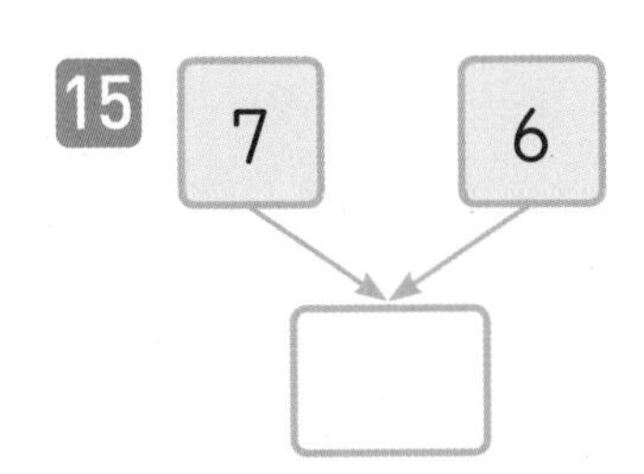

16
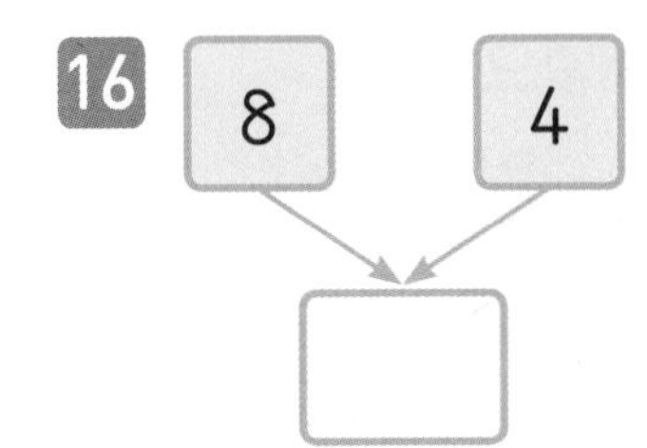

17
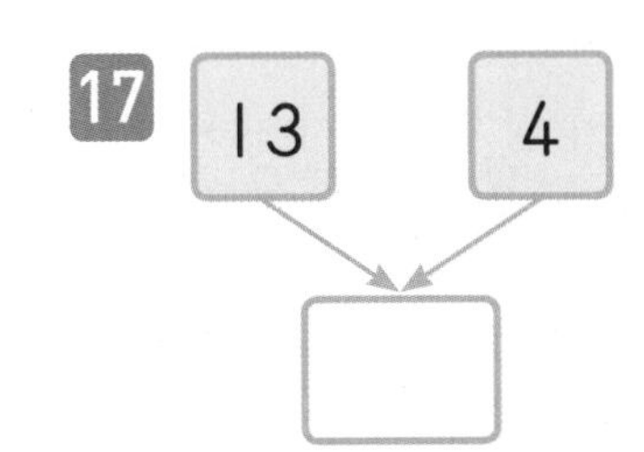

18
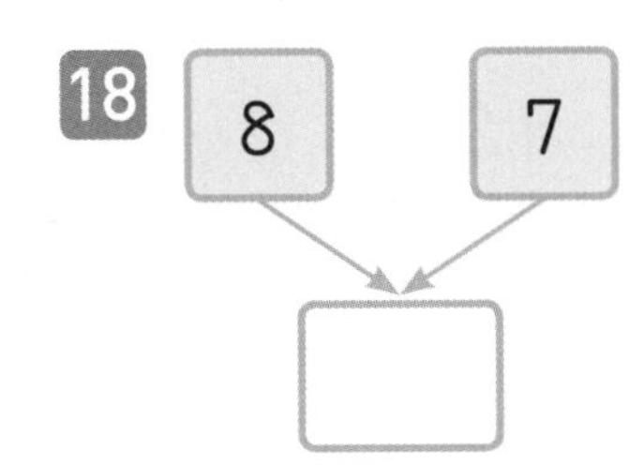

19
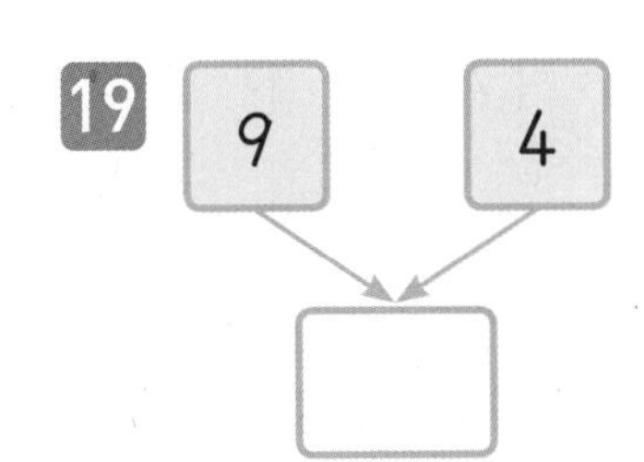

20
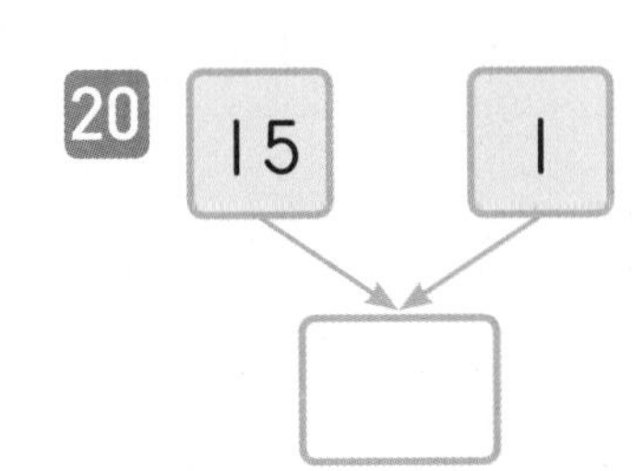

21
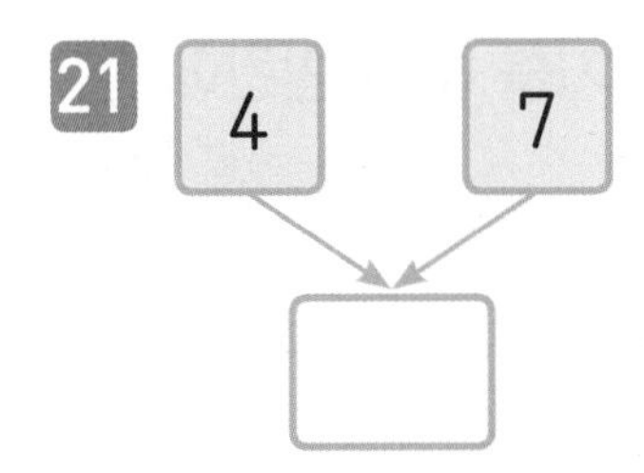

22
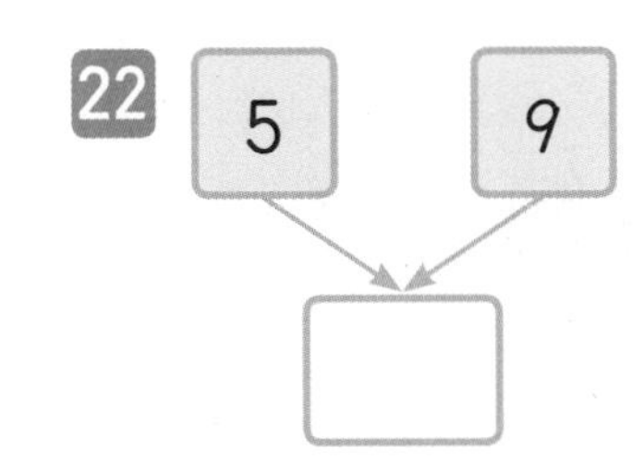

23
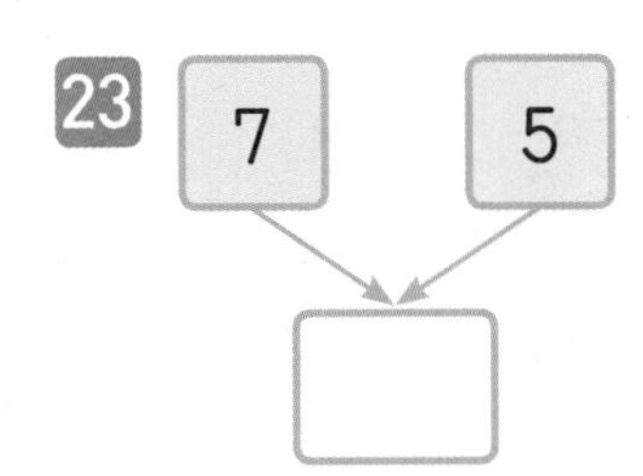

24
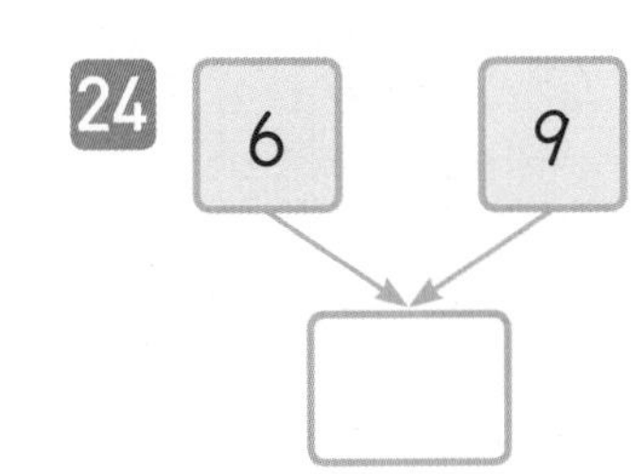

25
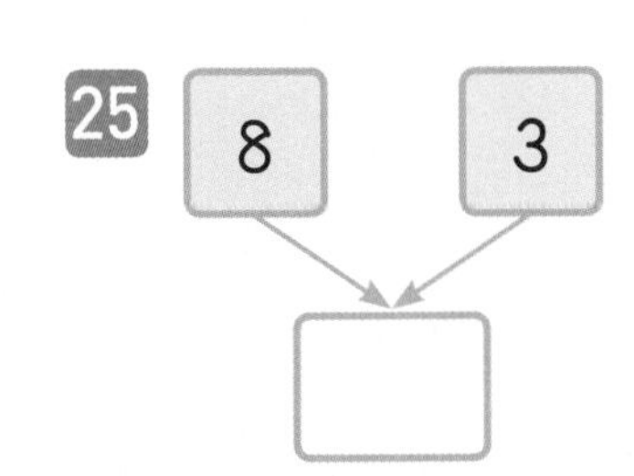

맞힌 개수

개 /25개

나의 학습 결과에 ○표 하세요.

맞힌 개수	0~4개	5~12개	13~20개	21~25개
학습 방법	다시 한번 풀어 봐요.	계산 연습이 필요해요.	틀린 문제를 확인해요.	실수하지 않도록 집중해요.

QR 빠른정답 확인

● 모으기를 하여 빈칸에 알맞은 수를 써넣으세요.

1

6	9

2

4	8

3

9	8

4

4	9

5

6	6

6

8	7

7

5	8

8

9	9

9

13	2

10

14	3

11

2	14

12

8	11

13

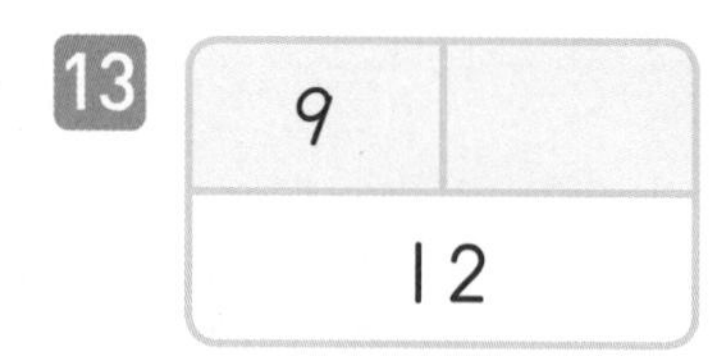

14

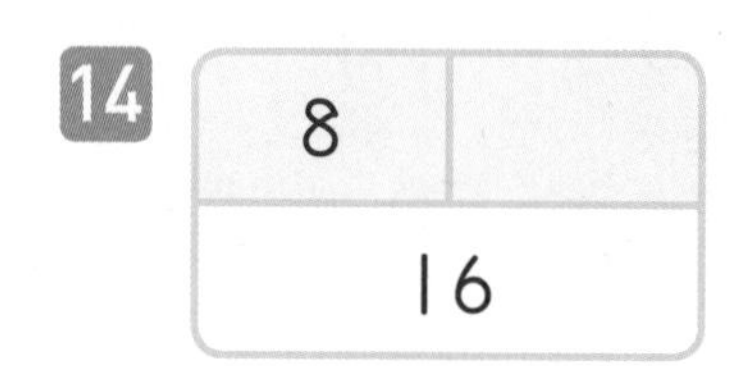

15

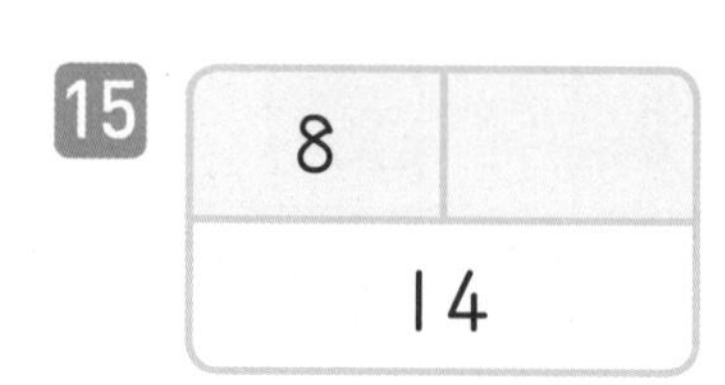

16

17

18

	9
16	

연산 in 문장제

운동장에서 8명의 학생들이 축구를 하고 있습니다. 잠시 후에 6명의 학생들이 더 와서 함께 축구를 하였습니다. 운동장에서 축구를 하고 있는 학생은 모두 몇 명인지 구해 보세요.

8과 6을 모으기 하면 14이므로 축구를 하고 있는 학생은 모두 14명입니다.

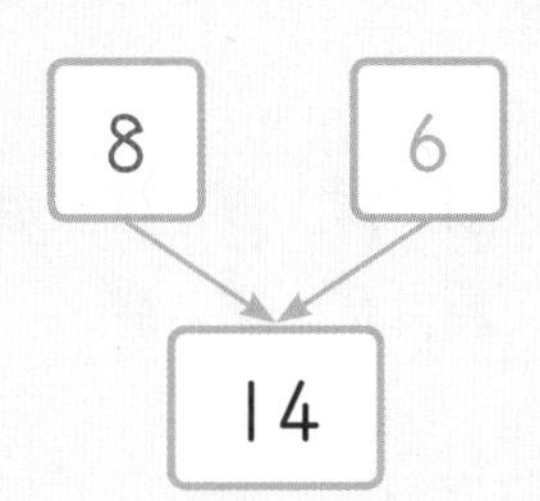

19 1반과 2반이 줄다리기를 하고 있습니다. 1반에서 9명, 2반에서 9명의 학생들이 참가하였습니다. 줄다리기를 하고 있는 학생은 모두 몇 명인지 구해 보세요.

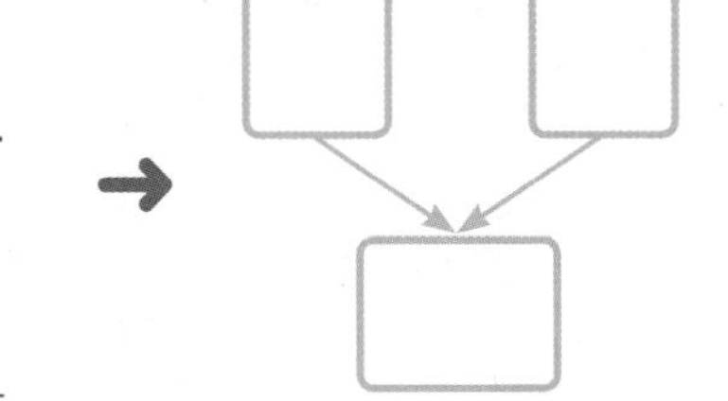

답 ____________

20 연경이는 빨간 색종이 6장과 노란 색종이 7장을 가지고 있습니다. 연경이가 가진 빨간 색종이와 노란 색종이는 모두 몇 장인지 구해 보세요.

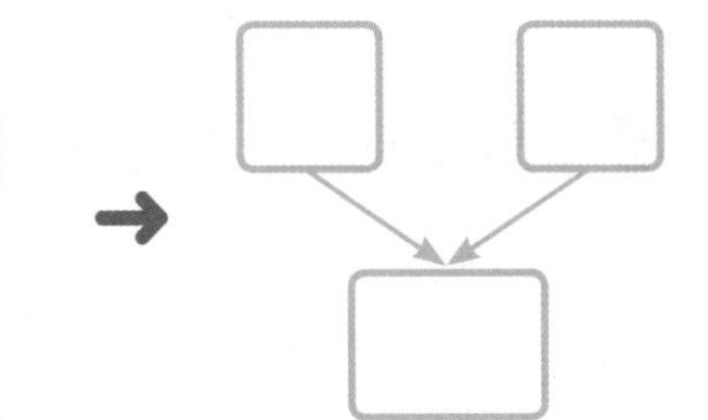

답 ____________

21 요한이가 장애물 넘기에 도전하고 있습니다. 지금까지 11개의 장애물을 넘었고, 남은 장애물은 5개입니다. 요한이가 도전하는 장애물은 모두 몇 개인지 구해 보세요.

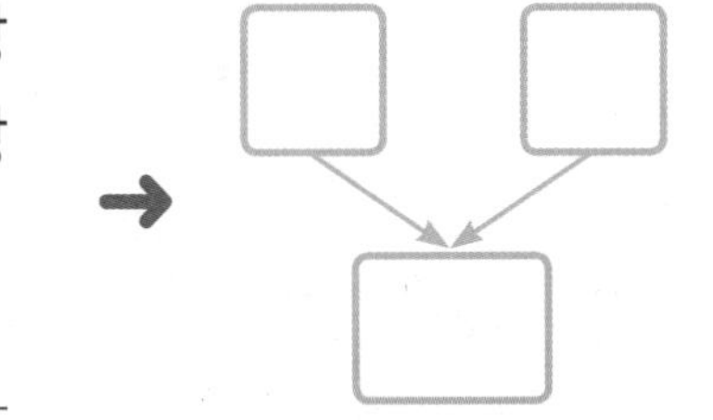

답 ____________

22 경희는 주말 농장에서 딸기를 땄습니다. 그중에서 6개를 먹고 12개의 딸기가 남았습니다. 경희가 딴 딸기는 모두 몇 개인지 구해 보세요.

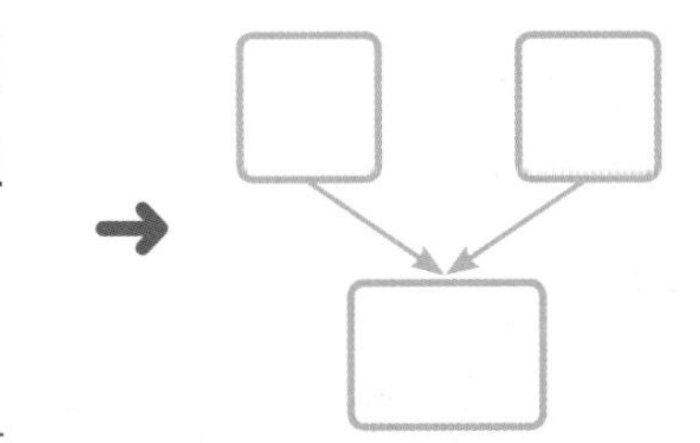

답 ____________

맞힌 개수: 개 /22개

나의 학습 결과에 ○표 하세요.

맞힌 개수	0~4개	5~11개	12~18개	19~22개
학습 방법	다시 한번 풀어 봐요.	계산 연습이 필요해요.	틀린 문제를 확인해요.	실수하지 않도록 집중해요.

QR 빠른 정답 확인

11일차 6. 19까지의 수 가르기(1)

● 그림을 보고 빈칸에 알맞은 수를 써넣으세요.

1
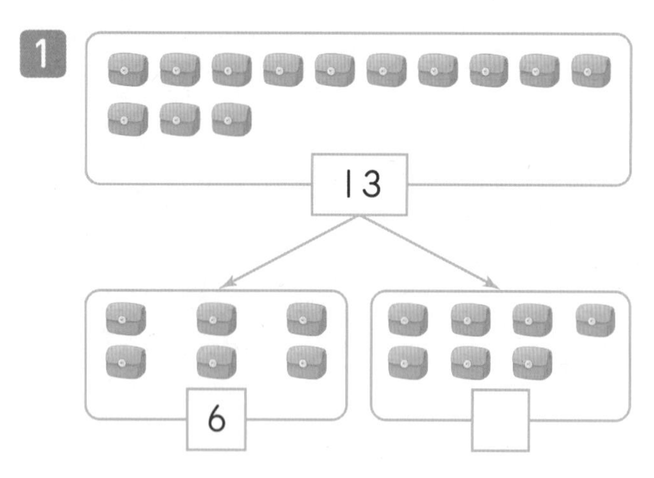

2
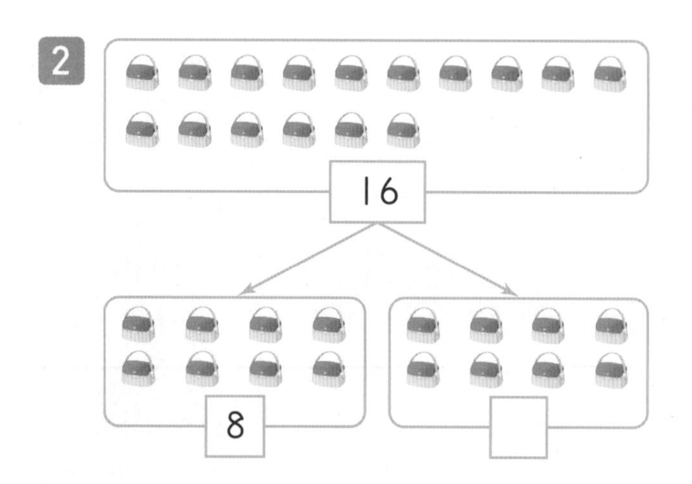

3

4
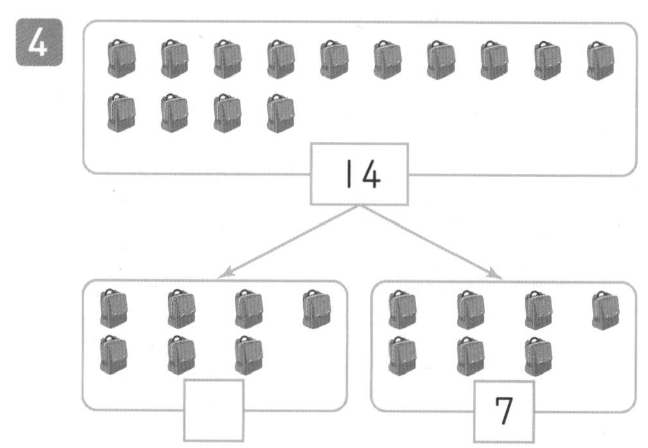

5
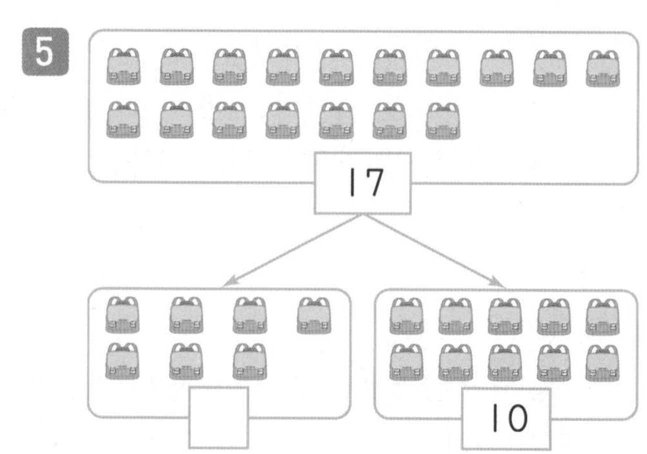

6
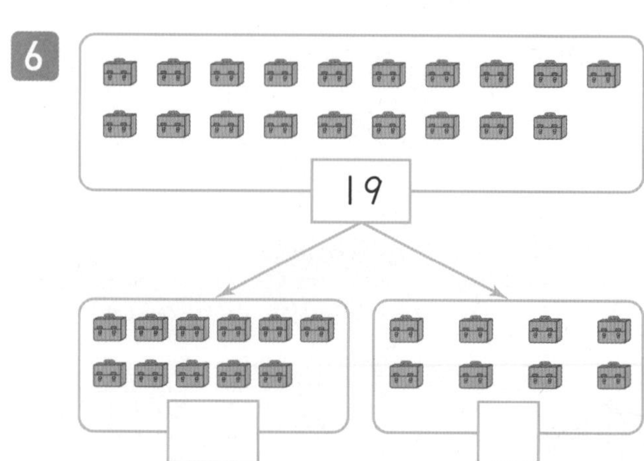

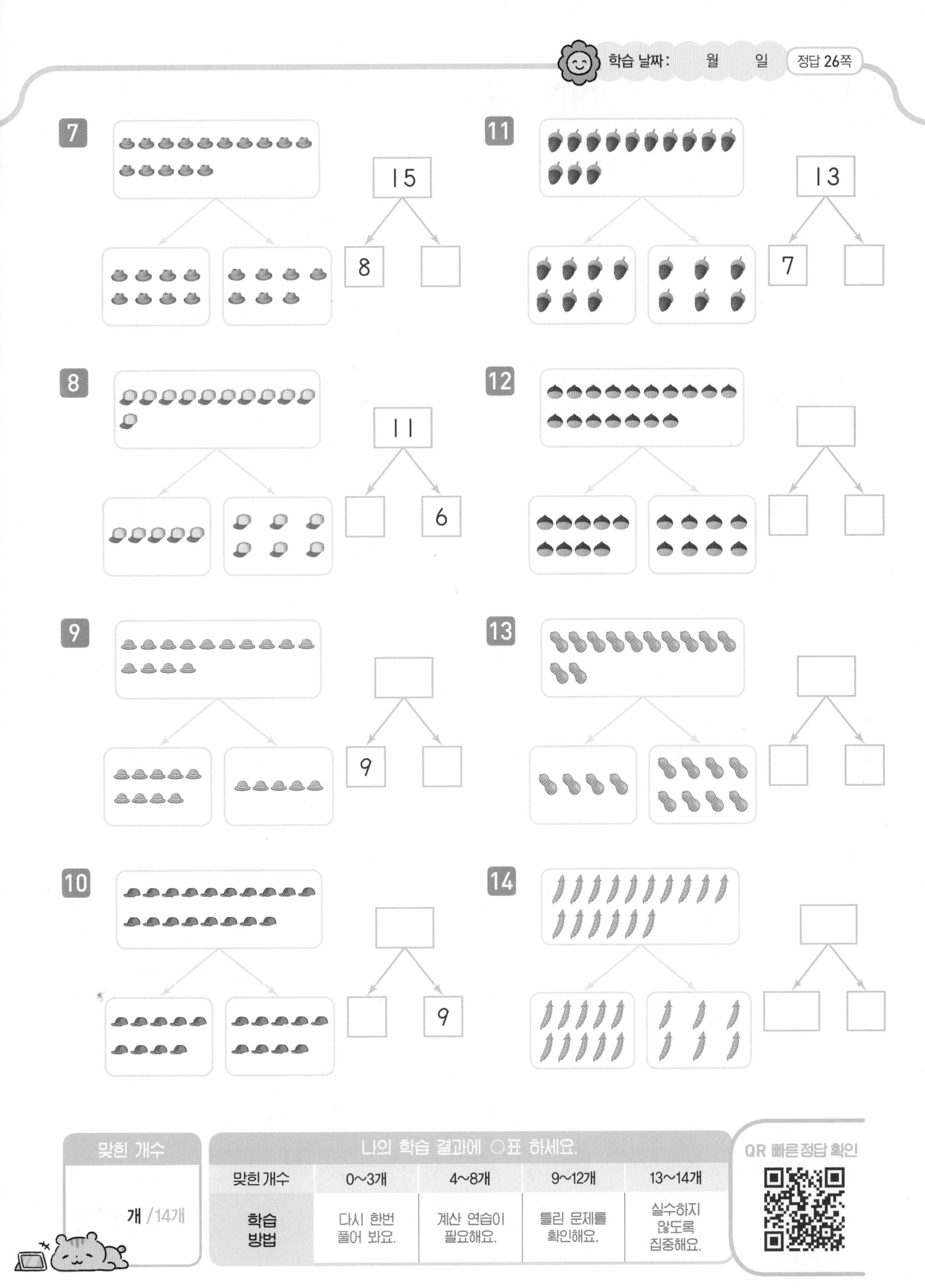
학습 날짜: 월 일
정답 26쪽
7
15
8
11
13
7
8
11
6
12
9
9
13
10
9
14
맞힌 개수
개 /14개
나의 학습 결과에 ○표 하세요.
맞힌 개수
0~3개
4~8개
9~12개
13~14개
학습 방법
다시 한번 풀어 봐요.
계산 연습이 필요해요.
틀린 문제를 확인해요.
실수하지 않도록 집중해요.
QR 빠른 정답 확인

6. 19까지의 수 가르기(1)

● 그림을 보고 가르기를 하여 빈칸에 알맞은 수만큼 점을 그려 보세요.

1

2
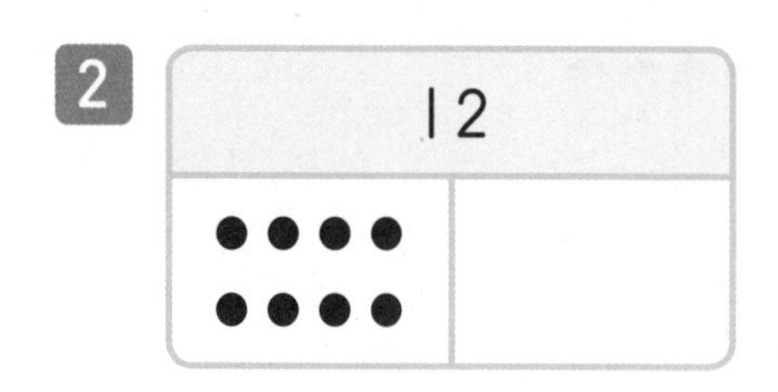

3
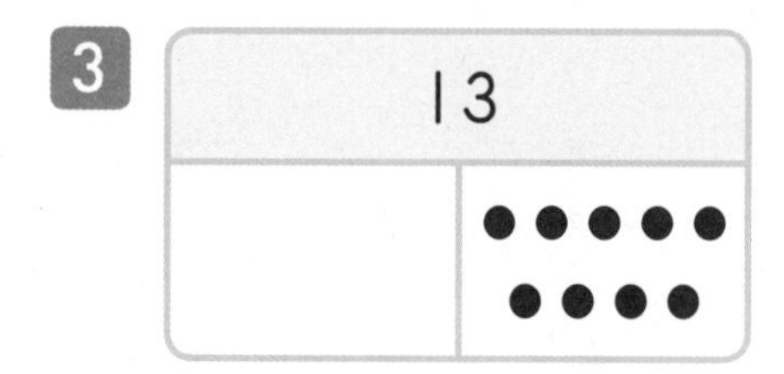

4
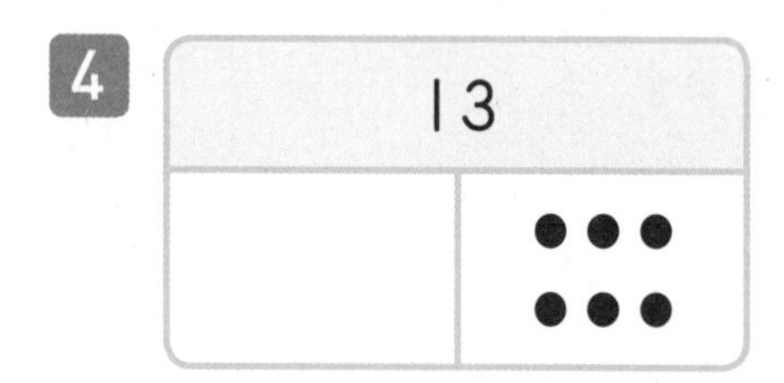

5
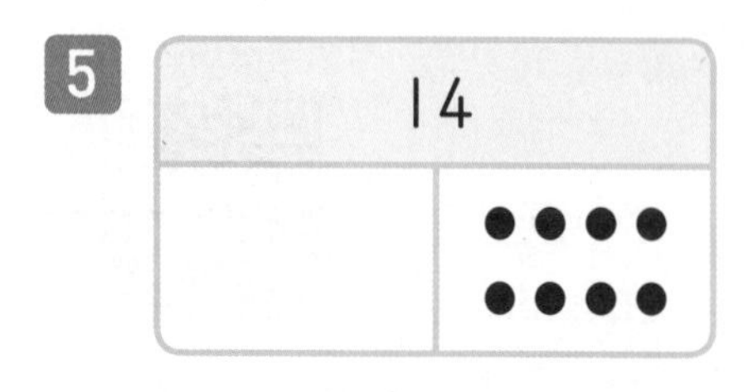

6
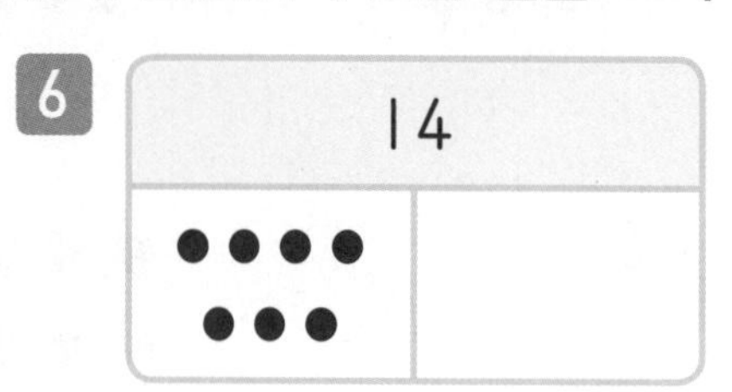

7
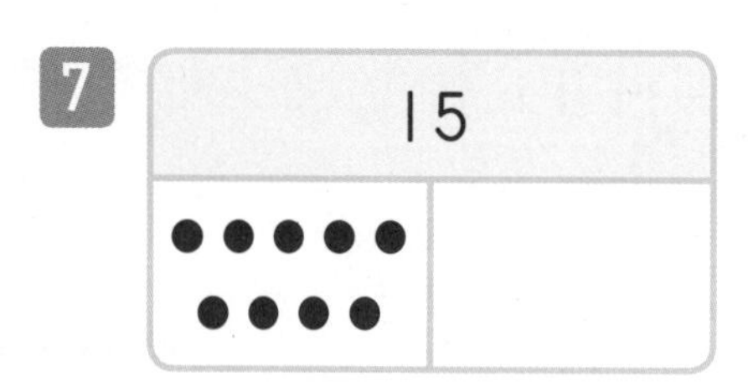

8
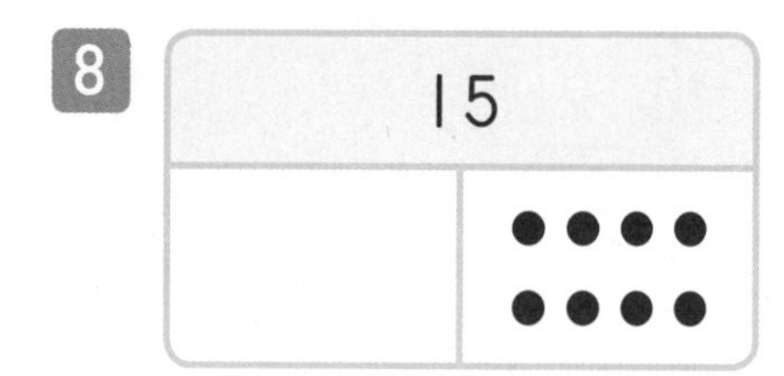

9
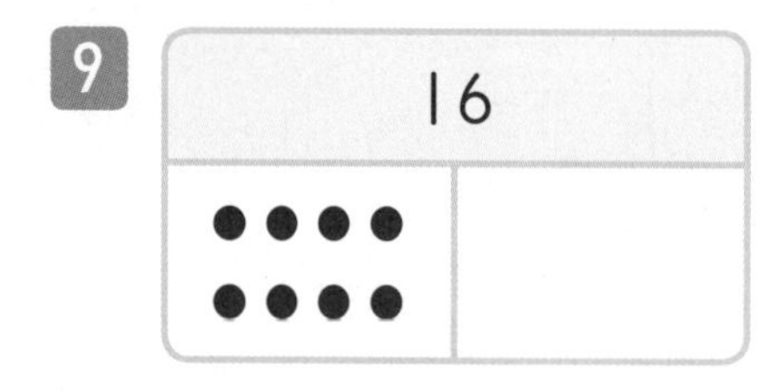

10
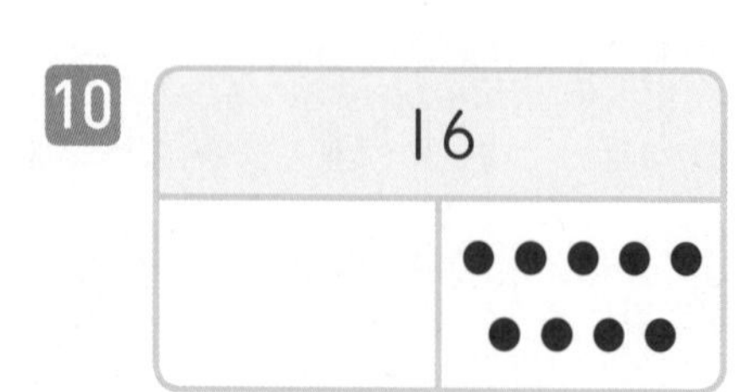

11
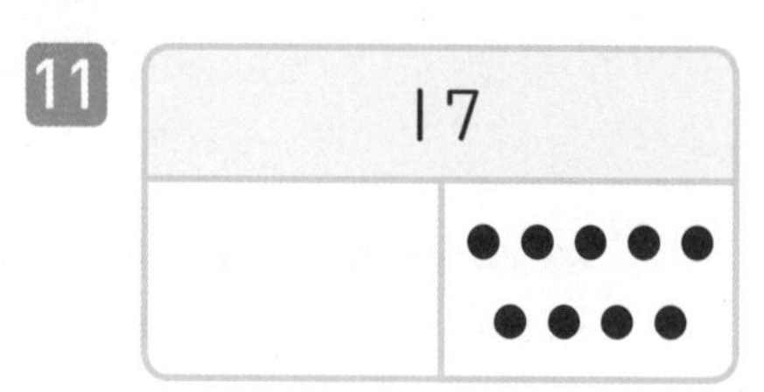

12
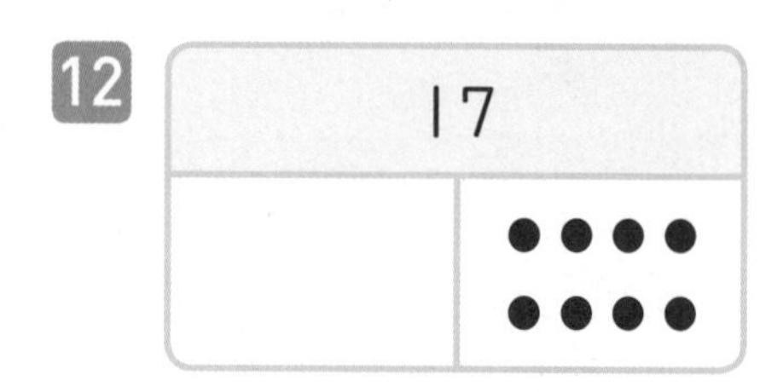

13
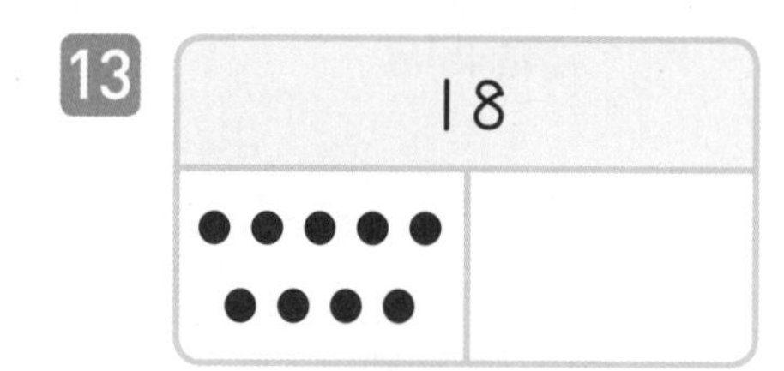

14
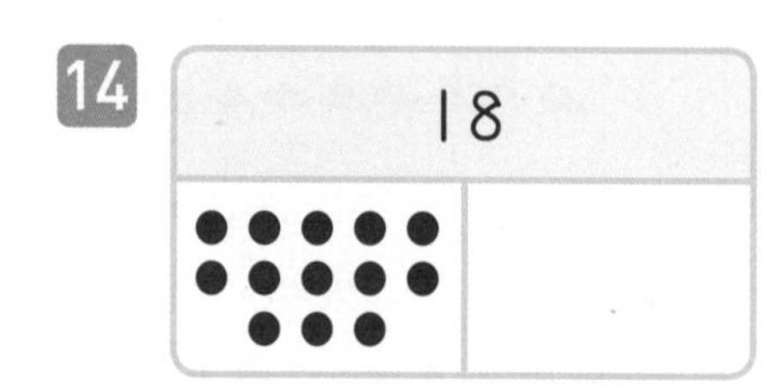

15
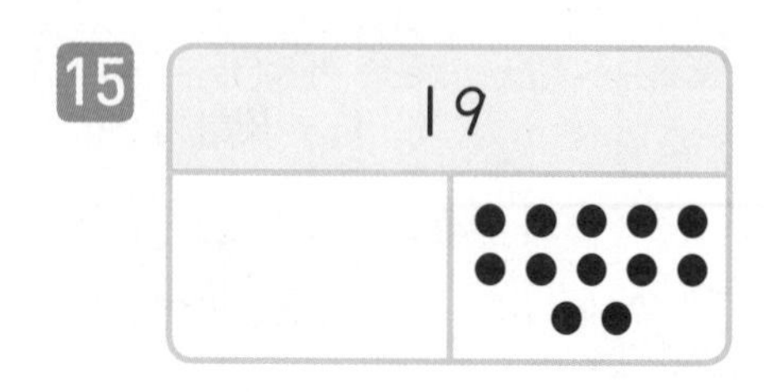

연산 in 문장제

가게에서 할인 쿠폰 17장을 준비하였는데 그중에서 8장을 나누어 주었습니다. 가게에 남아 있는 할인 쿠폰은 몇 장인지 구해 보세요.

17을 가르기 하면 8과 9가 되므로 남아 있는 할인 쿠폰은 9장입니다.

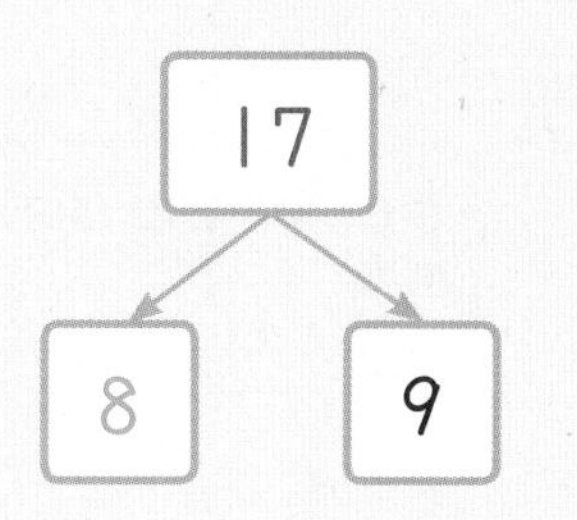

16 정훈이가 부채로 촛불 끄기를 하고 있습니다. 15개의 촛불 중에서 8개의 촛불이 꺼졌다면 켜져 있는 촛불은 몇 개인지 구해 보세요.

답 ____________

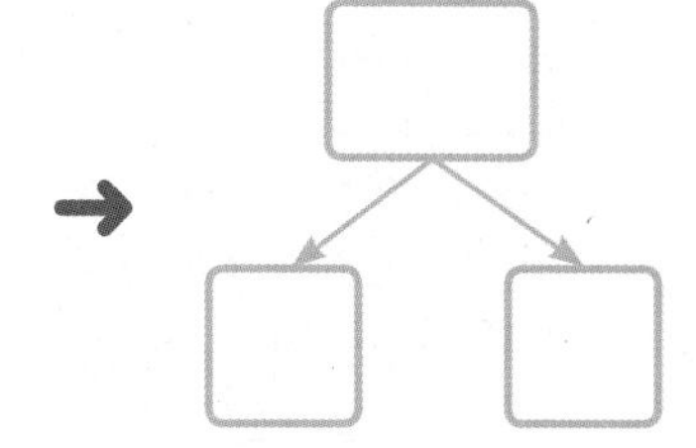

17 스케이트장에 있던 14명의 학생 중에서 9명의 학생이 집으로 돌아갔습니다. 스케이트장에 남아 있는 학생은 몇 명인지 구해 보세요.

답 ____________

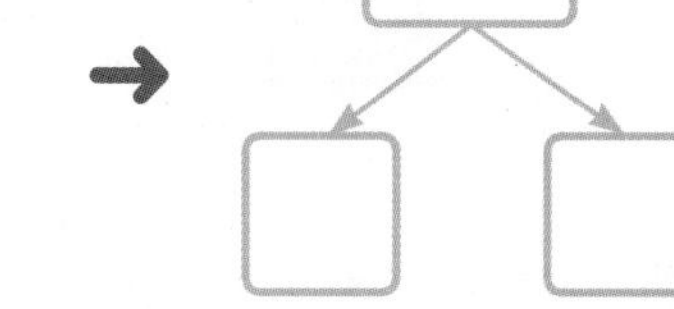

18 호동이 어머니께서 자두 12개를 사 오셨습니다. 그중에서 호동이가 8개를 먹었다면 남은 자두는 몇 개인지 구해 보세요.

답 ____________

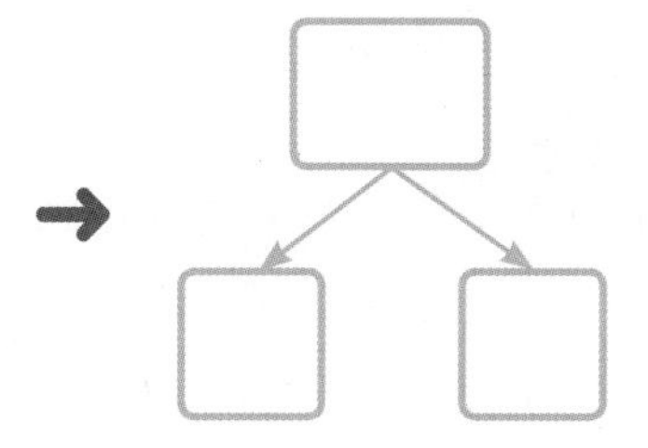

19 학교 화단에 해바라기 18송이가 피었습니다. 며칠 후에 15송이가 시들었다면 아직 시들지 않은 해바라기는 몇 송이인지 구해 보세요.

답 ____________

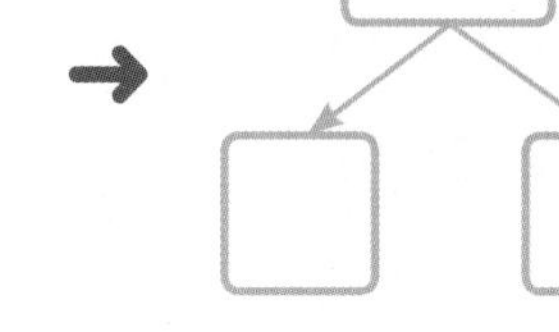

20 자전거 대여소에 자전거 19대가 있었는데 그중에서 12대를 빌려 갔습니다. 남은 자전거는 몇 대인지 구해 보세요.

답 ____________

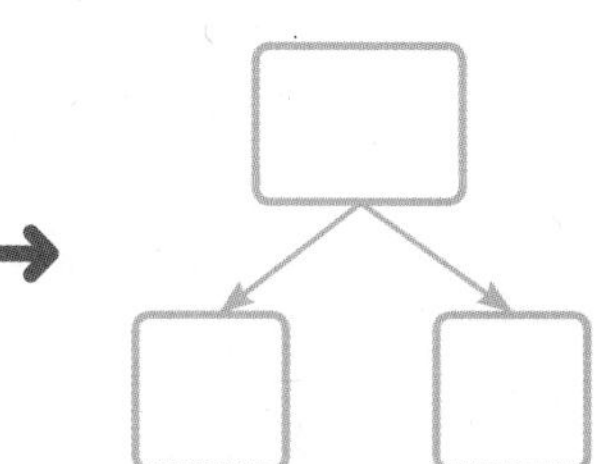

맞힌 개수: 개 /20개

나의 학습 결과에 ○표 하세요.

맞힌 개수	0~3개	4~10개	11~17개	18~20개
학습 방법	다시 한번 풀어 봐요.	계산 연습이 필요해요.	틀린 문제를 확인해요.	실수하지 않도록 집중해요.

QR 빠른 정답 확인

7. 19까지의 수 가르기(2)

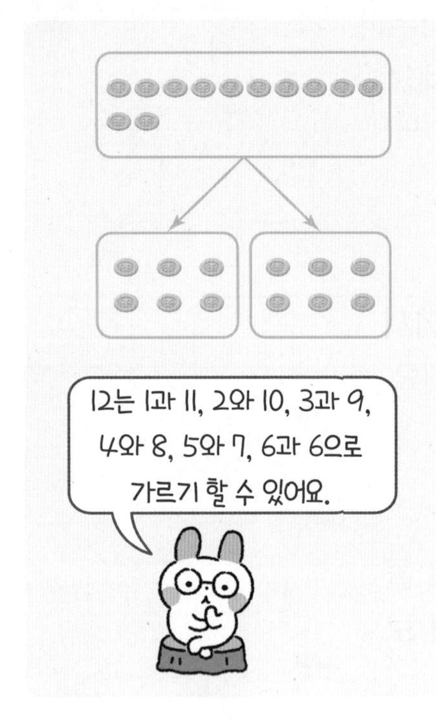

그림을 보고 빈칸에 알맞은 수를 써넣으세요.

1
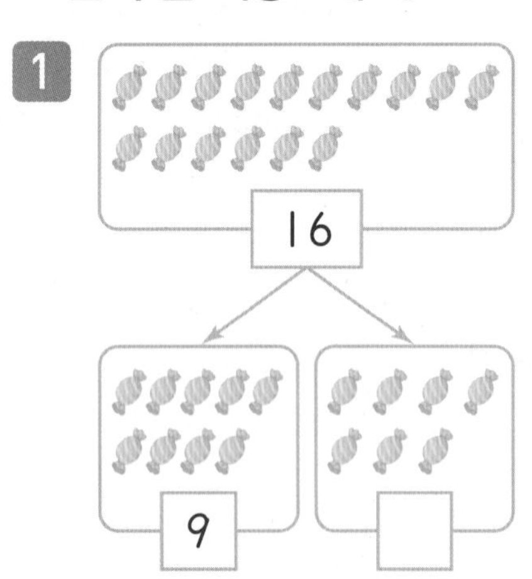

2
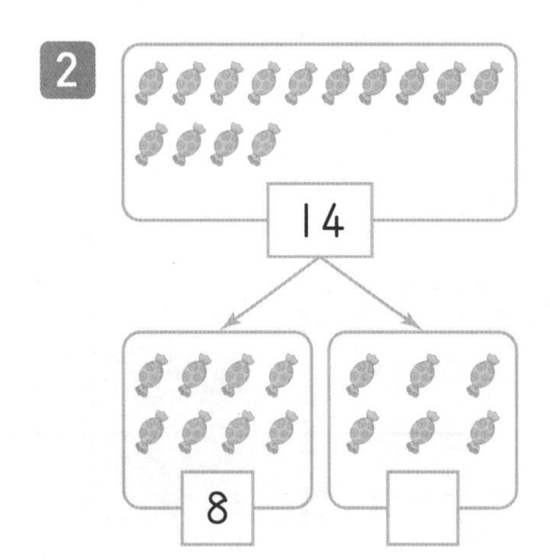

3
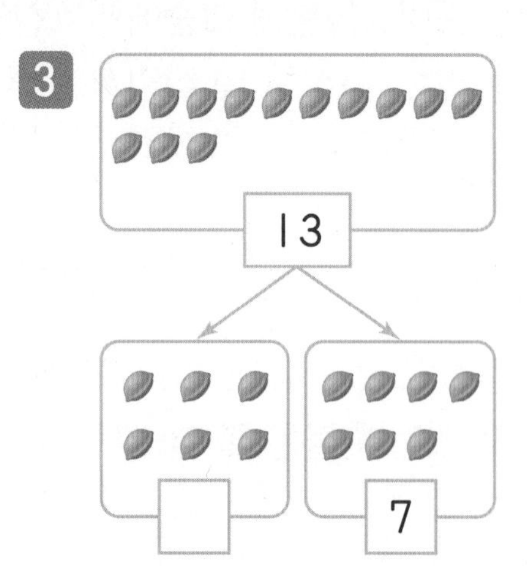

4
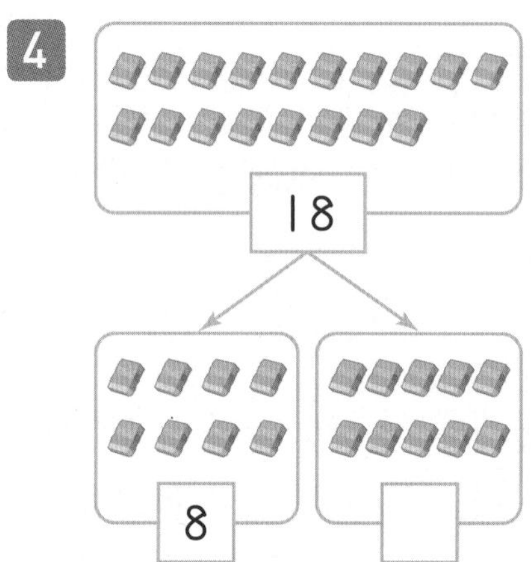

5
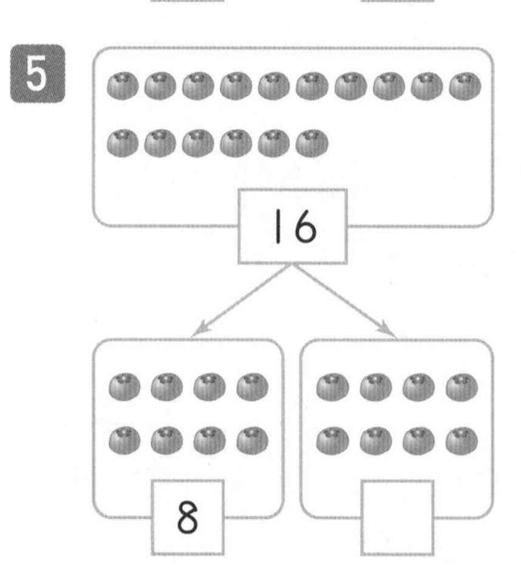

6
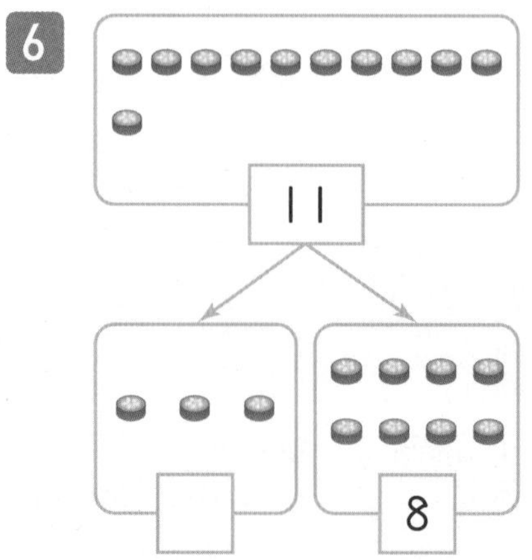

7
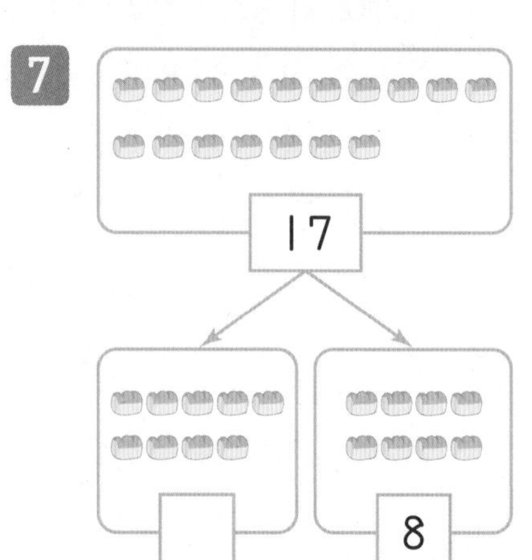

8
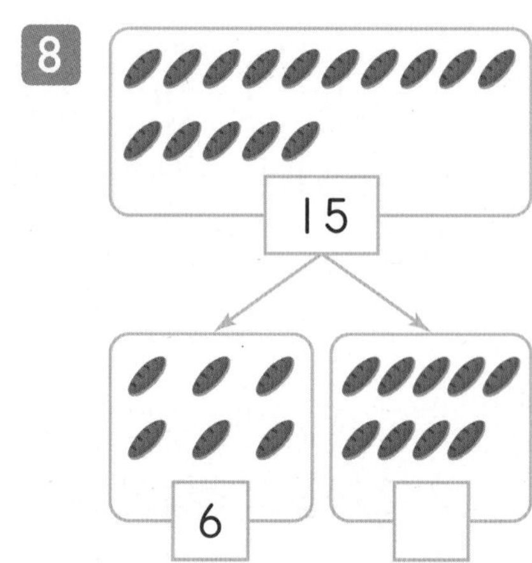

9
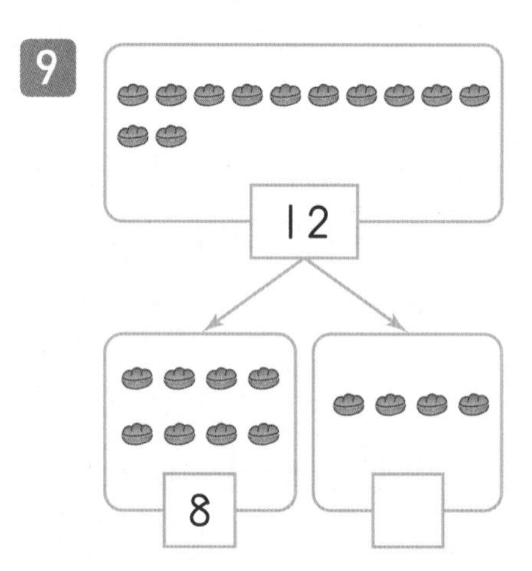

10
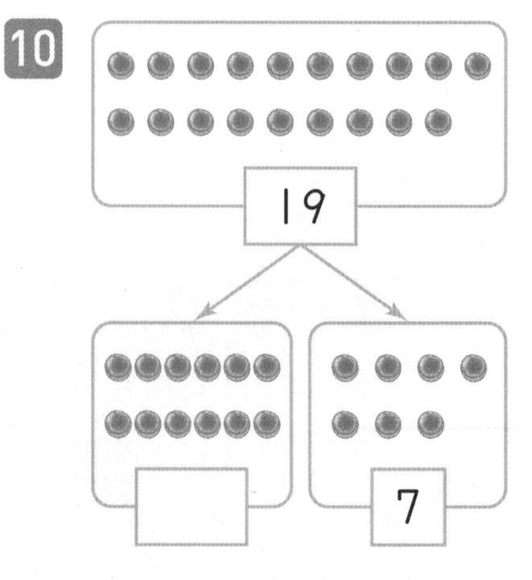

빈칸에 알맞은 수를 써넣으세요.

11
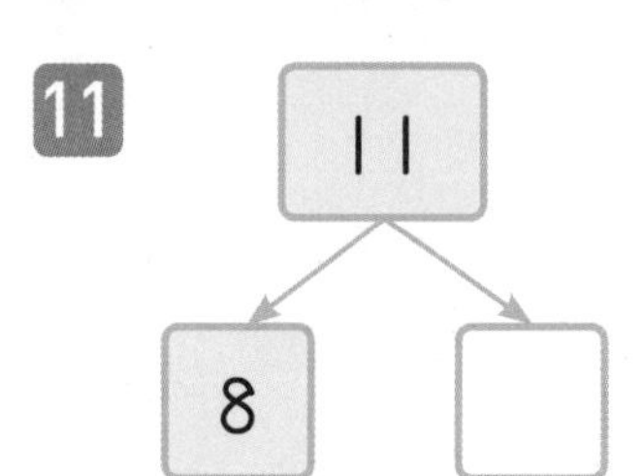

12
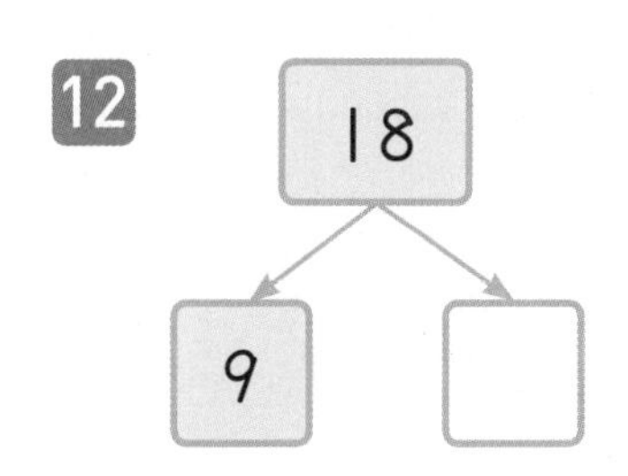

13
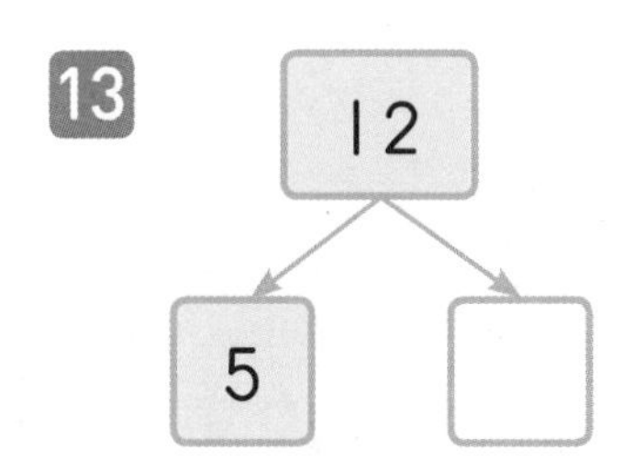

14
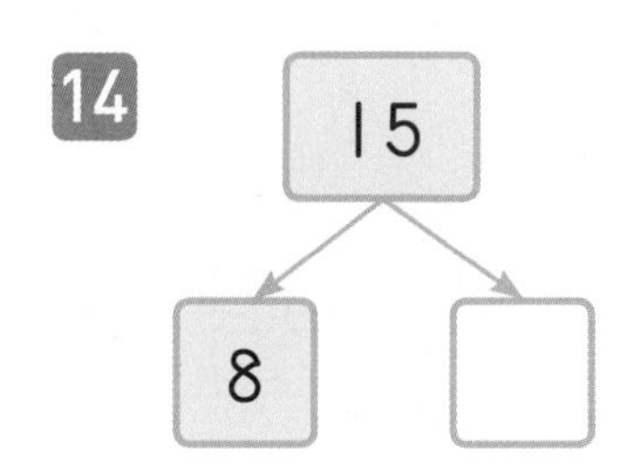

15
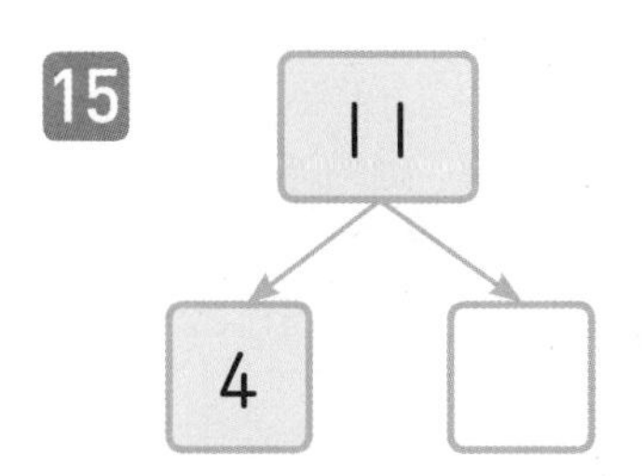

16
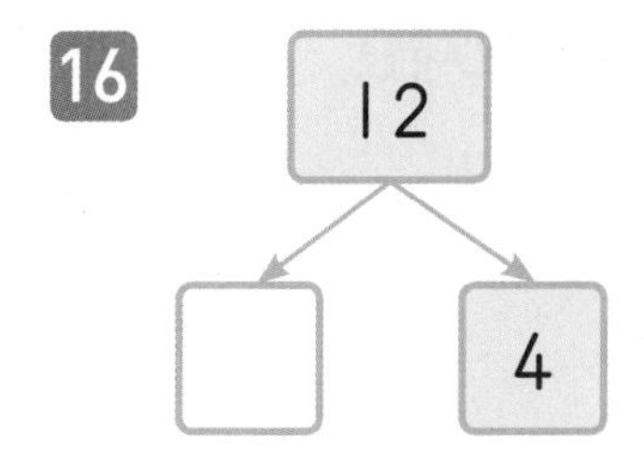

17
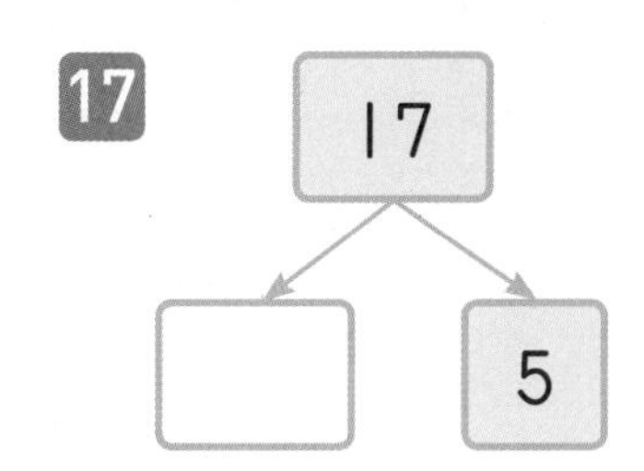

18
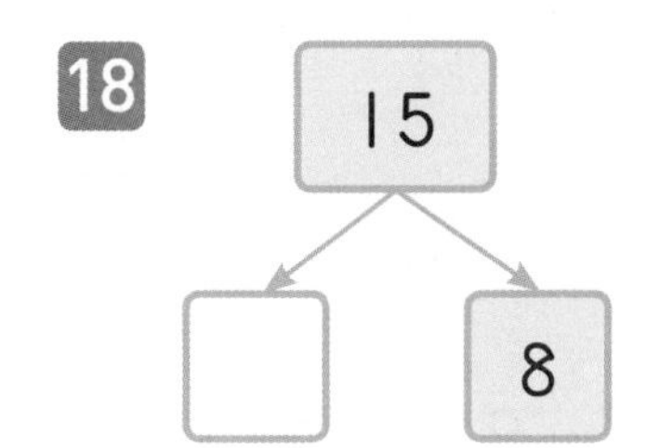

19
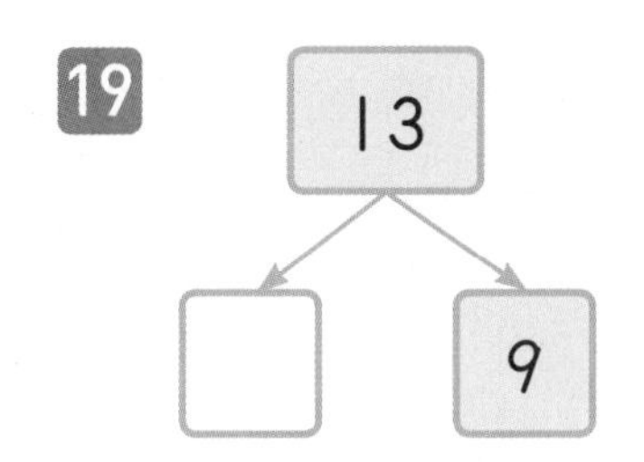

20
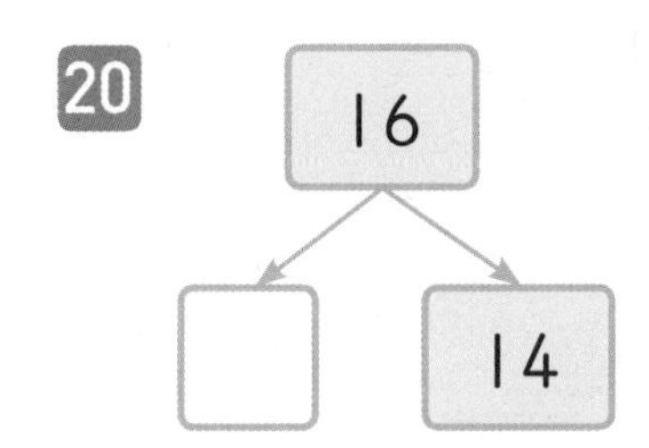

21
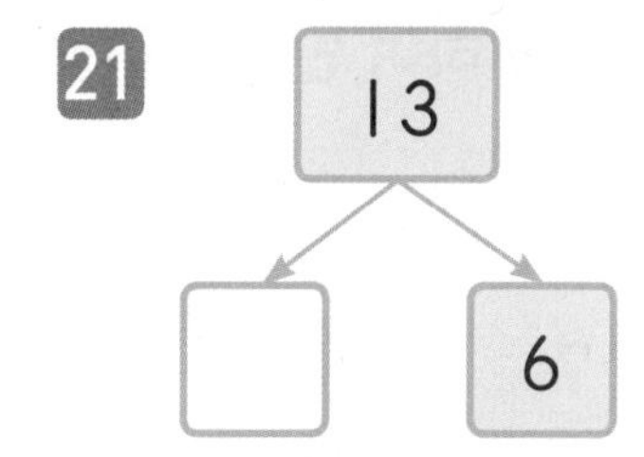

22
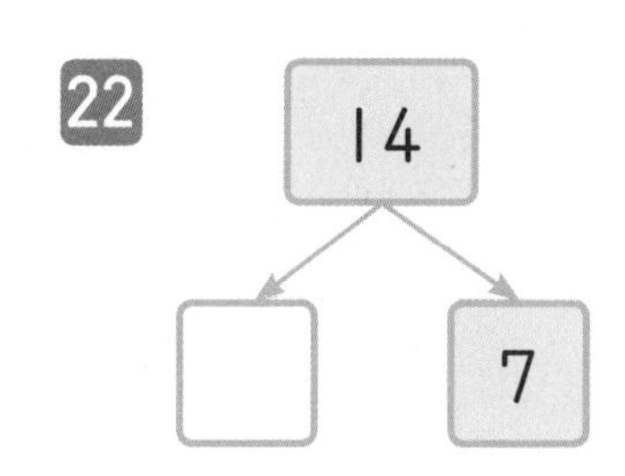

23
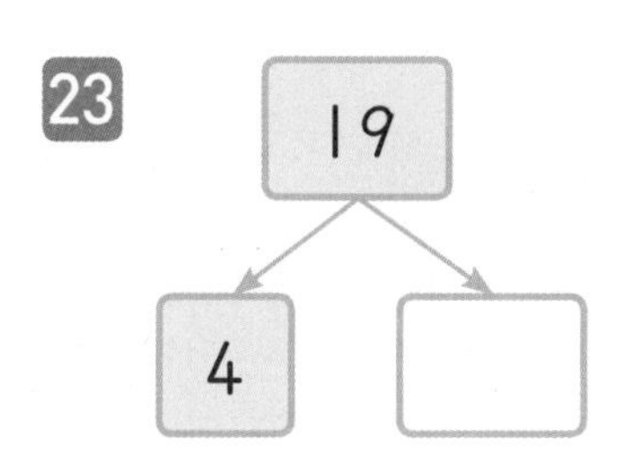

24
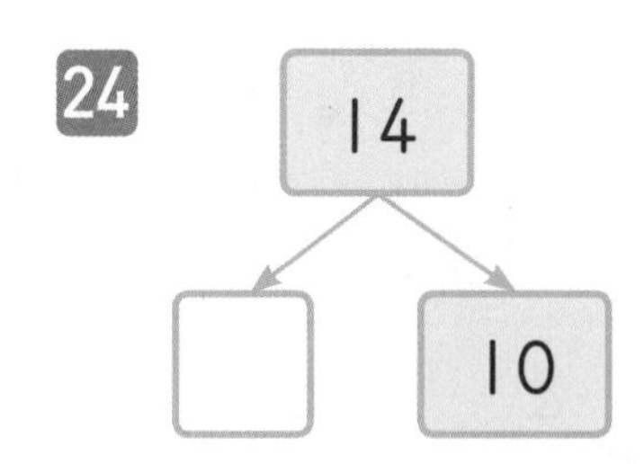

25
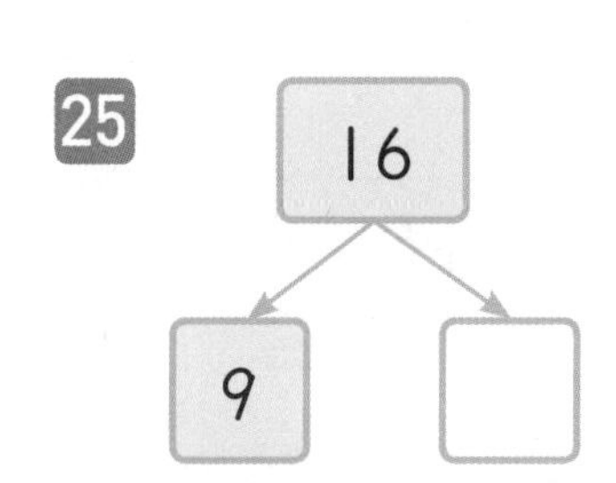

맞힌 개수
개 /25개

나의 학습 결과에 ○표 하세요.				
맞힌 개수	0~4개	5~12개	13~20개	21~25개
학습 방법	다시 한번 풀어 봐요.	계산 연습이 필요해요.	틀린 문제를 확인해요.	실수하지 않도록 집중해요.

QR 빠른 정답 확인

14일차 7. 19까지의 수 가르기(2)

가르기를 하여 빈칸에 알맞은 수를 써넣으세요.

1

15	
7	

2

12	
	6

3

13	
	9

4

17	
8	

5

14	
9	

6

13	
	8

7

18	
	8

8

15	
11	

9

12	
9	

10

17	
	6

11

16	
	15

12

19	
16	

13

12	
5	

14

11	
7	

15

15	
	9

16

13	
7	

17

14	
	8

18

18	
11	

연산 in 문장제

주엽이는 농구 경기에서 자유투를 15번 던져서 9번을 성공하였습니다. 주엽이가 실패한 자유투는 몇 번인지 구해 보세요.

15를 가르기 하면 9와 6이 되므로 실패한 자유투는 6번입니다.

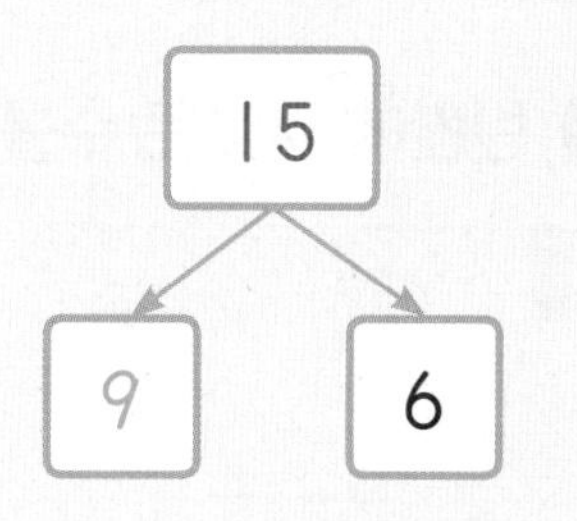

19 수근이는 가지고 있는 초콜릿 14개 중에서 9개를 먹고 나머지는 동생에게 주었습니다. 수근이가 동생에게 준 초콜릿은 몇 개인지 구해 보세요.

→ 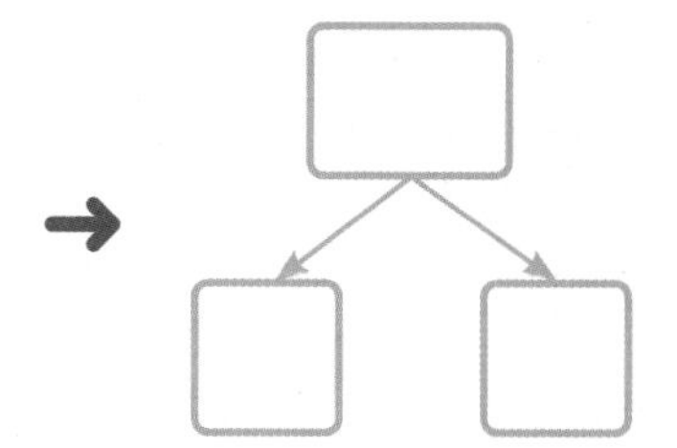

 ______________

20 상미가 빵 19개 중에서 3개를 먹었습니다. 상미가 먹고 남은 빵은 몇 개인지 구해 보세요.

→ 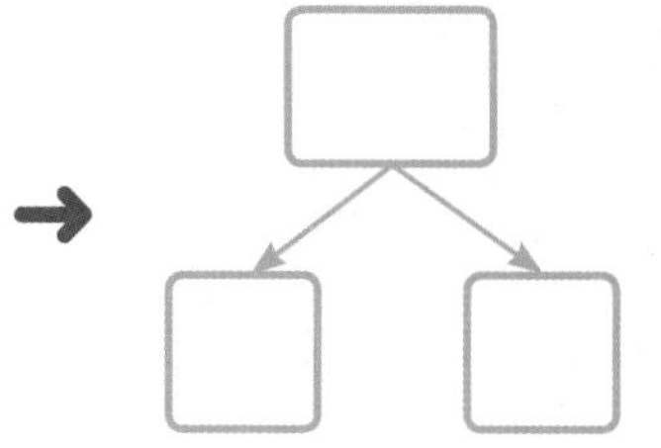

 ______________

21 미술 시간에 수수깡 16개 중에서 8개를 사용하여 바람개비를 만들었습니다. 바람개비를 만들고 남은 수수깡은 몇 개인지 구해 보세요.

→ 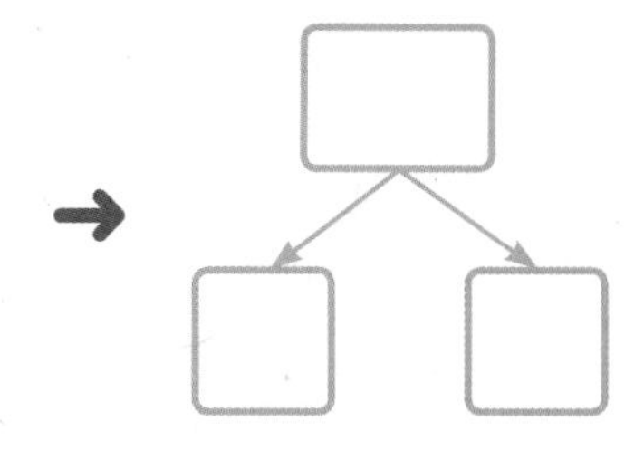

 ______________

22 철인 경기에 참가한 18명의 선수 중에서 경기를 끝까지 마친 선수는 12명이었습니다. 경기를 중간에 포기한 선수는 몇 명인지 구해 보세요.

→ 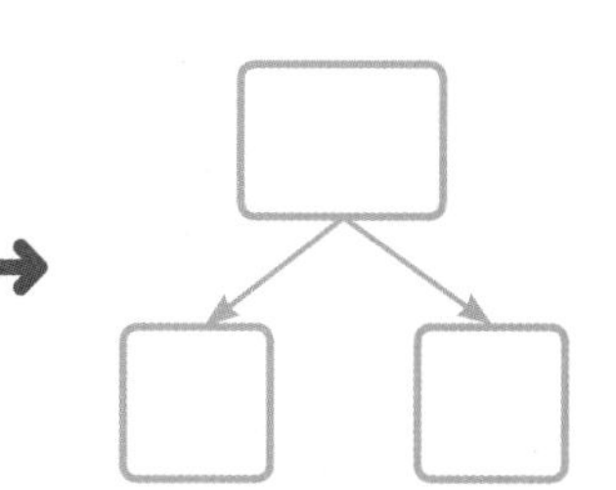

 ______________

맞힌 개수: 　개 /22개

나의 학습 결과에 ○표 하세요.

맞힌 개수	0~4개	5~11개	12~18개	19~22개
학습 방법	다시 한번 풀어 봐요.	계산 연습이 필요해요.	틀린 문제를 확인해요.	실수하지 않도록 집중해요.

QR 빠른정답 확인

연산 & 문장제 마무리

● 빈칸에 알맞은 수를 써넣으세요.

1
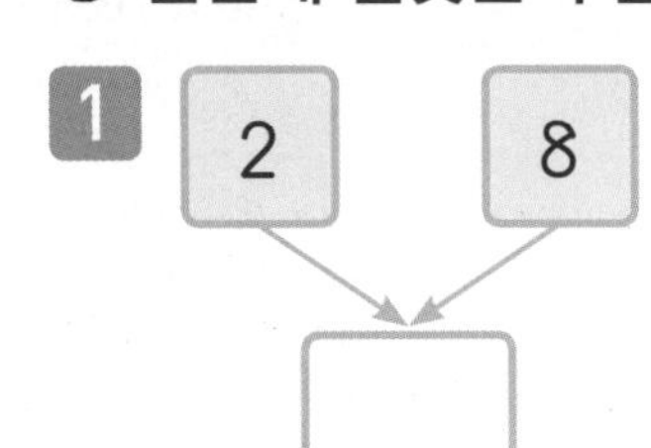

2
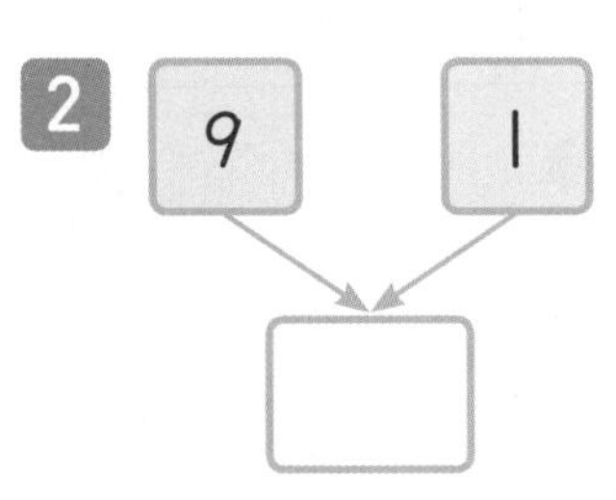

3
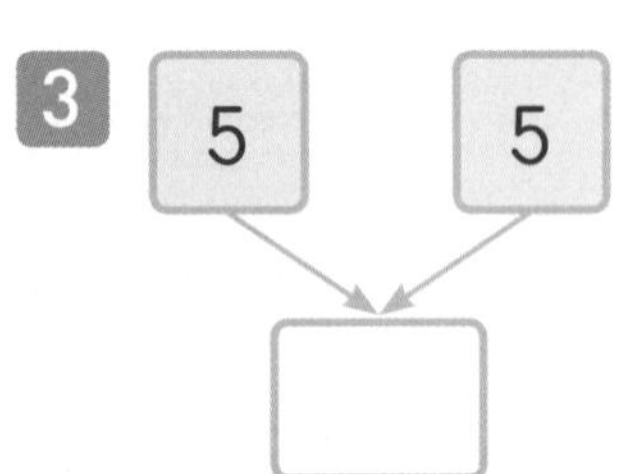

4
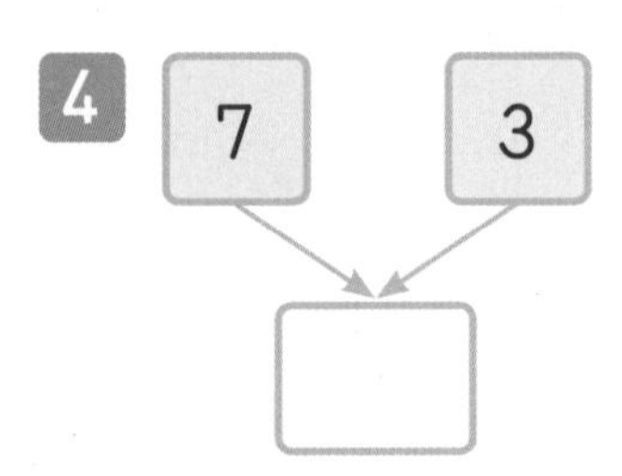

5
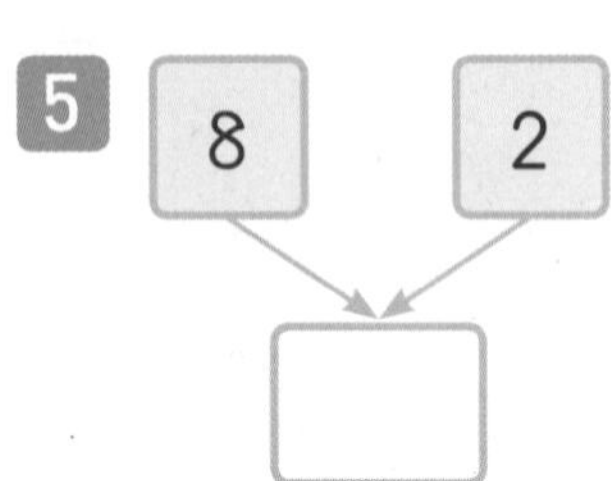

6
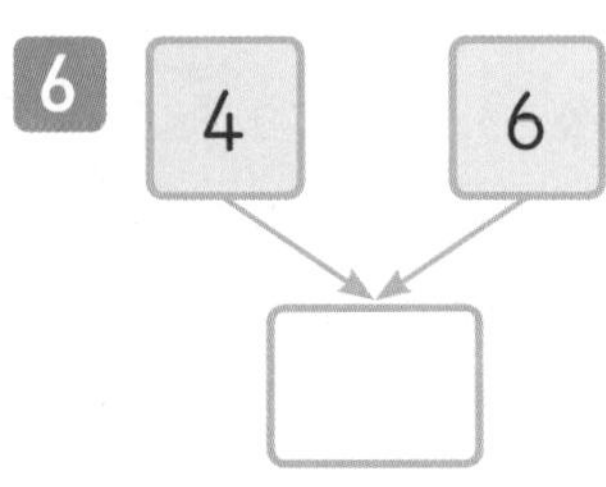

7
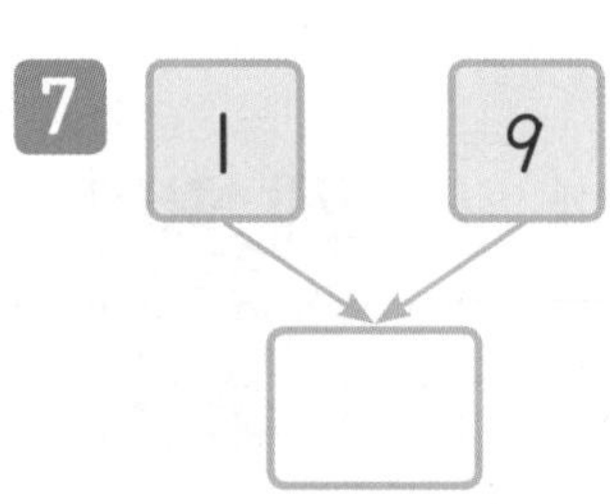

8
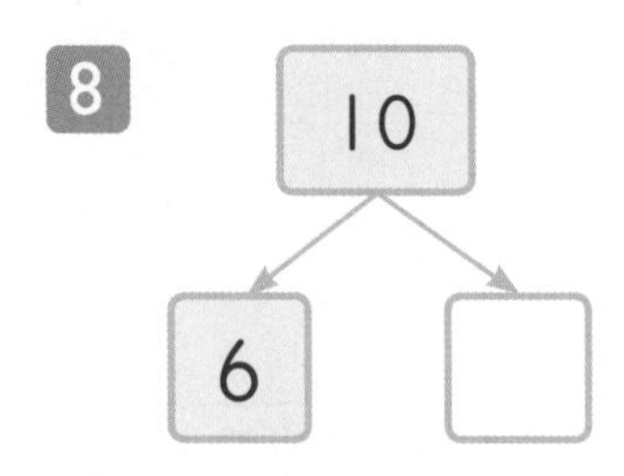

9
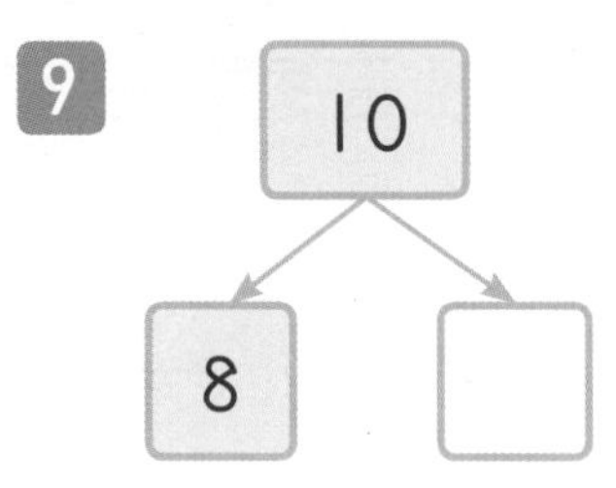

10
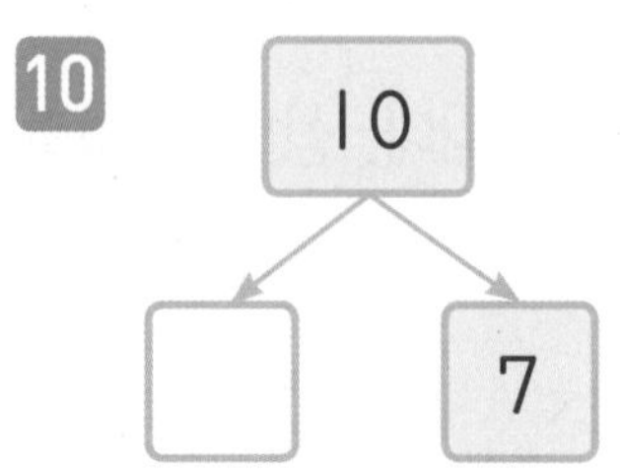

11
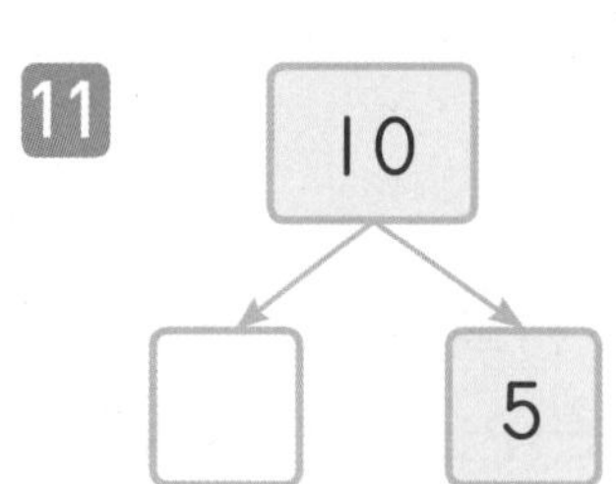

12
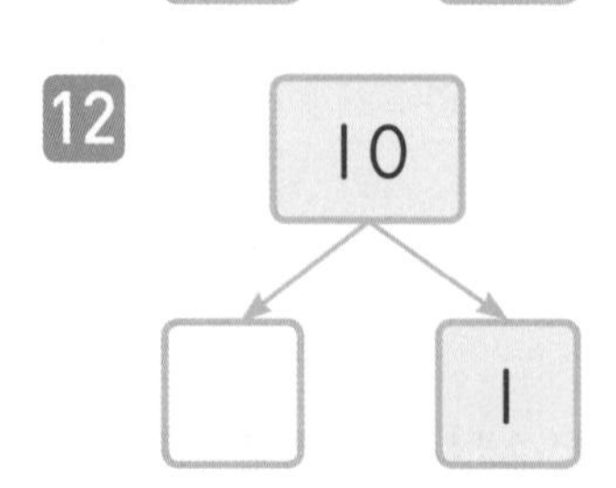

13
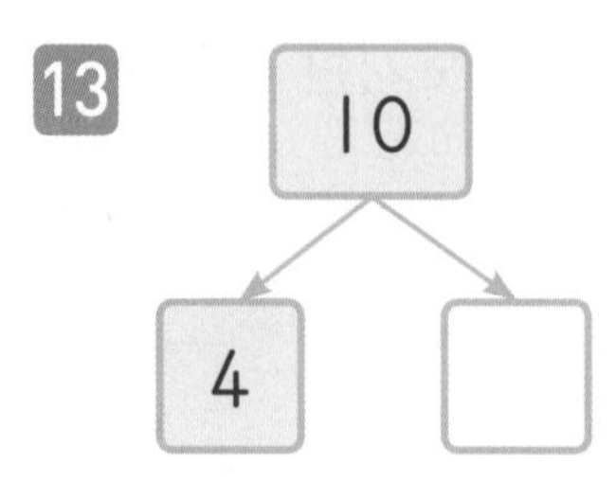

14 10 / 2, ☐

● 수를 두 가지 방법으로 읽어 보세요.

15 10
→ ☐, ☐

16 13
→ ☐, ☐
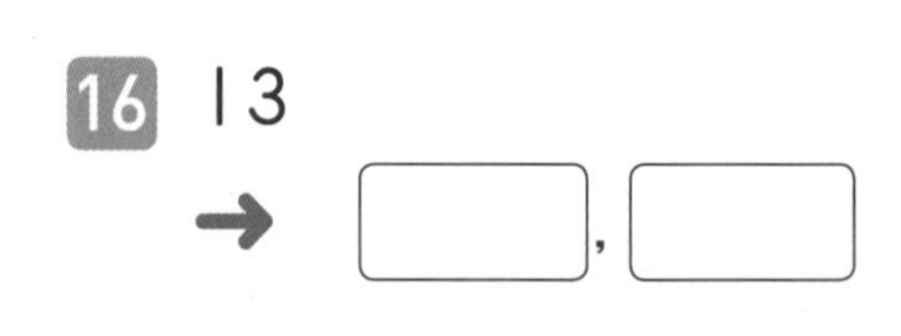

17 18
→ ☐, ☐

18 16
→ ☐, ☐

19 19
→ ☐, ☐

20 14
→ ☐, ☐

21 17
→ ☐, ☐

빈칸에 알맞은 수를 써넣으세요.

22 14

10개씩 묶음	낱개
1	

23 16

10개씩 묶음	낱개
1	

24 19

10개씩 묶음	낱개
	9

25 12

10개씩 묶음	낱개
	2

26 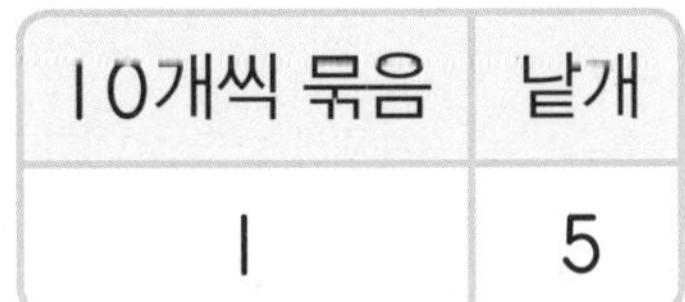

10개씩 묶음	낱개
1	5

27 [ ]

10개씩 묶음	낱개
1	7

빈칸에 알맞은 수를 써넣으세요.

28 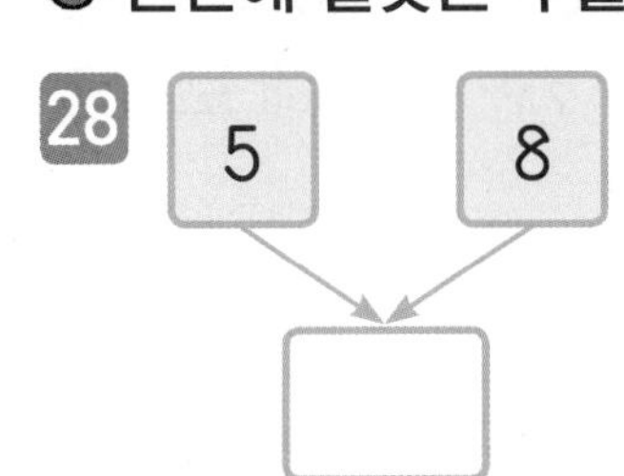

29 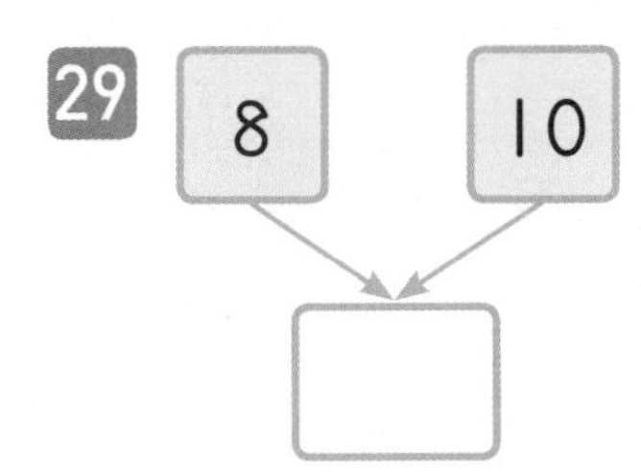

30 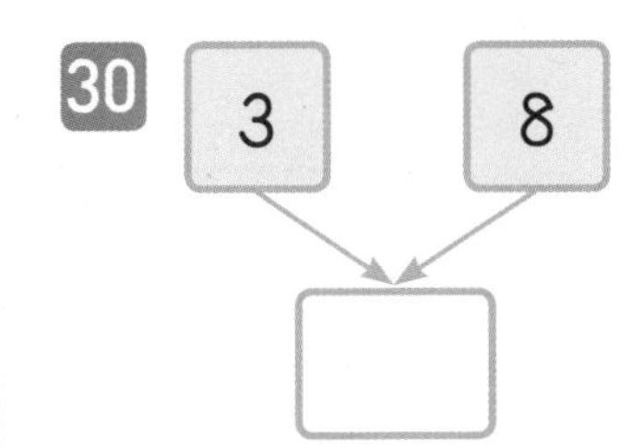

31 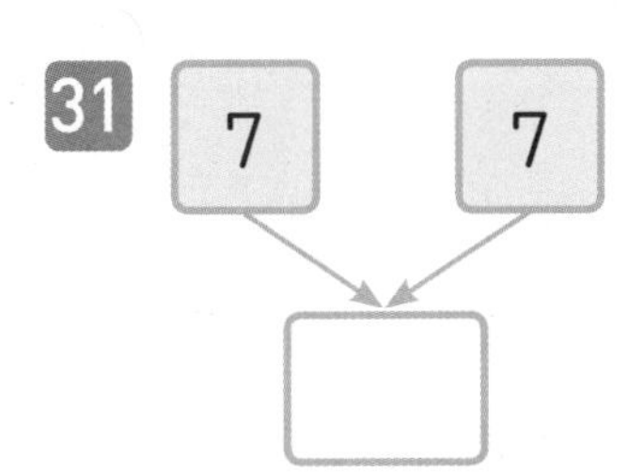

32 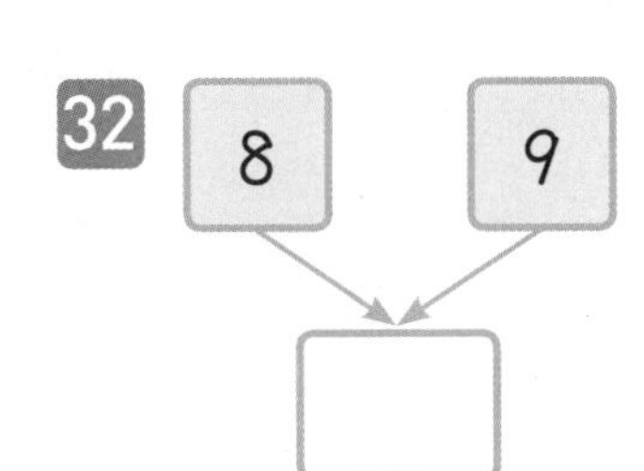

33 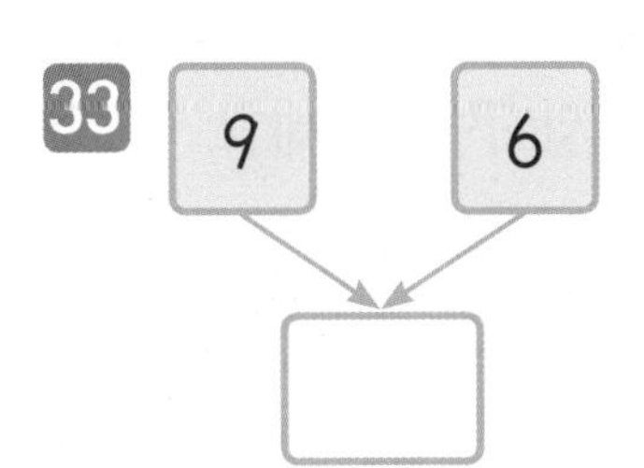

34 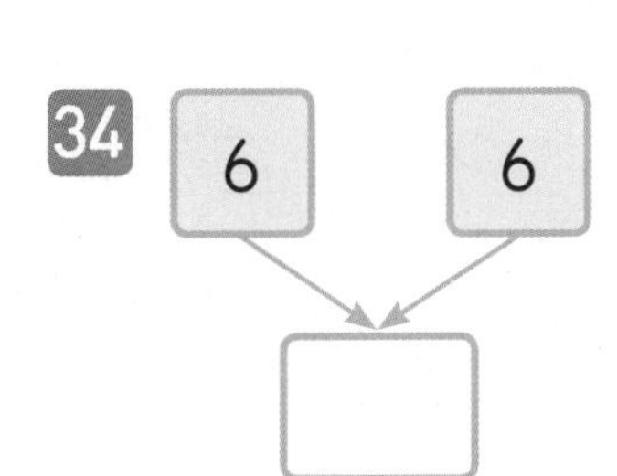

35 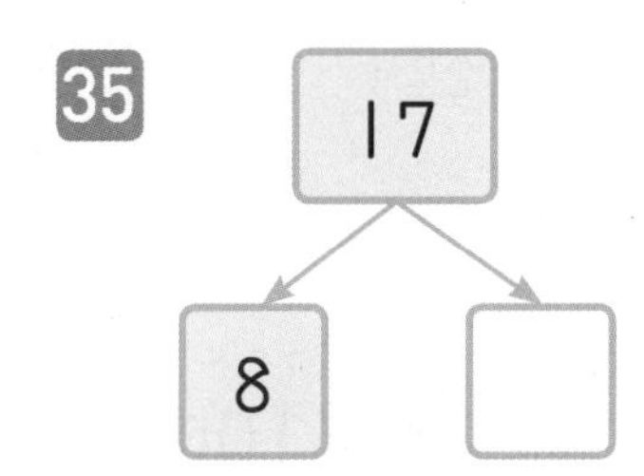

36 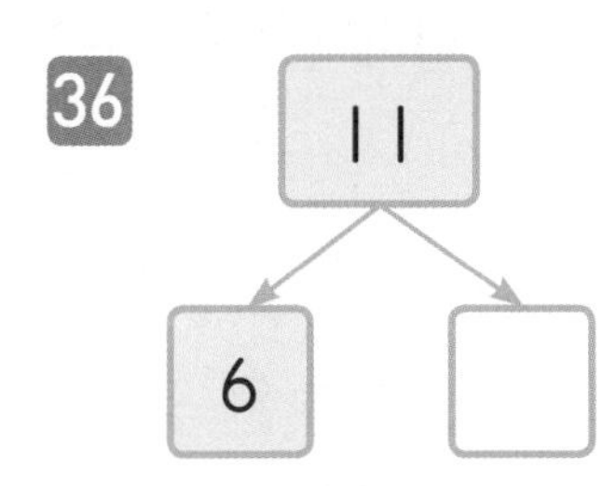

37 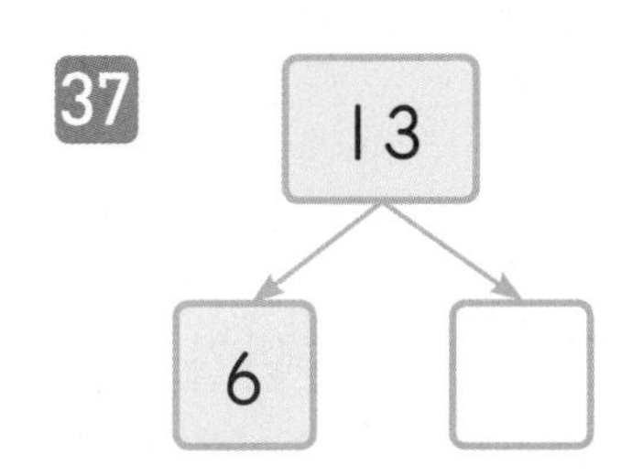

38 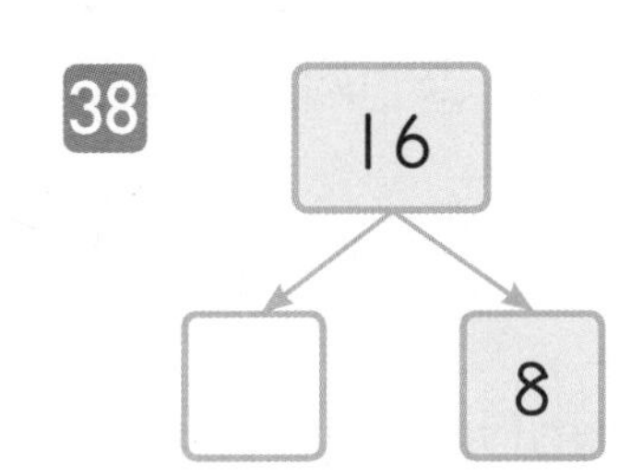

39 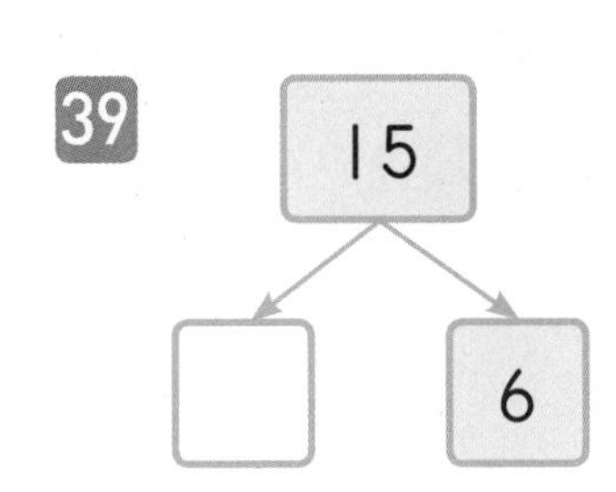

40 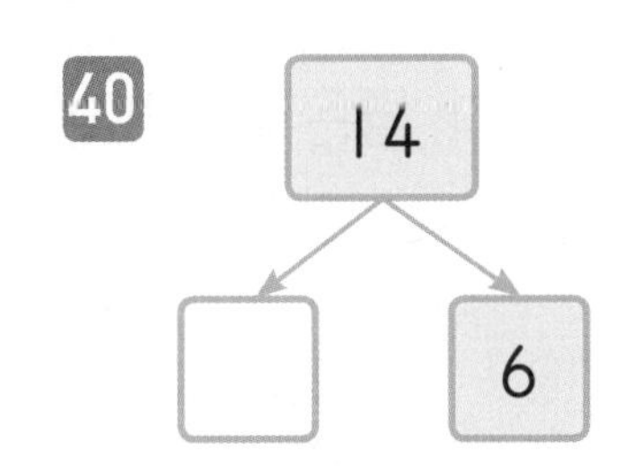

41 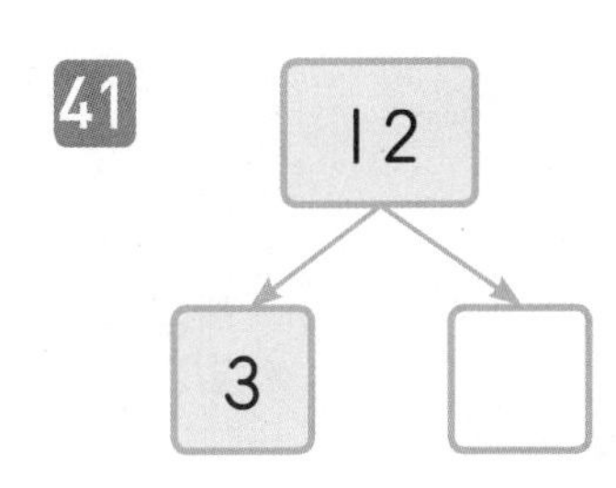

42 민선이는 9개의 모자를 가지고 있었는데 1개의 모자를 더 샀습니다. 민선이가 가진 모자는 모두 몇 개인지 구해 보세요.

답 ____________

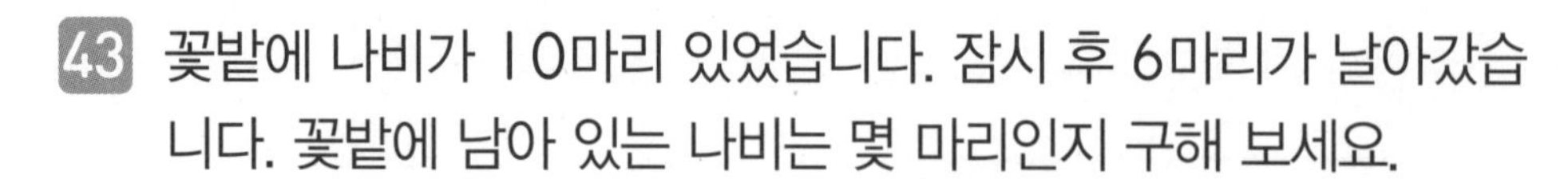

43 꽃밭에 나비가 10마리 있었습니다. 잠시 후 6마리가 날아갔습니다. 꽃밭에 남아 있는 나비는 몇 마리인지 구해 보세요.

답 ____________

44 아버지께서 사 온 곶감은 10개씩 묶음이 1개, 낱개가 5개였습니다. 아버지께서 사 온 곶감은 모두 몇 개인지 구해 보세요.

답 ____________

45 동국이와 정환이가 일대일 농구를 하고 있습니다. 동국이가 7골을 넣고, 정환이가 6골을 넣었습니다. 두 사람이 넣은 골은 모두 몇 골인지 구해 보세요.

답 ____________

46 지현이가 가지고 있던 막대사탕 15개 중에서 7개를 친구들에게 나누어 주었습니다. 지현이에게 남은 막대사탕은 몇 개인지 구해 보세요.

답 ____________

47 형준이가 붙임딱지를 11장 가지고 있었는데 종이에 2장을 붙였습니다. 남은 붙임딱지는 몇 장인지 구해 보세요.

답 ____________

연산 노트

맞힌 개수

개 / 47개

나의 학습 결과에 ○표 하세요.

맞힌 개수	0~8개	9~24개	25~39개	40~47개
학습 방법	다시 한번 풀어 봐요.	계산 연습이 필요해요.	틀린 문제를 확인해요.	실수하지 않도록 집중해요.

QR 빠른 정답 확인

6

50까지의 수

학습 주제	학습 일차	맞힌 개수
1. 10개씩 묶어 세기	01일차	/25
	02일차	/13
2. 50까지의 수 알아보기	03일차	/24
	04일차	/18
3. 50까지의 수의 순서	05일차	/26
	06일차	/18
4. 두 수의 크기 비교	07일차	/31
	08일차	/20
5. 세 수의 크기 비교	09일차	/28
	10일차	/19
연산 & 문장제 마무리	11일차	/42

01일차 1. 10개씩 묶어 세기

수	(막대 2개)	(막대 3개)	(막대 4개)	(막대 5개)
쓰기	20	30	40	50
읽기	이십 스물	삼십 서른	사십 마흔	오십 쉰

그림을 보고 □ 안에 알맞은 수를 써넣으세요.

1

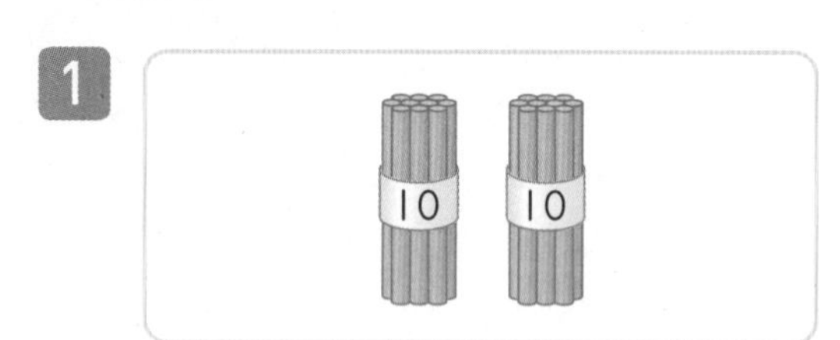

10개씩 묶음 2개 ➡ □

2

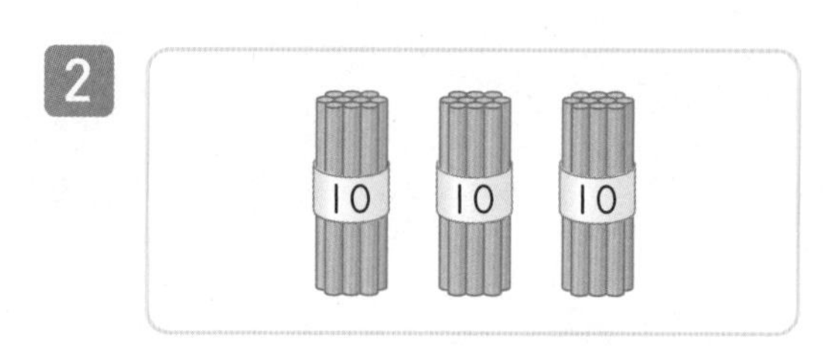

10개씩 묶음 3개 ➡ □

3

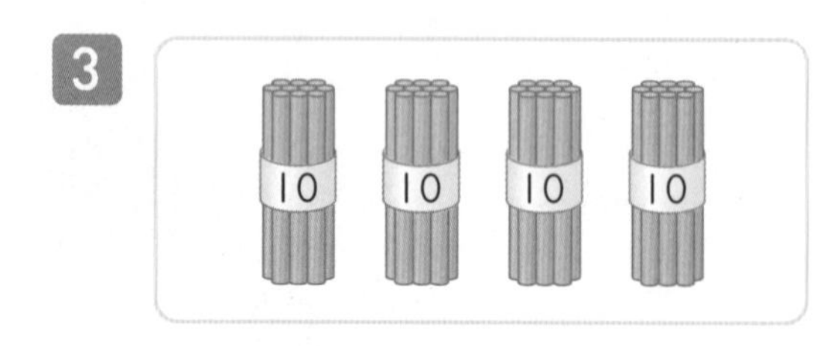

10개씩 묶음 4개 ➡ □

4

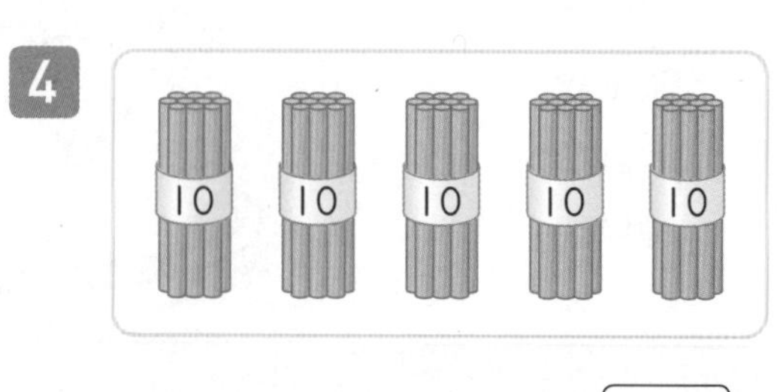

10개씩 묶음 5개 ➡ □

수를 세어 □ 안에 알맞은 수를 써넣으세요.

5

□

6

□

7

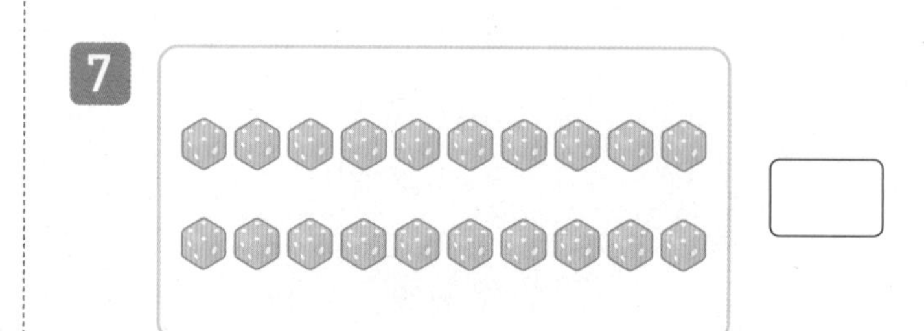

□

8

□

9

□

10

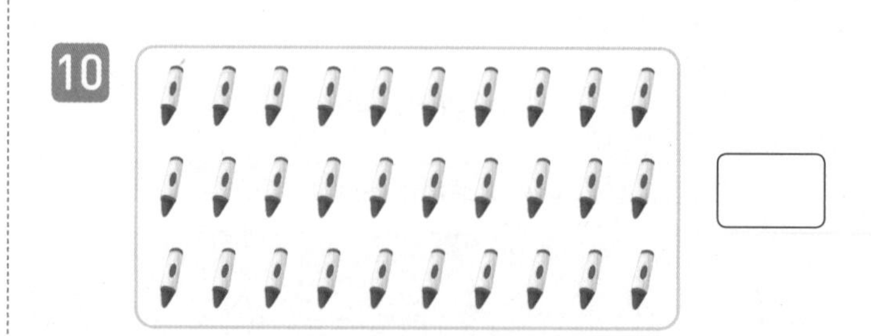

□

□ 안에 알맞은 수를 써넣으세요.

11 10개씩 묶음 3개
➡ □

12 10개씩 묶음 4개
➡ □

13 10개씩 묶음 5개
➡ □

14 10개씩 묶음 1개
➡ □

15 10개씩 묶음 2개
➡ □

16 20
➡ 10개씩 묶음 □개

17 40
➡ 10개씩 묶음 □개

18 50
➡ 10개씩 묶음 □개

19 10
➡ 10개씩 묶음 □개

20 30
➡ 10개씩 묶음 □개

수를 두 가지 방법으로 읽어 보세요.

21

50	

22

30	

23

40	

24

20	

25

10	

맞힌 개수
개 /25개

나의 학습 결과에 ○표 하세요.

맞힌 개수	0~4개	5~12개	13~21개	22~25개
학습 방법	다시 한번 풀어 봐요.	계산 연습이 필요해요.	틀린 문제를 확인해요.	실수하지 않도록 집중해요.

QR 빠른 정답 확인

02일차 1. 10개씩 묶어 세기

그림을 보고 □ 안에 알맞은 수나 말을 써넣으세요.

1

10개씩 묶음 □개이므로 □입니다.

2

10개씩 묶음 □개이므로 □입니다.

3

10개씩 묶음 □개이므로 □입니다.

4

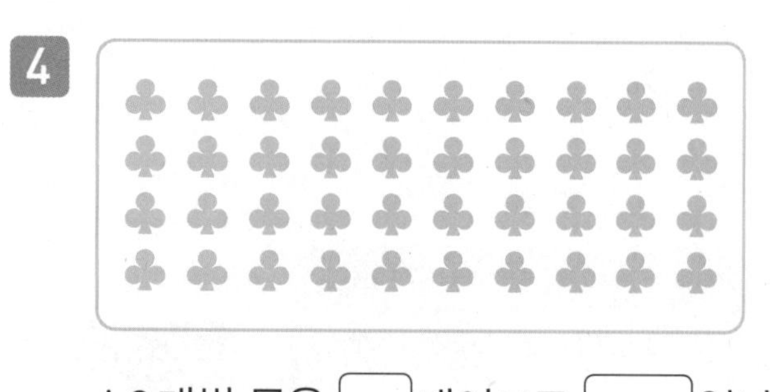

10개씩 묶음 □개이므로 □입니다.

5

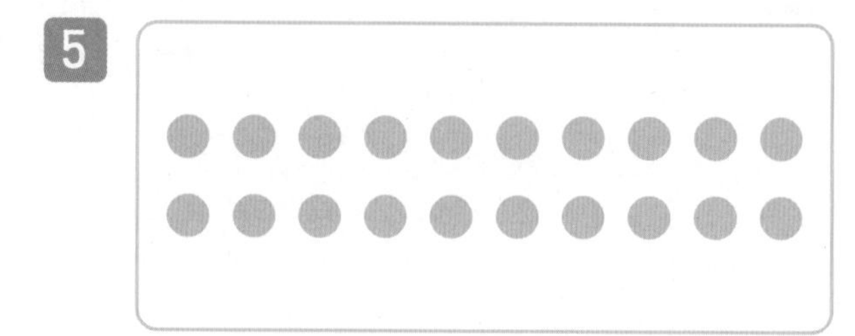

10개씩 묶음 2개이므로 20이고 □ 또는 □이라고 읽습니다.

6

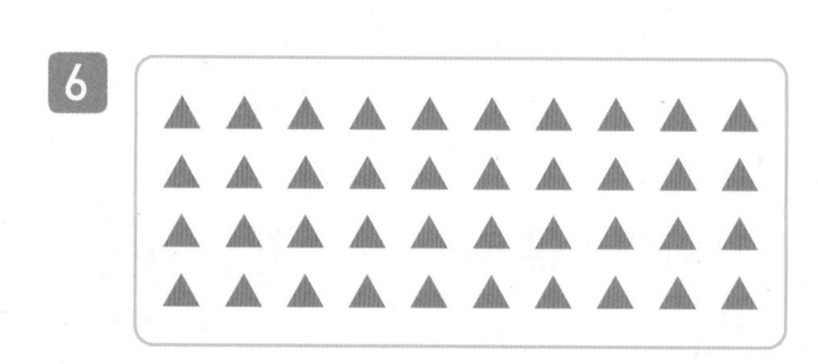

10개씩 묶음 4개이므로 40이고 □ 또는 □이라고 읽습니다.

7

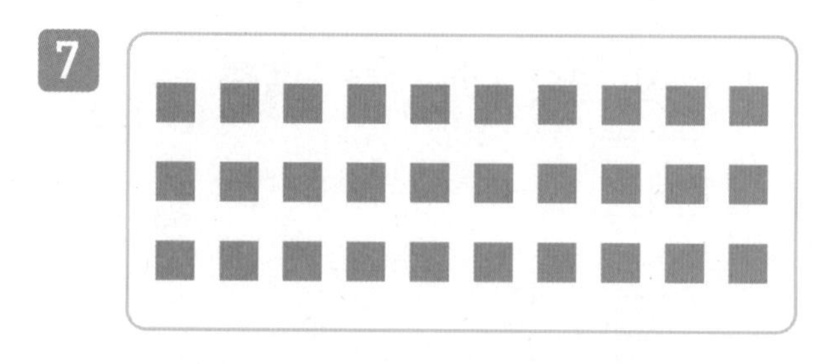

10개씩 묶음 3개이므로 30이고 □ 또는 □이라고 읽습니다.

8

10개씩 묶음 5개이므로 50이고 □ 또는 □이라고 읽습니다.

연산 in 문장제

경인이 어머니께서 단감 10개씩 2묶음을 사 오셨습니다. 경인이 어머니께서 사 오신 단감은 모두 몇 개인지 구해 보세요.

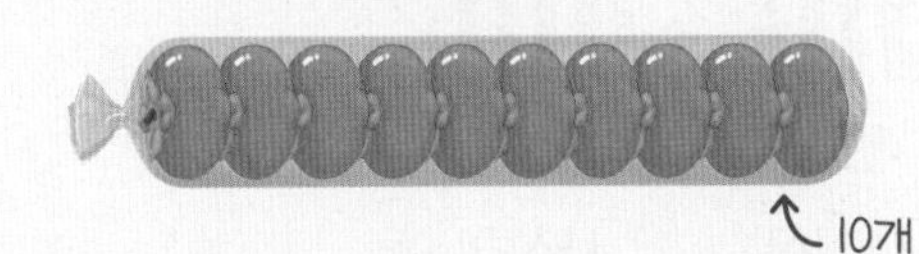

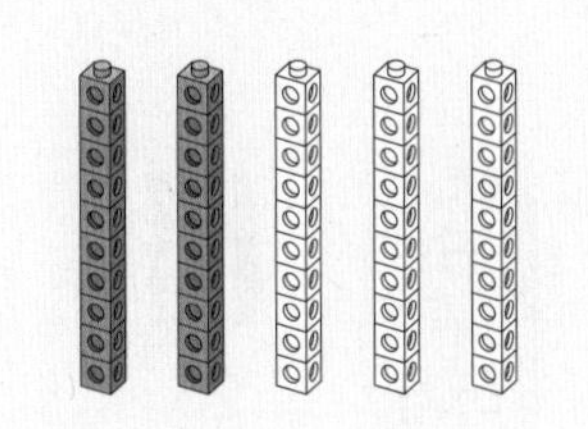

10개씩 2묶음이므로 단감은 모두 20개입니다.

9 오징어가 한 줄에 10마리씩 걸려 있습니다. 3줄에 걸려 있는 오징어는 모두 몇 마리인지 구해 보세요.

답 ____________

10 채림이와 강림이가 제기차기를 하고 있습니다. 먼저 채림이가 10번을 차고, 이어서 강림이도 10번을 찼습니다. 두 사람이 찬 제기는 모두 몇 번인지 구해 보세요.

답 ____________

11 풀이 한 상자에 10개씩 들어 있습니다. 4상자에 들어 있는 풀은 모두 몇 개인지 구해 보세요.

답 ____________

12 과일 가게에서 귤을 한 봉지에 10개씩 넣어 팔고 있습니다. 오늘 귤을 5봉지 팔았다면 오늘 판 귤은 모두 몇 개인지 구해 보세요.

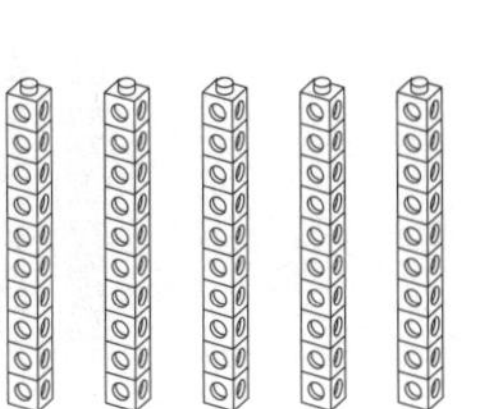

답 ____________

13 김밥용 김이 한 봉지에 10장씩 들어 있습니다. 김 2봉지로 쌀 수 있는 김밥은 모두 몇 줄인지 구해 보세요.

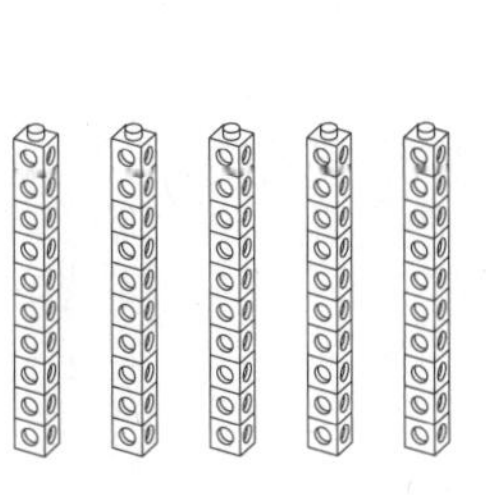

김밥을 나타내는 단위로 '줄'을 써요.

답 ____________

맞힌 개수: 개 /13개

나의 학습 결과에 ○표 하세요.

맞힌 개수	0~2개	3~7개	8~11개	12~13개
학습 방법	다시 한번 풀어 봐요.	계산 연습이 필요해요.	틀린 문제를 확인해요.	실수하지 않도록 집중해요.

QR 빠른 정답 확인

2. 50까지의 수 알아보기

수			
쓰기	25	33	47
읽기	이십오 스물다섯	삼십삼 서른셋	사십칠 마흔일곱

개수를 세어 □ 안에 알맞은 수를 써넣으세요.

1

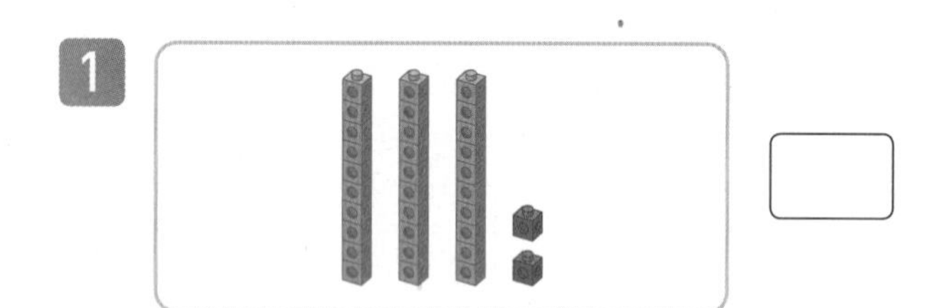

2

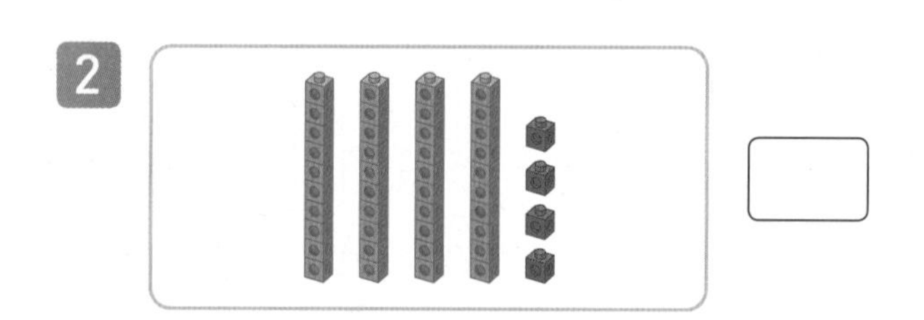

3

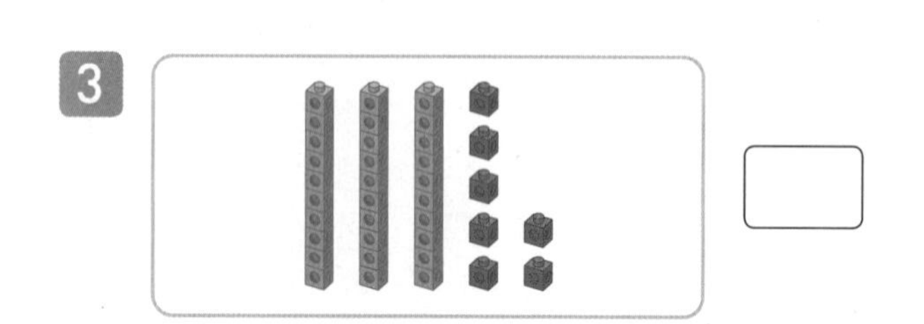

4

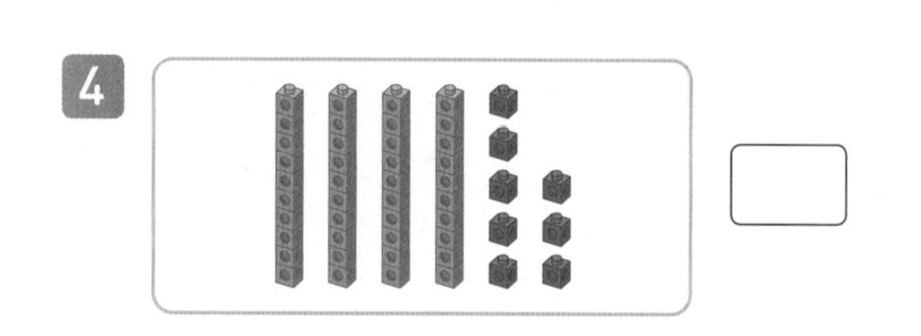

5

빈칸에 알맞은 수를 써넣으세요.

6

수	10개씩 묶음	낱개
27	2	

7

수	10개씩 묶음	낱개
45	4	

8

수	10개씩 묶음	낱개
21		1

9

수	10개씩 묶음	낱개
38		8

10

수	10개씩 묶음	낱개
42		

11

수	10개씩 묶음	낱개
31		

12

수	10개씩 묶음	낱개
23		

수를 세어 두 가지 방법으로 읽어 보세요.

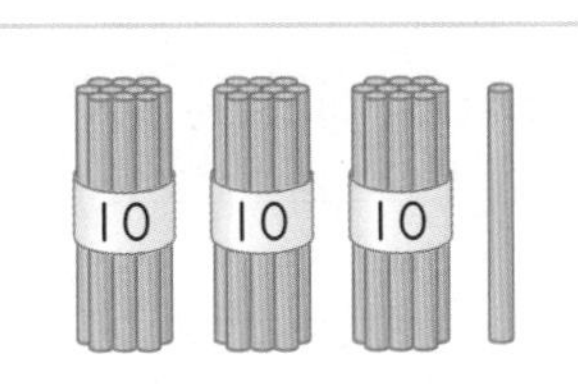

(,)

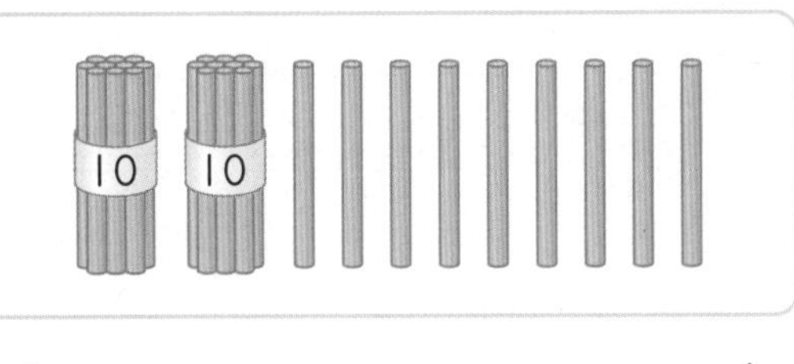

(,)

15

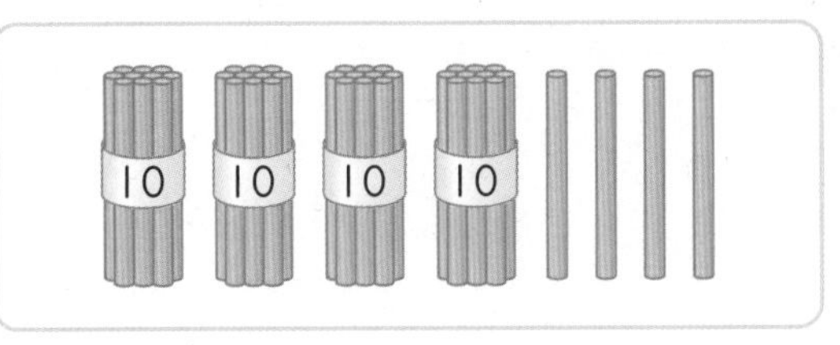

(,)

16

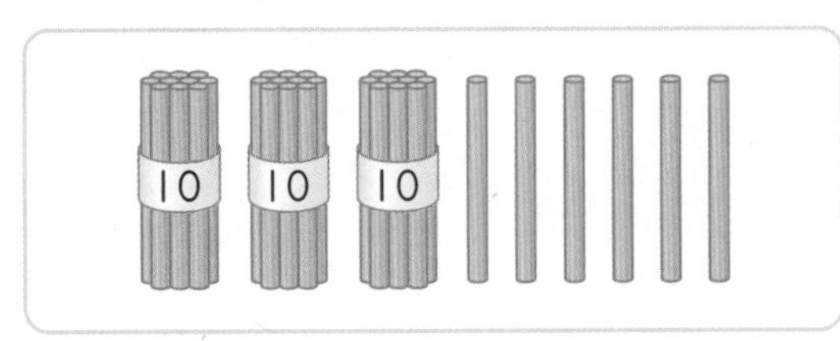

(,)

17

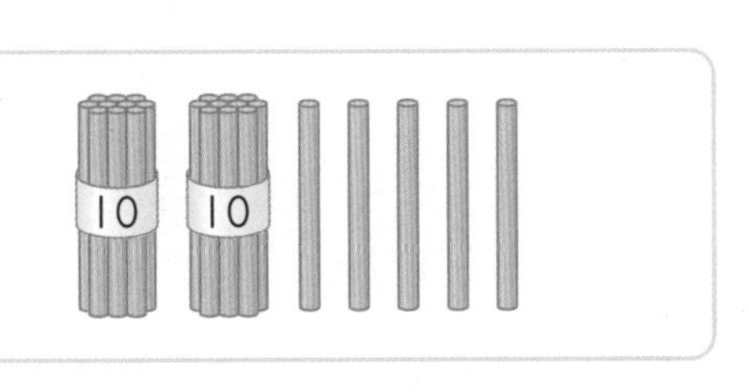

(,)

수를 두 가지 방법으로 읽어 보세요.

18 49 → [ ], [ ]

19 35 → [ ], [ ]

20 24 → [ ], [ ]

21 37 → [ ], [ ]

22 28 → [ ], [ ]

23 36 → [ ], [ ]

24 41 → [ ], [ ]

맞힌 개수

개 /24개

나의 학습 결과에 ○표 하세요.				
맞힌 개수	0~4개	5~12개	13~20개	21~24개
학습 방법	다시 한번 풀어 봐요.	계산 연습이 필요해요.	틀린 문제를 확인해요.	실수하지 않도록 집중해요.

QR 빠른 정답 확인

04 일차 2. 50까지의 수 알아보기

빈칸에 알맞은 수를 써넣으세요.

1

10개씩 묶음	낱개	수
2	9	

2

10개씩 묶음	낱개	수
4	8	

3

10개씩 묶음	낱개	수
3	2	

4

10개씩 묶음	낱개	수
2	7	

5

10개씩 묶음	낱개	수
2	4	

6

10개씩 묶음	낱개	수
5	0	

7

10개씩 묶음	낱개	수
3	6	

수를 두 가지 방법으로 읽어 보세요.

8 32 → [ ], [ ]

9 47 → [ ], [ ]

10 21 → [ ], [ ]

11 33 → [ ], [ ]

12 45 → [ ], [ ]

13 34 → [ ], [ ]

14 26 → [ ], [ ]

연산 in 문장제

방울토마토를 한 봉지에 10개씩 3봉지에 담고, 낱개 5개가 남았습니다. 방울토마토는 모두 몇 개인지 구해 보세요.

10개씩 묶음	낱개	수
3	5	35

방울토마토는 모두 35개입니다.

15 윤서는 우주선을 만드는 데 수수깡 10개씩 1묶음과 낱개 7개를 사용하였습니다. 윤서가 사용한 수수깡은 몇 개인지 구해 보세요.

→

10개씩 묶음	낱개	수

답 ______

16 형택이는 감자를 사서 10개씩 3상자에 담고 남은 5개는 삶아서 먹었습니다. 형택이가 산 감자는 몇 개인지 구해 보세요.

→

10개씩 묶음	낱개	수

답 ______

17 창연이네 반 학생들을 10명씩 줄을 세워 보니 2줄이 되고 4명이 남았습니다. 창연이네 반 학생들은 모두 몇 명인지 구해 보세요.

→

10개씩 묶음	낱개	수

답 ______

18 민재는 농장에서 고구마를 캐서 10개씩 4상자에 담고 낱개 1개가 남았습니다. 민재가 캔 고구마는 몇 개인지 구해 보세요.

→

10개씩 묶음	낱개	수

답 ______

맞힌 개수: 개 /18개

나의 학습 결과에 ○표 하세요.

맞힌 개수	0~3개	4~9개	10~14개	15~18개
학습 방법	다시 한번 풀어 봐요.	계산 연습이 필요해요.	틀린 문제를 확인해요.	실수하지 않도록 집중해요.

QR 빠른 정답 확인

3. 50까지의 수의 순서

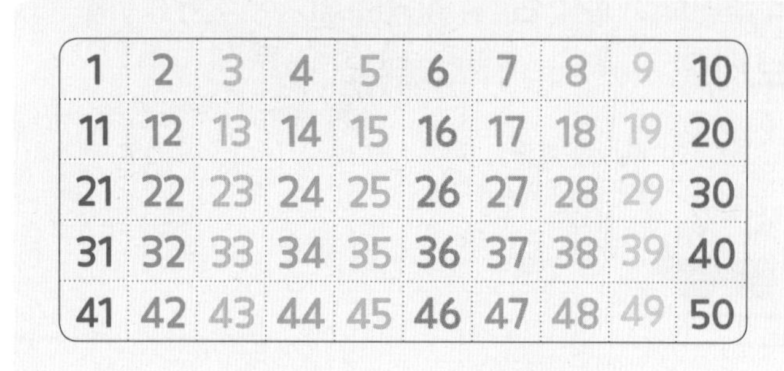

1	2	3	4	5	6	7	8	9	10
11	12	13	14	15	16	17	18	19	20
21	22	23	24	25	26	27	28	29	30
31	32	33	34	35	36	37	38	39	40
41	42	43	44	45	46	47	48	49	50

순서에 알맞게 빈칸에 수를 써넣으세요.

1
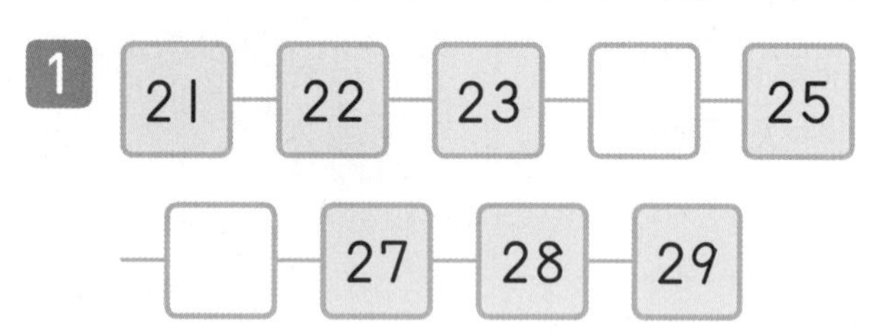

2
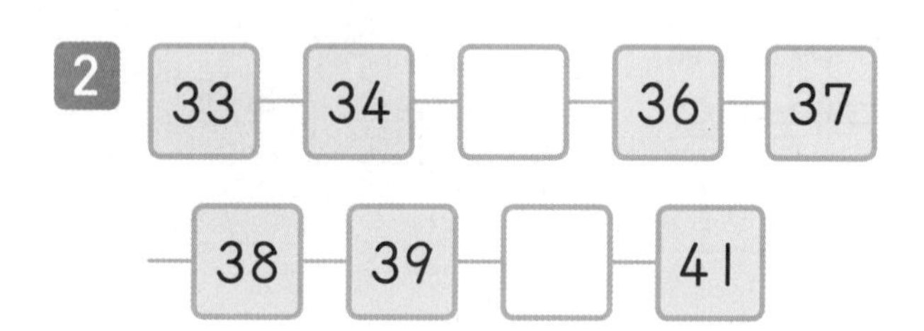

3
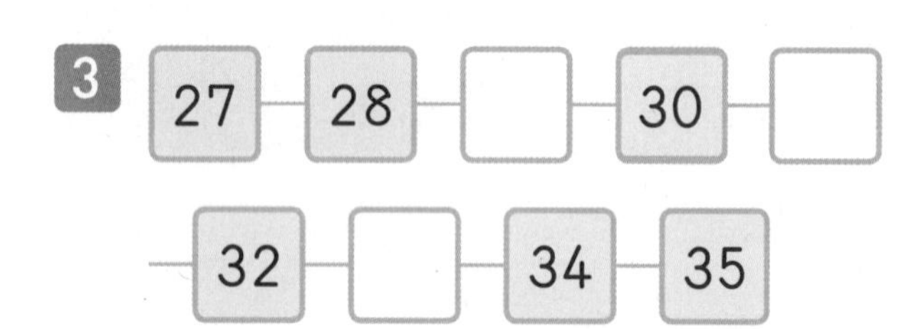

4
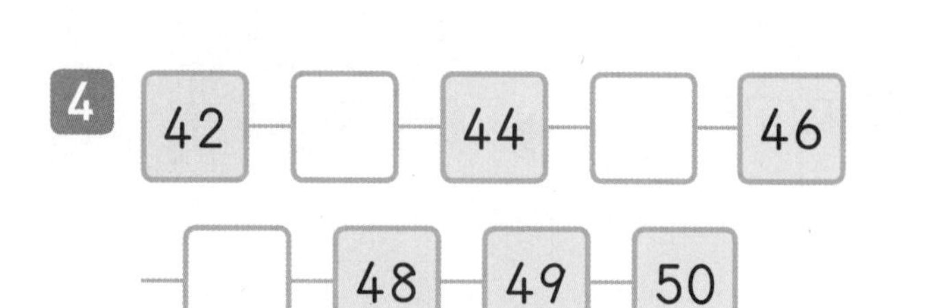

5
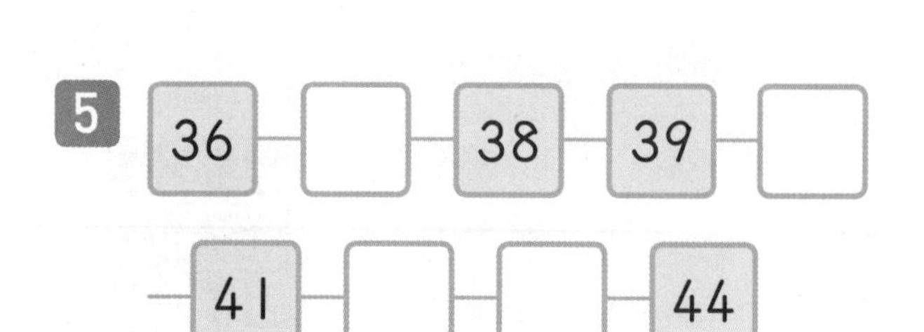

6
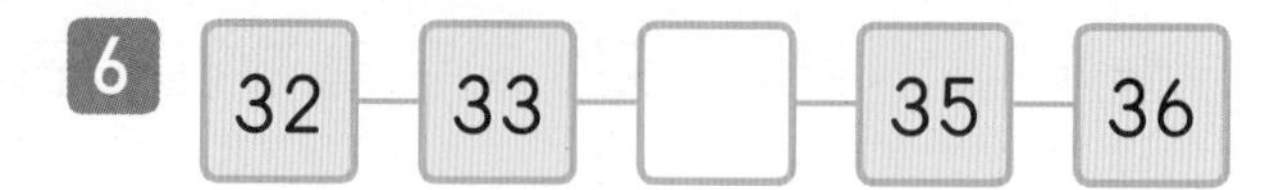

7
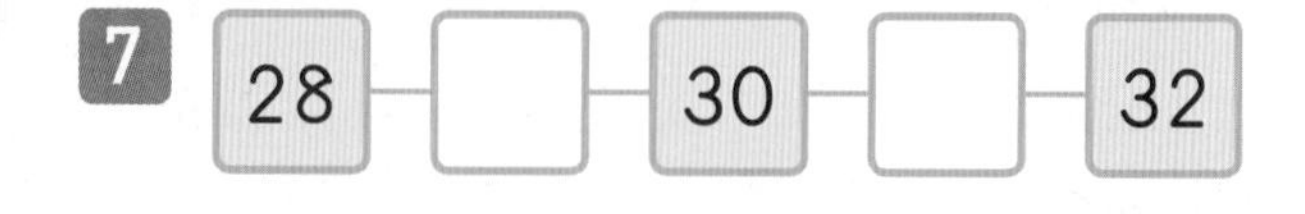

8
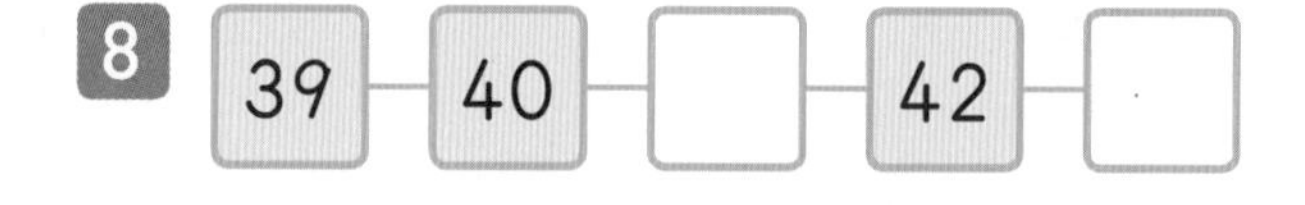

9
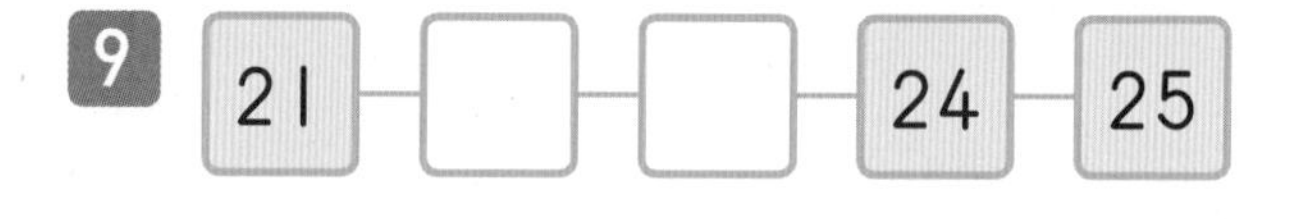

10
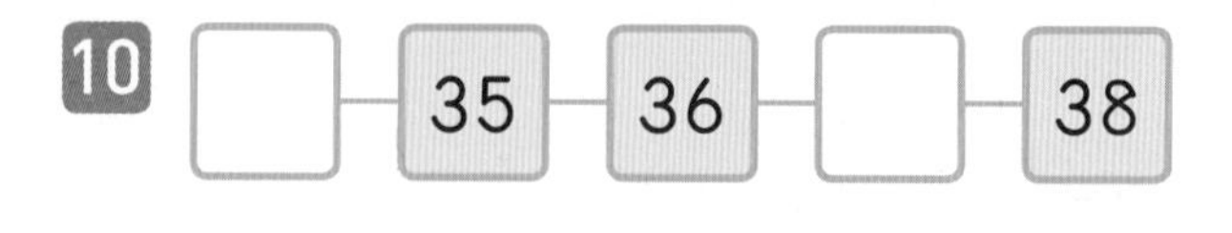

11
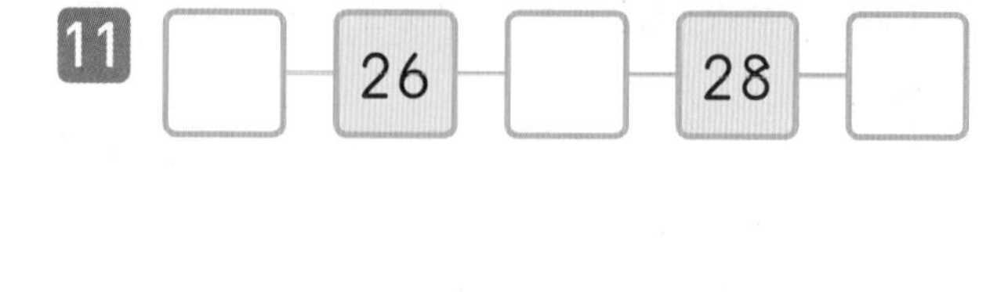

12
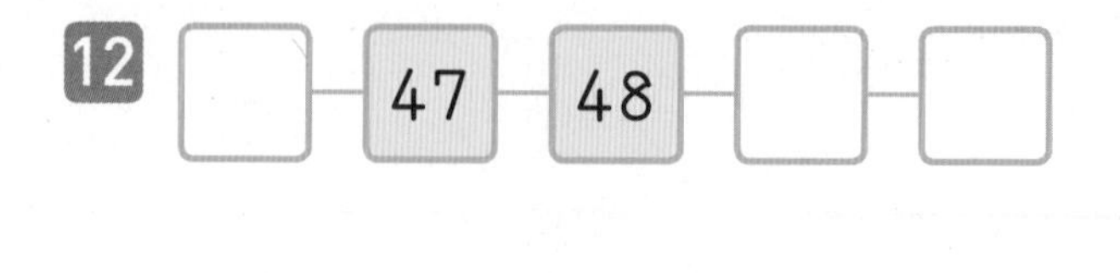

빈칸에 알맞은 수를 써넣으세요.

13 1만큼 더 작은 수 / 1만큼 더 큰 수

[ ] - 25 - [ ]

14 1만큼 더 작은 수 / 1만큼 더 큰 수

[ ] - 34 - [ ]

15 1만큼 더 작은 수 / 1만큼 더 큰 수

[ ] - 47 - [ ]

16 1만큼 더 작은 수 / 1만큼 더 큰 수

[ ] - 39 - [ ]

17 1만큼 더 작은 수 / 1만큼 더 큰 수

[ ] - 21 - [ ]

18 1만큼 더 작은 수 / 1만큼 더 큰 수

[ ] - 43 - [ ]

19 1만큼 더 작은 수 / 1만큼 더 큰 수

[ ] - 36 - [ ]

20 1만큼 더 작은 수 / 1만큼 더 큰 수

[ ] - 29 - [ ]

21 1만큼 더 작은 수 / 1만큼 더 큰 수

[ ] - 20 - [ ]

22 1만큼 더 작은 수 / 1만큼 더 큰 수

[ ] - 23 - [ ]

23 1만큼 더 작은 수 / 1만큼 더 큰 수

[ ] - 31 - [ ]

24 1만큼 더 작은 수 / 1만큼 더 큰 수

[ ] - 49 - [ ]

25 1만큼 더 작은 수 / 1만큼 더 큰 수

[ ] - 30 - [ ]

26 1만큼 더 작은 수 / 1만큼 더 큰 수

[ ] - 45 - [ ]

맞힌 개수

개 /26개

나의 학습 결과에 ○표 하세요.

맞힌 개수	0~9개	10~15개	16~21개	22~26개
학습 방법	다시 한번 풀어 봐요.	계산 연습이 필요해요.	틀린 문제를 확인해요.	실수하지 않도록 집중해요.

QR 빠른 정답 확인

06 일차 3. 50까지의 수의 순서

순서에 알맞게 빈칸에 수를 써넣으세요.

1

23 25 22 24

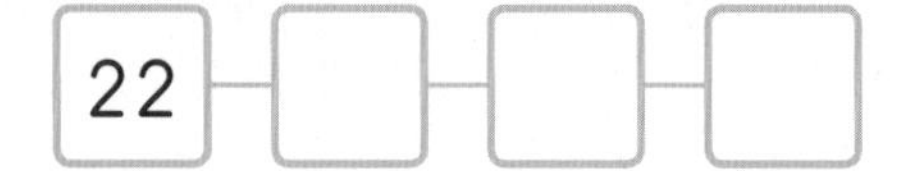

2

38 35 37 36

3

19 21 22 20

4

40 38 41 39

5

29 30 28 27

6

35 32 34 33

7

48 47 50 49

순서를 거꾸로 하여 빈칸에 수를 써넣으세요.

8

39 36 37 38

39 - □ - □ - □

9

26 25 23 24

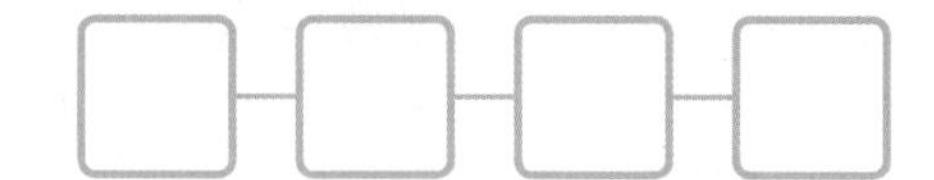

10

44 47 45 46

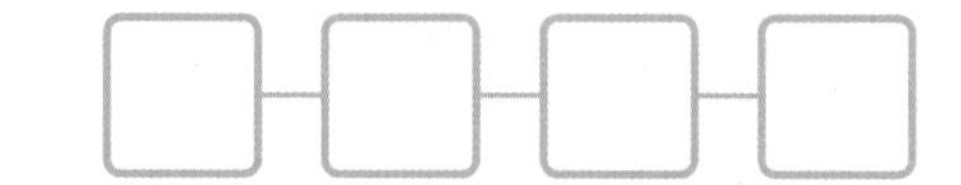

11

21 23 20 22

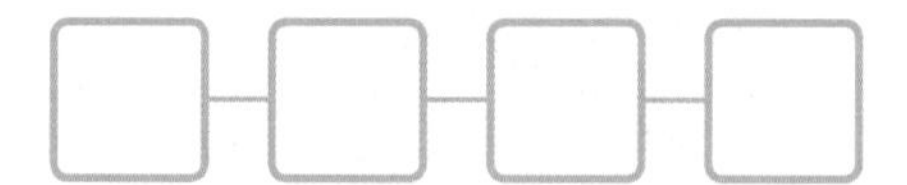

12

30 31 29 28

13

42 39 40 41

14

28 30 29 27

□ - □ - □ - □

연산 in 문장제

번호가 나란히 있는 현서, 채란, 다현, 효행이가 번호 순서대로 줄을 섰습니다. 현서가 19번, 채란이가 20번, 효행이가 22번일 때, 다현이는 몇 번인지 구해 보세요.

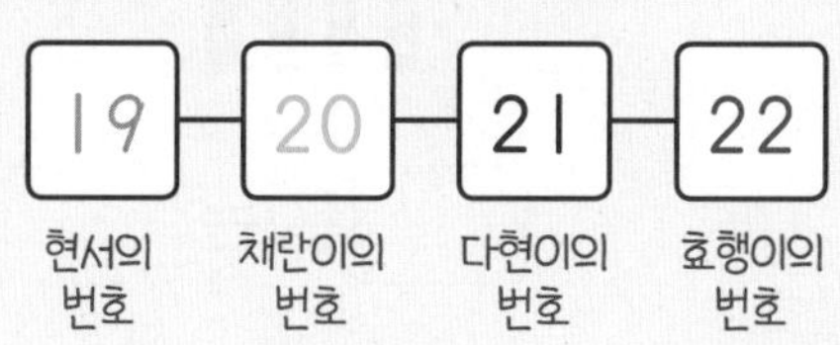

순서대로 수를 쓰면 다현이의 번호를 알 수 있어요!

다현이는 21번입니다.

15 연주는 어머니와 함께 은행에 갔습니다. 연주가 뽑은 번호표는 42번이었습니다. 연주 다음 사람이 뽑은 번호표는 몇 번인지 구해 보세요.

→ 

답 ______________

16 한수와 영수가 상대방의 모자에 쓰여 있는 수를 맞히기 놀이를 하고 있습니다. 한수의 모자에는 37이, 영수의 모자에는 한수보다 1만큼 더 작은 수가 쓰여 있습니다. 영수의 모자에 쓰여 있는 수는 얼마인지 구해 보세요.

→ 

답 ______________

17 예은이네 학교 1학년 학생들이 달리기를 하였습니다. 예은이가 23등으로 들어왔다면 예은이 바로 앞에 들어온 혜경이는 몇 등인지 구해 보세요.

→ 

답 ______________

18 민규와 혜원이는 같은 아파트의 25층과 27층에 살고 있습니다. 민규가 혜원이의 집에 놀러 가려면 아파트의 몇 층을 지나야 하는지 구해 보세요.

→

답 ______________

맞힌 개수: 개 /18개

나의 학습 결과에 ○표 하세요.

맞힌 개수	0~4개	5~9개	10~14개	15~18개
학습 방법	다시 한번 풀어 봐요.	계산 연습이 필요해요.	틀린 문제를 확인해요.	실수하지 않도록 집중해요.

QR 빠른 정답 확인

07 일차 4. 두 수의 크기 비교

두 수의 크기를 비교할 때는

① 10개씩 묶음의 수를 먼저 비교합니다.

42 37 — 42는 37보다 큽니다. / 37은 42보다 작습니다.

② 10개씩 묶음의 수가 같으면 낱개의 수를 비교합니다.

24 26 — 24는 26보다 작습니다. / 26은 24보다 큽니다.

□ 안에 알맞은 수를 써넣으세요.

1. □은/는 □보다 큽니다.

2. □은/는 □보다 큽니다.

3. □은/는 □보다 큽니다.

4. □은/는 □보다 큽니다.

5. □은/는 □보다 작습니다.

6. □은/는 □보다 작습니다.

7. □은/는 □보다 작습니다.

8. □은/는 □보다 작습니다.

9. □은/는 □보다 작습니다.

10. □은/는 □보다 작습니다.

더 큰 수에 ○표 하세요.

11 25 37

12 26 29

13 40 37

14 18 19

15 24 42

16 34 30

17 48 50

18 27 33

19 36 31

20 21 44

21 39 36

더 작은 수에 △표 하세요.

22 22 45

23 38 41

24 46 40

25 20 25

26 32 36

27 19 22

28 43 41

29 23 30

30 47 20

31 36 38

맞힌 개수
개 /31개

나의 학습 결과에 ○표 하세요.

맞힌 개수	0~6개	7~16개	17~25개	26~31개
학습 방법	다시 한번 풀어 봐요.	계산 연습이 필요해요.	틀린 문제를 확인해요.	실수하지 않도록 집중해요.

QR 빠른 정답 확인

08일차 4. 두 수의 크기 비교

알맞은 말에 ○표 하세요.

1 15는 31보다 (큽니다 , 작습니다).

2 43은 36보다 (큽니다 , 작습니다).

3 24는 28보다 (큽니다 , 작습니다).

4 33은 35보다 (큽니다 , 작습니다).

5 20은 16보다 (큽니다 , 작습니다).

6 49는 45보다 (큽니다 , 작습니다).

7 38은 42보다 (큽니다 , 작습니다).

8 26은 41보다 (큽니다 , 작습니다).

9 33은 29보다 (큽니다 , 작습니다).

10 40은 43보다 (큽니다 , 작습니다).

11 48은 21보다 (큽니다 , 작습니다).

12 39는 37보다 (큽니다 , 작습니다).

13 24는 19보다 (큽니다 , 작습니다).

14 32는 34보다 (큽니다 , 작습니다).

15 38은 43보다 (큽니다 , 작습니다).

16 50은 44보다 (큽니다 , 작습니다).

연산 in 문장제

색종이를 진희는 32장, 경희는 34장 가지고 있습니다. 색종이를 더 많이 가지고 있는 사람은 누구인지 구해 보세요.

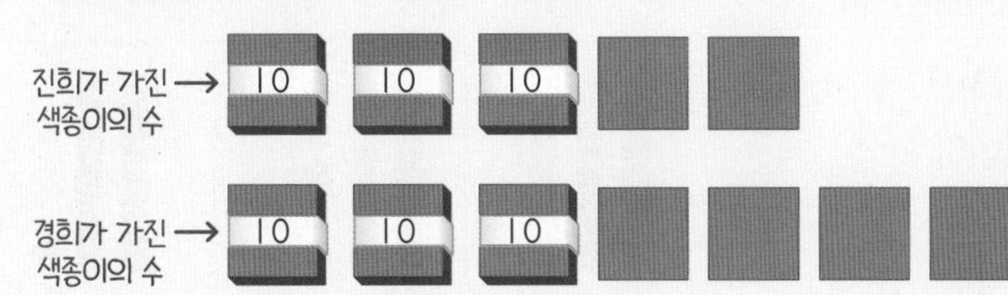

	10개씩 묶음	낱개
진희가 가진 색종이의 수	3	2
경희가 가진 색종이의 수	3	4

색종이를 더 많이 가지고 있는 사람은 경희입니다.

17 승환이는 50조각, 승효는 35조각의 퍼즐을 가지고 있습니다. 더 많은 조각의 퍼즐을 가지고 있는 사람은 누구인지 구해 보세요.

10개씩 묶음	낱개

답 ________

18 나연이와 소연이가 운동장 달리기를 하였습니다. 나연이는 25초, 소연이는 21초가 걸렸습니다. 더 빨리 달린 사람은 누구인지 구해 보세요.

두 수 중 작은 수가 빨리 달린 사람이에요.

10개씩 묶음	낱개

답 ________

19 혜주와 은민이가 같은 동화책을 읽고 있습니다. 혜주는 33쪽, 은민이는 38쪽을 읽었다면 동화책을 더 많이 읽은 사람은 누구인지 구해 보세요.

10개씩 묶음	낱개

답 ________

20 세윤이와 윤정이가 줄넘기를 하고 있습니다. 세윤이가 19번, 윤정이가 24번 했다면 줄넘기를 더 많이 한 사람은 누구인지 구해 보세요.

10개씩 묶음	낱개

답 ________

맞힌 개수: 개 /20개

나의 학습 결과에 ○표 하세요.

맞힌 개수	0~4개	5~10개	11~16개	17~20개
학습 방법	다시 한번 풀어 봐요.	계산 연습이 필요해요.	틀린 문제를 확인해요.	실수하지 않도록 집중해요.

QR 빠른정답 확인

5. 세 수의 크기 비교

세 수의 크기를 비교할 때는 두 수씩 묶어서 비교하거나 세 수를 동시에 비교합니다.

35 37 41 — 가장 큰 수는 41입니다. / 가장 작은 수는 35입니다.

10개씩 묶음의 수가 같으면 낱개의 수를 비교해 보세요.

가장 큰 수에 ○표 하세요.

1

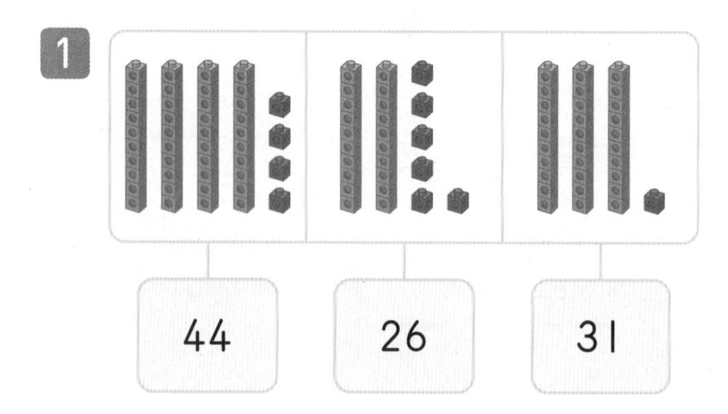

2

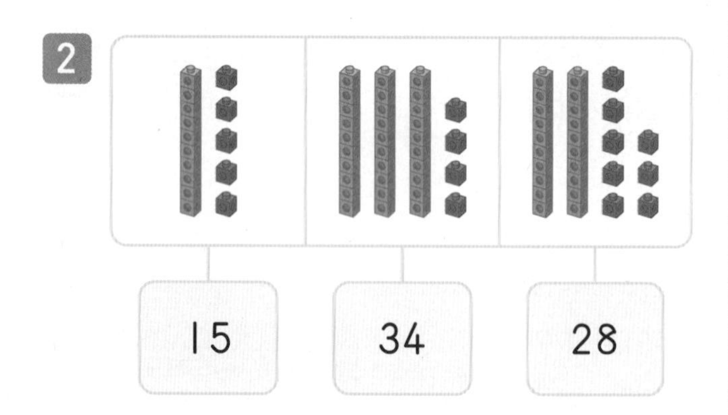

3

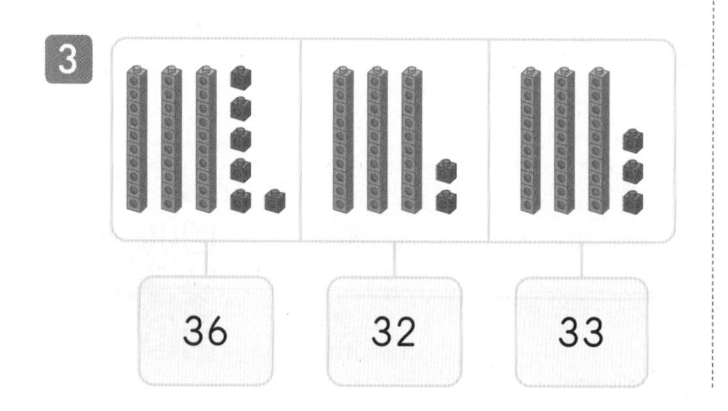

가장 작은 수에 △표 하세요.

4

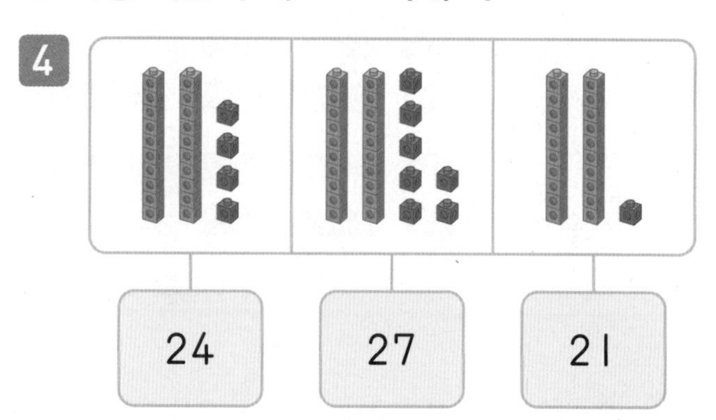

5

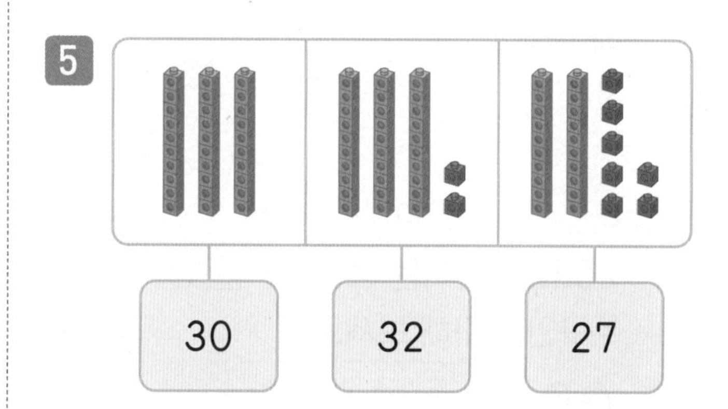

6

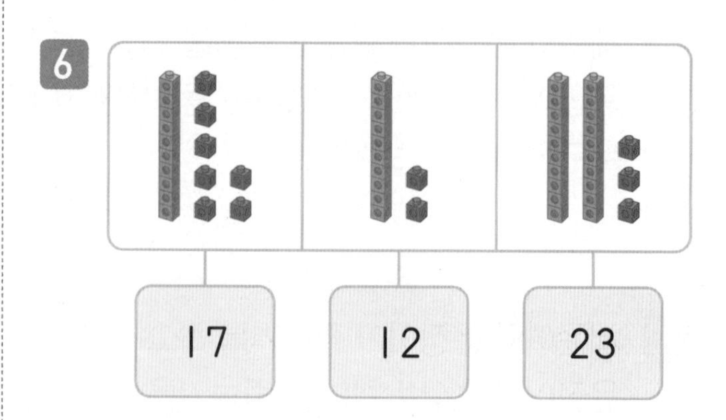

7

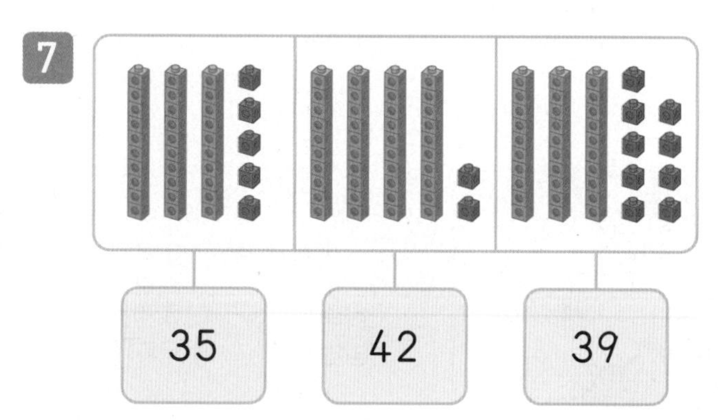

학습 날짜: 월 일 정답 30쪽

가장 큰 수에 ○표 하세요.

8
21 31 46

9
45 17 28

10
30 11 26

11
12 50 22

12
30 38 32

13
49 41 44

14
17 10 19

15
20 28 42

16
41 39 33

17
22 29 13

18
38 42 48

가장 작은 수에 △표 하세요.

19
18 24 40

20
40 36 17

21
39 24 47

22
27 40 34

23
15 19 14

24
23 21 28

25
15 43 44

26
37 26 27

27
11 19 50

28
27 29 12

맞힌 개수

개 /28개

나의 학습 결과에 ○표 하세요.

맞힌 개수	0~5개	6~14개	15~23개	24~28개
학습 방법	다시 한번 풀어 봐요.	계산 연습이 필요해요.	틀린 문제를 확인해요.	실수하지 않도록 집중해요.

QR 빠른 정답 확인

10일차 5. 세 수의 크기 비교

□ 안에 알맞은 수를 써넣으세요.

1 46  20  10

➡ 가장 큰 수: □

가장 작은 수: □

2 44  18 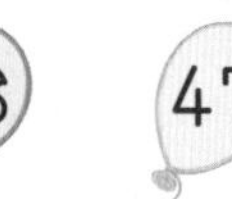 47

➡ 가장 큰 수: □

가장 작은 수: □

3 13  21 38

➡ 가장 큰 수: □

가장 작은 수: □

4 23  44  34

➡ 가장 큰 수: □

가장 작은 수: □

5  41 28  19

➡ 가장 큰 수: □ 

가장 작은 수: □

6 35  32  26

➡ 가장 큰 수: □

가장 작은 수: □

7  29   25  22

➡ 가장 큰 수: □

가장 작은 수: □

8  11  21 28

➡ 가장 큰 수: □

가장 작은 수: □

9 33  16  24

➡ 가장 큰 수: □

가장 작은 수: □

10 19   14 17

➡ 가장 큰 수: □

가장 작은 수: □

11 21  30  27

➡ 가장 큰 수: □

가장 작은 수: □

12 31  36 37

➡ 가장 큰 수: □

가장 작은 수: □

13 22   12   17

➡ 가장 큰 수: □

가장 작은 수: □

14 39  50 48

➡ 가장 큰 수: □

가장 작은 수: □

15 10   23 15

➡ 가장 큰 수: □

가장 작은 수: □

연산 in 문장제

축구교실에서 준호, 동준, 광희의 등번호는 각각 24번, 40번, 32번입니다. 누구의 등번호가 가장 큰지 구해 보세요.

10개씩 묶음	2	4	3
낱개	4	0	2

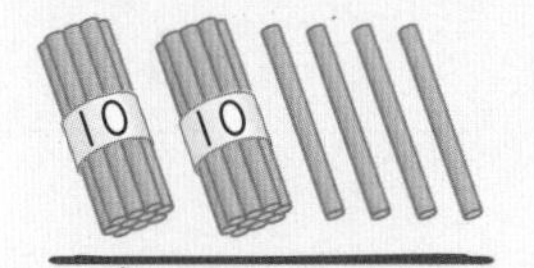

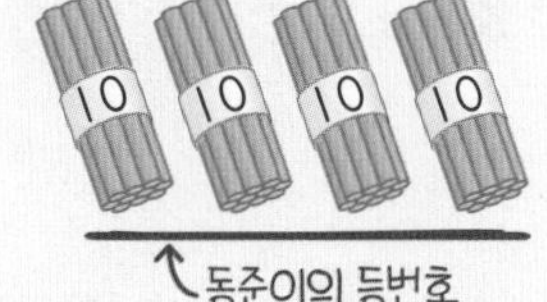

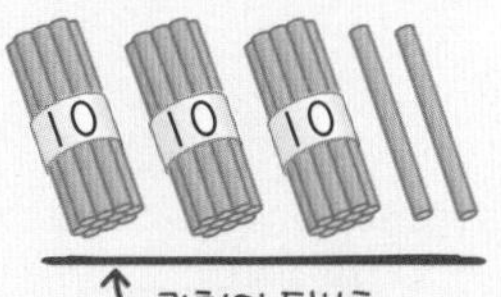

10개씩 묶음의 수를 먼저 비교하면 동준이의 등번호가 가장 큽니다.

16 성희네 집에는 과학책이 25권, 동화책이 31권, 위인전이 40권 있습니다. 성희네 집에 가장 많은 책은 무엇인지 구해 보세요.

→

10개씩 묶음			
낱개			

답 ______________

17 어느 동물원에 미어캣은 29마리, 여우는 14마리, 원숭이는 21마리 있습니다. 세 동물 중에서 가장 많은 동물은 무엇인지 구해 보세요.

→

10개씩 묶음			
낱개			

답 ______________

18 은경이의 오빠는 15살, 지현이의 오빠는 13살, 소민이의 오빠는 18살입니다. 오빠의 나이가 가장 많은 친구는 누구인지 구해 보세요.

→

10개씩 묶음			
낱개			

답 ______________

19 성욱이네 집에서 우체국, 도서관, 경찰서까지 가는 데 차로 각각 26분, 21분, 37분이 걸립니다. 성욱이네 집에서 가장 가까운 곳은 어디인지 구해 보세요.

→

10개씩 묶음			
낱개			

답 ______________

맞힌 개수

개 /19개

나의 학습 결과에 ○표 하세요.

맞힌 개수	0~3개	4~10개	11~16개	17~19개
학습 방법	다시 한번 풀어 봐요.	계산 연습이 필요해요.	틀린 문제를 확인해요.	실수하지 않도록 집중해요.

QR 빠른 정답 확인

11일차 연산&문장제 마무리

수를 세어 □ 안에 알맞은 수를 써넣고, 그 수를 두 가지 방법으로 읽어 보세요.

1
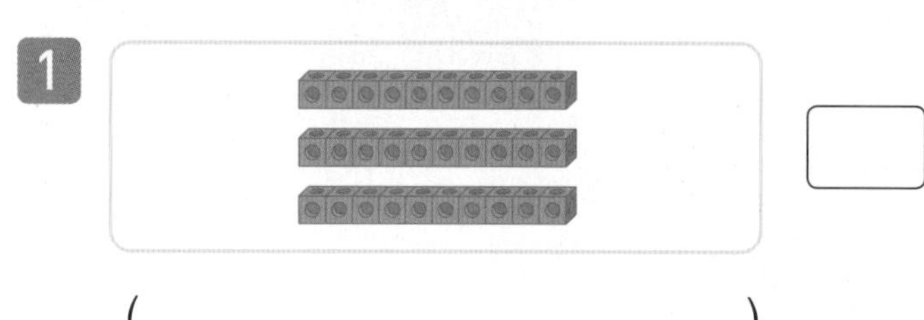

□

(,)

2
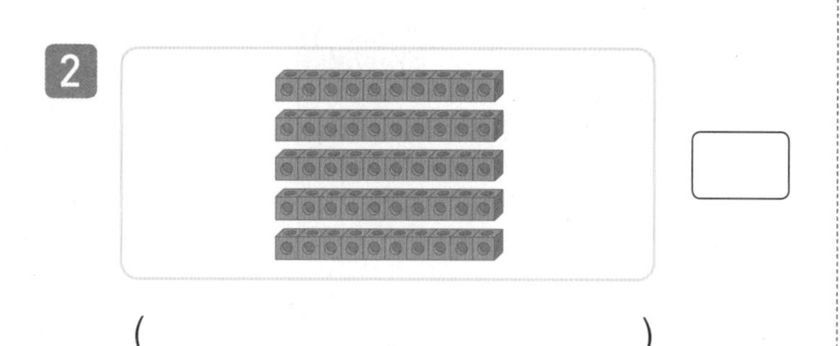

□

(,)

3
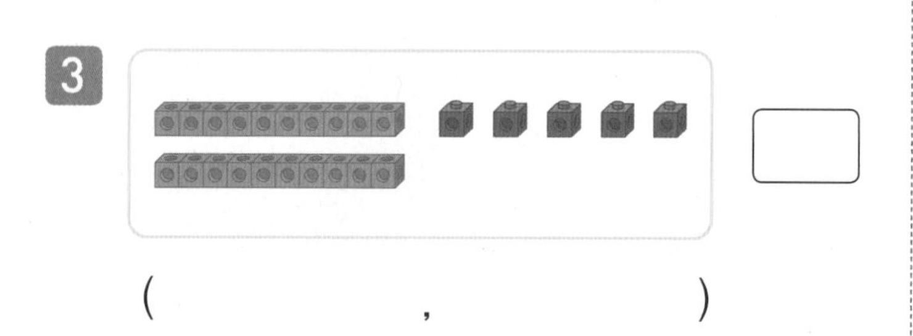

□

(,)

4
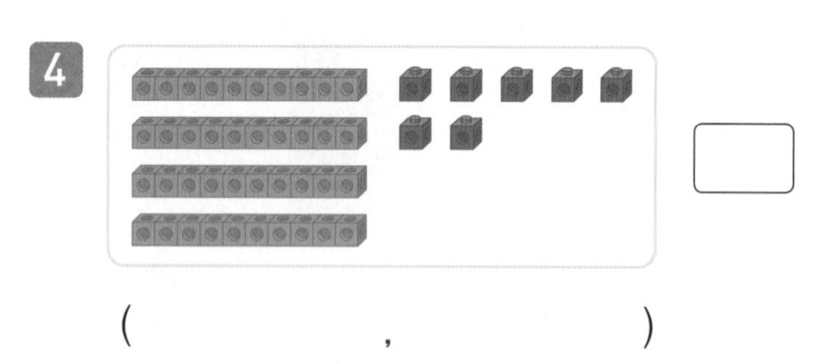

□

(,)

5
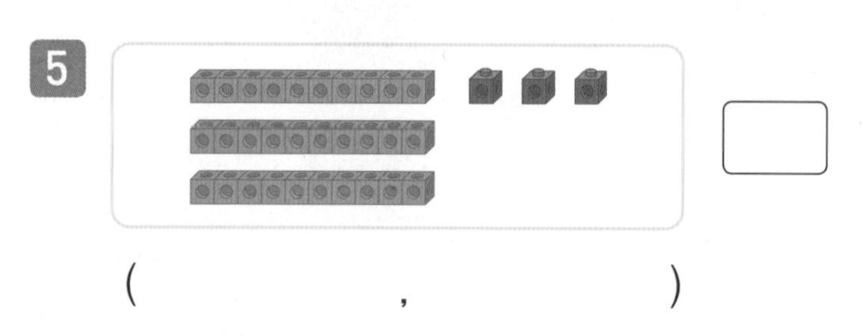

□

(,)

6
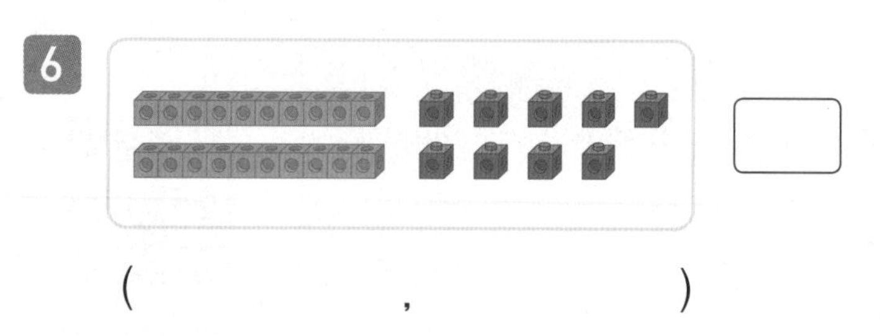

□

(,)

순서에 알맞게 빈칸에 수를 써넣으세요.

7
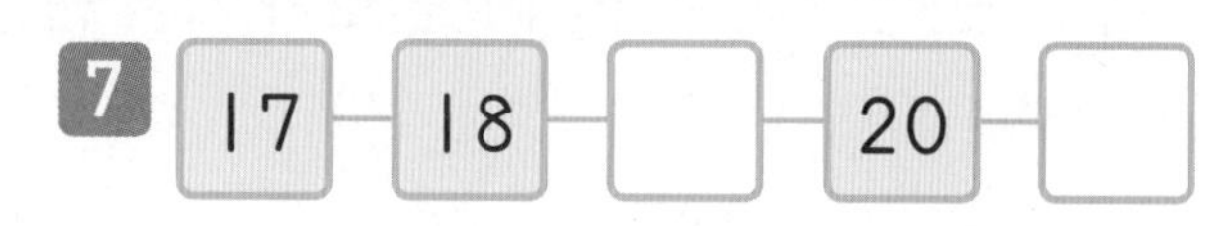

8
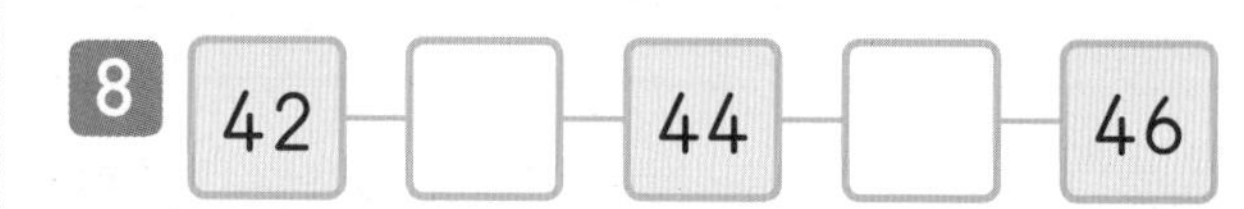

9
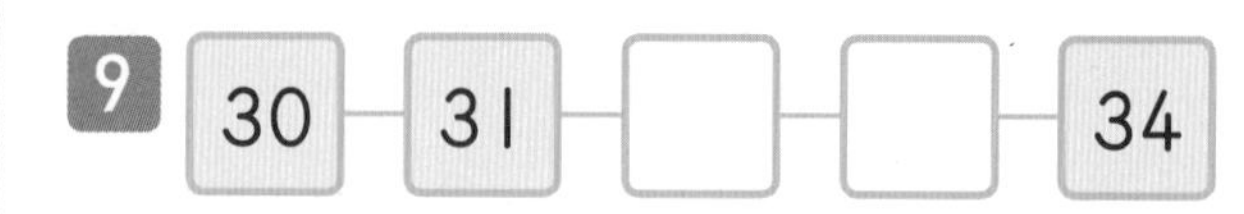

10 23 — □ — □ — 26 — 27

11 □ — 46 — 47 — □ — 49

12 □ — 30 — 31 — □ — □

13 □ — □ — 40 — 41 — □

빈칸에 알맞은 수를 써넣으세요.

14

15

16

17
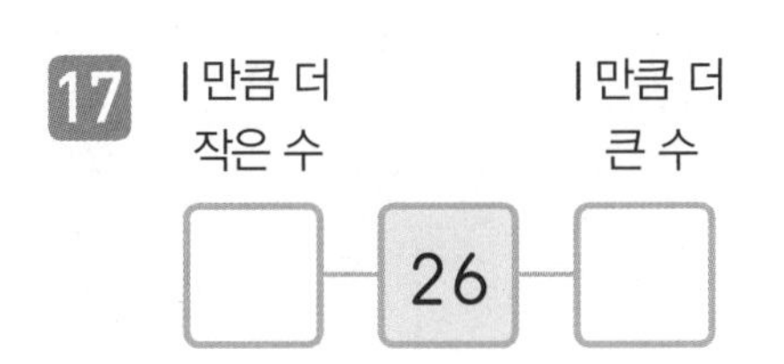

18
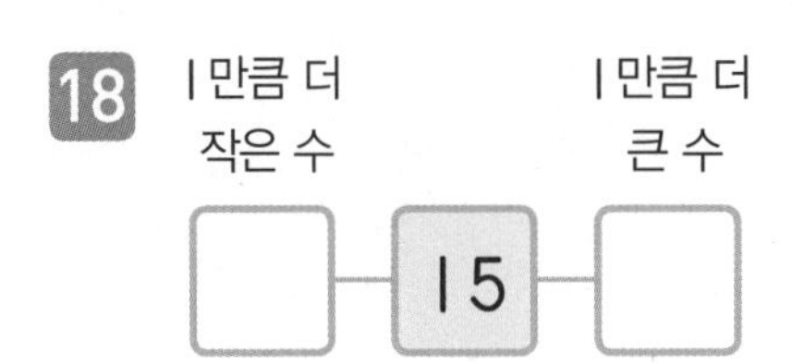

19
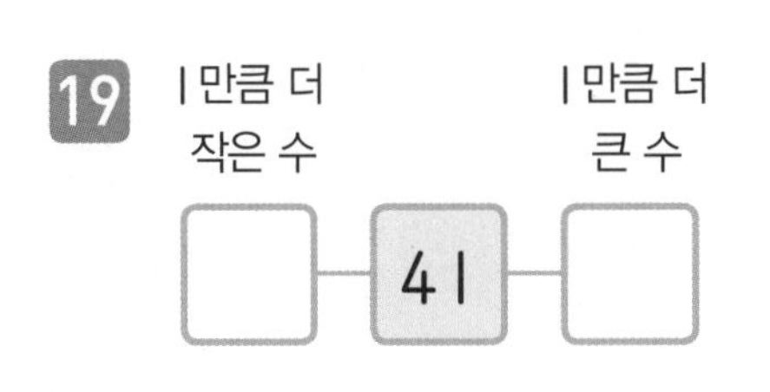

20 1만큼 더 작은 수 / 1만큼 더 큰 수

□ — 13 — □

더 큰 수에 ○표 하세요.

21

22

23

24

25

26

27

28 45 48

가장 큰 수에 ○표 하세요.

29

30

31

32

33

34

35

36

37 달걀이 한 판에 10개씩 들어 있습니다. 4판에 들어 있는 달걀은 모두 몇 개인지 구해 보세요.

답 ________

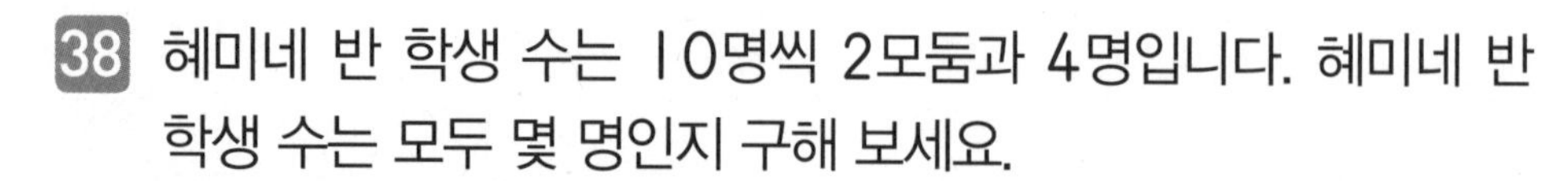

38 혜미네 반 학생 수는 10명씩 2모둠과 4명입니다. 혜미네 반 학생 수는 모두 몇 명인지 구해 보세요.

답 ________

39 주현이의 사물함 번호는 32번이고, 지아의 사물함 번호는 주현이의 바로 다음입니다. 지아의 사물함은 몇 번인지 구해 보세요.

답 ________

40 화살 던지기 게임에서 성진이는 30점을 얻었습니다. 진혁이는 성진이보다 1점 적게 얻었다면 진혁이가 얻은 점수는 몇 점인지 구해 보세요.

답 ________

41 경희가 모은 저금통에서 100원짜리 동전이 41개, 500원짜리 동전이 28개 나왔습니다. 두 동전 중에서 개수가 더 많은 동전은 얼마짜리인지 구해 보세요.

답 ________

42 삼촌은 32살, 고모는 39살, 이모는 28살입니다. 나이가 가장 많은 사람은 누구인지 구해 보세요.

답 ________

연산 노트

맞힌 개수

개 /42개

나의 학습 결과에 ○표 하세요.

맞힌 개수	0~5개	6~21개	22~37개	38~42개
학습 방법	다시 한번 풀어 봐요.	계산 연습이 필요해요.	틀린 문제를 확인해요.	실수하지 않도록 집중해요.

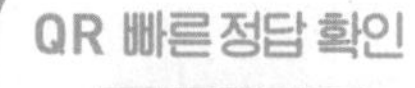
QR 빠른정답 확인

연산 노트

연산 노트

연산 노트

연산 노트

연산 노트

연산 노트

풍산자 라인업

초등 풍산자로 개념을 적용하고 응용하여 연산, 유형, 서술형을 풀면 실력이 탄탄해집니다

처음 배우는 수학을 쉽게 접근하는 초등 풍산자 로드맵

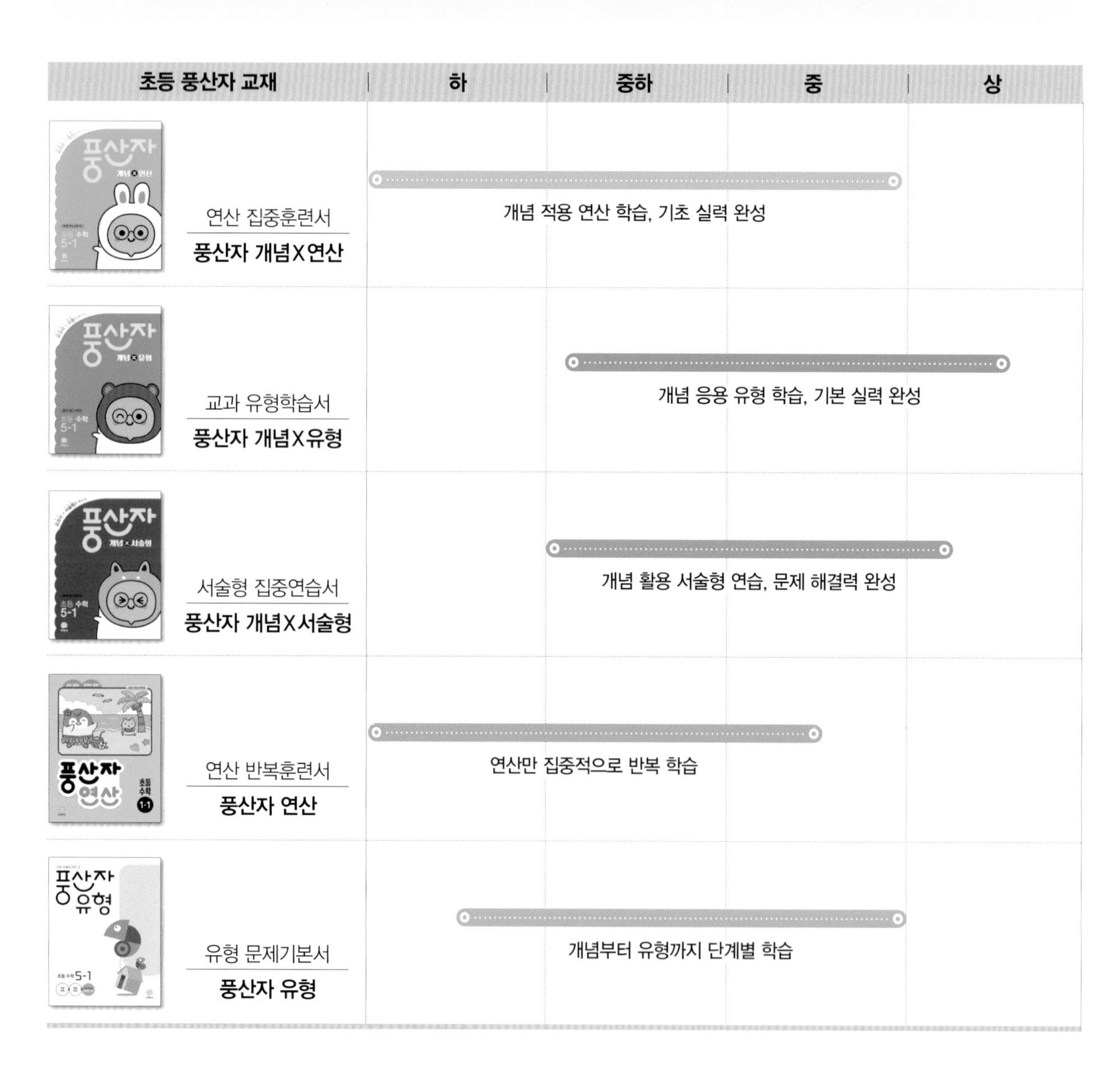

초등 풍산자 교재	하	중하	중	상
연산 집중훈련서 **풍산자 개념X연산**	개념 적용 연산 학습, 기초 실력 완성			
교과 유형학습서 **풍산자 개념X유형**		개념 응용 유형 학습, 기본 실력 완성		
서술형 집중연습서 **풍산자 개념X서술형**		개념 활용 서술형 연습, 문제 해결력 완성		
연산 반복훈련서 **풍산자 연산**	연산만 집중적으로 반복 학습			
유형 문제기본서 **풍산자 유형**		개념부터 유형까지 단계별 학습		

풍산자 연산

정답

초등 수학

하이라이트
지학사

풍산자 연산

초등 연산의 모든 것

정답

초등 수학 1-1

정답

1. 9까지의 수

01일차 1. 1, 2, 3, 4, 5

8쪽

1 3
2 4
3 1
4 5
5 2
6 5
7 2
8 1
9 3
10 2
11 4
12 5

9쪽

13 넷에 ○표
14 둘에 ○표
15 셋에 ○표
16 하나에 ○표
17 다섯에 ○표
18 넷에 ○표
19 삼에 ○표
20 사에 ○표
21 이에 ○표
22 오에 ○표
23 일에 ○표
24 이에 ○표

02일차 1. 1, 2, 3, 4, 5

10쪽

1 다섯, 오 / 5
2 둘, 이 / 2
3 넷, 사 / 4
4 하나, 일 / 1
5 셋, 삼 / 3
6 넷, 사 / 4
7 다섯, 오 / 5
8 셋, 삼 / 3
9 둘, 이 / 2
10 다섯, 오 / 5
11 셋, 삼 / 3
12 하나, 일 / 1
13 넷, 사 / 4
14 둘, 이 / 2

11쪽

15 4자루
16 2켤레
17 5개
18 1개

03일차 2. 6, 7, 8, 9

12쪽

1 8
2 6
3 7
4 9
5 8
6 7
7 9
8 6
9 9
10 6
11 8
12 7

13쪽

13 아홉에 ○표
14 일곱에 ○표
15 여섯에 ○표
16 아홉에 ○표
17 여섯에 ○표
18 일곱에 ○표
19 팔에 ○표
20 구에 ○표
21 육에 ○표
22 팔에 ○표
23 칠에 ○표
24 육에 ○표

04 일차 2. 6, 7, 8, 9

14쪽

1 일곱, 칠 / 7
2 아홉, 구 / 9
3 여섯, 육 / 6
4 여덟, 팔 / 8
5 여섯, 육 / 6
6 아홉, 구 / 9
7 일곱, 칠 / 7
8 여덟, 팔 / 8
9 아홉, 구 / 9
10 일곱, 칠 / 7
11 여섯, 육 / 6
12 여덟, 팔 / 8
13 일곱, 칠 / 7
14 여섯, 육 / 6

15쪽

15 8조각
16 6권
17 7개
18 9마리
19 8마리

05 일차 3. 몇째 알아보기

16쪽

1 ◇◇◆◇◇◇◇◇◇
2 ♤♤♤♤♤♤♤♠♤
3 ☆☆☆★☆☆☆☆☆
4 □■□□□□□□□
5 ♡♡♡♡♡♡♥♡♡
6 ♣♧♧♧♧♧♧♧♧
7 ◆◇◇◇◇◇◇◇◇
8 ♤♤♤♤♠♤♤♤♤
9 ☆☆☆☆☆☆★☆☆
10 □□□■□□□□□
11 ♡♥♡♡♡♡♡♡♡
12 ♧♧♧♧♧♧♧♣♧

17쪽

13
14
15
16
17
18
19
20
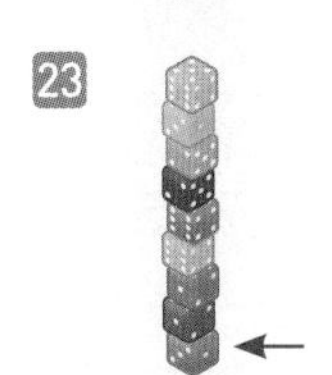
21
22
23
24
25

06 일차 3. 몇째 알아보기

18쪽

1

일곱(칠)	♠♠♠♠♠♠♠♤♤
일곱째	♤♤♤♤♤♤♠♤♤

2

셋(삼)	★★★☆☆☆☆☆☆
셋째	☆☆★☆☆☆☆☆☆

3

여섯(육)	■■■■■■□□□
여섯째	□□□□□■□□□

4

아홉(구)	♥♥♥♥♥♥♥♥♥
아홉째	♡♡♡♡♡♡♡♡♥

5

둘(이)	♣♣♧♧♧♧♧♧♧
둘째	♧♣♧♧♧♧♧♧♧

6

하나(일)	●○○○○○○○○
첫째	●○○○○○○○○

7

여덟(팔)	◆◆◆◆◆◆◆◆◇
여덟째	◇◇◇◇◇◇◇◆◇

8

다섯(오)	♠♠♠♠♠♤♤♤♤
다섯째	♤♤♤♤♠♤♤♤♤

9

둘(이)	★★☆☆☆☆☆☆☆
둘째	☆★☆☆☆☆☆☆☆

10

일곱(칠)	■■■■■■■□□
일곱째	□□□□□□■□□

11

셋(삼)	♥♥♥♡♡♡♡♡♡
셋째	♡♡♥♡♡♡♡♡♡

12

여섯(육)	♣♣♣♣♣♣♧♧♧
여섯째	♧♧♧♧♧♣♧♧♧

13

넷(사)	●●●●○○○○○
넷째	○○○●○○○○○

19쪽

14 사
15 다
16 마
17 나

07 일차 4. 9까지의 수의 순서

20쪽

1 4, 5, 6, 7, 8
2 2, 3, 4, 7, 9
3 1, 2, 5, 6, 8
4 1, 3, 6, 8, 9
5 3, 4, 5, 6, 9
6 2, 4
7 3, 6
8 6, 7
9 2, 5, 6
10 5, 6, 7
11 5, 7, 8
12 2, 4, 5

21쪽

13 4, 3, 2, 1
14 8, 7, 6, 3, 2
15 9, 8, 6, 5, 3
16 9, 7, 5, 3, 1
17 8, 6, 5, 2, 1
18 9, 7, 6, 5, 4
19 9, 6, 5, 3, 2
20 5, 2
21 7, 6
22 4, 3
23 9, 7, 5
24 4, 3, 1
25 7, 6, 3
26 8, 7, 6

08일차 4. 9까지의 수의 순서

22쪽

1 4, 7
2 사, 육
3 셋, 여섯
4 5, 7, 8
5 사, 육, 칠
6 하나, 셋, 넷
7 4, 5, 6
8 8, 5
9 삼, 이
10 일곱, 다섯
11 6, 4, 2
12 팔, 칠, 육
13 다섯, 넷, 셋
14 5, 3, 2

23쪽

15

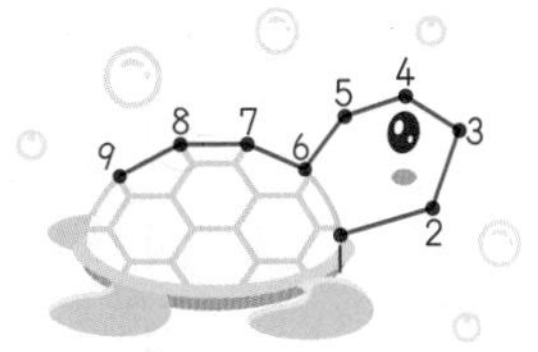

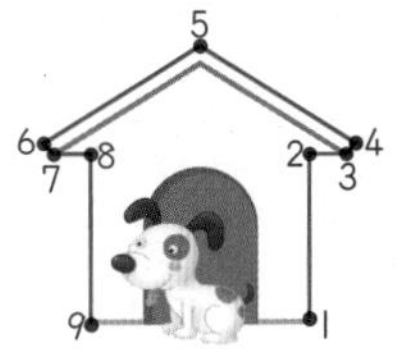

16

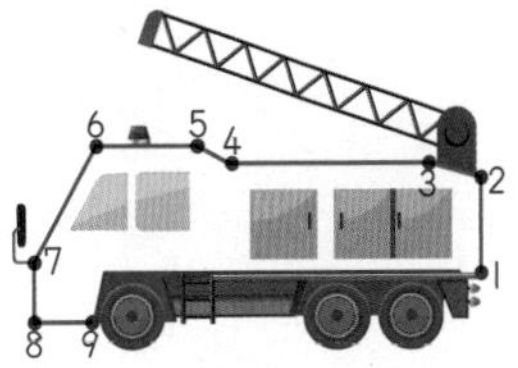

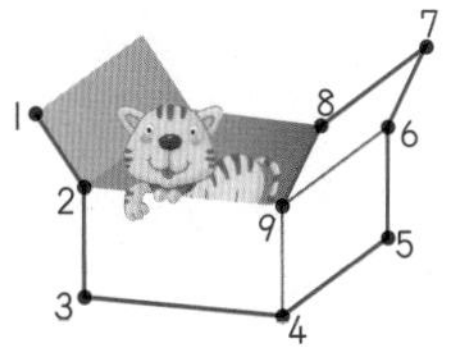

17

18

19

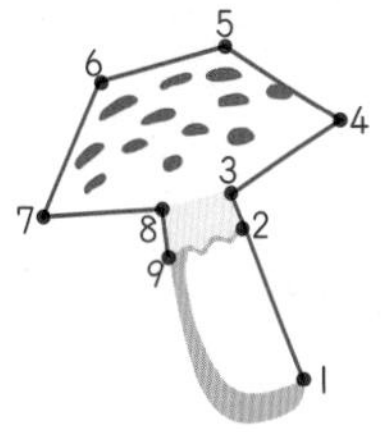

20

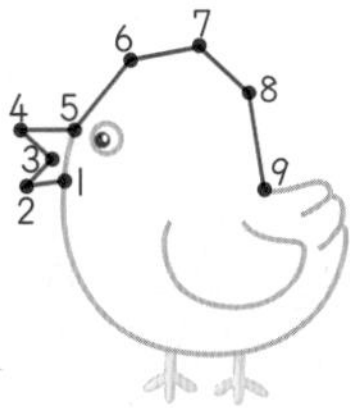

09일차 5. 1만큼 더 큰 수와 1만큼 더 작은 수

24쪽

1 ○○○○○ ○○ / 7
2 ○○○○ / 4
3 ○○○○○ ○ / 6
4 ○○○○○ / 5
5 ○○○ / 3
6 ○○ / 2
7 ○○○○○ ○ / 6
8 ○○○ / 3
9 ○○○○○ ○○○ / 8
10 ○○○○○ ○○ / 7
11 ○○○○○ / 5
12 ○ / 1

25쪽

13 5
14 8
15 2
16 7
17 6
18 2
19 3
20 4
21 6
22 2
23 9
24 2
25 5
26 8

10일차 5. 1만큼 더 큰 수와 1만큼 더 작은 수

26쪽

1 2, 4
2 5, 7
3 3, 5
4 6, 8
5 1, 3
6 7, 9
7 4, 6
8 일, 삼
9 칠, 구
10 오, 칠
11 넷, 여섯
12 둘, 넷
13 여섯, 여덟
14 셋, 다섯

27쪽

15 6개
16 7권
17 8개
18 2자루
19 3개

11일차 6. 두 수의 크기 비교

28쪽

1 3 ○○○ / ⑤ ○○○○○
2 ⑥ ○○○○○○ / 3 ○○○
3 4 ○○○○ / ⑦ ○○○○○○○
4 ⑧ ○○○○○○○○ / 5 ○○○○○
5 7 ○○○○○○○ / ⑨ ○○○○○○○○○
6 9 ○○○○○○○○○ / △2 ○○
7 △4 ○○○○ / 8 ○○○○○○○○
8 △1 ○ / 3 ○○○
9 8 ○○○○○○○○ / △7 ○○○○○○○
10 △2 ○○ / 6 ○○○○○○
11 5 ○○○○○ / △4 ○○○○

29쪽

12 5에 ○표
13 6에 ○표
14 9에 ○표
15 8에 ○표
16 7에 ○표
17 7에 ○표
18 3에 ○표
19 5에 ○표
20 8에 ○표
21 9에 ○표
22 6에 ○표
23 2에 △표
24 1에 △표
25 3에 △표
26 6에 △표
27 3에 △표
28 1에 △표
29 4에 △표
30 1에 △표
31 3에 △표
32 1에 △표

12 일차 6. 두 수의 크기 비교

30쪽

1 작습니다에 ○표
2 작습니다에 ○표
3 큽니다에 ○표
4 큽니다에 ○표
5 큽니다에 ○표
6 작습니다에 ○표
7 큽니다에 ○표
8 작습니다에 ○표
9 작습니다에 ○표
10 작습니다에 ○표
11 큽니다에 ○표
12 큽니다에 ○표
13 큽니다에 ○표
14 작습니다에 ○표
15 큽니다에 ○표
16 작습니다에 ○표

31쪽

17 빨간 공
18 장수풍뎅이
19 구두
20 지우개

13 일차 7. 세 수의 크기 비교

32쪽

1
3 ○○○
6 ○○○○○○
9(○) ○○○○○○○○○

2
1 ○
5(○) ○○○○○
4 ○○○○

3
4 ○○○○
7(○) ○○○○○○○
2 ○○

4
8 ○○○○○○○○
4(△) ○○○○
5 ○○○○○

5
7 ○○○○○○○
3(△) ○○○
5 ○○○○○

6
8 ○○○○○○○○
1(△) ○
6 ○○○○○○

7
2(△) ○○
4 ○○○○
3 ○○○

33쪽

8 4에 ○표
9 6에 ○표
10 6에 ○표
11 5에 ○표
12 8에 ○표
13 7에 ○표
14 9에 ○표
15 7에 ○표
16 7에 ○표
17 8에 ○표
18 9에 ○표
19 1에 △표
20 2에 △표
21 5에 △표
22 1에 △표
23 3에 △표
24 3에 △표
25 4에 △표
26 3에 △표
27 1에 △표
28 1에 △표

14 일차 7. 세 수의 크기 비교

34쪽

1 5 / 1
2 6 / 2
3 7 / 3
4 8 / 3
5 5 / 1
6 7 / 2
7 9 / 4
8 6 / 2
9 6 / 3
10 8 / 6
11 9 / 1
12 8 / 3
13 8 / 4
14 9 / 5
15 9 / 3

35쪽

16 치킨너겟
17 빨간 공깃돌
18 유모차
19 주스
20 월요일

15 일차 연산 & 문장제 마무리

36쪽

1 여섯, 육 / 6
2 넷, 사 / 4
3 셋, 삼 / 3
4 다섯, 오 / 5
5 아홉, 구 / 9
6 일곱, 칠 / 7
7 둘, 이 / 2
8 3, 5
9 4, 7
10 4, 5
11 3, 4, 6
12 5, 7, 9
13 사, 육, 팔
14 둘, 넷, 다섯

37쪽

15 2, 4
16 3, 5
17 6, 8
18 5, 7
19 1, 3
20 7, 9
21 4, 6
22 2에 ○표
23 7에 ○표
24 3에 ○표
25 6에 ○표
26 9에 ○표
27 8에 ○표
28 7에 ○표
29 9에 ○표
30 7에 ○표
31 9에 ○표
32 5에 ○표
33 8에 ○표
34 6에 ○표
35 7에 ○표
36 9에 ○표
37 9에 ○표

38쪽

38 5개
39 사슴
40 3개
41 금붕어
42 검은색 차

2. 덧셈

01일차 1. 9까지의 수를 모으기(1)

40쪽

1 5
2 6
3 6
4 8
5 8
6 9
7 9
8 4
9 7
10 8
11 7

41쪽

12 1, 1 / 2
13 1, 3 / 4
14 2, 1 / 3
15 2, 3 / 5
16 4, 1 / 5
17 5, 3 / 8
18 5, 1 / 6
19 6, 3 / 9

02일차 1. 9까지의 수를 모으기(1)

42쪽

1 2
2 5
3 7
4 8
5 6
6 3
7 4
8 9
9 6
10 5
11 4
12 7
13 9
14 8
15 6

43쪽

16 5개
17 6개
18 8개
19 9마리

03일차 2. 9까지의 수를 모으기(2)

44쪽

1 2, 2 / 4
2 5, 1 / 6
3 3, 2 / 5
4 1, 2 / 3
5 4, 2 / 6
6 1, 1 / 2
7 3, 1 / 4
8 5, 4 / 9
9 3, 5 / 8
10 4, 3 / 7
11 4, 4 / 8

45쪽

12 8
13 6
14 5
15 7
16 5
17 7
18 9
19 8
20 5
21 9
22 4
23 6
24 7
25 9
26 8

04일차 2. 9까지의 수를 모으기(2)

46쪽

1 5
2 8
3 4
4 6
5 2
6 7
7 3
8 9
9 4
10 8
11 7
12 5
13 6
14 3
15 9
16 6
17 8
18 7

47쪽

19 8권
20 5대
21 6대
22 8병
23 5개

05일차 3. 더하여 나타내기

48쪽

1 3, 5
2 3, 8
3 2, 6
4 4, 7
5 4, 9
6 1, 7
7 2, 9
8 3, 6
9 6, 8

49쪽

10 3 / 3
11 6 / 6
12 8 / 8
13 6 / 6
14 8 / 8
15 7 / 7
16 9 / 9
17 9 / 9

06일차 3. 더하여 나타내기

50쪽

1 1, 2
2 6, 8
3 2, 5
4 3, 7
5 1, 6
6 2, 8
7 4, 9
8 1, 5
9 3, 6
10 8, 9
11 6, 9
12 4, 7
13 4, 8
14 2, 7
15 2, 9

51쪽

16 3, 6, 9 / 3, 6, 9
17 7, 1, 8 / 7, 1, 8
18 1, 8, 9 / 1, 8, 9
19 4, 4, 8 / 4, 4, 8
20 2, 4, 6 / 2, 4, 6
21 5, 4, 9 / 5, 4, 9
22 6, 2, 8 / 6, 2, 8
23 4, 3, 7 / 4, 3, 7

07 일차 4. 합이 9까지인 수의 덧셈하기(1)

52쪽

1 3
2 4
3 6
4 7
5 5
6 9
7 8
8 6
9 8
10 2
11 6
12 3
13 8
14 5

53쪽

15 8
16 7
17 9
18 9
19 7
20 9 / 9
21 8 / 8
22 6 / 6
23 5 / 5
24 7 / 7
25 6 / 6
26 8 / 8
27 7 / 7

08 일차 4. 합이 9까지인 수의 덧셈하기(1)

54쪽

1 2, 4
2 4, 7
3 2, 6
4 1, 6
5 2, 8
6 8 / 7, 8
7 6 / 4, 6
8 5 / 2, 5
9 8 / 5, 8
10 7 / 3, 7
11 8 / 4, 8
12 9 / 4, 9
13 9 / 3, 9
14 7 / 1, 7
15 9 / 2, 9

55쪽

16 6마리
17 7병
18 5인분
19 9켤레
20 8개

09 일차 5. 합이 9까지인 수의 덧셈하기(2)

56쪽

1 6
2 7
3 9
4 8
5 7
6 9
7 8
8 5
9 9
10 8
11 5
12 6
13 6
14 7
15 4
16 3
17 9

57쪽

18 2
19 5
20 9
21 7
22 6
23 8
24 3
25 7
26 5
27 4
28 9
29 8
30 9
31 5
32 4
33 8
34 6
35 7
36 8
37 9

10일차 5. 합이 9까지인 수의 덧셈하기(2)

58쪽

1 3
2 9
3 6
4 9
5 4
6 5
7 8
8 9
9 7
10 6
11 8
12 7
13 9
14 5
15 5
16 8
17 2
18 7
19 8
20 9
21 6
22 9

59쪽

23 6명
24 4권
25 7개
26 9송이
27 8살

11일차 6. 덧셈식에서 □의 값 구하기

60쪽

1 2
2 2
3 1
4 3
5 7
6 3
7 2
8 2
9 1
10 3

61쪽

11 ○ / 1
12 ○○○○ / 4
13 ○○○○ / 4
14 ○ / 1
15 ○○○○○○ / 6
16 ○○○○○ / 5
17 ○○ / 2
18 ○○○○○ / 5
19 ○○ / 2
20 ○ / 1
21 ○○○ / 3
22 ○○○○ / 4

12일차 6. 덧셈식에서 □의 값 구하기

62쪽

1 1
2 3
3 3
4 2
5 6
6 1
7 4
8 1
9 1
10 3
11 4
12 4
13 1
14 4
15 3
16 2
17 2
18 5
19 5
20 2
21 2
22 3

63쪽

23 6개
24 3마리
25 4대
26 3마리
27 2개

13일차 연산 & 문장제 마무리

64쪽

1 4
2 7
3 6
4 2
5 9
6 8
7 9
8 5
9 8
10 8
11 7
12 9
13 4
14 7
15 6
16 5
17 8
18 9

65쪽

19 6
20 3
21 7
22 6
23 6
24 8
25 9
26 9
27 8
28 7
29 5
30 4
31 9
32 7
33 9
34 8
35 4
36 3
37 1
38 8
39 3
40 1
41 2
42 4

66쪽

43 3권
44 8개
45 4골
46 9그루
47 5개
48 2개
49 3자루

3. 뺄셈

01일차 1. 9까지의 수를 가르기(1)

68쪽

1 3
2 2
3 3
4 3
5 4
6 6
7 2
8 1, 4
9 3, 3
10 5, 3
11 2, 7

69쪽

12 1
13 2
14 1, 3
15 4, 2
16 7 / 5, 2
17 3 / 1, 2
18 8 / 3, 5
19 9 / 6, 3

02일차 1. 9까지의 수를 가르기(1)

70쪽

1 ●
2 ● ●
3 ●
4 ● ●
5 ● ●
6 ●
7 ● ●
8 ● ● ●
9 ● ● ●
10 ● ● ●
11 ●
12 ● ● ● ●
13 ● ● ● ● ● ●
14 ● ● ● ●
15 ● ● ● ●

71쪽

16 3마리
17 4개
18 3권
19 2대

03일차 2. 9까지의 수를 가르기(2)

72쪽

1 4 / 3, 1
2 5 / 2, 3
3 2 / 1, 1
4 6 / 3, 3
5 7 / 3, 4
6 4 / 2, 2
7 5 / 1, 4
8 8 / 5, 3
9 9 / 3, 6
10 6 / 5, 1
11 7 / 2, 5

73쪽

12 2
13 3
14 5
15 3
16 1
17 1
18 1
19 6
20 4
21 6
22 2
23 4
24 2
25 4
26 8

04일차 2. 9까지의 수를 가르기(2)

74쪽

1 3
2 3
3 4
4 1
5 1
6 7
7 1
8 3
9 3
10 2
11 1
12 4
13 2
14 4
15 3
16 6
17 2
18 6

75쪽

19 4개
20 1명
21 1개
22 2명

05일차 3. 빼서 나타내기

76쪽

1 2
2 2
3 3
4 4
5 3
6 5
7 3
8 3
9 2

77쪽

10 1 / 1
11 2 / 2
12 4 / 4
13 5 / 5
14 1 / 1
15 2 / 2
16 1 / 1
17 6 / 6

06일차 3. 빼서 나타내기

78쪽

1 2, 1
2 1, 4
3 2, 5
4 3, 1
5 6, 2
6 9, 6
7 6, 4
8 8, 4
9 9, 7
10 6, 2

79쪽

11 3, 1, 2 / 3, 1, 2
12 5, 2, 3 / 5, 2, 3
13 8, 5, 3 / 8, 5, 3
14 4, 2, 2 / 4, 2, 2
15 7, 4, 3 / 7, 4, 3
16 6, 3, 3 / 6, 3, 3
17 8, 1, 7 / 8, 1, 7
18 9, 7, 2 / 9, 7, 2

07일차 4. 한 자리 수의 뺄셈하기(1)

80쪽

1 1
2 4
3 5
4 3
5 3
6 3
7 7
8 2
9 5
10 6
11 1

81쪽

12 1 / 2, 1
13 1 / 3, 1
14 3 / 4, 3
15 2 / 4, 2
16 4 / 5, 4
17 1 / 6, 1
18 4 / 6, 4
19 4 / 7, 4
20 4 / 8, 4
21 5 / 8, 5
22 7 / 9, 2
23 1 / 9, 8

08일차 4. 한 자리 수의 뺄셈하기(1)

82쪽

1 1, 2
2 3, 1
3 3, 2
4 2, 4
5 3, 3
6 4, 3
7 1, 7
8 6, 2
9 1, 8
10 5, 4
11 4 / 5, 4
12 1 / 6, 1
13 5 / 7, 2
14 3 / 8, 5
15 3 / 9, 3

83쪽

16 2대
17 2송이
18 2병
19 3개

09일차 5. 한 자리 수의 뺄셈하기(2)

84쪽

1 1
2 2
3 2
4 3
5 4
6 8
7 2
8 2
9 4
10 1
11 4
12 3
13 3
14 1
15 1
16 5
17 2

85쪽

18 3
19 3
20 4
21 2
22 1
23 4
24 3
25 5
26 6
27 1
28 7
29 6
30 5
31 2
32 7
33 2
34 5
35 1
36 1
37 6

10일차 5. 한 자리 수의 뺄셈하기(2)

86쪽

1 2
2 1
3 2
4 2
5 5
6 5
7 3
8 1
9 4
10 3
11 3
12 3
13 5
14 7
15 1
16 1
17 1
18 5
19 3
20 8
21 1

87쪽

22 3장
23 5자루
24 6권
25 2명

11일차 6. 뺄셈식에서 □의 값 구하기

88쪽

1 5
2 6
3 4
4 7
5 4
6 8
7 5
8 9
9 6
10 7

89쪽

11 1
12 2
13 3
14 4
15 2
16 5
17 1
18 4
19 1
20 2

12일차 6. 뺄셈식에서 □의 값 구하기

90쪽

1 1
2 2
3 4
4 4
5 2
6 2
7 1
8 8
9 6
10 4
11 7
12 5
13 9
14 2
15 1
16 5
17 4
18 1
19 7
20 9
21 4

91쪽

22 6명
23 2개
24 5명
25 4마리

13일차 연산 & 문장제 마무리

92쪽

1 3
2 2
3 2
4 4
5 1
6 4
7 3
8 1
9 5
10 4
11 1
12 7
13 4
14 3
15 2
16 5
17 5

93쪽

18 1
19 1
20 6
21 1
22 4
23 1
24 3
25 2
26 3
27 2
28 4
29 2
30 2
31 3
32 4
33 3
34 2
35 3
36 4
37 1
38 6
39 9
40 8
41 3

94쪽

42 1명
43 3그루
44 4조각
45 2벌
46 6대
47 5개

4. 덧셈과 뺄셈

01일차 1. 0을 더하거나 빼기

96쪽

1 4
2 2
3 7
4 3
5 9
6 8
7 9
8 3
9 6
10 0
11 0
12 1
13 6
14 9
15 5
16 7
17 8

97쪽

18 2
19 5
20 7
21 0
22 0
23 0
24 5
25 3
26 9
27 6
28 4
29 8
30 1
31 6
32 1
33 9
34 0
35 0
36 0
37 0

02일차 1. 0을 더하거나 빼기

98쪽

1 3
2 6
3 2
4 8
5 4
6 9
7 7
8 4
9 1
10 3
11 8
12 0
13 0
14 0
15 1
16 4
17 3
18 5
19 2
20 7
21 0
22 0

99쪽

23 7개
24 3골
25 5개
26 0개
27 0개

03일차 2. 덧셈과 뺄셈하기(1)

100쪽

1 + / −
2 + / −
3 + / −
4 + / −
5 + / −
6 + / −
7 + / −
8 + / −
9 + / −
10 − / +
11 − / +
12 − / +
13 − / +
14 − / +
15 − / +
16 − / +
17 − / +
18 + / −
19 − / +

101쪽

20 −
21 −
22 +
23 −
24 +
25 +
26 −
27 +
28 −
29 −
30 +
31 +
32 −
33 +
34 +
35 +
36 +
37 −
38 −
39 −
40 +

04 일차 2. 덧셈과 뺄셈하기(1)

102쪽

1 + / −
2 + / −
3 − / +
4 − / +
5 + / −
6 − / +
7 − / +

8 −
9 +
10 +
11 +
12 −
13 −
14 +
15 −

16 −
17 −
18 +
19 −
20 −
21 +
22 +
23 −

103쪽

24 5시간
25 9개
26 6대
27 4권
28 3마리

05 일차 3. 덧셈과 뺄셈하기(2)

104쪽

1 6
2 7
3 4

4 5
5 7
6 9
7 9
8 8

9 1
10 2
11 4
12 5
13 2

105쪽

14 2
15 3
16 6
17 9
18 3
19 3
20 5

21 2
22 8
23 1
24 7
25 5
26 5
27 8

28 7
29 6
30 7
31 4
32 2
33 6
34 9

06 일차 3. 덧셈과 뺄셈하기(2)

106쪽

1 6
2 4
3 2
4 3
5 7
6 4
7 1
8 9

9 5
10 8
11 8
12 4
13 0
14 4
15 7
16 2

17 4
18 3
19 3
20 6
21 4
22 6
23 2
24 4

107쪽

25 5자루
26 4통
27 6개
28 3골
29 2개

07일차 4. 세 수로 덧셈식과 뺄셈식 만들기

108쪽

1 1, 5
2 3, 7
3 9, 6
4 7, 4
5 4, 8
6 4, 6
7 3, 8
8 1, 8
9 3, 5
10 3, 9
11 8, 3
12 7, 1
13 9, 7
14 3, 2
15 7, 3
16 8, 2

109쪽

17 4, 6 / 2, 6 / 6, 4 / 6, 2
18 4, 7 / 3, 7 / 7, 4 / 7, 3
19 5, 7 / 2, 7 / 7, 5 / 7, 2
20 4, 5 / 1, 5 / 5, 4 / 5, 1
21 5, 9 / 4, 9 / 9, 5 / 9, 4
22 3, 3 / 0, 3 / 3, 3 / 3, 0
23 5, 8 / 3, 8 / 8, 5 / 8, 3
24 7, 9 / 2, 9 / 9, 7 / 9, 2
25 6, 8 / 2, 8 / 8, 6 / 8, 2

08일차 4. 세 수로 덧셈식과 뺄셈식 만들기

110쪽

1 4, 6 / 6, 4
2 1, 6 / 6, 1
3 2, 9 / 9, 2
4 5, 8 / 8, 5
5 2, 5 / 5, 2
6 3, 7 / 7, 3
7 4, 5 / 5, 1
8 0, 7 / 7, 7
9 1, 4 / 4, 3
10 4, 9 / 9, 5
11 1, 8 / 8, 7
12 4, 8 / 8, 4

111쪽

13 3, 4 / 1, 4 / 4, 3 / 4, 1
14 7, 8 / 1, 8 / 8, 7 / 8, 1
15 6, 9 / 3, 9 / 9, 6 / 9, 3
16 5, 6 / 1, 6 / 6, 5 / 6, 1
17 4, 4 / 0, 4 / 4, 4 / 4, 0
18 3, 5 / 2, 5 / 5, 3 / 5, 2
19 8, 9 / 1, 9 / 9, 8 / 9, 1
20 2, 3 / 1, 3 / 3, 2 / 3, 1
21 6, 7 / 1, 7 / 7, 6 / 7, 1

09일차 연산 & 문장제 마무리

112쪽

1 2
2 6
3 7
4 3
5 4
6 5
7 0
8 0
9 −
10 +
11 +
12 +
13 −
14 +
15 −
16 −
17 −
18 +
19 −
20 −
21 +
22 −
23 +
24 −

113쪽

25 8
26 5
27 7
28 6
29 8
30 8
31 3
32 7
33 6
34 1
35 2
36 2
37 6
38 4
39 5
40 1
41 3, 6 / 6, 3
42 3, 5 / 5, 3
43 2, 8 / 8, 2
44 1, 8 / 8, 1
45 2, 4 / 4, 2
46 9, 9 / 9, 0

114쪽

47 2문제
48 0대
49 8명
50 6개
51 5시간
52 4살

5. 19까지의 수

01일차 1. 9 다음의 수

116쪽

1 (○)(   )
2 (   )(○)
3 (   )(○)
4 (○)(   )
5 (○)(   )
6 (   )(○)
7 (○)(   )
8 (   )(○)
9 (○)(   )
10 (○)(   )

117쪽

11 ○○
12 ○
13 ○○○○
14 ○○○/○○○○○
15 ○○○○○
16 ○○○
17 ○/○○○○○
18 ○○○○/○○○○○
19 ○○○○○
20 ○○/○○○○○
21 ○
22 ○○○○

02일차 1. 9 다음의 수

118쪽

1 10
2 10
3 10
4 10
5 10
6 10
7 10
8 10
9 2
10 6
11 1
12 5
13 3
14 7
15 4
16 8

119쪽

17 10번
18 10분
19 10판
20 7개
21 6장

03일차 2. 10 모으기와 가르기

120쪽

1 10
2 10
3 5, 5 / 10
4 6, 4 / 10
5 3, 7 / 10
6 5
7 3
8 2
9 4, 6
10 1, 9

121쪽

11 10
12 2 / 10
13 10
14 5, 5 / 10
15 4
16 1
17 8
18 10 / 5, 5

04 일차 2. 10 모으기와 가르기

122쪽

1 10
2 10
3 10
4 10
5 10
6 10
7 10
8 10
9 10
10 4
11 7
12 5
13 8
14 9
15 3
16 6
17 1
18 2

123쪽

19 10개
20 10권
21 2개
22 4명
23 9바퀴

05 일차 3. 십몇 알아보기

124쪽

1 11
2 17
3 12
4 18
5 15
6 1, 3
7 1, 2
8 1, 8
9 1, 4
10 1, 5
11 1, 9
12 1, 6

125쪽

13 십사, 열넷
14 십칠, 열일곱
15 십구, 열아홉
16 십육, 열여섯
17 십이, 열둘
18 십삼, 열셋
19 십일, 열하나
20 십오, 열다섯
21 십팔, 열여덟
22 십육, 열여섯
23 십사, 열넷
24 십칠, 열일곱

06 일차 3. 십몇 알아보기

126쪽

1 11, 13
2 14, 16
3 10, 12
4 17, 19
5 13, 15
6 16, 18
7 12, 14
8 14
9 18
10 12, 13
11 17, 18
12 13, 15
13 14, 16
14 11, 14

127쪽

15 14개
16 17개
17 18초
18 13번

07일차 4. 19까지의 수 모으기(1)

128쪽

1 13
2 14
3 8 / 16
4 5 / 11
5 4 / 15
6 14

129쪽

7 17
8 11
9 6 / 13
10 18
11 5 / 12
12 8, 7 / 15
13 12, 3 / 15
14 8, 11 / 19

08일차 4. 19까지의 수 모으기(1)

130쪽

1 14
2 13
3 12
4 15
5 19
6 12
7 17
8 13
9 16
10 11
11 14
12 12
13 16
14 17
15 18

131쪽

16 11개
17 13개
18 19자루
19 17마리
20 12초

09일차 5. 19까지의 수 모으기(2)

132쪽

1 16
2 14
3 12
4 12
5 14
6 17
7 7 / 13
8 10 / 18
9 9 / 16
10 4 / 13

133쪽

11 12
12 11
13 14
14 18
15 13
16 12
17 17
18 15
19 13
20 16
21 11
22 14
23 12
24 15
25 11

10일차 5. 19까지의 수 모으기(2)

134쪽

1 15
2 12
3 17
4 13
5 12
6 15
7 13
8 18
9 15
10 17
11 16
12 19
13 3
14 8
15 6
16 5
17 4
18 7

135쪽

19 18명
20 13장
21 16개
22 18개

11일차 6. 19까지의 수 가르기(1)

136쪽

1 7
2 8
3 6
4 7
5 7
6 11, 8

137쪽

7 7
8 5
9 14 / 5
10 18 / 9
11 6
12 17 / 9, 8
13 12 / 4, 8
14 16 / 10, 6

12일차 6. 19까지의 수 가르기(1)

138쪽

1 ●●●●●●
●●
2 ●●●●
3 ●●●●
4 ●●●●
●●●
5 ●●●
●●●
6 ●●●●
●●●
7 ●●●
●●●
8 ●●●●
●●●
9 ●●●●
●●●●
10 ●●●●
●●●
11 ●●●●
●●●●
12 ●●●●●
●●●●
13 ●●●●●
●●●●
14 ●●●●●
15 ●●●●
●●●

139쪽

16 7개
17 5명
18 4개
19 3송이
20 7대

13일차 7. 19까지의 수 가르기(2)

140쪽

1 7
2 6
3 6
4 10
5 8
6 3
7 9
8 9
9 4
10 12

141쪽

11 3
12 9
13 7
14 7
15 7
16 8
17 12
18 7
19 4
20 2
21 7
22 7
23 15
24 4
25 7

14일차 7. 19까지의 수 가르기(2)

142쪽

1 8
2 6
3 4
4 9
5 5
6 5
7 10
8 4
9 3
10 11
11 1
12 3
13 7
14 4
15 6
16 6
17 6
18 7

143쪽

19 5개
20 16개
21 8개
22 6명

15일차 연산 & 문장제 마무리

144쪽

1 10
2 10
3 10
4 10
5 10
6 10
7 10
8 4
9 2
10 3
11 5
12 9
13 6
14 8
15 십, 열
16 십삼, 열셋
17 십팔, 열여덟
18 십육, 열여섯
19 십구, 열아홉
20 십사, 열넷
21 십칠, 열일곱

145쪽

22 4
23 6
24 1
25 1
26 15
27 17
28 13
29 18
30 11
31 14
32 17
33 15
34 12
35 9
36 5
37 7
38 8
39 9
40 8
41 9

146쪽

42 10개
43 4마리
44 15개
45 13골
46 8개
47 9장

6. 50까지의 수

01일차 1. 10개씩 묶어 세기

148쪽

1 20
2 30
3 40
4 50
5 30
6 40
7 20
8 50
9 40
10 30

149쪽

11 30
12 40
13 50
14 10
15 20
16 2
17 4
18 5
19 1
20 3
21 오십, 쉰
22 삼십, 서른
23 사십, 마흔
24 이십, 스물
25 십, 열

02일차 1. 10개씩 묶어 세기

150쪽

1 3, 30
2 5, 50
3 2, 20
4 4, 40
5 이십, 스물
6 사십, 마흔
7 삼십, 서른
8 오십, 쉰

151쪽

9 30마리
10 20번
11 40개
12 50개
13 20줄

03일차 2. 50까지의 수 알아보기

152쪽

1 32
2 44
3 37
4 48
5 26
6 7
7 5
8 2
9 3
10 4, 2
11 3, 1
12 2, 3

153쪽

13 삼십일, 서른하나
14 이십구, 스물아홉
15 사십사, 마흔넷
16 삼십육, 서른여섯
17 이십오, 스물다섯
18 사십구, 마흔아홉
19 삼십오, 서른다섯
20 이십사, 스물넷
21 삼십칠, 서른일곱
22 이십팔, 스물여덟
23 삼십육, 서른여섯
24 사십일, 마흔하나

04 일차 2. 50까지의 수 알아보기

154쪽

1 29
2 48
3 32
4 27
5 24
6 50
7 36
8 삼십이, 서른둘
9 사십칠, 마흔일곱
10 이십일, 스물하나
11 삼십삼, 서른셋
12 사십오, 마흔다섯
13 삼십사, 서른넷
14 이십육, 스물여섯

155쪽

15 17개
16 35개
17 24명
18 41개

05 일차 3. 50까지의 수의 순서

156쪽

1 24, 26
2 35, 40
3 29, 31, 33
4 43, 45, 47
5 37, 40, 42, 43
6 34
7 29, 31
8 41, 43
9 22, 23
10 34, 37
11 25, 27, 29
12 46, 49, 50

157쪽

13 24, 26
14 33, 35
15 46, 48
16 38, 40
17 20, 22
18 42, 44
19 35, 37
20 28, 30
21 19, 21
22 22, 24
23 30, 32
24 48, 50
25 29, 31
26 44, 46

06 일차 3. 50까지의 수의 순서

158쪽

1 23, 24, 25
2 35, 36, 37, 38
3 19, 20, 21, 22
4 38, 39, 40, 41
5 27, 28, 29, 30
6 32, 33, 34, 35
7 47, 48, 49, 50
8 38, 37, 36
9 26, 25, 24, 23
10 47, 46, 45, 44
11 23, 22, 21, 20
12 31, 30, 29, 28
13 42, 41, 40, 39
14 30, 29, 28, 27

159쪽

15 43번
16 36
17 22등
18 26층

07일차 4. 두 수의 크기 비교

160쪽

1 41, 37
2 30, 24
3 35, 32
4 28, 26
5 32, 40
6 25, 31
7 23, 50
8 22, 26
9 33, 39
10 45, 48

161쪽

11 37에 ○표
12 29에 ○표
13 40에 ○표
14 19에 ○표
15 42에 ○표
16 34에 ○표
17 50에 ○표
18 33에 ○표
19 36에 ○표
20 44에 ○표
21 39에 ○표
22 22에 △표
23 38에 △표
24 40에 △표
25 20에 △표
26 32에 △표
27 19에 △표
28 41에 △표
29 23에 △표
30 20에 △표
31 36에 △표

08일차 4. 두 수의 크기 비교

162쪽

1 작습니다에 ○표
2 큽니다에 ○표
3 작습니다에 ○표
4 작습니다에 ○표
5 큽니다에 ○표
6 큽니다에 ○표
7 작습니다에 ○표
8 작습니다에 ○표
9 큽니다에 ○표
10 작습니다에 ○표
11 큽니다에 ○표
12 큽니다에 ○표
13 큽니다에 ○표
14 작습니다에 ○표
15 작습니다에 ○표
16 큽니다에 ○표

163쪽

17 승환
18 소연
19 은민
20 윤정

09일차 5. 세 수의 크기 비교

164쪽

1 44에 ○표
2 34에 ○표
3 36에 ○표
4 21에 △표
5 27에 △표
6 12에 △표
7 35에 △표

165쪽

8 46에 ○표
9 45에 ○표
10 30에 ○표
11 50에 ○표
12 38에 ○표
13 49에 ○표
14 19에 ○표
15 42에 ○표
16 41에 ○표
17 29에 ○표
18 48에 ○표
19 18에 △표
20 17에 △표
21 24에 △표
22 27에 △표
23 14에 △표
24 21에 △표
25 15에 △표
26 26에 △표
27 11에 △표
28 12에 △표

10일차 5. 세 수의 크기 비교

166쪽

1. 46 / 10
2. 47 / 18
3. 38 / 13
4. 44 / 23
5. 41 / 19
6. 35 / 26
7. 29 / 22
8. 28 / 11
9. 33 / 16
10. 19 / 14
11. 30 / 21
12. 37 / 31
13. 22 / 12
14. 50 / 39
15. 23 / 10

167쪽

16. 위인전
17. 미어캣
18. 소민
19. 도서관

11일차 연산 & 문장제 마무리

168쪽

1. 삼십, 서른 / 30
2. 오십, 쉰 / 50
3. 이십오, 스물다섯 / 25
4. 사십칠, 마흔일곱 / 47
5. 삼십삼, 서른셋 / 33
6. 이십구, 스물아홉 / 29
7. 19, 21
8. 43, 45
9. 32, 33
10. 24, 25
11. 45, 48
12. 29, 32, 33
13. 38, 39, 42

169쪽

14. 32, 34
15. 45, 47
16. 39, 41
17. 25, 27
18. 14, 16
19. 40, 42
20. 12, 14
21. 36에 ○표
22. 40에 ○표
23. 21에 ○표
24. 50에 ○표
25. 28에 ○표
26. 34에 ○표
27. 19에 ○표
28. 48에 ○표
29. 31에 ○표
30. 42에 ○표
31. 25에 ○표
32. 38에 ○표
33. 50에 ○표
34. 35에 ○표
35. 24에 ○표
36. 47에 ○표

170쪽

37. 40개
38. 24명
39. 33번
40. 29점
41. 100원짜리
42. 고모

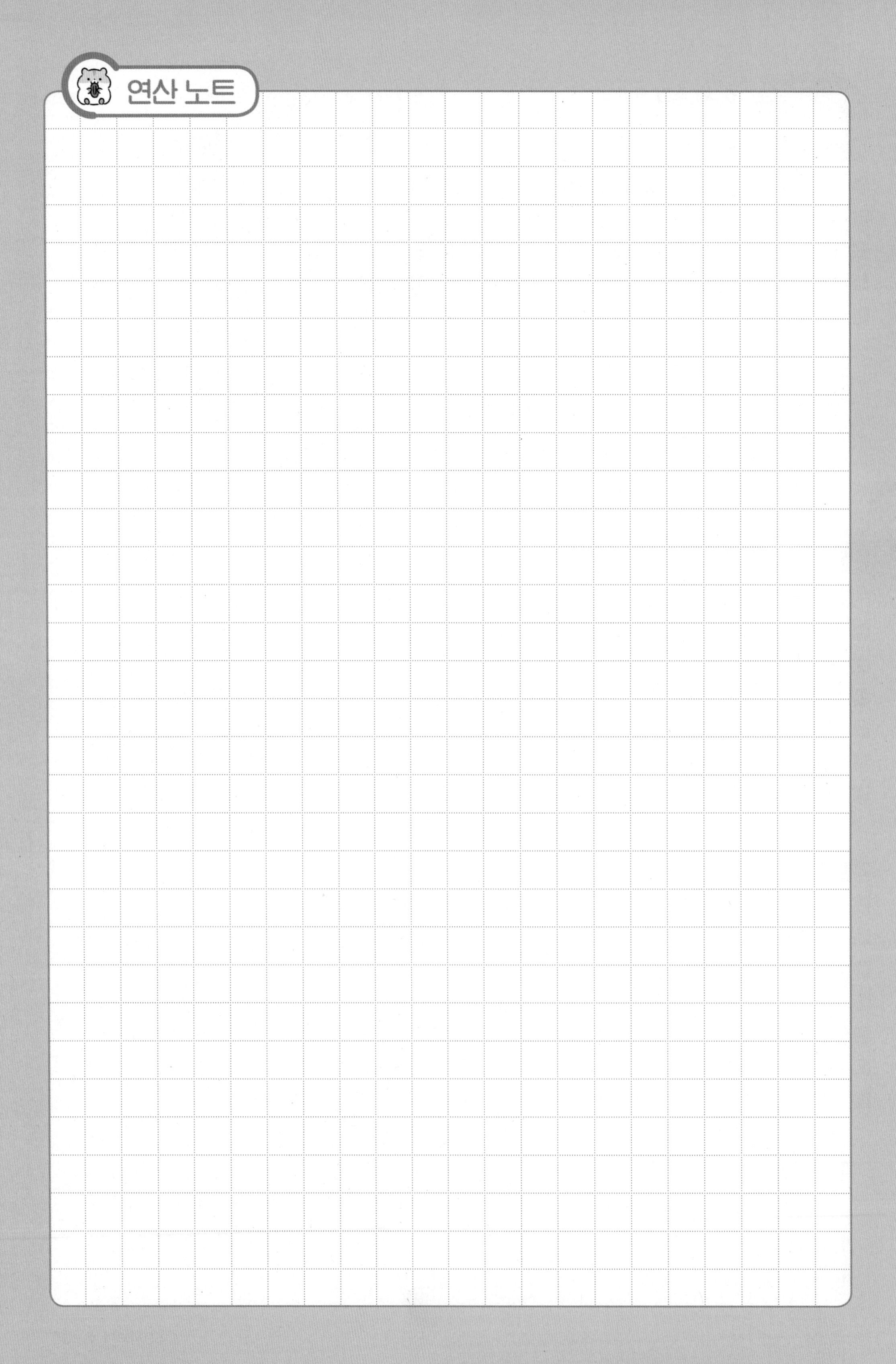
연산 노트